알기쉬운 영양학

NUTRITION

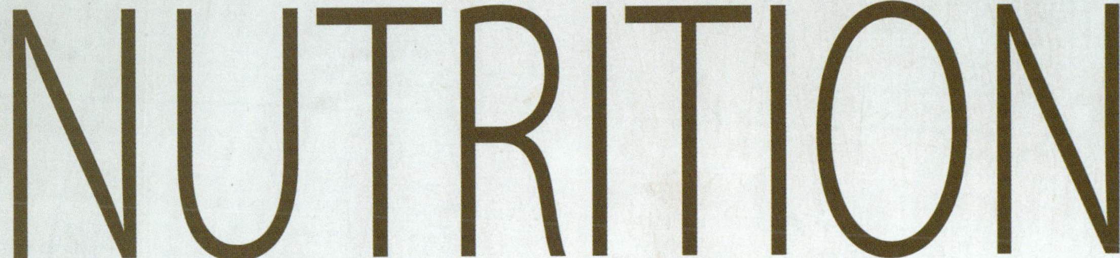

개정3판

알기쉬운 영양학

김정현 · 이민준 · 김정연 · 박유경
박은주 · 이승민 · 심유진 · 김오연

감수 문수재 · 김혜경 · 홍순명 · 이경혜
이명희 · 이영미 · 이경자 · 안경미

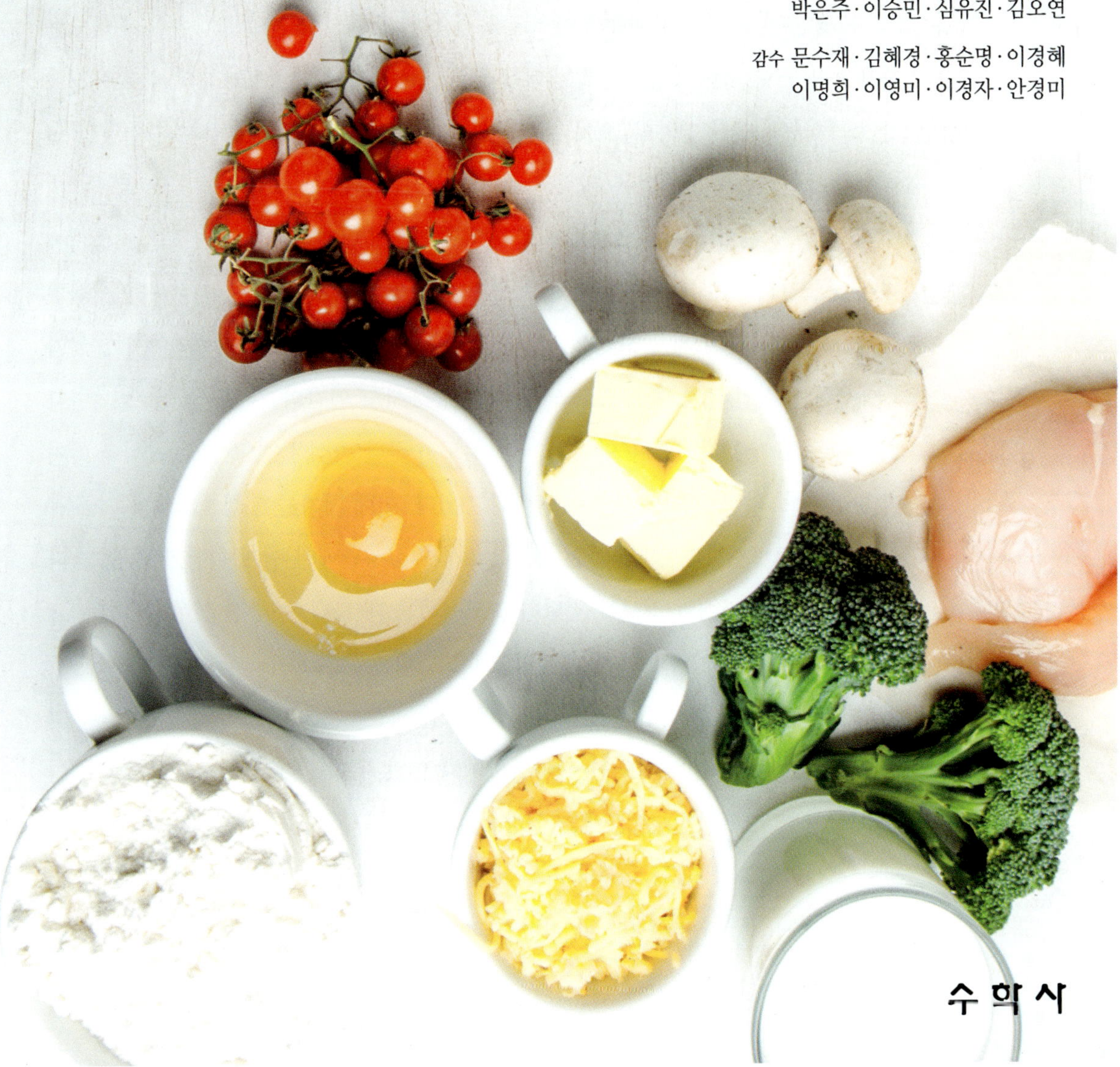

수학사

머리말

본 교재는 1964년 초판이 출간된 『기초 영양학』에 그 뿌리를 두고 우리나라 식품영양학 분야와 함께 발전해 왔다. 초판이 나온 이후 10판에 걸쳐 내용을 수정하면서 우리나라 식품영양학 전공자들의 필수 교재로서 확고한 위치를 유지해 왔다. 이후 『기초 영양학』은 식품영양학 분야의 급속한 발전에 힘입어 물밀듯이 쏟아져 나오는 새로운 연구 결과를 재정리하고 생태학적 관점에서 접근하는 영양학의 새로운 경향을 소개하는 『최신 영양학』으로 재탄생하였다. 『최신 영양학』은 당시의 영양학 교재로서는 이전까지와는 다른 새로운 측면에서 접근하였다.

'영양학'이 하나의 학문으로서 생물학적 측면에서 단면적으로 접근하던 초창기에 비해 오늘날의 영양과학은 개개인의 생활 습성을 토대로 이해하고 적용하는 실천적, 응용과학적 요소의 중요성이 강조되고 있다. 이제 영양학은 식품영양학 전공자들에겐 필수적인 기초 학문으로 인접 학문 중에서도 인간의 건강을 대상으로 한다면 필수로 습득해야 하는 분야이며, 일반인도 누구나 관심을 갖고 있고 관심을 가져야 할 생활 속의 실천형 지식으로 인식되고 있다. 이에 저자들은 식품영양학 전공 분야의 필수 교과로서, 그리고 실천 학문으로서 일상생활에서 쉽게 실천할 수 있는 다양한 영양 관련 지식과 정보를 전달하고 교육하는 데 모태가 될 실용적 교재의 필요성에 따라, 새로운 영양학 교재를 집필하게 되었다.

이렇게 출간된 『알기 쉬운 영양학』은 한국인 영양소 섭취기준이 제·개정됨에 따라 꾸준한 개정 작업을 해오면서 이전의 미흡했던 부분과 새로운 영양학적 이슈들을 보완하였다. 따라서 본 교재는 영양학이라는 학문을 이해하고 전공자로서의 방향을 제시하여 기초가 될 영양의 기본 개념에 대해 기술하였으며, 탄수화물, 단백질, 지질, 에너지, 물, 다량 무기질과 미량 무기질, 지용성 비타민과 수용성 비타민에 대해 각 영양소의 구조와 종류, 체내에서 이용되는 과정, 즉 소화와 흡수, 대사 과정과 기능, 그리고 영양소 섭취기준과 급원식품, 각 영양소와 관련된 영양문제에 대해 설명하였다.

각 장별 구성의 특징을 살펴보면, 먼저 '학습 목표'를 제시하고 학습 목표에 준한 틀과 충실한 내용으로 본문을 구성하였으며, 각 장의 끝에는 학습한 내용을 정리하고 학습 효과를 평가할 수 있도록 '단원 정리'와 '연구문제'를 제시하였다. 본문 내용을 좀 더 자세히 설명할 필요가 있거나 본문에서 다루기에 깊이 있는 내용들은 '더 알아보기'로 정리하였고, '영양 뉴스'에서는 최근의 연구 동향과 영양 관련 정보를 제공하고 있다. 또한 각 장의 내용에 맞추어 자신의 현재 영양 상태를 평가해 보는 '해 봅시다'를 두어 습득한 지식이 실용 지식으로 남을 수 있도록 하였다.

『기초 영양학』에서 『최신 영양학』을 거쳐 『알기 쉬운 영양학』으로 새로운 시각으로 새롭게 접근하면서, '한국인 영양소 섭취기준'의 제·개정에 맞추어 변경된 영양소 섭취기준 자료로 수정·보완하고, 동시에 그동안 달라진 영양 건강 관련 지표나 최신의 영양 정보와 뉴스를 담아 개정 작업을 진행함으로써 본 교재가 영양학 분야 최고의 실전 지식을 전달할 수 있도록 하였다. 앞으로도 저자들은 최신의 정보가 나올 때마다 그에 맞추어 내용을 보완하고 발전시켜 나가도록 매진할 것을 약속하며, 독자 여러분의 아낌없는 조언과 의견을 부탁드린다.

그동안 책이 개정 출간되기까지 적극적인 협조를 아끼지 않으신 수학사 이영호 사장님과 수고해 주신 편집 담당자 여러분께 깊은 감사를 드린다.

저자 일동

차례

CHAPTER 03 단백질

CHAPTER 04 지질

CHAPTER 07 다량 무기질

CHAPTER 08 미량 무기질

CHAPTER 09 지용성 비타민

CHAPTER 10 수용성 비타민

01 영양과 건강

학습 목표

1. 영양학의 개념을 설명할 수 있다.
2. 영양학의 발달 과정 및 연구 영역을 설명할 수 있다.
3. 영양과 영양소의 개념을 설명할 수 있다.
4. 영양소의 체내 기능을 설명할 수 있다.
5. 건강과 영양의 관계를 설명할 수 있다.
6. 한국인의 영양소 섭취기준을 설명할 수 있다.
7. 균형식과 식품군 및 식품구성자전거를 설명할 수 있다.
8. 한국인의 식생활 지침을 설명할 수 있다.
9. 영양표시에 대해 설명하고 실생활에 적용할 수 있다.
10. 한국인의 식생활 및 영양 건강 실태를 설명할 수 있다.

평균 수명이 길어지고 고령화가 가속화되면서 건강하게 장수하기 위한 영양과 식생활에 대한 관심이 지대하다. 각종 만성 질환을 예방하고 관리하는 영양 및 식생활의 중요성에 대한 인식이 확산되었으며, 특히 최근 전 세계적으로 사스(SARS), 메르스(MERS), 코로나19(COVID19) 등 감염병 확산 이후 면역력을 높일 수 있는 식품에 대한 관심이 증가하였다. 어떤 영양소를 얼마나 섭취해야 하는가? 건강에 좋지 않다는 당, 나트륨, 콜레스테롤을 너무 많이 먹고 있는 건 아닐까? 신체 면역을 강화하려면 무엇을 먹어야 할까? 등등 궁금한 것이 너무나 많다.

건강을 위해 무엇을, 왜, 얼마나, 어떻게 먹어야 하는지를 다루는 영양학을 공부하기 위해서는 먼저 '영양소'에 대한 지식이 필요하다.

1. 영양학의 개요

인간은 지구상에 출현한 그 시기부터 오늘날까지 시도와 과오를 반복하면서 본능적으로 어떤 식품을, 어떻게 먹어야 하는지 터득해 왔다. 사람이 식품을 섭취하고, 섭취한 식품이 체내에서 이용되는 과정을 체계적이고 과학적으로 규명해 나가는 학문이 영양학이다.

"Tell me what you eat, and I will tell you what you are."(Jean Anthelme Brillat-Savarin)

그림 1-1 영양이란?

1) 영양학이란?

우리가 건강하여 신체의 각 부위가 정상적으로 기능을 하려면 매끼 식사를 통해 적절한 음식을 섭취해야 한다. 영양학이란 건강을 지키기 위해 질병을 예방하고 관리하는 데 필요한 영양 관련 지식을 터득하고 이를 실생활에서 적용해 나가는 학문이다. 영양학은 식품 섭취 후 체내에서 일어나는 소화, 흡수, 대사 과정 및 각 영양소의 체내 기능에 대한 이해를 토대로 섭취한 식품이 건강과 질병에 미치는 영향을 연구하는 학문이다. 또한 영양학 연구에서는 식품 섭취가 인체에 미치는 생리적인 측면뿐 아니라 식품(음식) 섭취와 심리·사회·문화적 영향에 대해서도 다룬다. 따라서 영양학은 화학, 생물학, 생리학, 생화학, 유전학, 의학과 같은 기초과학 및 생명과학 분야와 다양한 인문·사회과학을 포함하는 통합적 과학이다.

2) 영양학의 발달 과정 및 연구 영역

영양에 대한 역사적 기록을 살펴보면 인류의 삶과 건강에 미치는 문제의 해결을 위한 노력과 지식이 단계적으로 축적되어 왔음을 알 수 있다. 여기에는 의학, 해부학, 생리학, 화학, 미생물학, 농학 등 여러 학문 분야의 놀랄만한 연구 성과들이 있으며 이러한 제 분야는 오늘날의 영양학 탄생에 많은 공헌을 하여 왔다. 즉, 영양학의 발달은 화학과 생리학 등 기초과학 및 의학의 발달과 밀접한 관련이 있으므로, 관련 분야의 연구 발달에 따라 영양학 연구도 발전하였다.

(1) 고대 희랍 시대부터 문예부흥 이전 시대의 영양(Prescientific era)

사물을 과학적 지식을 토대로 검토하기 이전에도 사람들은 막연하게나마 식품의 위력, 치료 효과, 금기 등에 관하여 나름의 개념을 수립하고 있었다. 구약 시대에 다니엘은 보통 사람들이 두류를 먹고 물을 마시면서 생활하는 것은 왕족의 음식을 먹고 포도주를 마시는 것보다 건강을 위해 더 좋다고 하였다. 기원전 400년, 의학의 아버지라 불리는 히포크라테스(Hippocrates)는 건강을 유지하고 질병을 치료하기 위해 음식의 중요성을 강조하였다. 에라시스트라투스(Erasistratus, B.C. 310~250)는 닭을 기른 후 사료를 주고 체중을 측정하는 일종의 영양 실험을 행한 기록도 남겼다.

16세기의 문예부흥 운동은 사물의 관찰을 과학적으로 접근하도록 하였다. 1543년 파두아(Padua)는 인체 내부의 해부학적 관찰을 직접 시행하였으며, 파라셀수스(Paracelsus, 1493~1541)는 음식물의 체내 대사에 대한 개념을 적립하였으나 당시에는 이러한 영양학적 사고를 과학적으로 체계화할 수 있는 생물학적 지식이 부족하였다.

17세기 초에 이탈리아의 의사였던 상크토리우스(Sanctorius)는 음식이 우리 몸에 들어가 변화하는 과정에 관심을 보여 식사 전후에 자신의 체중을 측정하였으며 섭취하는 음식의 양대로 체중이 증가하지 않는 이유는 부지불식간에 일어나는 발한 때문이라고 설명함으로써 최초의 인체 영양학 실험을 행한 바 있다.

(2) 과학적 접근 시대(Early scientific era)

17세기에 접어들면서 갈릴레오(Galileo, 1564~1642)와 베이컨(Francis Bacon, 1561~1626) 등은 자연현상에 대한 실험을 통해 객관적인 설명이 가능한 과학적 태도를 보였으며, 이는 영양과학이라는 새로운 학문의 출발을 의미하였다. 화학, 생리학 등을 연구하던 학자들은 영양학적 개념 정립을 위해 다양한 연구를 시도하였다.

소화 과정의 탐색

프랑스의 과학자 르네 레오뮈르(René de Réaumur, 1683~1757)는 소화 과정을 탐구하기 위해 튜브에 소고기 등 육류를 넣고 이 튜브를 실험동물의 위에 잠기게 한 다음 시간이 경과한 후 튜브를 꺼내 관찰하여 음식이 위 속에서 변화한다는 사실을 보고하였다. 그 후 군의관이었던 버몬트(William Beaumont, 1785~1853)는 전장에서 위에 관통상을 입은 군인의 상처를 통해 음식이 소화되는 과정을 과학적으로 규명하였다.

에너지 대사에 대한 개념 확립

18세기 후반에 프랑스의 라부아지에(Laurent Lavoisier, 1743~1794)가 에너지 대사의 본질을 규명하면서 현대 영양학이 시작되었다고 할 수 있다. 1780년대 초 라부아지에는 라플라스(Laplace)와 함께 얼음열량계를 고안하여 동물의 호흡 과정에서 발생된 열을 측정하였다. 라부아지에의 연구를 기초로 하여 나중에 봄열량계(bomb calorimeter)가 개발되어 식품 중 에너지를 측정하게 되었다. 19세기 초에 리비히(Liebig)는 보이트(Voit)와 함께 체내에서 연소하는 것은 탄수화물, 지질, 단백질이라 생각하였고, 여러 식품들 중의 에너지 값을 산출하였다. 독일에서 루브너(Max Rubner, 1855~1932)는 동물에서 발생하는 열은 체내에서 연소되는 물질의 열의 총합과 일치한다는 것을 발견하여 영양학에 큰 발전을 가져왔다. 루브너는 특히 동물이 발생하는 열은 체표면적에 비례한다는 소위 체표면율을 제창하였고, 체내에서 연소되는 탄수화물, 단백질, 지질의 생성 열량을 제시하여 근대 영양학 중 에너지 대사의 기초를 마련하였다. 한편, 미국에서는 에트워터(Atwater)와 로사(Rosa)가 호흡열량계를 고안하였고, 1896년 탄수화물, 단백질, 지질의 생리적 열량가를 산출함으로써 에트워터 계수를 제시하였다. 에트워터는 식품성분표를 처음 만들었으며,

미국에서 '영양학의 아버지'로 불린다.

열량 영양소의 개념 확립

19세기 초에 과학계에서는 유기물질 안에 있는 탄소, 수소, 질소와 같은 원소를 측정하는 방법을 수립하였다. 네덜란드의 화학자 멀더(Gerriàt J. Mülder, 1802~1880)는 함질소물의 연구에서 단백질의 중요성을 처음으로 설명하였다. 단백질 대사 과정이 규명된 것은 19세기 후반 리비히(Leibig)에 의해서이며, 보이트(Voit, 1813~1908)가 질소평형에 대한 단백질 대사의 실험 방법을 확립하였다. 리비히는 단백질, 지질, 탄수화물의 유기화학적 구성 성분을 확립하였으나, 이들 영양소의 영양적 가치는 질소 함량과 그 기능에 달려 있다는 잘못된 해석을 하였으며, 균형된 식사는 함질소 영양소인 단백질과 열량소인 탄수화물과 지질이 잘 배합된 것이라고 주장하였다. 1871년 프랑스의 듀마(Dumas)는 리비히의 가설을 실험한 결과 성공하지 못하였고 자연식품 내에는 탄수화물, 단백질, 지질 이외에 미지의 중요한 영양소가 있음을 제안하였다. 19세기 말에 제시된 균형된 식사(balanced diet)란 탄수화물, 단백질, 지질의 중요성에 대해서만 주로 논의되었다.

무기질의 중요성에 대한 인식

1748년 간(Gahn)은 뼈의 주요 성분이 칼슘과 인이라 하였으며, 1840년 프랑스의 쇼샤(Charles J. Chossat)는 비둘기를 대상으로 한 실험에서, 골격이 완전히 발육하기 위해서는 밀과 물만으로는 불충분하며 탄산칼슘을 첨가할 필요가 있다는 것을 보고함으로써 무기질의 중요성이 인식되었으며, 칼슘의 중요성을 설명하였다. 1843년 프랑스의 부생고(J. B. Boussingault, 1802~1887)는 동물의 칼슘 배설과 섭취량을 검사하여 칼슘 필요량에 관한 연구를 하였고, 1882년 남미 여행 중 요오드를 첨가한 소금을 섭취한 지역에서는 갑상선종을 볼 수 없었으나 보통 소금을 섭취하는 지역에서는 이 질병이 많다는 것을 보고하였다. 1895년에 보오만(Bawman)은 사람의 갑상선에 상당량의 요오드가 함유되어 있다는 것을 발견하였으며, 1906년 켄달(Kendall)은 갑상선에서 생리적으로 활성이 있는 물질을 분리하여 티록신(thyroxine)이라 명명하였다. 1917년 마린(Marine)은 요오드 보충 임상실험을 통해 요오드가 갑상샘종을 치료할 수 있음을 밝혔고, 이로써 요오드는 인체에 필수 영양소라는 것이 밝혀진 첫 번째 미량 무기질이 되었다. 1839년 스웨덴의 화학자 베르셀리우스(Berzelius)에 의해 혈색소 중에 존재하는 철이 산소와 결합하는 작용이 증명되었다. 또한 1889년 번지(Bunge)는 우유만으로 기르면 빈혈이 된다는 것과 순수한 철염만을 주면 빈혈의 치유가 곤란하다는 것을 발견하였다. 그리고 35년이 지난 후 위스콘신(Wisconsin) 대학의 하트(Harte) 등은 우유 빈혈이 채소, 양상추의 회분으로 잘 치유되는 것과 함께 회분 중 미량의 구리가 유효하다는 것을 확인하였다. 그 후 코발트, 아연 등의 중금속도 필수 영양 성분이라는 것이 발견되어 미량의 무기질이 영양에 중요한 역할을 한다는 것이 분명해졌다.

비타민의 발견

비타민류의 기원 역시 오래전부터 있었다. 소위 비타민 결핍으로 인한 괴혈병은 이미 13세기경 십자군의 이집트 원정 시대에 존재했다는 기록이 있으며, 이것을 치료하기 위해 레몬즙과 신선한 과일, 채소 등의 아스코브산(ascorbic acid)이 다량 함유된 식품을 사용한 사실도 알려졌다. 비타민이 알려지기 시작한 것은 1906년 캠브리지(Cambridge) 대학의 홉킨스(Frederic G. Hopkins)가 동물의 성장을 증진시키기 위해서는 탄수화물, 단백질, 지질과 무기질만으로는 부족하고 우유에 들어 있는 알코올과 용해성 유기물질이 보충되어야 한다고 보고한 이후이다. 그 후에 오스본(T. Osborne)과 멘델(L. Mendel), 맥컬럼(E. McCollum)과 데이비스(Davis)가 홉킨스의 학설을 보충하여 적어도 두 가지 인자가 있다는 것을 증명하였다. 즉, 비타민 A(지용성 비타민)와 비타민 B(수용성 비타민)가 발견된 것을 시작으로 이후 여러 비타민이 발견되었다. 1880년 타가키(高木)는 각기병의 발생은 백미식에 기인한다는 것을 일본 해군의 식사에서 연구하였으며, 1912년 풍크(Casimir Funk, 1884~1967)는 쌀겨에서 항각기 성분을 추출하여 이 물질을 'vitamine'이라 하였다.

비타민에 관한 연구는 그 후 많은 발전을 거듭하여 오늘날 비타민으로 알려져 있는 것은 20여 종이 된다. 이들의 화학적 구조가 규명되면서 각종 비타민의 유기합성이 가능해졌고, 생리적 기능이 밝혀지면서 질병의 예방 및 치료에서의 비타민의 역할이 규명되었다. 또한 비타민의 작용 기전에 관한 연구가 계속되면서 대부분의 비타민과 그 유도체가 체내에서 영양소 대사에 관여하는 효소작용과 밀접하게 관련되어 있음이 밝혀졌다.

필수아미노산의 발견

필수아미노산 공급의 필요성이 처음 밝혀진 것은 1810년경이었다. 1816년 프랑스의 마장디(Francois Magendie)는 질소가 함유되어 있는 물질이 개의 사료에 필수적인 요소임을 발견하였다. 그 후 생화학 발전에 따라 섭취한 단백질이 장내에서 소화효소에 의해 아미노산까지 분해된다는 것이 밝혀졌으며, 그 결과 단백질의 영양적 가치는 결국 이것을 구성하는 아미노산의 영양적 가치에 의해 결정된다는 것이 알려졌다. 이에 관한 흥미 있는 실험을 최초로 한 예일(Yale) 대학의 오스본과 멘델은 흰쥐에게 옥수수의 제인(zein)이라는 단백질만 주었을 때는 발육이 정지되고 사망에 이른다는 사실을 발견하였다. 그러나 아미노산 중 트립토판(tryptophan)을 첨가하면 사망하지는 않지만 제대로 발육하지 못하고, 여기에 리신(lysine)이라는 아미노산을 첨가하면 정상적으로 발육한다는 것을 보고하였다. 즉, 단백질도 그 아미노산의 조성에 따라 영양적 가치가 다르며, 일반적으로 식물성 단백질은 동물성 단백질에 비하여 영양적 가치가 떨어진다는 것을 지적하였다. 미국의 로즈(W. C. Rose)는 '어떤 아미노산이 영양적으로 중요한가?'라는 문제에 대해 명확한 답을 주었다. 그는 단백질을 구성하는 아미노산을 모두 합성하여 이것을 여러 가지로 배합한 다음 동물을 사육하여 발육 검사를 한 결과, 천연의 단백질을 구성하는 20종의 아미노산 중 10종이 흰쥐의 발육에, 8종이 인체에 필수적인 것으로 판명되었다.

(3) 생물학적 시대(Biological era)

생물학적 연구 시기의 초창기에는 비타민과 같은 성질을 가진 여러 요인을 발견하는 데 중점을 두었다. 이러한 물질은 곧 지용성 비타민 A와 수용성 비타민 B로 분류할 수 있는 여러 요소로 밝혀졌는데, 1940년대에 이르러 4종의 지용성 비타민과 8종의 수용성 비타민이 인간에게 필수적인 요소로 알려졌으며, 이외에 여러 요소 또한 동물의 생명 현상 유지를 위해 필요한 것으로 밝혀졌다. 이들 비타민의 화학적 구조가 규명되고, 또 어떤 것은 합성되면서 비타민의 생물학적 기능에 대한 지식이 급속도로 진전되어 정리되기 시작하였다. 1940년 이후에 발견된 필수 영양소는 엽산(folic acid)과 비타민 B_{12} 두 가지가 있다. 이때부터 영양학의 연구 경향은 식사에 필수적인 영양소 각각에 대한 중요성의 검토에서부터 방향을 바꾸어 영양소의 상호관계, 영양소의 정확한 생리학적 기능 및 필요량 결정을 강조하기 시작하였다. 또한 복합 결핍증(multiple deficiency)이 영양문제에서 중요한 비중을 차지하였다. 식품을 구성하고 있는 비연소 물질, 즉 회분은 여러 가지 복합물질로 구성되어 있으며, 그중 20종의 원소는 사람의 건강을 유지하기 위해 필수적인 요소임이 인정되었다.

(4) 분자생물학적 시대(Molecular biological era)와 20세기 중반 이후의 영양학

1955년 이래 영양학 연구 과정의 새 방향이 전개되기 시작하였다. 동위원소를 이용하여 각 영양소의 필요량을 연구하였고, 전자현미경과 각종 미량 분석기기의 발명과 이용은 세포층 내외에서 일어나는 영양소의 기능을 이해할 수 있는 가능성을 더욱 높여 주었다. 인체에서 발생하는 모든 생리학적 혹은 생물학적인 현상을 분자 수준에서 이해하고자 하는 분자생물학의 근간을 바탕으로 하며, 인체가 생존을 위하여 섭취하거나 생체에서 합성 혹은 분해하는 과정에서 생기는 영양소 분자 및 대사체 분자들이 생물학적 현상의 발현에 미치는 영향에 대한 연구를 수행하는 분자영양학으로 발전하였다. 20세기에 들어서면서 분석기기와 분석 방법의 큰 발전으로 대사 과정이 일어나고 있는 세포 및 분자 수준으로 연구할 수 있게 되었고 이후 유전학 등 기초과학의 발전으로 유전자 특성까지 반영하는 영양학으로 발전하고 있다. 즉, 영양학은 인체의 체질에 따라 섭취한 음식 성분이 어떻게 반응하는가를 연구하는 영양유전학(nutrigenetics)과 인간의 건강과 영양에 대해서 대사체 진단기술, 단백질체학, 전사체학, 유전체학을 적용하여 개인의 유전적 특성에 따라 개인이 섭취한 영양소에 반응하는 차이까지 규명하는 영양유전체학(nutrigenomics) 등 세분화되어 발전하고 있다. 앞으로 개인의 유전적 특성에 따라 질병의 발생을 지연하거나 예방하며 건강증진을 위한 맞춤형 식단, 영양 상태, 영양소 필요량, 유전자 프로파일의 활용을 위해 활발하게 이용될 것으로 전망된다.

(5) 영양학의 연구 영역

인간의 영양문제를 연구하는 방법으로는 개체를 생물로서 생물학적인 면으로 접근하는 경우, 인간을 사색하는 동물로서 사회·심리학적 측면에서 연구하는 경우, 경제 사회를 형성하여 생존하고 있는 인간으로서 사회·경제학적 측면으로 접근하는 경우 등으로 나누어 볼 수 있다. 즉, 영양학은 자연과학적 요소뿐 아니라 인문·사회·문화적 요인을 포함하고 있다. 영양은 식품과 분리할 수 없는 관계이므로 각종 식품의 영양가를 분석·평가하고, 영양 균형을 최적화하기 위한 식품의 배합 및 식품 개발에 대한 연구가 수행되고 있다. 정상적인 성장 및 신체 기능의 유지를 위한 영양소의 역할 및 작용 등을 연구하는 영양학은 생리학 및 생화학 등 생명과학과 밀접한 관계가 있다. 한편, 개인의 영양 상태 및 식품 선택 등 식습관에 영향을 주는 요인들은 유전적이거나 건강, 생리적인 요인 이외에 다양한 생태학적 요인들의 영향을 받으므로 인문·사회·경제·문화적 요인과의 관련성에 대한 영양학 연구도 수행되고 있다. 이러한 모든 면을 고려할 때 영양학은 종합적으로 사람의 건강을 유지, 증진시키고자 다학제적인 학문 체계를 세워야 한다. 영양학의 궁극적인 목적은 최적의 건강 상태를 통한 인간 삶의 질을 증진시키는 데 있으므로, 식품과 영양소에 대한 새로운 지식이 다양한 학문 분야의 지식과 통합되어 영양학의 연구 영역은 더욱 다양하게 발전할 것으로 전망된다.

생태학(ecology)
생물과 환경과의 상호작용을 연구하는 생물학의 한 분야

2. 영양과 건강

1) 영양과 영양소

정상적인 성장 발달을 위하여, 또한 건강과 생명을 유지하기 위하여 신체는 외부로부터 여러 가지 물질을 받아들여 이용한다. 이와 같이 외부로부터 들어오는 물질을 '영양소'라 하고, 물질을 외부에서 얻어 이용하는 것을 '영양'이라 한다.

영양소

신체를 구성하고 유지하는 데 필요한 물질을 영양소라 하며, 신체는 탄수화물, 지질, 단백질, 무기질, 비타민과 물의 6가지 영양소를 필요로 한다. 각 영양소가 체내에서 하는 일은 각기 달라 대사 과정을 거쳐 에너지를 공급해 주거나 체조직을 구성하고, 체내의 대사 과정이 정상적으로 이루어질 수 있도록 조절해 준다(표 1-1).

영양소(nutrient)
식품에 포함된 물질로서 에너지, 체구성 물질, 생체 반응을 조절하는 인자들을 공급하여 사람의 건강을 유지시키는 역할을 함

우리는 체내에서 필요로 하는 여러 가지 영양소를 식품을 통해 공급받는다. 하

지만 신체에 필요한 모든 영양소를 동시에 함유하고 있는 단일 식품은 자연계에 존재하지 않는다. 따라서 여러 종류의 식품을 골고루 균형 있게 섭취해야만 우리 몸에서 요구하는 모든 영양소를 얻을 수 있고 나아가 건강을 유지할 수 있다.

표 1-1 6가지 영양소의 체내 기능

영양소	에너지 공급	체조직 구성	체내 대사 조절
탄수화물	↑		
지질	│		
단백질	↓	↑	↑
물		│	│
무기질		↓	│
비타민			↓

영양

영양이란 음식을 섭취하고, 섭취된 식품이 우리 몸에서 이용되는 과정, 다시 말해 우리가 먹은 식품이 신체조직으로 전환되는 물리·화학적 과정을 의미한다. 사람은 생존과 성장을 위해, 또한 적절한 건강 상태를 유지하기 위해 세끼 식사를 하며, 섭취한 음식물을 소화, 흡수 및 대사하여 체조직을 만들고 에너지를 내며 불필요한 물질은 배설한다. 이 모든 과정을 영양이라 한다.

영양(nutrition)
생물체가 식품에 들어 있는 영양소를 받아들여 체내에서 이용하는 것

소화(digestion)
체내에서 받아들인 영양소를 그 구성단위 또는 그것에 가까운 상태로까지 분해하여 소화관의 벽을 통과할 수 있는 상태로 변화시키는 것

흡수(absorption)
소화관의 벽을 통하여 영양소 및 물이 혈관이나 림프관으로 들어가는 일

(물질)대사(metabolism)
생물체 내에서 일어나는 물질의 분해나 합성과 같은 모든 화학적 변화. 생물체가 몸 밖으로부터 섭취한 영양물질을 몸 안에서 분해하고, 합성하여 생체 성분이나 생명 활동에 쓰는 물질이나 에너지를 생성하고 필요하지 않은 물질을 몸 밖으로 내보내는 작용

배설(excretion)
동물이 소화되지 않은 음식 노폐물과 대사 과정 중에 생기는 질소성 부산물을 세포와 조직으로부터 제거하는 과정

2) 건강과 영양의 관계

사람은 누구나 오래 살고자 하는 욕망을 갖고 있으며 건강해야만 풍요로운 삶을 누릴 수 있다. 그러나 우리 주위에는 건강하지 못하고 몸이 불편한 사람들이 많다. 여기서 말하는 건강하다는 것은 어떤 상태를 의미하는가? 세계보건기구(WHO)에서는 건강에 관한 개념을 다음과 같이 정의하고 있다. "건강이란 신체적, 정신적 그리고 사회적으로 완전하게 양호한 상태이며, 단지 질병이 없거나 허약하지 않다는 것만은 아니다." 즉, 건강하다는 것은 신체의 모든 부위가 정상적으로 기능하여 육체적으로 질병이 없을 뿐 아니라 정신적·사회적으로 쾌적한 상태를 유지하는 것을 의미한다.

건강의 측면에서 볼 때 인간을 건강인과 준건강인으로 분류할 수 있는데, 전자는 최고 수준의 건강 상태를 유지하고 생동감 있게 생활하는 사람을 말하며, 후자는 건강하기는 하지만 질병의 가능성이 잠재하고 있는 사람을 일컫는다. 한편, 질병과 관련된 측면에서 구분하여 보면 병을 가진 사람과 잠재적 질병을 가진 사람으로 분류할 수 있다. 여기서 건강과 질병을 연결시켜 놓으면 건강, 준건강, 준질병, 질병이라는 4단계가 되지만 이는 본질적으로 연속된 스펙트럼을 형성한다(그림 1-2). 인간은 항상 이 스펙트럼의 오른쪽 방향에 궁극적인 삶의 목표를 두고 있으나 실제로는 이 스펙트럼의 좌우를 이동하면서 생활하고 있다.

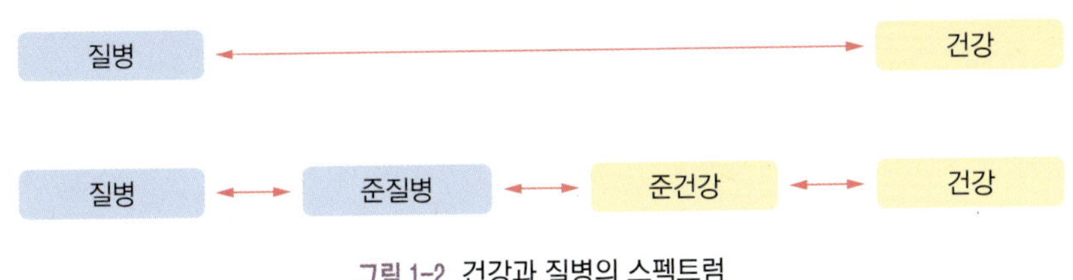

그림 1-2 건강과 질병의 스펙트럼

최근에는 영양 상태도 질병과 건강과의 상호 관계에 입각하여 설명하고 있다. 즉, 식생활 양상을 반영하는 영양소 섭취 상태와 우리 몸의 건강 상태를 관련지어 보면 적절한 영양 상태와 영양소 상호 간의 평형이 붕괴된 잠재적 영양 결함 상태, 영양 결함 상태, 영양 결핍증의 4단계로 대별된다(그림 1-3).

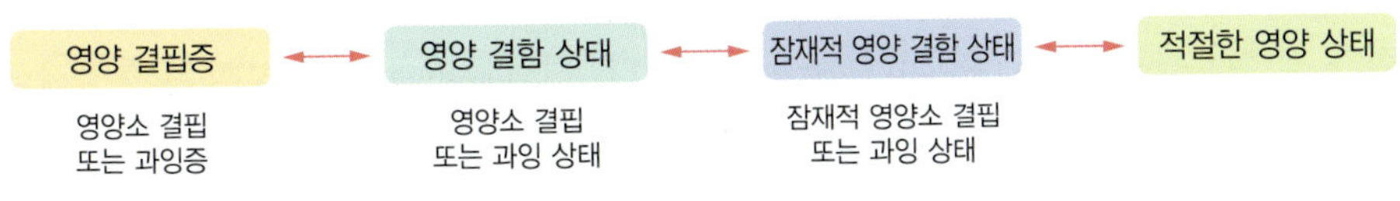

그림 1-3 영양 상태의 단계

현대 사회에서는 준건강 또는 준질병의 범주에 속하는 사람들이 급증하고 있으며, 이를 초래하는 요인으로는 정신적 스트레스 증대, 운동량 감소, 영양소 섭취의 불균형을 들 수 있다. 이에 따라 최근에는 준건강 또는 준질병 상태를 유발하는 잠재성 영양불량이 새로운 영양문제로 대두되고 있다. 신체 모든 부위의 정상적인 기능 유지는 활력소가 계속 공급되지 않으면 불가능하며, 활력소의 공급에는 양호

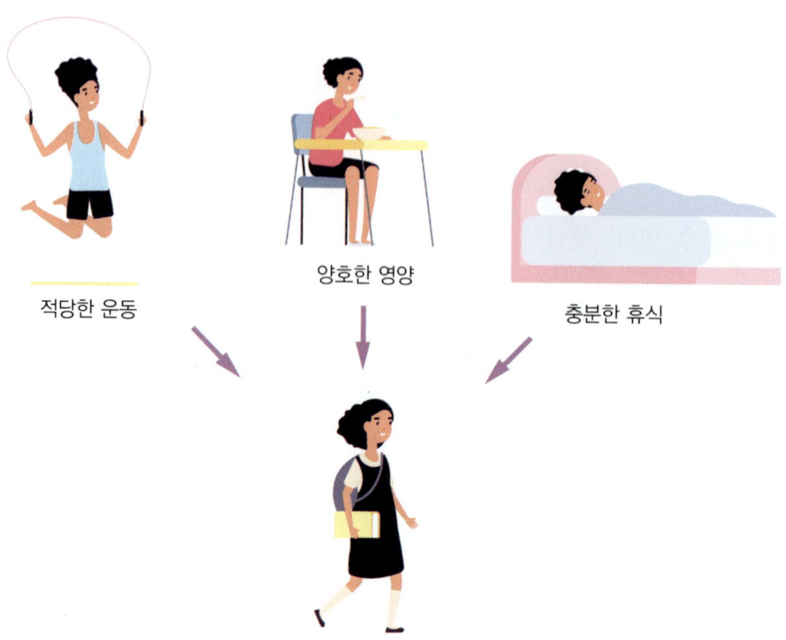

그림 1-4 건강이란?

한 식사가 기본이 된다. 즉, 건강은 적절한(양호한) 영양에서부터 시작되며, 여기에 적당한 운동과 충분한 휴식을 취하고 이들 사이에 균형이 이루어졌을 때 최상의 건강 상태를 확보할 수 있다(그림 1-4).

한 개인의 음식물 섭취, 즉 영양 상태는 건강문제와 직결된다. 그림 1-5에는 대표적인 질병과 관련 있는 영양 요인을 나타내었다. 사람들의 식생활 양상은 각양각색이다. 우리는 일생을 통해 대략 7만 회의 식사와 약 60톤의 식품을 소비하며, 식품소비 패턴이 양호한가 또는 불량한가에 따라 건강, 나아가 삶의 질이 좌우된다. 그러므로 다시 한 번 영양의 중요성을 인식하고 적절한 영양 상태, 건강인의 범주에 속할 수 있도록 바람직한 생활습관을 지녀야 한다.

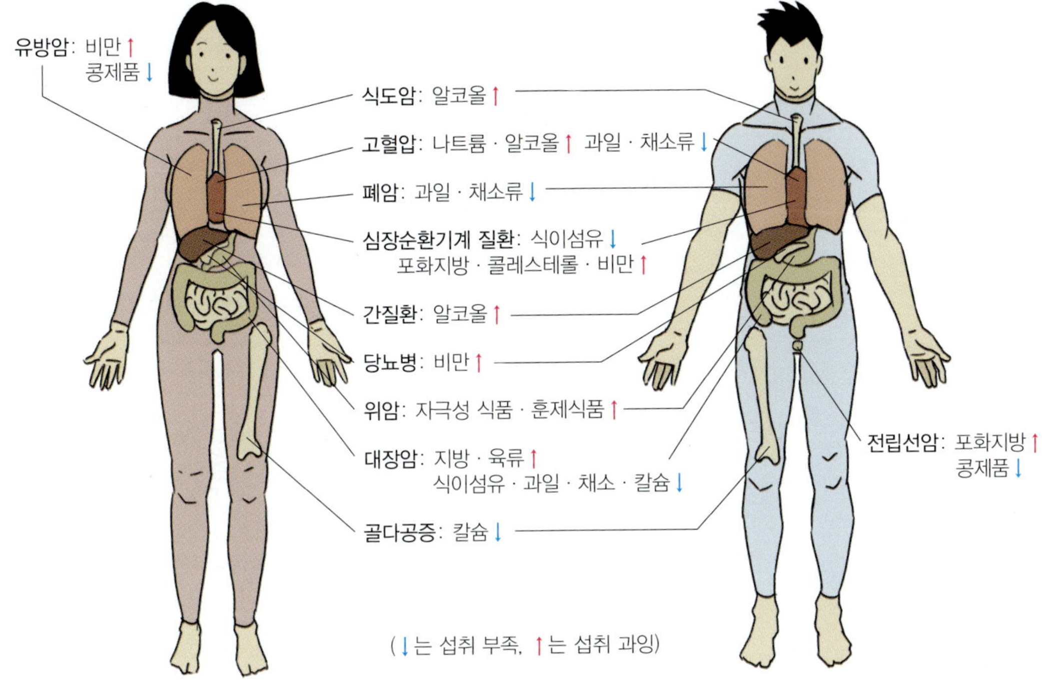

그림 1-5 질병과 관련 있는 영양 요인

3) 한국인 영양소 섭취기준

건강은 영양소 섭취에 의해 좌우된다. 그러므로 개인, 나아가 국민 모두가 최적의 건강 상태를 유지하려면 국가 차원에서 인체가 필요로 하는 영양소 섭취량의 기준을 제시하고 이를 식사 계획을 세우거나 실천할 때 적극 활용하도록 유도해야 한다.

(1) 한국인 영양소 섭취기준의 제정

영양소 섭취기준은 건강한 개인 및 집단을 대상으로 국민 건강을 유지·증진하고 식사와 관련된 만성질환의 위험을 감소시켜 궁극적으로 국민의 건강수명을 연장하기 위한 목적으로 설정된 에너지 및 각종 영양소의 섭취량 기준이다. 한국인 영양소 섭취기준의 제·개정 방향은 에너지 및 영양소 섭취 부족으로 인해 생기는 결핍증 예방에 그치지 않고, 과잉 섭취로 인한 건강문제 예방과 만성질환에 대한 위험의 감소까지 포함하도록 정하고 있다. 이에 2020년 한국인 영양소 섭취기준에

한국인 영양소 섭취기준 (Dietary Reference Intakes, DRIs)
한국인의 건강을 최적 상태로 유지할 수 있는 영양소 섭취 수준. 평균필요량, 권장섭취량, 충분섭취량, 상한섭취량과 에너지 적정 비율, 만성질환위험감소섭취량을 제시하고 있음

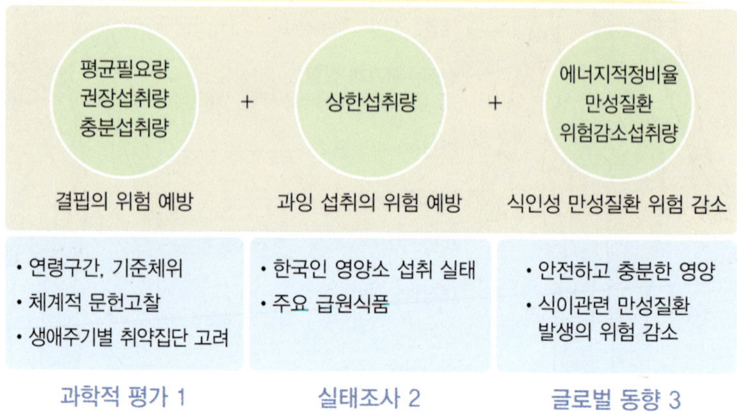

그림 1-6 2020 한국인 영양소 섭취기준 제 · 개정 방향

자료 : 보건복지부 · 한국영양학회, 2020 한국인 영양소 섭취기준, 2020

서는 안전하고 충분한 영양을 확보하는 기준치(평균필요량, 권장섭취량, 충분섭취량, 상한섭취량)와 식사와 관련된 만성질환 위험의 감소를 고려한 기준치(에너지 적정비율, 만성질환위험감소섭취량)를 제시하였다(그림 1-6).

한국인 영양소 섭취기준의 제정 역사에 대해 살펴보면(그림 1-7), 1962년 유엔식량농업기구 한국지역사무소의 주도로 10종 영양소(에너지, 단백질, 비타민 A, D, C, 티아민, 리보플라빈, 니아신, 칼슘, 철분)에 대한 한국인 영양권장량을 최초로 제정하였다. 당시에는 영양소 섭취 부족에 따른 영양결핍 문제가 심각했던 시기로, 이에 맞추어 대다수 건강한 사람들의 필요량을 충족시킬 수 있도록 영양권장량을 설정하였다. 이후 1967년과 1975년 2차례에 걸쳐 개정하였으며, 1985년과 1989년에는 보건사회연구원의 주도로 2차례 개정하였다. 1995년과 2000년에는 한국영양학회가 주도하여 비타민 E, 피리독신, 엽산, 인, 아연을 추가하여 총 15종의 영양소에 대한 영양권장량을 제·개정하였다.

현대사회에서는 아직도 영양소 섭취가 부족한 집단이 있는가 하면 영양소의 섭취 부족보다는 과잉 및 불균형 섭취에 대한 우려가 높고, 이와 관련된 질병 발생이

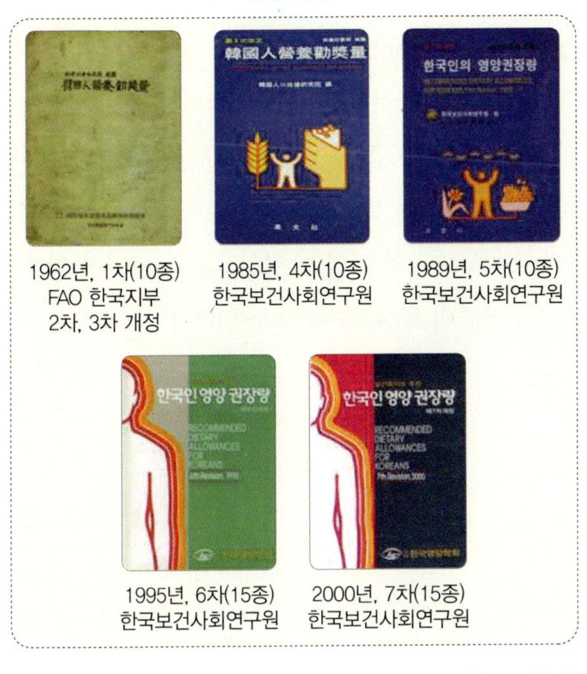

그림 1-7 한국인 영양소 섭취기준 제정 역사

자료 : 보건복지부·한국영양학회, 2020 한국인 영양소 섭취기준, 2020

증가하고 있다. 따라서 인체의 영양소 필요량을 충족시킬 수 있는 양뿐 아니라 만성질환이나 영양소 과다 섭취를 예방할 수 있는 상한섭취량까지 제시되어야 한다. 영양소 섭취기준이란 이렇게 다양한 영양과 건강의 관계를 포괄적으로 다루는 새로운 개념으로, 미국과 캐나다에서 제안하여 다른 나라에서도 이 개념을 받아들이고 있다. 우리나라에서도 이런 현실을 감안하여 한국영양학회는 2005년에 대상 영양소를 15종에서 34종으로 확대하고 영양권장량에서 영양소 섭취기준으로 패러다임을 전환하였다. 포함된 영양소는 에너지와 다량 영양소 6종(탄수화물, 지질, 단백질, 아미노산, 식이섬유, 수분), 지용성 비타민 4종(비타민 A, 비타민 D, 비타민 E, 비타민 K), 수용성 비타민 9종(비타민 C, 티아민, 리보플라빈, 니아신, 비타민 B_6, 엽산, 비타민 B_{12}, 판토텐산, 비오틴), 다량 무기질 6종(칼슘, 인, 나트륨, 염소, 칼륨, 마그네슘), 그리고 미량 무기질 8종(철, 아연, 구리, 불소, 망간, 요오드, 셀레늄, 몰리브덴)이었다. 2010년에는 「국민영양관리법」이 공포되어 영양소 섭취기준 제·개정의 주관이 민간에서 국가로 전환되었으며, 총당류를 추가하여 총 35종의 영양소 섭취기준을 제·개정하였다.

민간
FAO(UN 식량농업기구) 한국협회(1962, 1967, 1975년), 한국보건사회연구원(1985, 1989년), 한국영양학회(1995, 2000, 2005, 2010년)

영양소 섭취기준은 그 활용도와 효과를 높이기 위해 5년마다 최신 과학적 연구 결과, 우리 국민의 체위와 질병 양상의 변화, 그리고 식생활 및 식생활 환경의 변화 등을 반영하여 제·개정하도록 하였다. 이에 보건복지부는 한국영양학회에 영양소 섭취기준 제정 업무를 위탁하여 2015년에 총 36종의 영양소에 대한 섭취기준을 제1차 국가 기준으로 제정하여 발표한 바 있으며, 2020년에는 제2차 한국인 영양소 섭취기준의 제·개정을 추진하였다. 2020 한국인 영양소 섭취기준은 에너지 및 다량 영양소 12종, 비타민 13종, 무기질 15종의 총 40종 영양소에 대해 설정되었다(표 1-2).

표 1-2 2020 한국인 영양소 섭취기준 제·개정 대상 영양소

영양소		영양소 섭취기준					
		평균필요량	권장섭취량	충분섭취량	상한섭취량	만성질환 위험감소를 고려한 섭취량	
						에너지 적정비율	만성질환위험감소 섭취량
에너지	에너지	○[1]					
다량 영양소	탄수화물	○	○			○	
	당류						○[3]
	식이섬유			○			
	단백질	○	○			○	
	아미노산	○	○				
	지방			○		○	
	리놀레산			○			
다량 영양소	알파-리놀렌산			○			
	EPA+DHA			○[2]			
	콜레스테롤						○[3]
	수분			○			
지용성 비타민	비타민 A	○	○		○		
	비타민 D			○	○		
	비타민 E			○	○		
	비타민 K			○			
수용성 비타민	비타민 C	○	○		○		
	티아민	○	○				
	리보플라빈	○	○				

(계속)

영양소		영양소 섭취기준					
		평균필요량	권장섭취량	충분섭취량	상한섭취량	만성질환 위험감소를 고려한 섭취량	
						에너지 적정비율	만성질환위험감소 섭취량
수용성 비타민	니아신	○	○		○		
	비타민 B_6	○	○		○		
	엽산	○	○		○		
	비타민 B_{12}	○	○				
	판토텐산			○			
	비오틴			○			
다량 무기질	칼슘	○	○		○		
	인	○	○		○		
	나트륨			○			○
	염소			○			
	칼륨			○			
	마그네슘	○	○		○		
미량 무기질	철	○	○		○		
	아연	○	○		○		
	구리	○	○		○		
	불소			○	○		
	망간			○	○		
	요오드	○	○		○		
	셀레늄	○	○		○		
	몰리브덴	○	○		○		
	크롬			○			

1) 에너지 필요추정량
2) 0~5개월과 6~11개월 영아의 경우 DHA 단일성분으로 충분섭취량 설정
3) 권고치
자료 : 보건복지부·한국영양학회, 2020 한국인 영양소 섭취기준, 2020

(2) 한국인 영양소 섭취기준의 구성과 정의

한국인 영양소 섭취기준(Dietary Reference Intakes Koreans, KDRIs)은 섭취 부족의 예방을 목적으로 하는 3가지 지표, 즉 평균필요량(Estimated Average Requirement, EAR), 권장섭취량(RecommendedNutrient Intake, RNI), 충분섭취량(Adequate

Intake, AI)과 과잉 섭취로 인한 건강문제 예방을 위한 상한섭취량(Tolerable Upper Intake Level, UL), 그리고 에너지 적정비율(Acceptable Macronutrient Distribution Ranges, AMDR)과 만성질환위험감소섭취량(Chronic Disease Risk Reduction intake, CDRR)을 포함하고 있다.

평균필요량

평균필요량
(Estimated Average Requirements, EAR)
건강한 사람들의 1일 영양소 필요량의 중앙값으로부터 산출한 수치
*에너지의 경우, 개인의 에너지 필요량 측정이 제한적이어서 에너지 소비량을 통해 추정하므로 '에너지필요추정량(Estimated Energy Requirements, EER)' 용어 사용

평균필요량은 건강한 사람들의 일일 영양소 필요량의 중앙값으로부터 산출한 수치이다. 즉, 정해진 연령과 성별을 기준으로 대상 집단의 절반에 해당하는 건강한 사람의 1일 필요량을 충족시키는 값으로, 1일 필요량 분포 곡선의 중앙값으로부터 산출된다. 어떤 영양소를 평균필요량만큼 섭취한다면, 대상 집단의 50%는 필요량을 충족할 수 있으나 50%는 섭취 부족을 나타낼 수 있다. 그러므로 개인이 아닌 어떤 집단에 대해 영양소 섭취가 적절한가를 판정할 때 사용해야 한다. 영양소 필요량은 섭취량에 민감하게 반응하는 기능적 지표가 있고 영양 상태를 판정할 수 있는 평가 기준이 있을 때 추정할 수 있다. 에너지 필요량의 경우, 개인의 에너지 필요량을 측정하는 것에는 기술적인 문제 등 제한점이 있으므로 에너지 소비량을 통해 추정하고 있다. 따라서 에너지의 경우 평균필요량이라는 용어 대신에 필요추정량(Estimated Energy Requirements, EER)이라는 용어를 사용한다.

권장섭취량

권장섭취량
(Recommended Nutrient Intakes, RNI)
인구집단의 약 97~98%에 해당하는 사람들의 영양소 필요량을 충족시키는 섭취 수준

권장섭취량은 인구집단의 약 97~98%에 해당하는 건강한 사람들의 영양소 필요량을 충족시키는 섭취 수준이며, 평균필요량에 표준편차 또는 변이계수의 2배를 더하여 정한 값이다.

충분섭취량

충분섭취량
(Adequate Intake, AI)
영양소의 필요량을 추정하기 위한 과학적 근거가 부족할 경우, 실험 연구 또는 관찰 연구에서 확인된 건강한 사람들의 영양소 섭취량 중앙값을 기준으로 설정

충분섭취량은 영양소의 필요량을 추정하기 위한 과학적 근거가 부족할 경우, 대상 인구집단의 건강을 유지하는 데 충분한 양을 설정한 수치이다. 충분섭취량은 실험 연구 또는 관찰 연구에서 확인된 건강한 사람들의 영양소 섭취량 중앙값을 기준으로 정하였다.

상한섭취량

상한섭취량
(Tolerable Upper Intake Level, UL)
인체 건강에 유해 영향이 나타나지 않은 최대 영양소 섭취 수준

상한섭취량이란 인체에 유해한 영향이 나타날 위험이 없는 최대 영양소 섭취 수

준이므로, 과량을 섭취할 때 유해 영향이 나타날 수 있다는 과학적 근거가 있을 때 설정할 수 있다. 상한섭취량은 유해 영향이 나타나지 않는 최대 용량인 최대무해용량(No Observed Adverse Effect Level, NOAEL)과 유해 영향이 나타나는 최저 용량인 최저유해용량(Lowest Observed Adverse Effect Level, LOAEL) 자료를 근거로, 개인의 감수성 차이 등에 따른 불확실계수(Uncertainty Factor, UF)를 감안하여 설정하였다.

에너지 적정비율

에너지 적정비율은 각 영양소를 통해 섭취하는 에너지의 양이 전체 에너지 섭취량에서 차지하는 비율의 적정 범위로 제시하였다. 에너지 공급 영양소(탄수화물, 지질, 단백질)에 대한 에너지 섭취비율과 건강 간의 관련성에 대한 과학적 근거에 따라 설정되었으며, 에너지 섭취비율이 제안된 범위를 벗어나는 경우 건강문제의 발생 위험이 높아질 수 있음을 의미한다.

에너지 적정비율
각 영양소를 통해 섭취하는 에너지의 양이 전체 에너지 섭취량에서 차지하는 비율의 적정 범위 제시

만성질환위험감소섭취량

만성질환 위험 감소를 위한 섭취량이란 건강한 인구집단에서 만성질환의 위험을 감소시킬 수 있는 영양소의 최저 수준의 섭취량이다. 이것은 영양소 섭취와 만성질환 간 연관성과 만성질환의 위험을 감소시킬 수 있는 구체적 섭취 범위를 고려하여 설정되었다. 그 기준치 이하를 목표로 섭취량을 감소시키라는 의미라기보다는 그 기준치보다 높게 섭취할 경우 전반적으로 섭취량을 줄이면 만성질환에 대한 위험을 감소시킬 수 있다는 근거를 중심으로 도출된 섭취기준을 의미한다.

만성질환위험감소섭취량
건강한 인구집단에서 만성질환의 위험을 감소시킬 수 있는 영양소의 최저 수준의 섭취량

(3) 영양소 섭취기준의 활용

영양소 섭취기준은 국민의 건강증진 및 질병 예방에 기여하는 데에 궁극적인 목적이 있다. 영양소 섭취기준은 개인이나 집단의 영양소 섭취 상태를 평가할 때 또는 식사계획을 세울 때 기준으로 활용할 수 있다.

한편, 2020 한국인 영양소 섭취기준을 국가, 지역사회, 개인 단위의 각 분야에서 다양하게 활용하는 방안은 그림 1-8에 제시하였다.

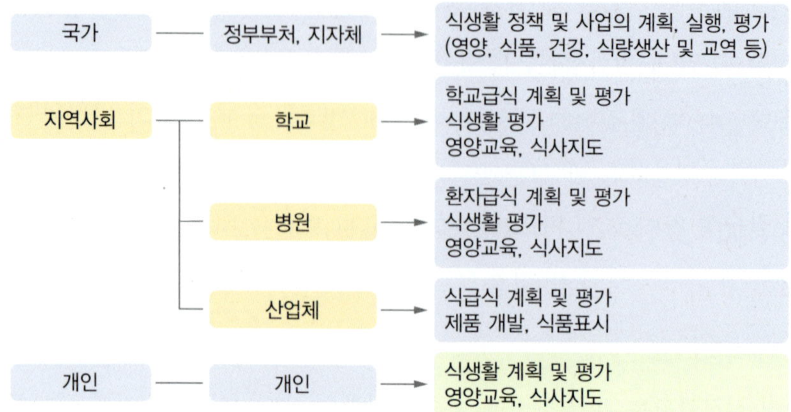

그림 1-8 각 분야별 영양소 섭취기준 활용
자료 : 보건복지부·한국영양학회, 2020 한국인 영양소 섭취기준, 2020

식사 평가

영양소 섭취기준을 활용하여 개인이나 집단의 식사 섭취 상태를 평가한다. 개인의 식사를 평가하기 위해서 일상생활에서 개인이 섭취하는 영양소의 양을 파악해야 하며 평상시 섭취하는 영양소의 양을 정확하게 파악하기는 매우 어려우므로, 식사섭취조사 결과를 영양소 섭취기준에 따라 평가할 때에는 절대적 수치를 근거로 하여 판단하는 대신 식사의 적절/부적절 가능성 정도로 평가하는 것이 바람직하다. 개인의 일상 섭취량이 평균필요량보다 낮으면 해당 영양소의 섭취 부족 증세가 나타날 확률이 50% 이상이라는 의미이며, 평균필요량보다 낮을수록 영양소 섭취가 부족할 확률이 높아진다. 반면 상한섭취량보다 높다는 것은 섭취 과잉의 증세를 보일 확률이 높음을 의미한다. 이와 같이 영양소 섭취기준은 개인의 영양소 섭취가 부적절할 확률을 조사하는 기준으로 활용된다. 한편, 집단의 식사를 평가하기 위해서는 집단 구성원들의 영양소 섭취량을 파악한 후, 그중 영양소 필요량을 충족시키지 못하는 사람들의 비율 및 상한섭취량 이상 섭취하는 사람들의 비율을 구한다.

식사 계획

식사 계획은 개인 및 집단의 영양이 부족하거나 지나치지 않도록 하는 것이다. 식사 계획은 개인이나 집단은 물론 정부의 식품 보조 프로그램, 식사지침, 식품 표시, 식품 강화, 식품 개발, 식품 안정 등 여러 분야에서 이용할 수 있다. 개인의 식사 계획을 세울 때는 각 영양소의 권장섭취량을 충족시키거나 충분섭취량에 가깝도록 식사를 구성하며 상한섭취량을 초과하지 않도록 한다. 건강한 사람들 대상으로 식사 계획을 세울 때 적용하도록 하며, 섭취 부족 증세가 있거나 질병이 있는 경우에는 이를 기준으로 하지 않는다. 집단을 대상으로 식사 계획을 하는 경우에는 평균필요량이나 상한섭취량을 기준으로 설정한다. 평상시 영양소의 결핍 또는 과잉 섭취를 막고, 부적절하게 영양을 섭취하는 사람들의 비율을 줄이기 위해 영양소 섭취량 분포에서 평균필요량보다 적게 먹는 대상자 비율을 최소화하도록 섭취량 분포를 이동시키고 상한섭취량보다 적은 양의 중앙값을 선정하여 식사를 계획한다.

4) 건강을 위한 식생활

(1) 균형식

우리가 먹는 세끼 식사의 양과 내용에 따라 건강 상태는 달라진다. 과거 식량 공급이 절대적으로 부족했던 시절에는 영양소가 결핍되지 않도록 식사를 구성하는데 큰 관심을 두었으나 현대에 와서는 영양결핍뿐 아니라 만성 퇴행성 질환과 같은 영양과잉 및 불균형에 따른 건강문제도 심각하게 야기되고 있다. 건강 유지를 위한 바람직한 식사 구성은 어떻게 해야 하는가? 이에 대한 답은 간단하다. 여러 가지 식품이 골고루 함유된 식사, 즉 균형식을 하면 된다.

식품군 분류

식품은 각각 고유한 성분과 영양소를 함유하고 있다. 예를 들어 어떤 식품은 탄수화물이 많이 함유되어 있고, 어떤 식품은 단백질이, 또 어떤 식품은 지질이 풍부하게 함유되어 있다. 따라서 우리가 일상적으로 섭취하는 많은 종류의 식품을 각 식품의 영양소 함량, 식품 영양가표에서의 분류 체계, 한국인의 대표적인 식사 패턴, '국민건강영양조사'에서 특정 식품이 총영양소 섭취에 기여하는 정도 등을 고려하여 특성이 비슷한 것들끼리 묶어 여섯 가지 식품군으로 분류하고 있다.

- 곡류
- 고기·생선·달걀·콩류

여섯 가지 식품군 (food group)
영양소 함량이나 특성이 비슷한 식품들끼리 분류해 놓은 것

- 채소류
- 과일류
- 우유·유제품류
- 유지·당류

가장 이상적인 균형식은 매끼 여섯 가지 식품군에서 한 가지씩 식품을 선택하고 각자에게 필요한 적당한 양을 먹는 것이다. 하지만 이것이 어려울 때에는 하루 중에라도 각 식품군의 식품을 골고루 먹도록 하는 것이 좋다.

식사구성안

실제적으로 영양소의 형태가 아닌 식품을 섭취하기 때문에 우리 몸에 필요한 영양소의 양을 파악하거나 평가하기 어렵다. 따라서 영양적으로 충족할 수 있는 식품의 종류와 양을 쉽게 선택하여 식사할 수 있는 방법을 제공하는 것이 필요하다. 이를 위해 개발된 식사구성안은 복잡한 영양가 계산을 하지 않고도 영양소 섭취기준을 충족할 수 있도록 식품군별 대표 식품과 섭취 횟수를 이용하여 식사의 기본 구성을 제안하고 있다. 식사구성안은 에너지, 비타민, 무기질, 식이섬유를 자신에게 필요한 양의 100% 섭취하며, 한국인 영양소 섭취기준의 에너지 적정비율인 탄수화물은 55~65%, 단백질은 7~20%, 지방은 15~30% (1~2세의 경우 20~35%)로 섭취하고, 소금은 하루 5.75 g 이하(나트륨으로 환산하면 2.3 g 또는 2,300 mg), 설탕이나 물엿과 같은 첨가당은 되도록 적게 섭취하는 것을 권장하고 있다.

식단을 작성하는 여러 가지 방법 중 식품구성자전거와 권장식사패턴은 일반인들이 식품을 쉽게 이해하고, 자신에게 알맞은 식단을 작성할 수 있도록 고안된 방법이다.

식품구성자전거

우리가 섭취하고 있는 식품들의 종류와 영양소 함량에 따라 기능이 비슷한 것끼리 묶어 보면 곡류, 고기·생선·달걀·콩류, 채소류, 과일류, 우유·유제품류, 유지·당류의 6가지 식품군으로 구분된다. 식품구성자전거는 자전거 바퀴 모양을 이용하여 6가지 식품군의 권장식사패턴에 맞게 섭취 횟수와 분량에 따라 면적을 배분하여 일반인들의 이해를 돕기 위해 개발된 식품 모형이다.

더 알아보기 Food-based dietary guidelines

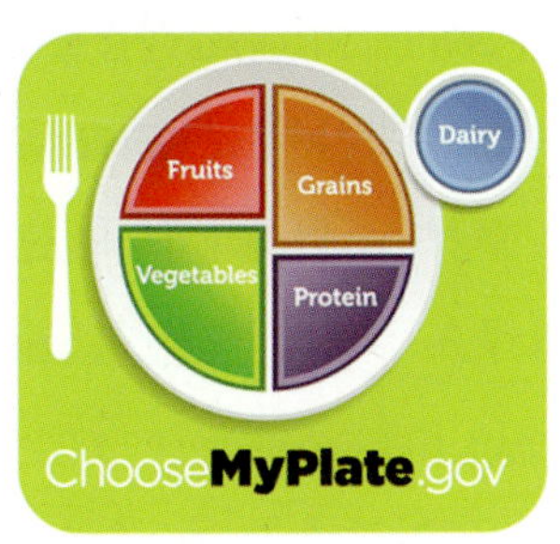

Dietary Guidelines for Americans

Chinese Food Guide Pagoda(2016)

Japanese Food Guide Spinning Top

자료 : Food & Agriculture Organization of the Unied Nations Food-based dietary guidelines (https://www.fao.org/nutrition/education/food-dietary-guidelines/regions/en/)

그림 1-9 식품구성자전거

자료 : 보건복지부·한국영양학회, 2020 한국인 영양소 섭취기준 활용, 2021

식품구성자전거의 앞바퀴는 매일 적당한 양의 물을 섭취해야 하는 것을 표현하고 있으며, 자전거에 앉은 사람의 모습은 매일 충분한 양의 신체 활동을 통해 적절한 영양소 섭취기준과 함께 건강을 유지하고 비만을 예방할 수 있음을 의미한다.

식품군별 1인 1회 분량

각 식품군별로 주로 많이 섭취하며, 또한 각 식품의 영양소 공급에 기여하는 정도, 연령별 관습적인 상용 식품, 건강과의 관련성 등을 고려하여 대표 식품을 선정하였다. 선정된 대표 식품에 대해 여러 연구 보고와 실태 조사 자료, 관습적으로 사용해 온 양을 기초 자료로 하여 실생활에서 쉽게 기억하고 편리하게 사용할 수 있도록 1인 1회 분량을 제시하고 있다. 각 식품군별 주요 식품의 1인 1회 분량과 1회 분량에 해당하는 횟수는 그림 1-10과 같다.

1인 1회 분량 (one serving size)
정상인이 일상적으로 한 번에 섭취하거나 섭취하도록 권장하는 양

권장식사패턴

매 식사 시 각 식품군에서 적당한 양을 골고루 섭취해야 하지만 이런 균형식을 계획하는 것이 쉬운 일은 아니다. 한국영양학회에서는 한국인의 영양소 섭취기준을 충족시킬 수 있는 각 식품군별 권장식사패턴을 개발하고 이를 활용한 1일 식사 구성의 예를 제시하고 있다. 표 1-3과 1-4에 나타낸 권장식사패턴은 국민건강영양조사 자료의 연령별·성별 식품군별 섭취량과 한국인의 일상 식사 섭취 패턴을 반영하고, 여기에 식품군별 대표 영양가표를 이용하여 개발한 것이다. 영유아·청소년기의 성장기 특징을 반영하여 하루 우유 2컵을 섭취하는 형태의 권장식사패턴 A와 하루 우유 1컵을 섭취하는 형태의 권장식사패턴 B를 제시하였다. 패턴 A는 900~2,800 kcal까지, 패턴 B는 1,000~2,700 kcal까지 제시하였으며, 표 1-5와 1-6은 이를 이용해 작성해 본 1일 식단의 예이다.

식품군	1인 1회 분량					
곡류	쌀밥 (210 g)	백미 (90 g)	국수(말린 것) (90 g)	냉면국수(말린 것) (90g)	가래떡 (150 g)	식빵 1쪽* (35 g)
고기 · 생선 달걀 · 콩류	쇠고기 (생 60 g)	닭고기 (생 60 g)	고등어 (생 70 g)	대두 (20 g)	두부 (80 g)	달걀 (60 g)
채소류	콩나물 (생 70 g)	시금치 (생 70 g)	배추김치 (생 40 g)	오이소박이 (생 40g)	느타리버섯 (생 30 g)	미역(마른 것) (10g)
과일류	사과 (100 g)	귤 (100 g)	참외 (150 g)	포도 (100 g)	수박 (150g)	대추(말린 것) (15 g)
우유 · 유제품류	우유 (200 mL)	치즈 1장** (20 g)	호상요구르트 (100 g)	액상요구르트 (150 g)	아이스크림/셔벗 (100 g)	
유지 · 당류	콩기름 1작은술 (5g)	버터 1작은술 (5g)	마요네즈 1작은술 (5g)	커피믹스 1회 (12g)	설탕 1큰술 (10 g)	꿀 1큰술 (10 g)

* 표시는 0.3회, ** 표시는 0.5회

그림 1-10 각 식품군의 대표식품 및 1인 1회 분량

자료 : 보건복지부·한국영양학회, 2020 한국인 영양소 섭취기준 활용, 2021

표 1-3 생애주기별 권장식사패턴 A (우유·유제품 2회 권장, A타입)

열량(kcal)	곡류	고기 · 생선 · 달걀 · 콩류	채소류	과일류	우유 · 유제품	유지 · 당류
900	1	1.5	4	1	2	2
1,000	1	1.5	4	1	2	3
1,100	1.5	1.5	4	1	2	3
1,200	1.5	2	5	1	2	3
1,300	1.5	2	6	1	2	4
1,400	2	2	6	1	2	4
1,500	2	2.5	6	1	2	5
1,600	2.5	2.5	6	1	2	5
1,700	2.5	3	6	1	2	5
1,800	3	3	6	1	2	5
1,900	3	3.5	7	1	2	5
2,000	3	3.5	7	2	2	6
2,100	3	4	8	2	2	6
2,200	3.5	4	8	2	2	6
2,300	3.5	5	8	2	2	6
2,400	3.5	5	8	3	2	6
2,500	3.5	5.5	8	3	2	7
2,600	3.5	5.5	8	4	2	8
2,700	4	5.5	8	4	2	8
2,800	4	6	8	4	2	8

자료 : 보건복지부·한국영양학회, 2020 한국인 영양소 섭취기준 활용, 2021

표 1-4 생애주기별 권장식사패턴 B (우유·유제품 1회 권장, B타입)

열량(kcal)	곡류	고기 · 생선 · 달걀 · 콩류	채소류	과일류	우유 · 유제품	유지 · 당류
1,000	1.5	1.5	5	1	1	2
1,100	1.5	2	5	1	1	3
1,200	2	2	5	1	1	3
1,300	2	2	6	1	1	4
1,400	2.5	2	6	1	1	4
1,500	2.5	2.5	6	1	1	4
1,600	3	2.5	6	1	1	4
1,700	3	3.5	6	1	1	4
1,800	3	3.5	7	2	1	4
1,900	3	4	8	2	1	4
2,000	3.5	4	8	2	1	4
2,100	3.5	4.5	8	2	1	5
2,200	3.5	5	8	2	1	6
2,300	4	5	8	2	1	6
2,400	4	5	8	3	1	6
2,500	4	5	8	4	1	7
2,600	4	6	9	4	1	7
2,700	4	6.5	9	4	1	8

자료 : 보건복지부·한국영양학회, 2020 한국인 영양소 섭취기준 활용, 2021

표 1-5 19~64세 남성 권장 식단 (2,400 kcal, B타입)

메뉴	분량	아침	점심	저녁	간식
		쌀밥 아욱된장국 조기구이 도토리묵&양념장 풋마늘무침 배추김치	바지락칼국수 미니주먹밥 감자채소전 깍두기 사과	잡곡밥 육개장 달걀말이 도라지나물 배추김치	파인애플 키위 두유 호상요구르트
곡류	4회	쌀밥 210 g (1) 도토리묵 70 g (0.1)	칼국수 200 g (1) 쌀밥 147 g (0.7) 감자 93 g (0.2)	잡곡밥 210 g (1)	
고기 · 생선 · 달걀 · 콩류	5회	조기 60 g (1)	바지락 80 g (1)	소고기 60 g (1) 달걀 60 g (1)	두유 200 mL (1)
채소류	8회	아욱 35 g (0.5) 풋마늘 35 g (0.5) 배추김치 40 g (1)	당근 28 g (0.4) 애호박 28 g (0.4) 부추 28 g (0.4) 김 2 g (1) 양파 35 g (0.5) 깍두기 40 g (1)	무 7 g (0.1) 고사리 7 g (0.1) 숙주나물 7 g (0.1) 도라지 70 g (1) 배추김치 40 g (1)	
과일류	3회		사과 100 g (1)	사과 100 g (1)	파인애플 100 g (1) 키위 100 g (1)
우유 · 유제품	1회				요구르트(호상) 100 g (1)
유지 · 당류	6회	유지 및 당류는 조리 시 가급적 적게 사용할 것을 권장함			

총에너지(kcal) : 2384.4kcal; 탄수화물, 단백질, 지방 섭취비율(%) : 탄수화물(60.5%), 단백질(14.6%), 지방(25.0%)

자료 : 보건복지부 · 한국영양학회, 2020 한국인 영양소 섭취기준 활용, 2021

표 1-6 19~64세 여성 권장 식단 (1,900 kcal, B타입)

메뉴	분량	아침	점심	저녁	간식
		쌀밥 닭곰탕 돼지고기브로콜리볶음 미역줄기나물 깍두기	열무비빔국수 삶은달걀 채소튀김 동치미 오렌지	잡곡밥 대구탕 두부조림 숙주나물 배추김치	방울토마토 키위 우유
곡류	3회	쌀밥 210 g (1)	소면 90 g (1)	잡곡밥 210 g (1)	
고기 · 생선 · 달걀 · 콩류	4회	닭고기 60 g (1) 돼지고기 30 g (0.5)	달걀 60 g (1)	대구 70 g (1) 두부 40 g (0.5)	
채소류	8회	파 35 g (0.5) 브로콜리 35 g (0.5) 미역줄기 35 g (0.5) 깍두기 40 g (1)	열무김치 20 g (0.5) 당근 35 g (0.5) 양파 35 g (0.5) 동치미 40 g (1)	무 35 g (0.5) 숙주나물 35 g (0.5) 배추김치 40 g (1)	방울토마토 70 g (1)
과일류	2회		오렌지 100 g (1)		키위 100 g (1)
우유 · 유제품	1회				우유 200 mL (1)
유지 · 당류	4회	유지 및 당류는 조리 시 가급적 적게 사용할 것을 권장함			

총에너지(kcal) : 1882.3kcal; 탄수화물, 단백질, 지방 섭취비율(%) : 탄수화물(55.3%), 단백질(19.2%), 지방(25.5%)

자료 : 보건복지부 · 한국영양학회, 2020 한국인 영양소 섭취기준 활용, 2021

(2) 식생활 지침

국가적인 차원에서 식사 목표와 지침을 설정하고 계몽함으로써 올바른 식생활을 유도하고 국민 건강을 증진시킬 수 있다. 즉, 질병 예방과 건강증진을 위한 건강한 식생활을 위한 지침은 보건 정책의 필수적인 요소 중 하나이며, 사회·경제적 수준에 관계없이 사람들이 건강한 생활 패턴을 유지할 수 있도록 나라마다 국민 식습관과 건강문제를 고려하여 식생활 지침을 제정하고 있다. 식생활 지침은 건강한 식생활을 위해 일반 대중이 쉽게 이해할 수 있고 일상생활에서 실천할 수 있도록 제시하는 권장 수칙이다. 우리나라에서는 「국민영양관리법」에 근거하여 2016년 「국민 공통 식생활 지침」을 발표한 이후 5년 만에 개정되었다.

(3) 영양표시제도(Nutrition labeling)

영양표시제도는 식품표시 항목 중의 하나로 '영양'에 대한 적절한 정보를 소비자에게 전달해 줌으로써, 소비자들이 영양적 가치를 근거로 합리적인 식품 선택을 할 수 있도록 돕기 위한 제도이다. 우리나라의 영양표시는 1995년에 도입되었으며, 「식품위생법」에 근거하여 식품의약품안전처장이 영양표시에 관한 기준을 정하여 「식품 등의 표시기준」으로 고시하고 있다.

영양표시에는 일정한 양식에 영양 성분의 함량을 표시하는 '영양 성분 정보'와 특정 용어를 이용하여 제품의 영양적 특성을 강조 표시하는 '영양 강조 표시'가 있다.

영양표시 대상 식품

영양표시를 해야 하는 식품은 장기보존식품(레토르트식품만 해당), 과자류 중 과자, 캔디류 및 빙과류, 빵류 및 만두류, 초콜릿류, 잼류, 식용유지류, 면류, 음료류, 특수용도식품, 어육가공품 중 어육소시지, 즉석섭취식품 중 김밥, 햄버거, 샌드위치, 커피(볶은 커피 및 인스턴트커피는 제외), 장류(한식 메주, 재래 한식 메주, 한식 된장 및 청국장은 제외. 단, 장류의 경우 매출액이 높은 업체부터 우선 적용하여 단계적으로 확대할 예정임)가 있다. 그 외 식품은 영양표시를 반드시 해야 하는 것은 아니지만 하고자 할 경우에는 표시기준을 따라야 한다.

영양성분표

가공식품이 가진 영양 성분의 양과 비율을 정해진 기준에 따라 표시한다. 영양

더 알아보기 한국인을 위한 식생활 지침

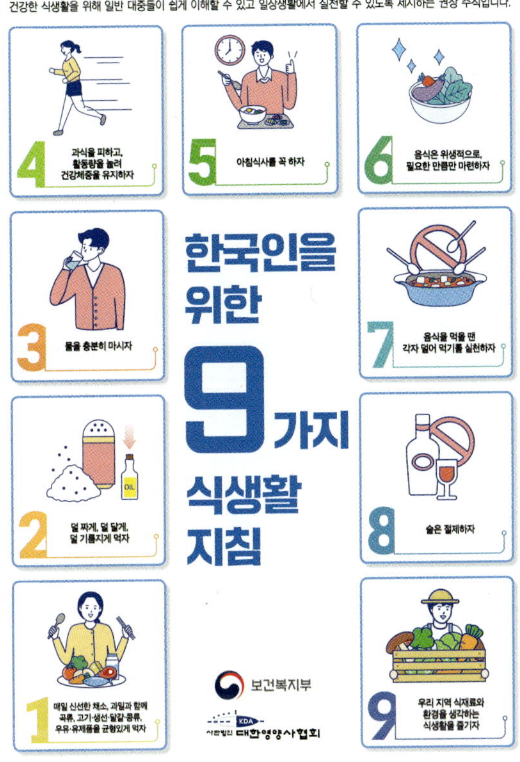

- 식품 및 영양섭취와 관련하여서는 만성질환 예방을 위해 균형 있는 식품 섭취, 채소·과일 섭취 권장, 나트륨·당류·포화지방산 섭취 줄이기 등을 강조한다.

식품 및 영양섭취 관련 지침	1. 매일 신선한 채소, 과일과 함께 곡류, 고기 · 생선 · 달걀 · 콩류, 우유 · 유제품을 균형 있게 먹자. 2. 덜 짜게, 덜 달게, 덜 기름지게 먹자. 3. 물을 충분히 마시자.

- 식생활 습관 관련 지침에서는 과식을 피하고 신체활동을 늘리기, 아침식사 하기, 술 절제하기 등 비만을 예방할 수 있는 수칙들을 제시하였다.

식생활 습관 관련 지침	4. 과식을 피하고, 활동량을 늘려서 건강 체중을 유지하자. 5. 아침식사를 꼭 하자. 8. 술은 절제하자.

- 식생활 문화 관련 지침에서는 코로나19 이후 위생적인 식생활 정착, 지역 농산물 활용을 통한 지역 경제 선순환 및 환경 보호를 강조하였다.

식생활 문화 관련 지침	6. 음식은 위생적으로, 필요한 만큼만 마련하자. 7. 음식을 먹을 땐 각자 덜어 먹기를 실천하자. 9. 우리 지역 식재료와 환경을 생각하는 식생활을 즐기자.

자료 : 보건복지부·농림축산식품부·식품의약품안전처, '건강한 식생활을 실천해요! 정부, 「한국인을 위한 식생활지침」 발표', 보도자료(4월 15일 조간), 2021

성분 함량은 1포장당, 단위 내용량당, 1회 섭취 참고량당 함유된 값으로 표시하며, 표시 대상 영양 성분은 열량, 나트륨, 탄수화물, 당류, 지방, 트랜스지방, 포화지방, 콜레스테롤, 단백질, 그 밖에 영양표시나 영양 강조 표시를 하고자 하는 영양 성분이 해당된다. 영양 성분 함량과 1일 영양 성분 기준치에 대한 비율을 이용하면 자신의 건강에 더 나은 식품을 선택하거나 비교할 수 있으며, 제품 표지에 있는 원재료명 목록도 건강에 좋은 식품을 선택하는 데 중요한 정보를 제공한다.

총 내용량(1포장당)

영양정보	총 내용량 ○○ g ○○ kcal
총 내용당량	1일 영양성분 기준치에 대한 비율
나트륨 ○○ mg	○○%
탄수화물 ○○ g	○○%
당류 ○○ g	○○%
지방 ○○ g	○○%
트랜스지방 ○○ g	
포화지방 ○○ g	○○%
콜레스테롤 ○○ mg	○○%
단백질 ○○ g	○○%
1일 영양성분 기준치에 대한 비율(%)은 2,000 kcal 기준이므로 개인 필요 열량에 따른 다를 수 있습니다.	

100 g(mL당)

영양정보	총 내용량 ○○ g 100g당 ○○ kcal
100g당	1일 영양성분 기준치에 대한 비율
나트륨 ○○ mg	○○%
탄수화물 ○○ g	○○%
당류 ○○ g	○○%
지방 ○○ g	○○%
트랜스지방 ○○ g	
포화지방 ○○ g	○○%
콜레스테롤 ○○ mg	○○%
단백질 ○○ g	○○%
1일 영양성분 기준치에 대한 비율(%)은 2,000 kcal 기준이므로 개인 필요 열량에 따른 다를 수 있습니다.	

단위 내용량당

영양정보	총 내용량 ○○ g 1조각(○○g)당 ○○ kcal
1조각당	1일 영양성분 기준치에 대한 비율
나트륨 ○○ mg	○○%
탄수화물 ○○ g	○○%
당류 ○○ g	○○%
지방 ○○ g	○○%
트랜스지방 ○○ g	
포화지방 ○○ g	○○%
콜레스테롤 ○○ mg	○○%
단백질 ○○ g	○○%
1일 영양성분 기준치에 대한 비율(%)은 2,000 kcal 기준이므로 개인 필요 열량에 따른 다를 수 있습니다.	

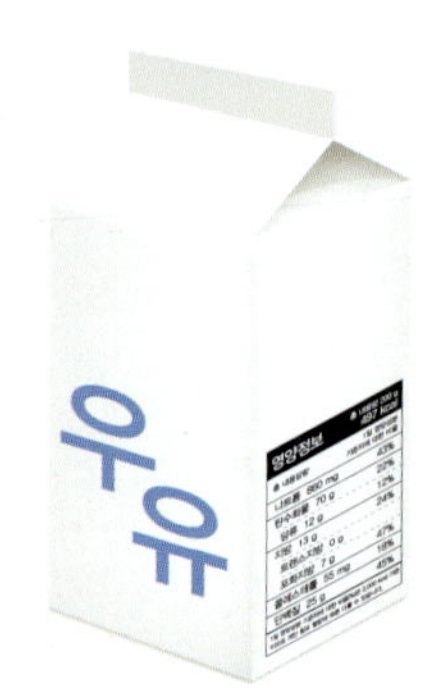

그림 1-11 영양표시의 예

자료 : 식품안전나라, 영양표시정보(https://www.foodsafetykorea.go.kr)

더 알아보기 **식품표시제도(Food labeling)**

정부가 식품 생산자와 판매자에게 가격, 품질, 성분, 성능, 효력, 제조일자, 유효기간, 사용 방법, 영양가치 등에 관한 각종 식품 정보를 제품의 포장이나 용기에 문자, 숫자, 도형을 사용하여 표기하도록 하는 제도이다.

영양 강조 표시

가공식품이 가진 영양 성분의 양을 정해진 기준에 따라 특정 용어를 사용하여 강조 표시한다. '무지방', '저칼로리', '비타민 C 첨가', '칼슘 강화' 등과 같이, 영양성분표를 읽지 않고도 제품에 함유된 영양소의 수준을 특정한 용어를 사용하여 표시하기도 한다. 제품의 영양적 가치를 '저', '무', '고(또는 풍부)', '함유(또는 급원)' 등의 용어로 강조 표시하기 위해서는 정부가 정한 용어와 해당 기준을 따라야 한다. 원래 그 식품에 해당 영양소가 전혀 들어 있지 않은 식품의 강조 표시는 소비자가 오인, 혼동하는 표시로 간주하므로 표시해서는 안 된다(예 : 식용유에 '무콜레스테롤' 표기).

2019년 국민건강통계에 의하면, 가공식품을 사거나 고를 때 영양표시를 활용하는 인구 비율은 28.8%로 나타났으며, 여자가 남자보다 영양표시를 활용한다고 응답한 비율이 10% 이상 높았다(그림 1-12).

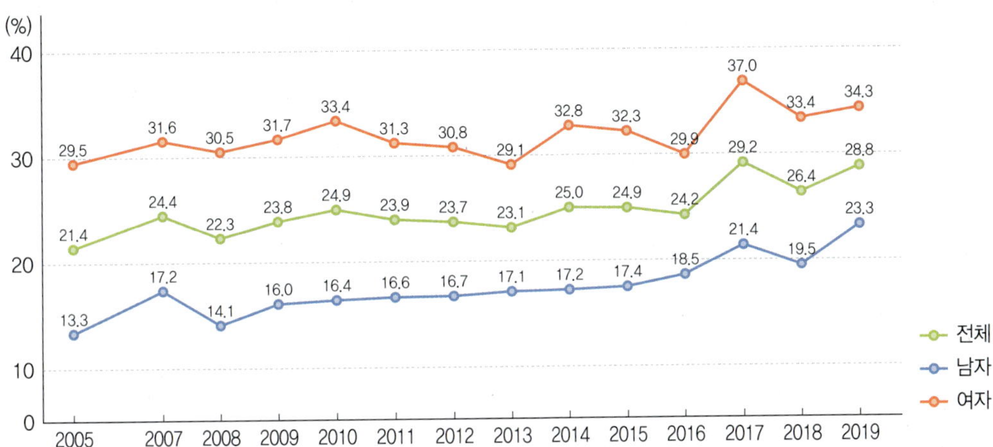

※가공식품 선택 시 영양표시 이용률 : 가공식품 선택 시 영양표시를 읽는 분율

그림 1-12 가공식품 선택 시 영양표시 이용률 추이(초등학생 이상)

자료 : 질병관리청, 2019 국민건강통계, 2020

5) 한국인의 영양·건강 실태

한 개인의 음식물 섭취, 즉 영양 상태는 건강문제와 직결된다. 과거에 비해 우리의 식생활은 풍족해졌을 뿐 아니라 급격히 서구화되고 있다. 이에 따라 과거에 비하여 한국인의 신장과 체중 등 체격이 현저하게 커졌으나, 반면에 질병 구조에도 큰 변화를 가져왔다.

(1) 한국인의 건강 실태

한국인의 주요 사망 원인은 과거에는 영양 결핍 시에 발생하기 쉬운 결핵 등 감염성 질환이 주를 이루었으나 최근에는 불량한 식행동에 의해 초래되는 각종 만성 질환이 사망 원인 중 우위를 차지하고 있다. 2020년 사망 원인 통계에 의하면 우리나라 남녀 전체 인구의 사망 원인 1위는 악성신생물(암)이고, 그 다음은 심장질환,

폐렴, 뇌혈관질환, 고의적 자해(자살), 당뇨병, 알츠하이머병, 간질환, 고혈압성 질환, 패혈증의 순서로 나타났으며, 이들 10대 사인은 전체 사망 원인의 67.9%를 차지하였다(그림 1-13). 최근 30여 년 동안의 추이를 살펴보면, 암과 심장질환 및 폐렴으로 인한 사망률은 증가하는 양상을 보이며 뇌혈관질환으로 인한 사망률은 감소 추세이다. 한국인 사망 원인 1위인 암으로 인한 사망률은 폐암, 간암, 대장암, 위암, 췌장암의 순이며 이중 폐암, 대장암, 췌장암의 사망률은 증가하고 있으며 위암 사망

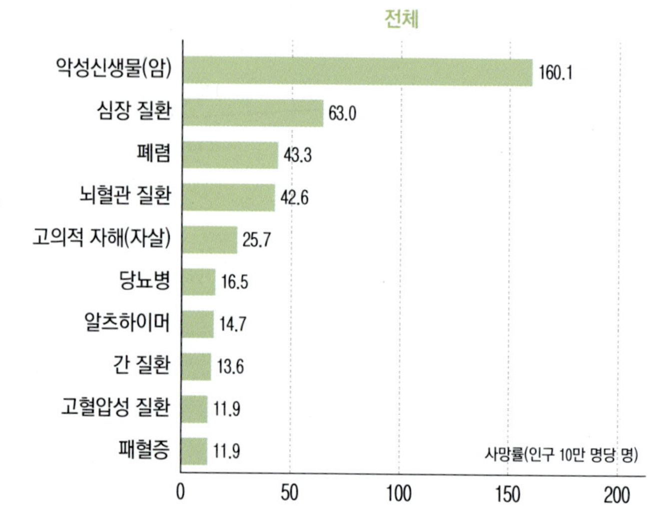

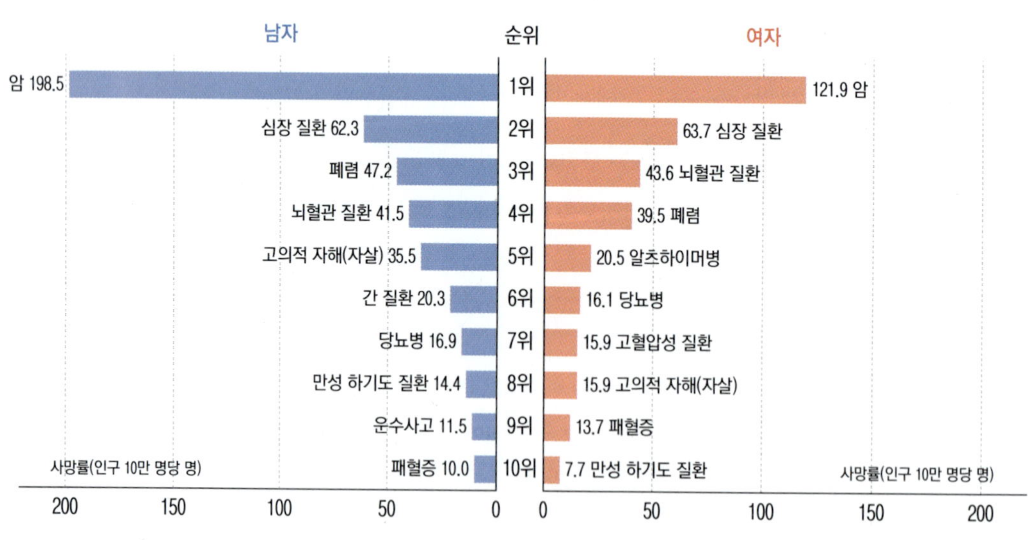

그림 1-13 2020년 한국인 사망 원인(전체, 성별)

자료 : 통계청, 2020년 사망원인통계 결과, 2021

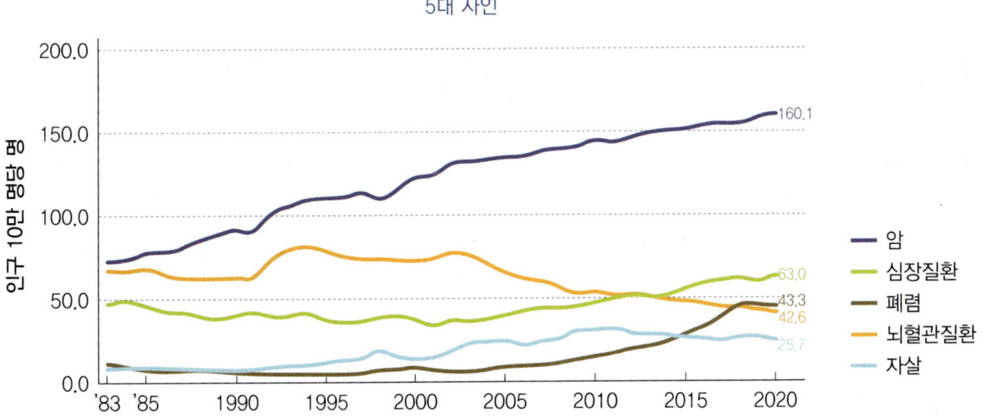

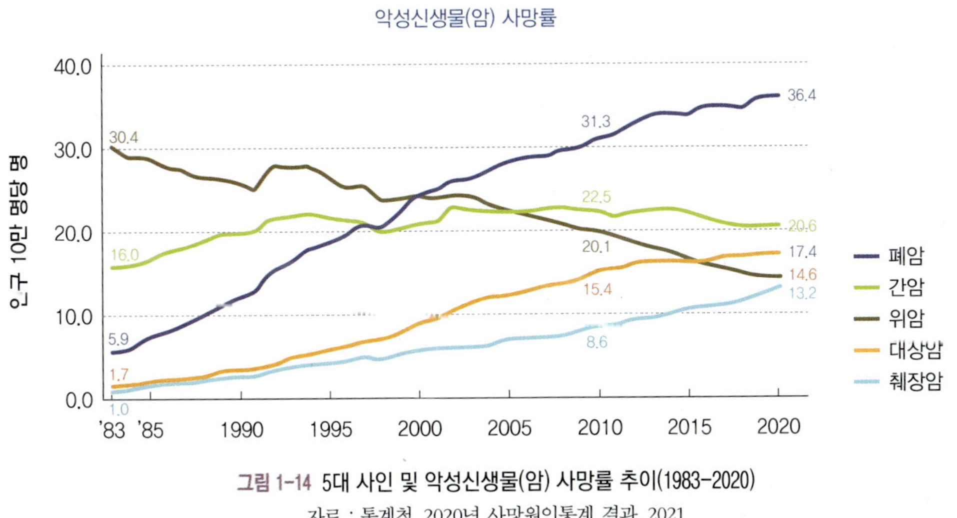

그림 1-14 5대 사인 및 악성신생물(암) 사망률 추이(1983-2020)
자료 : 통계청, 2020년 사망원인통계 결과, 2021

률은 감소하고 있음을 보여 준다(그림 1-14).

한편, 한국인의 주요 만성질환의 유병률을 살펴보면(만 30세 이상, 표준화), 비만 유병률은 2019년 남자 43.1%, 여자 27.4%이며, 1998년 이후 남자는 크게 증가한 반면(26.8% → 43.1%), 여자는 큰 변화 없이 30.0%로 유지하다 2019년 27.4%로 소폭 감소하였다. 고혈압 유병률은 2019년 남자 31.1%, 여자 22.8%이며, 남녀 모두 큰 변화가 없다. 당뇨병 유병률은 2019년 남자 14.0%, 여자 9.5%이며, 고콜레스테롤혈증 유병률은 2019년 남자 21.0%, 여자 23.1%로, 남녀 모두 지속적으로 증가하고 있다. 특히 남자의 경우 2005년 7.3%에서 2019년 21.0%로 13.7% 증가하였다(그림 1-15).

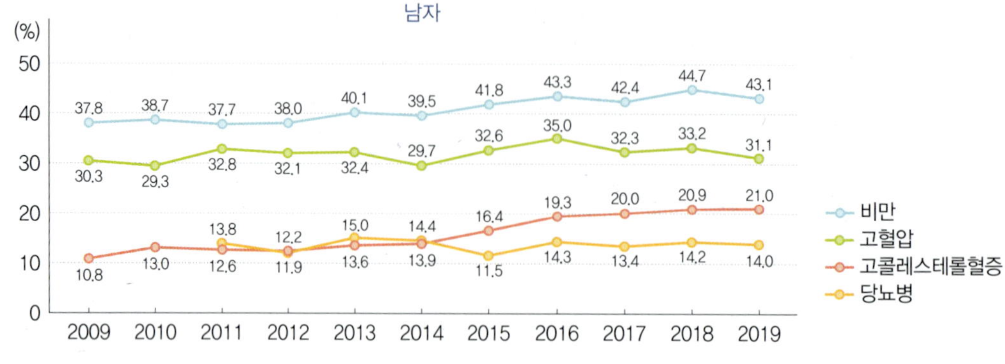

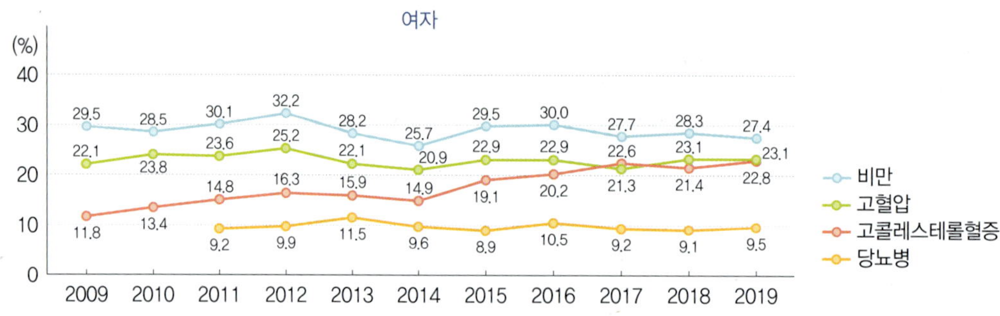

※ 비만 : 체질량지수가 25kg/m2 이상인 분율, 만 30세 이상

※ 고혈압 : 수축기혈압이 140mmHg 이상이거나 이완기혈압이 90mmHg 이상 또는 고혈압 약물을 복용하는 분율, 만 30세 이상
※ 당뇨병 : 공복혈당이 126mg/dL이상이거나 의사진단을 받았거나 혈당강하제복용 또는 인슐린 주사를 사용하거나, 당화혈색소 6.5% 이상인 분율, 만 30세 이상
※ 고콜레스테롤혈증 : 혈중 총콜레스테롤이 240 mg/dL 이상이거나 콜레스테롤강하제를 복용하는 분율, 만 30세 이상
※ 2005년 추계인구로 연령표준화

그림 1-15 주요 만성질환 유병률 추이(2009~2019)
자료 : 질병관리청, 2019 국민건강통계, 2020

이러한 결과는 한국인 식생활의 급격한 서구화 및 고령화와 맞물려 나타나는 양상으로, 특히 식생활 개선을 통한 이들 질병의 예방과 관리가 무엇보다 중요함을 시사한다.

한편, 아동·청소년 비만도 꾸준히 증가하고 있다. 2019년 학생 건강검사 표본통계에 의하면, 우리나라 초·중·고생의 과체중 및 비만 비율은 25.8%(과체중 10.7%, 비만 15.3%)로 연령이 많을수록, 도시보다는 농어촌 지역에 거주하는 경우 과체중 및 비만 비율이 더 높은 것으로 나타났다(2019년 학생 건강검사 표본통계, 교육부).

(2) 한국인의 식생활·영양 실태

우리 국민의 식생활 변화의 주요 특징은 동물성 식품의 섭취 증가와 식물성 식품의 섭취 감소라고 할 수 있으며, 과거 과다한 탄수화물 위주의 식생활 패턴에서 벗어나고 있다. 지난 20년간 식품군별 섭취량의 변화를 살펴보면, 곡류군의 1일 평균 섭취량은 1998년 342 g에서 2019년 274 g으로, 채소류 섭취량은 325 g에서 284 g으로, 과일류는 200 g에서 141 g으로 감소하였다. 반면 육류의 섭취량은 71 g에서 125 g으로 증가하였고, 특히 음료류의 1일 평균 섭취량은 47 g에서 247 g으로 크게 증가하였다(그림 1-16).

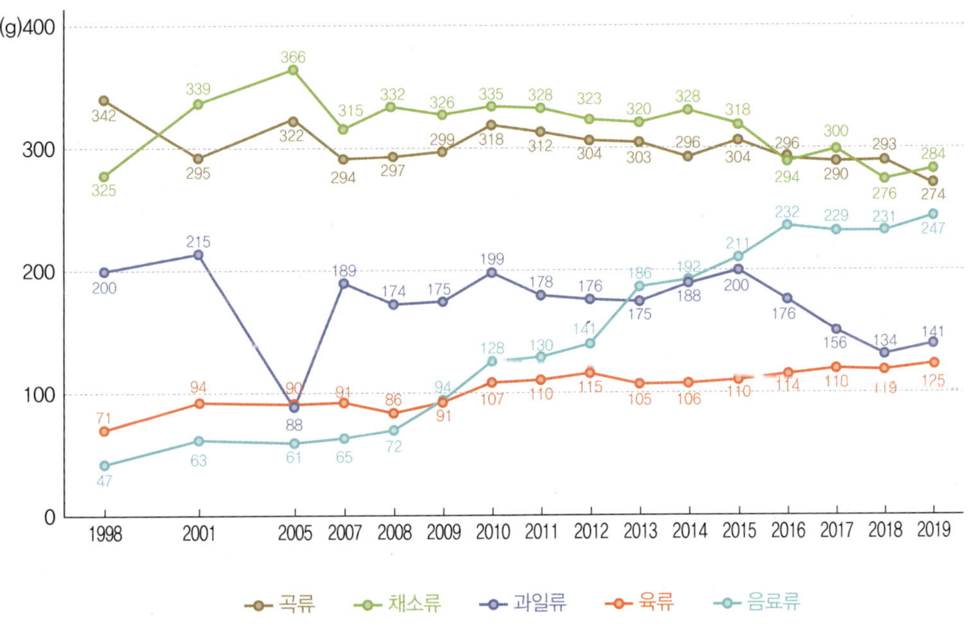

※ 채소류, 육류의 2013~2018년 값은 육수를 제외한 중량

※ 2005년 추계인구로 연령 보정한 표준화 값

그림 1-16 식품군별 섭취량 변화

자료 : 질병관리청, 2019 국민건강통계, 2020

과거에는 식량의 부족으로 인한 영양 결핍이 문제였다면 최근에는 일부 영양소의 과다 섭취 또는 부적절한 섭취에 따른 영양 불균형이 문제이며, 빈곤이나 다이어트 등에 의한 영양소 결핍도 여전히 존재한다. 하루 평균 에너지 섭취량은 지난

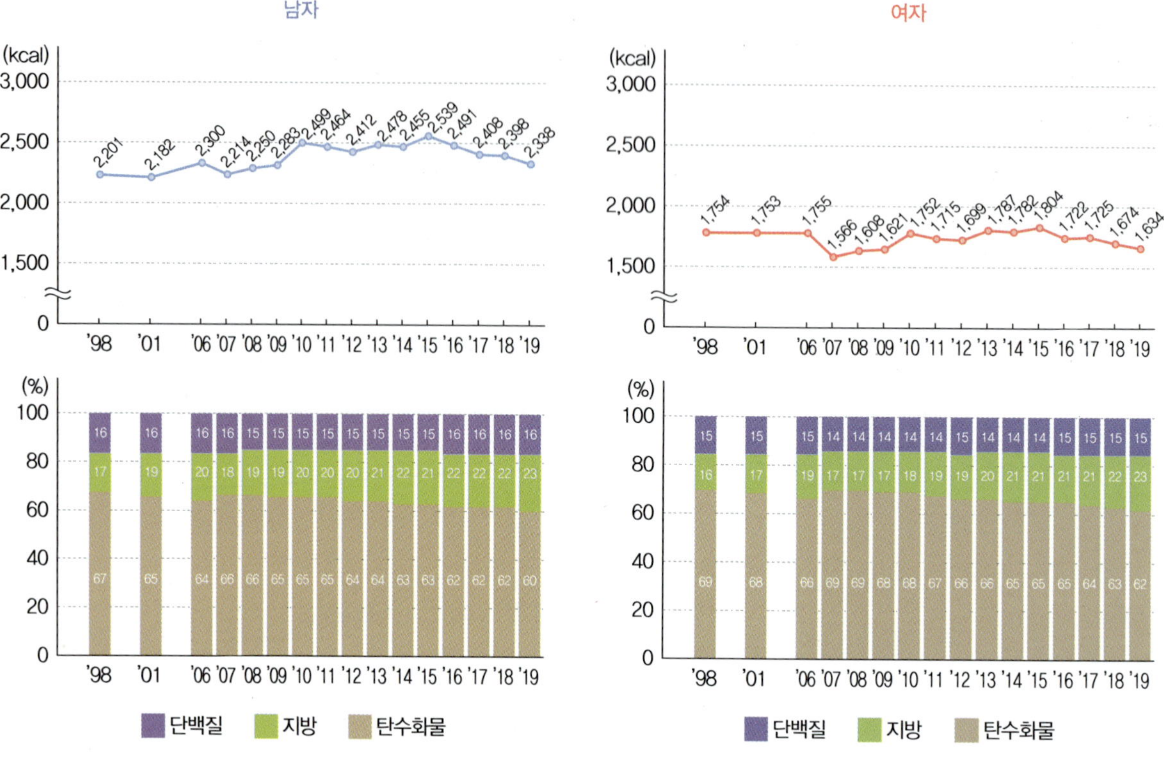

※2005년 추계인구로 연령 보정한 표준화 값

그림 1-17 성별 에너지 섭취량 및 에너지 급원별 섭취 분율(만 19세 이상)
자료 : 질병관리청, 국민건강영양조사 제8기 1차년도(2019) 결과 발표 자료집, 2020

20년간 큰 변화는 없으나, 남자의 경우 다소 증가하였고 여자는 다소 감소하였다. 남자와 여자 모두 탄수화물로부터 얻는 에너지 섭취의 비율은 감소하였고 지방으로부터의 섭취 비율은 증가하였다(그림 1-17).

건강 식생활을 실천하고 있는 국민의 비율은 2008년 이후 꾸준히 증가하는 양상을 보이고 있으며, 2019년은 44.5%로 전년 대비 3.0% 증가한 수치를 보였다(HP2030 목표치 50.6%). 특히 여성의 경우 50.1%가 건강 식생활을 실천하는 것으로 조사되어 남성(39.0%)보다 11.1% 더 높게 나타났다(그림 1-18). 만성질환 예방 관리를 위한 과일·채소의 권고 섭취기준인 1일 500g 이상을 섭취하는 인구 비율은 2015년 이후로 감소하는 추세에 있으며, 특히 젊은 성인의 과일·채소류 섭취량이 부족한 상황이다〔과일 및 채소 1일 500 g 이상 섭취자 분율 : ('15) 40.5% → ('17) 34.4%

→ ('19) 31.3%, 20대 과일 및 채소 1일 500 g 이상 섭취자 분율 : 16.6%, 2019 국민건강통계).

현대사회에서는 아직도 영양소 섭취가 부족한 집단이 있는가 하면 영양소의 섭

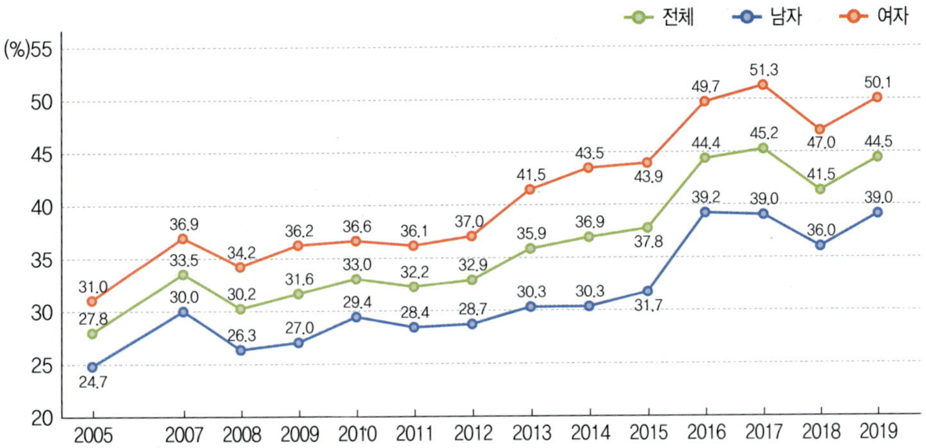

※ 건강 식생활 실천율 : 지방, 나트륨, 과일/채소, 영양표시 4개 지표 중 2개 이상을 만족하는 분율
- (지방) 지방 섭취가 지방 에너지 적정비율 내 해당
- (나트륨) 1일 섭취량이 2,000 mg 미만
- (채소·과일) 과일류와 채소류 섭취량 합계가 500 g 이상
- (영양표시 이용 여부) 가공식품 선택 시 영양표시를 읽는지 여부에 '예'로 응답

그림 1-18 건강 식생활 실천율 추이(만 6세 이상)

자료 : 질병관리청, 2019 국민건강통계, 2020

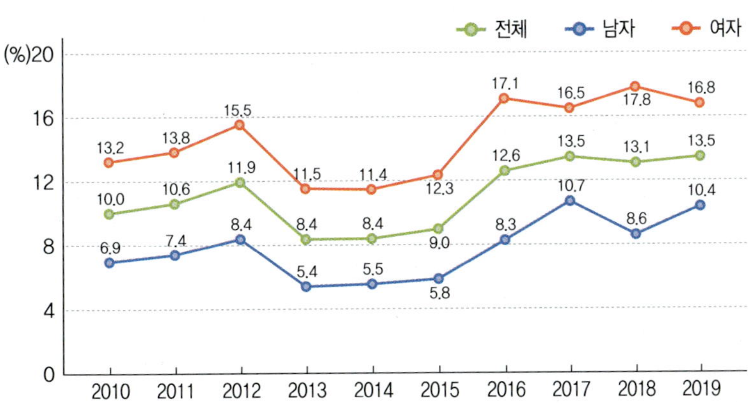

※ 영양 섭취 부족자 분율 : 에너지 섭취 수준이 필요추정량(또는 영양권장량의 75%) 미만이면서 칼슘, 철, 비타민 A, 리보플라빈 섭취량이 평균필요량(또는 영양권장량의 75%) 미만인 분율

※ 2005년 추계인구로 연령 표준화

그림 1-19 영양 섭취 부족자 비율 추이(만 1세 이상)

자료 : 질병관리청, 2019 국민건강통계, 2020

취 부족보다는 과잉 섭취에 대한 우려가 높고, 우리나라에서도 영양 부족과 과잉으로 인한 건강문제가 공존하고 있는 것으로 보고되었다. 즉, 에너지와 지방을 과잉으로 섭취한 사람의 비율은 증가하고 있는 반면에, 칼슘, 철, 비타민 A, 리보플라빈 등을 부족하게 섭취하는 사람의 비율은 여전히 높은 것으로 나타났다. 우리나라의 영양 섭취 부족 인구 비율은 2014년 이래 다시 증가하는 경향으로, 2019년 기준 13.5%인 것으로 나타났으며(그림 1-19), 그중 비타민 A, 칼슘의 영양소 섭취기준 미만 섭취자 분율은 각각 73.2%, 69.1%로 높은 수치를 보이고 있다(그림 1-20).

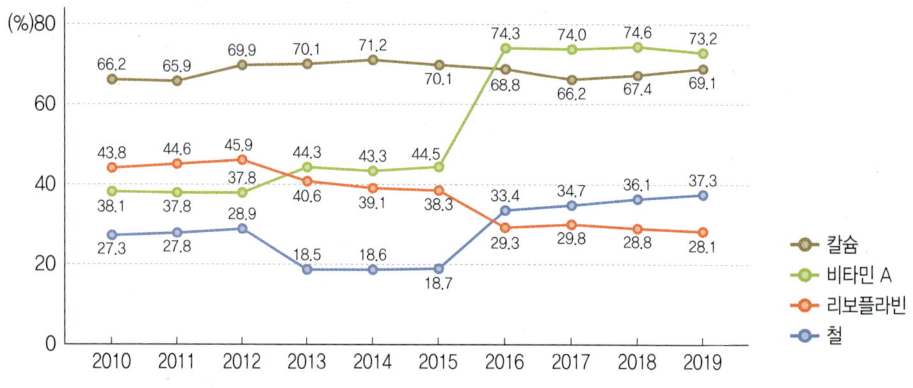

※ 비타민 A는 2015년까지 레티놀 당량(Retinol Equivalents, RE)으로 산출해 왔으나, 2016년부터 레티놀 활성 당량(Retinol Activity Equivalents, RAE)으로 산출
※ 2005년 추계인구로 연령 표준화

그림 1-20 영양소별 부족 인구 비율 추이(만 1세 이상)
자료 : 질병관리청, 2019 국민건강통계, 2020

한국인에게 과잉 섭취가 우려되고 있는 나트륨의 경우 1일 섭취량은 2013년부터 하락세를 보이면서 2019년 기준 약 3,300 mg 정도를 섭취하는 것으로 나타났다. 그러나 2020 한국인 영양소 섭취기준에서 정한 만성질환 위험 감소를 위한 나트륨 섭취기준인 2,300 mg보다 약 1,000 mg을 과잉 섭취하는 것으로 보인다(그림 1-21). 2012년까지 꾸준히 86.5% 이상 유지되었던 나트륨 과잉 섭취자 비율은 2013년부터 하락세를 보이면서, 2016년부터는 74%대를 나타내고 있지만, 만 9세 이상 국민의 상당수(74.0%)가 여전히 나트륨을 기준치 이상 과잉 섭취하고 있는 것으로 나타났다(그림 1-22).

한편, 당류 과다 섭취도 문제가 되고 있는데, 특히 유아·청소년의 첨가당 섭취량

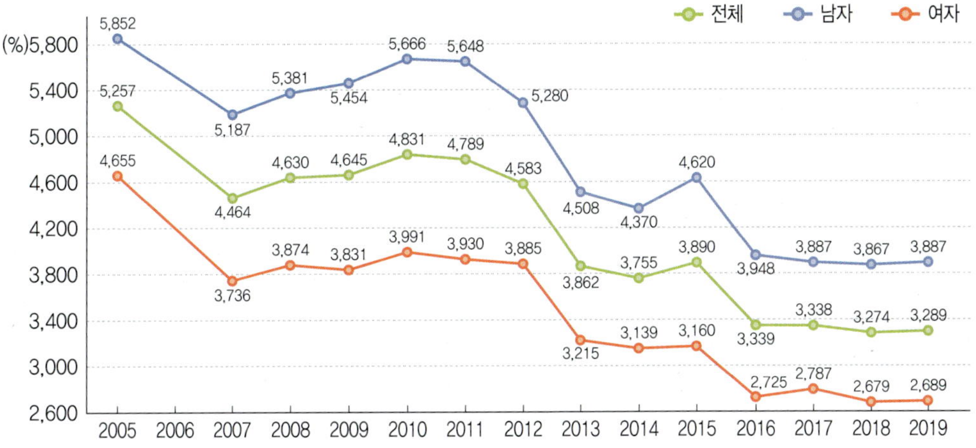

그림 1-21 나트륨 1일 섭취량 추이(만 1세 이상)

자료 : 질병관리청, 2019 국민건강통계, 2020

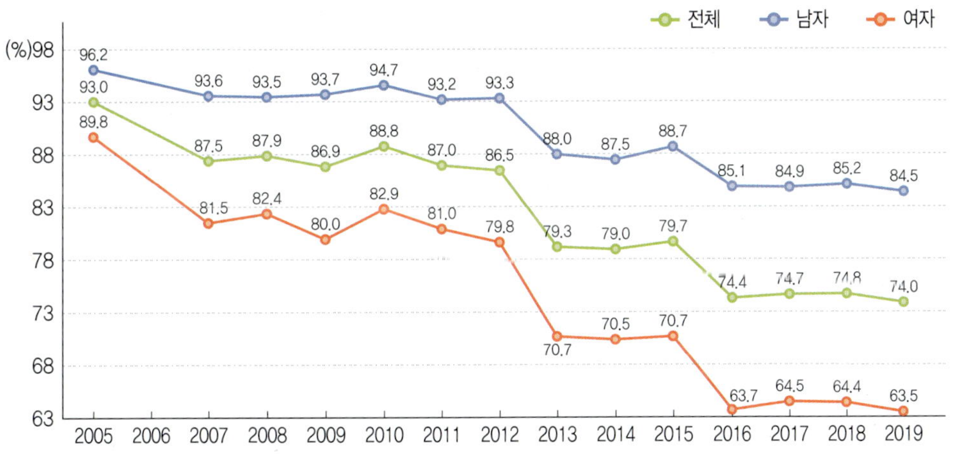

※ 9세 미만은 나트륨 목표섭취량이 없으므로 9세 이상에 대해 산출

※ 목표섭취량 : 보건복지부, 8기 1차년도(2019) 2015 한국인 영양소 섭취기준, 2015

그림 1-22 나트륨 목표섭취량 이상 섭취자 분율 추이(만 9세 이상)

자료 : 질병관리청, 2019 국민건강통계, 2020

이 세계보건기구의 권고 기준을 초과하고 있다[어린이 1일 섭취 열량 대비 첨가당 섭취율 : ('18) 10.3% (WHO 권고기준 : 10%)].

더 알아보기 국민 영양 상태 관련 지표 및 현황

국민영양관리기본계획 및 국민건강증진종합계획(영양 분야) 성과지표 각각의 최근 통계치는 다음과 같으며, 이러한 성과지표의 달성을 위하여 영양사업을 체계적으로 추진하고 있다.

제2차 국민영양관리기본계획 성과지표

목표	성과지표	구분	현황 (2019)[1]	목표치 (2021)
건강식생활 실천 인구 비율 증가 또는 유지	1. 적정 수준의 지방 섭취 인구 비율 증가	조율	57.5%	50.0%
	2. 나트륨 2,000 mg/일 이하 섭취 인구 비율 증가	조율	26.6%	31.0%
	3. 적정 수준의 당 섭취 인구 비율 증가	조율	–	80.0%
	4. 과일 · 채소 500 g/일 이상 섭취 인구 비율 증가	조율	31.3%	41.2%
	5. 가공식품 선택 시 영양표시 이용 인구 비율 증가	조율	28.8%	30.0%
생애주기별 영양관리 강화	6. 아침 결식률 감소	조율	28.1%	18.0%

[1] 보건복지부 · 질병관리청, 2019 국민건강통계, 2020

제5차 국민건강증진종합계획 2030 영양 분야 성과지표

연번	성과지표	현황 (2018)	목표치 (2020)	목표치 (2030)
1	식품 안정성 확보 가구 분율(대표지표)	96.9%	95.0%	97.0%
2	소득 1-5분위 식품 안정성 확보 가구 분율 격차(형평성 대표지표)	11.4%p	–	7.0%p
3	포화지방산을 적정 수준으로 섭취하는 인구 비율(만 3세 이상)	56.5%	–	74.0%
4	나트륨을 1일 2,300 mg 이하로 섭취하는 인구 비율(만 9세 이상)	33.2%	30.8%	42.0%
5	과일/채소를 1일 500 g 이상 섭취하는 인구 비율(만 6세 이상)	29.3%	41.2%	41.0%
6	가공식품의 영양표시 이용률(만 7세 이상)	26.4%	30.0%	31.7%
7	건강식생활 실천율(만 6세 이상)	41.5%	48.6%	50.6%
8	칼슘 적정 수준 섭취하는 인구 비율(만 1세 이상)	16.5%	21.0%	21.0%
9	비타민 A 적정 수준 섭취하는 인구 비율(만 1세 이상)	11.4%	49.2%	24.0%
10	영양섭취 부족 노인 인구 비율(75세 이상)	18.5%	26.3%	12.0%
11	가임기 여성의 빈혈 유병률	13.1%	12.0%	11.0%

※각 성과지표는 소득 수준에 따른 격차를 모니터링할 수 있는 형평성 지표를 선정

자료 : 보건복지부 · 한국건강증진개발원, 2021년 지역사회통합건강증진사업안내(영양편), 2020

1. 영양학이란 건강을 지키기 위해 질병을 예방하고 관리하는 데 필요한 영양 관련 지식을 터득하고 이를 실생활에서 적용해 나가는 학문이다.
2. 영양학의 발달은 화학과 생리학 등 기초과학 및 의학의 발달과 밀접한 관련이 있으므로, 관련 분야의 연구 발달에 따라 영양학 연구도 발전하였다. 식품과 영양소에 대한 새로운 지식이 다양한 학문 분야의 지식과 통합되어 영양학의 연구 영역은 더욱 다양하게 발전할 것으로 전망된다.
3. 음식을 섭취하고, 섭취된 식품이 우리 몸에서 이용되는 과정, 다시 말해 우리가 먹은 식품이 신체조직으로 전환되는 물리, 화학적 과정을 영양이라 한다.
4. 신체를 구성하고 유지하는 데 필요한 물질을 영양소라 하며, 신체는 탄수화물, 지질, 단백질, 무기질, 비타민과 물의 여섯 가지 영양소를 필요로 한다.
5. 신체의 모든 부위가 정상적으로 기능을 하여 신체적으로 질병이 없을 뿐 아니라 정신적 · 사회적으로 쾌적한 상태를 유지하고 있는 경우에 건강하다고 한다. 신체의 각 부위가 정상적으로 기능을 하려면 적절한 영양소 섭취가 기본이 된다.
6. 영양과 건강을 관련지어 보면, 적절한 영양 상태와 영양소 상호 간의 평형이 붕괴된 잠재적 영양 결함 상태, 영양 결함 상태, 영양 결핍증의 4단계로 구별된다.
7. 2020년 한국인 영양소 섭취기준에서 안전하고 충분한 영양을 확보하는 기준치(평균필요량, 권장섭취량, 충분섭취량, 상한섭취량)와 식사와 관련된 만성질환 위험의 감소를 고려한 기준치(에너지 적정비율, 만성질환위험감소섭취량)를 제시하였다.
8. 건강을 위해 매끼마다 여섯 가지 식품군에서 한 가지씩 식품을 선택하여 각자에게 필요한 적당한 양을 먹는 균형식사를 해야 한다.
9. 여섯 가지 식품군이란 곡류, 채소류, 과일류, 고기 · 생선 · 달걀 · 콩류, 우유 · 유제품류, 유지 · 당류를 말한다.
10. 식생활 지침은 건강한 식생활을 위해 일반 대중이 쉽게 이해할 수 있고 일상생활에서 실천할 수 있도록 제시하는 권장 수칙이다.
11. 영양표시제도는 식품표시 항목 중의 하나로 '영양'에 대한 적절한 정보를 소비자에게 전달해 줌으로써, 소비자들이 영양적 가치를 근거로 합리적인 식품 선택을 할 수 있도록 돕기 위한 제도이다.
12. 한국인의 주요 사망 원인은 과거에는 영양 결핍 시에 발생하기 쉬운 결핵 등 감염성 질환이 주를 이루었으나 최근에는 불량한 식행동에 의해 초래되는 각종 만성질환이 사망 원인 중 우위를 차지하고 있다. 이러한 결과는 한국인 식생활의 급격한 서구화 및 고령화와 맞물려 나타나는 양상으로, 특히 식생활 개선을 통한 이들 질병의 예방과 관리가 무엇보다 중요함을 시사한다.

연구 문제

1. '영양지수'를 이용해서 나의 식행동을 평가해 보자.

영양지수(nutrition quotients, NQ)란?

개인이나 집단의 식사행동, 식사의 질과 영양 상태를 종합적으로 평가하여 점수화한 지표로, 생애주기별(미취학 · 학령기 어린이, 청소년, 성인, 노인)로 영양지수를 각각 설정함

- 사용 방법 : 생애주기별로 해당 설문지를 답변한 후, 분석결과 자료(Excel)를 활용
  *미취학 어린이의 경우, 보호자가 응답할 수 있도록 개발되었으므로 보호자를 대상으로 조사하면 됨
- 판정기준

생애주기별	연령	문항 수	평가영역	판정기준 점수(100점 만점)	판정등급
미취학어린이	만 3~5세	14	균형, 절제, 환경	65	기준점수 이상: 양호 기준점수 미만: 모니터링 필요
학령기어린이	만 6~11세	20	균형, 다양, 절제, 환경, 실천	73	
청소년	만 12~18세	19		63	
성인	만 19~64세	21	균형, 다양, 절제, 식행동	58	
노인	만 65세 이상	19		62	

자료 : 영양지수, 식품안전나라(https://www.foodsafetykorea.go.kr); 한국영양학회(https://www.kns.or.kr)

2. 나의 식생활 문제를 파악하고, '나의 식생활 지침'을 만들어 보자.

3. 나를 위한 1일 식사 패턴을 계획해 보자.

참고문헌

교육부(2020). 2019년도 학생 건강검사 표본통계분석 결과.

구재옥 · 임현숙 · 윤진숙 · 이애랑 · 서정숙 · 이종현 · 손정민(2019). **고급영양학**. 파워북.

문수재(1996). **영양과 건강-현대인의 생활영양(개정판)**. 신광출판사.

박태선 · 김은경(2020). **현대인의 생활영양**. 교문사.

보건복지부(2020). 한국인을 위한 식생활 지침.

보건복지부 · 농림축산식품부 · 식품의약품안전처(2021). '건강한 식생활을 실천해요! 정부, 「한국인을 위한 식생활 지침」 발표', 보도자료(4월 15일 조간).

보건복지부 · 한국건강증진개발원(2020). 제2차(2017-2021) 국민영양관리기본계획 실행계획 분석보고서.

보건복지부 · 한국건강증진개발원(2020). 2021년 지역사회통합건강증진사업안내(영양편).

보건복지부 · 한국영양학회(2020). 2020 한국인 영양소 섭취기준.

보건복지부 · 한국영양학회(2021). 2020 한국인 영양소 섭취기준 활용.

식품안전나라(https://www.foodsafetykorea.go.kr)

이기열 · 문수재(1998). **최신 영양학**. 수학사.

질병관리청(2020). 2019 국민건강통계.

질병관리청(2020). 국민건강영양조사 제8기 1차년도(2019) 결과 발표 자료집.

최혜미 · 김정희 · 김초일 · 장경자 · 민혜선 · 임경숙 · 변기원 · 이홍미 · 김경원 · 김희선 · 김현아 · 권상아(2021). **21세기 영양학 원리**. 교문사.

통계청(2021) 2020년 사망원인통계 결과.

한국영양학회(https://www.kns.or.kr)

현태선 · 한성림 · 김혜경 · 권영혜 · 정자용(2019). **플러스 고급영양학**. 파워북.

Food & Agriculture Organization of the Unied Nations Food-based dietary guidelines(https://www.fao.org/nutrition/education/food-dietary-guidelines/regions/en/).

Gordon M Wardlaw and Jeffrey S Hampl(2007). *Perspectives in Nutrition*. McGraw-HIll Higher Education.

MEMO

02 탄수화물

학습 목표

1. 탄수화물의 정의와 구조 및 종류를 분류한다.
2. 탄수화물의 소화·흡수·대사 과정을 설명한다.
3. 탄수화물의 체내 기능을 설명한다.
4. 탄수화물의 급원식품을 열거한다.
5. 탄수화물의 한국인 영양소 섭취기준을 설명한다.
6. 탄수화물과 관련된 영양건강문제를 설명한다.

"아침 식사만 잘 챙겨도 머리가 좋아지고 살이 빠질 수 있다?" 정말일까?

아침 식사는 영어로 'breakfast'인데, 어원은 공복(fast)을 깨다(break)라는 뜻을 포함하고 있다. 즉, 밤사이 음식을 먹지 않고 굶었던 상태를 아침 식사를 함으로써 깬다는 의미이다. 성인은 식사를 한 지 6시간쯤 지나면 위 속의 내용물이 모두 배출되기 때문에 자연스럽게 배가 고파지고, 속이 텅 빈 것 같아 상복부의 느낌이 편하지 않고 몸에 힘이 없어질 수 있다. 심한 경우 두통, 식은땀, 손발이 떨리는 증상이 나타나기도 한다. 이렇게 되면 배가 고프다고 표현하면서 음식을 찾게 되는 것이다. 의학적으로 규명된 아침 식사의 긍정적인 효과는 '① 뇌의 기능이 활발해진다. ② 소화 기능이 좋아진다. ③ 체중 조절 효과가 있다.' 등이다.

탄수화물은 자연계에 다량으로 존재하는 에너지 영양소로 탄소, 산소, 수소로 구성되며 주로 식물체에 의해 형성된다. 식물체의 엽록소는 태양 에너지, 공기 중의 이산화탄소와 물을 이용하여 포도당을 합성한다.

탄수화물은 $(CH_2O)_n$의 구조식을 나타내므로 탄소의 수화물이란 뜻으로 탄수화물 또는 함수탄소라고 하며, 당질이라고도 한다. 식물체 내에서는 포도당, 과당, 전분과 섬유소 등의 형태로 잎, 열매, 뿌리 등에 존재하며, 동물체에서는 주로 글리코겐의 형태로 존재한다.

수화물(hydrate)
물과 결합하고 있는 상태

포도당(glucose)
과일과 벌꿀에 존재하며 고등동물의 혈액에 순환하는 주요 유리당

과당(fructose)
자당이나 이눌린의 구성 성분

전분(starch)
식물의 씨·열매·뿌리·줄기 등에 들어 있는 탄수화물. 녹말

글리코겐(glycogen)
탄수화물의 저장 형태로 간 및 근육에서 주로 만들어짐

알데하이드(aldehyde)
카보닐기를 갖는 유기화합물의 한 종류

올리고당(oligosaccharide)
소당류

1. 탄수화물의 구조와 종류

탄수화물은 알데하이드기나 케톤기를 지닌 다가 알코올로, 가수분해에 의해 더 이상 당류를 생성하지 않을 때 이를 단당류라고 한다. 단당류가 결합한 수에 따라서 2개 결합한 것을 이당류, 3~10개의 단당류가 결합된 것은 올리고당, 10개 이상 결합한 것을 다당류라 한다(표 2-1). 단당류와 이당류를 묶어서 흔히 단순당이라 한다.

표 2-1 탄수화물의 분류

탄수화물(carbohydrate)			
단순 당질(simple carbohydrate)		복합 당질(complex carbohydrate)	
단당류	이당류	다당류	
리보스 포도당 과당 갈락토스	맥아당 자당 유당	전분 글리코겐	식이섬유
탄수화물, 비섬유(non-fibrous)			탄수화물, 섬유소(fiber)

식이섬유(dietary fiber)
사람의 소화관 내 효소로 가수분해되지 않는 식물성 다당류와 리그닌, 즉 소화되지 않는 곡물, 식물, 과일의 부분

1) 단당류

자연계에 존재하는 단당류에는 오탄당인 리보스와, 육탄당으로 포도당과 과당, 갈락토스 등이 있다. 이들 육탄당은 단맛을 가지며 물에 녹는 수용성이다. 리보스는 핵산의 성분으로 세포핵 중에 존재하며, 리보플라빈의 구성 성분이다.

리보스(ribose)
주로 RNA에서 얻는 오탄당의 일종

그림 2-1 단당류와 이당류

포도당

포도당은 체내 탄수화물 대사의 기본 물질로 식물의 과일이나 즙액 중에 함유되어 있고, 특히 포도 중에 많이 함유되어 있어서 포도당이라는 이름을 갖는다. 사람의 혈액 중에 약 0.1% 정도 함유되어 있어 혈당이라고도 하며, 가장 기본적인 에너지 급원이다.

과당

식물의 즙액이나 과일 중에 포도당과 같이 존재하며 당류 중에서 가장 단맛이 강하다.

갈락토스

갈락토스는 자연계에서 유리 형태로는 잘 존재하지 않으며, 포도당 1분자와 결합한 유당의 형태로 우유나 유제품에 많이 들어 있다.

2) 이당류

이당류는 2개의 단당류가 물 1분자를 잃고 글리코사이드 결합에 의해 축합한 형태이며, 자당(혹은 서당), 맥아당, 유당(혹은 젖당)이 있다. 맥아당이나 자당은 α-글리코사이드 결합을 갖고 있어 체내에서 소화가 잘 되지만, 유당은 β-글리코사이드 결합을 하고 있어 과량을 섭취하거나 유당분해효소가 부족하면 소화되기 어렵다.

글리코사이드 결합(glycosidic bond)
두 단당류에서 알데하이드기와 알코올기 사이에 물 1분자가 빠지고 연결되는 결합

자당(sucrose)
사탕무와 사탕수수에 함유되어 있는 당

맥아당(maltose)
엿당

유당(lactose)
젖당이라고도 함

$$C_6H_{12}O_6 + C_6H_{12}O_6 \underset{\text{가수분해}}{\overset{\text{합성}}{\rightleftarrows}} C_{12}H_{22}O_{11} + H_2O$$

단당류 단당류 이당류 물

맥아당

맥아당은 2분자의 포도당으로 구성되어 있으며, 그 자체로는 자연계에 존재하지 않는다. 다당류인 전분을 함유하는 보리가 적당한 온도와 습도에서 발아하여 맥아(엿기름)를 만들 때에 생성되기 때문에 맥아당이라 한다. 밥을 오래 씹으면 단맛이 나는데, 이것은 타액 중의 효소 프티알린의 작용으로 전분이 분해되어 맥아당이 생성되었기 때문이다.

프티알린(ptyalin)
침 속에 들어 있는 아밀레이스의 한 가지

자당

자당은 1분자의 포도당과 1분자의 과당으로 구성된다. 자당은 식물계에 널리 분포하며 포도당, 과당과 같이 과일 중에 함유되어 있고, 특히 사탕수수, 사탕무에 많이 함유되어 있어서 이들은 설탕을 만드는 원료로 쓰인다. 또한 자당은 장액 중의 전환효소에 의해서 쉽게 가수분해되어 전화당을 생성한다.

전화당(invert sugar)
수크로스를 산 또는 전화효소로 가수분해하여 얻은, 포도당과 과당의 등량 혼합물

유당

유당은 1분자의 포도당과 1분자의 갈락토스로 구성된 것으로 유즙 중에 존재한다. 모유에는 6~7%, 우유에는 4.5~5% 정도 함유되어 있다.

더 알아보기 단순당, 천연당, 첨가당은 어떻게 구분하나요?

단순당(당류)은 탄수화물 중에서 단당류와 이당류를 포함한 당류를 말하는 것으로 식품에 자연적으로 들어 있는 천연당(예 : 과일, 쌀밥, 채소)과 식품의 조리나 제조 과정에서 첨가되는 첨가당(예 : 설탕, 액상과당, 물엿, 당밀, 꿀, 시럽, 농축 과일주스)으로 구분할 수 있다. 세계보건기구(WHO)는 식품의 제조와 조리 시에 사용되는 첨가당 외에 꿀, 시럽, 과일주스에 함유된 천연당도 포함한 개념인 유리당(free sugar)을 제시하고 있으나, 실제로 유리당을 구분할 수 있는 적절한 시험 방법이 아직 없다. 따라서 영양표시에 사용되고 있는 당류란 총당류와 같은 의미라고 보면 된다.

우리나라 사람들의 당류 섭취 현황

2018년 국민건강통계 자료에 따르면 우리나라 국민(1세 이상)이 하루에 섭취하는 총당류는 60.2 g이고, 19세 이상 성인의 경우 59.2 g을 섭취하는 것으로 나타났다. 특히, 가공식품을 통해 섭취하는 당류가 가장 많이 차지하고 있는데(36.4 g, 총당류의 61.8%), 주요 공급원은 음료류이고, 그 다음은 과자·빵·떡류, 시럽 등의 순이다.

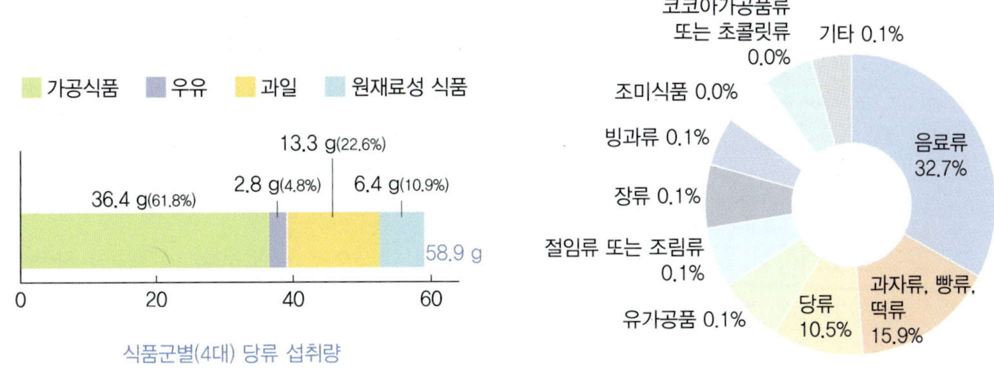

식품군별(4대) 당류 섭취량

가공식품을 통한 당류 섭취량(36.4 g/일)

그렇다면 얼마만큼 먹는 것이 좋을까요?

'한국인 영양소 섭취기준'에 따르면 총당류의 섭취는 총섭취 에너지량의 10~20% 이내로 제한하며, 첨가당으로 섭취할 경우 총에너지 섭취량의 10% 이내로 제한하고 있다. 예를 들어, 총에너지를 2,000 kcal 섭취 시 탄수화물은 4 kcal/g이므로 총당류는 100 g 이내로, 첨가당은 50 g 이내로 섭취해야 한다. 따라서 당 섭취를 줄이기 위해서는 자연식품으로 섭취하는 것이 좋다.

자료 : 보건복지부·한국영양학회, 2020 한국인 영양소 섭취기준, 2020; 식품의약품안전처 식품의약품안전평가원

3) 올리고당

올리고당은 단당류가 3~10개 결합된 당이다. 올리고(Oligo)라는 말은 '불충분하다(scant)'라는 뜻에서 유래되었다. 올리고당 중 영양상 중요한 것으로는 콩류에 있는 라피노스와 스타키오스 두 종류가 있다. 이들은 단당류인 포도당, 과당, 갈락토스가 결합한 것인데, 이들의 결합은 소화효소가 분해하기 어렵다. 따라서 콩류를 섭취하면 올리고당이 소화되지 않은 채 대장으로 이동하여 미생물의 작용을 받아 가스와 기타 부산물이 생성된다. 최근에는 저칼로리 음식에 올리고당을 사용하기도 한다.

더 알아보기 **기능성 올리고당이란?**

기능성 올리고당은 장내 소화효소에 의해 분해되지 않고 대장에서 비피더스균 등 장내 유익한 세균에 의해 이용된다. 올리고당은 유해 세균의 증식을 억제하며, 혈중 지질 및 혈당 개선 효과 등의 건강 기능성이 있는 것으로 보고되었다. 현재 국내에서 시판되는 올리고당은 대두올리고당, 프럭토올리고당, 이소말토올리고당, 갈락토올리고당 등이 있다. 올리고당이 많이 함유된 식품은 콩, 팥, 우엉, 양파 등이며, 모유 속에는 비피더스 유산균을 증식시키는 갈락토올리고당이 많이 들어 있다. 그러므로 콩, 팥, 우엉, 양파 등의 식품을 골고루 섭취하도록 한다.

더 알아보기 **키토올리고당이란?**

키토올리고당은 키토산보다 분자량이 훨씬 적고 물에 쉽게 용해되는 성질을 갖고 있다. 키토올리고당은 키토산과 같이 항균작용, 항종양이나 항암 작용, 면역 강화 작용, 유산균 증진 작용 등의 기능을 가지고 있는 것으로 알려지고 있어 최근 건강기능식품 산업에서 키토산과 키토올리고당에 대해 관심이 높아지고 있다. 새우, 게 등의 껍데기째 이용하는 식사는 키틴질의 좋은 급원이다.

4) 다당류

중합체(polymer)
열, 빛, 촉매작용에 의하여 단량체가 서로 화학반응을 일으켜 선상 또는 망상으로 다수 연결하여 이루어진 화합물

다당류는 단당류가 10개 이상, 보통 수천 개가 결합하여 이루어진 중합체로 복합탄수화물이라고도 한다. 다당류는 에너지원으로서 또한 식물의 구조를 형성하는 데 중요하며, 전분과 글리코겐의 소화성 다당류와 식이섬유 같은 난소화성 다당류로 구분될 수 있다.

전분

전분은 저장 탄수화물로 식물이 성장하면서 포도당이 중합하여 만들어지며, 곡류, 콩류, 감자류에 많이 함유되어 있다. 완두콩, 옥수수 등과 같은 대부분의 채소류는 숙성하면서 포도당이 전분으로 변하므로 숙성 전의 어린 것이 달지만 바나나, 복숭아 등의 과일류는 숙성하면서 전분이 자당으로 변하므로 잘 익은 것이 달다.

전분은 서로 구조가 다른 아밀로스와 아밀로펙틴으로 구성된다. 아밀로스는 포도당이 α-1,4 결합으로 연결된 긴 사슬 구조를 지니며, 아밀로펙틴은 사슬 구조 중간에 α-1,6 결합의 가지 구조를 갖고 있다. 알파 결합은 소화 과정 중 쉽게 분해되어 포도당으로 전환되며, 전분은 조리 과정에서 호화되어 소화효소의 작용을 쉽게 받는다. 아밀로스와 아밀로펙틴은 전분이 많은 식품에 대개 1:4의 비율로 들어 있다.

글리코겐

글리코겐은 포도당의 중합체로 동물의 간이나 근육에 소량 존재하므로 동물성 전분이라고도 한다. 체내에는 간에 약 100 g 정도, 근육에 약 250 g 정도의 글리코겐이 저장되어 있다. 글리코겐의 구조는 아밀로펙틴과 유사하나 측쇄를 더 많이 가지고 있으므로 분해효소가 작용할 수 있는 기회가 많아 빨리 분해된다. 따라서 글리코겐은 체내에서 급한 경우 혈당원으로 사용할 수 있는 이상적인 저장 형태이다.

간에 저장된 글리코겐은 혈당으로 전환될 수 있지만 근육의 글리코겐은 혈당으로 전환되지 않는다. 그러나 근육에 저장된 글리코겐은 근육운동에 필요한 에너지를 공급하는데, 강도가 높거나 내구성 있는 운동을 할 경우 더욱 그렇다.

더 알아보기 글리코겐 부가 식사(glycogen loading)

근육운동을 할 때 글리코겐은 중요한 에너지원이다. 글리코겐 부가 식사란 장기간 동안 산소가 부족한 상태에서 효율적으로 에너지를 공급하기 위해 글리코겐을 에너지원으로 확보해 두는 방법을 말한다. 이 식사요법에서는 탄수화물을 완전히 고갈시킨 다음 다시 탄수화물을 공급하여 글리코겐을 최대한 저장함으로써 에너지원을 확보한다. 따라서 식사 시에 밥, 빵, 국수, 떡 등과 같이 탄수화물이 많은 곡류 식품을 오렌지 주스 등과 함께 먹으면 글리코겐을 빨리 재저장할 수 있다. 마라토너 이봉주의 '6(처음 6끼는 단백질과 물만) 6(후반 6끼는 탄수화물로)' 식사요법이 화제가 되었던 적이 있다. 그러나 단백질만 섭취하면서 글리코겐이 완전히 고갈된 상태에서는 운동 효율과 경기력이 급격히 떨어지고 지치게 되므로 세심한 주의가 필요하다.

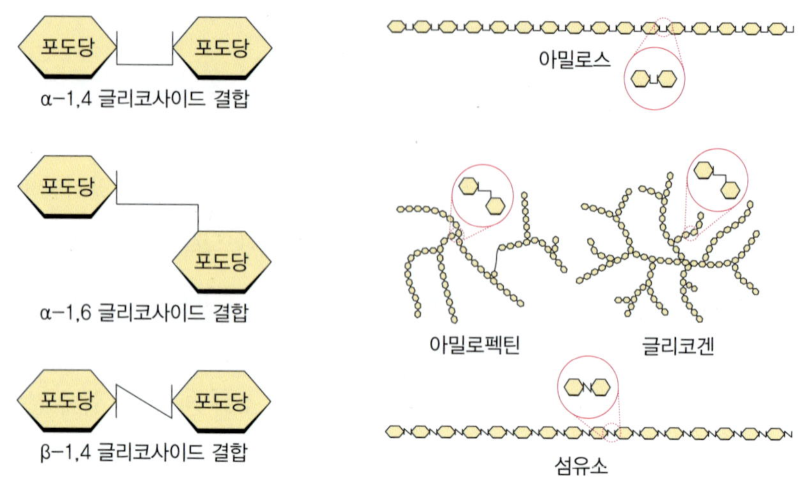

그림 2-2 다당류의 결합 방법과 구조

식이섬유

식이섬유란 식물체에 함유되어 있는 난소화성 다당류와 리그닌을 말한다. 또한 기능성 섬유소는 인체에 유익한 생리적 성질을 가진 난소화성 다당류로 식품 소재로부터 추출된 형태를 말한다. 식이섬유는 포도당이 직선상의 β-1,4 글리코사이드 결합으로 중합되어 있으며, 사람은 β-결합을 분해하는 효소를 갖고 있지 않아 소화할 수 없다. 그러나 식이섬유가 여러 가지 중요한 생리적 기능을 하는 것이 밝혀짐에 따라 그 중요성이 강조되고 있다.

2. 탄수화물의 소화와 흡수

1) 탄수화물의 소화

리그닌(lignin)
셀룰로스와 결합해서 식물 및 목재의 세포벽을 형성하는 다당류

타액 아밀레이스(salivaryamylase)
주로 이하샘에서 분비되며 침 속에 포함되어 녹말의 α-1,4 글리코사이드 결합을 가수분해하여 맥아당을 생성하는 효소

탄수화물의 소화는 입에서부터 시작된다. 입에서는 치아와 턱의 저작작용에 의해 음식물이 기계적으로 잘게 부수어지고 침과 섞인다. 또한 침 속에 포함되어 있는 프티알린이라는 타액 아밀레이스는 전분의 일부를 덱스트린이나 맥아당으로 분해한다. 이 효소는 위로 가서 위산과 만나면 불활성화된다. 위에서는 소화효소가 없기 때문에 탄수화물의 소화는 이루어지지 않고, 다만 위액에 분비되는 염산에 의해 자당이 포도당과 과당으로 일부 분해된다. 대부분의 탄수화물은 소장으로 내

려가 완전히 소화 분해되는데, 췌장액 중의 아밀롭신은 소장 내에서 전분을 덱스트린으로 분해하고 다시 맥아당으로 분해한다. 그 다음 단계로 소장 점막세포에서 분비되는 이당류 분해효소들이 작용하여 이당류를 단당류로 분해한다. 즉, 소장 점막세포에서 분비되는 말테이스, 수크레이스, 락테이스에 의해 단당류인 포도당, 과당, 갈락토스로 분해된다. 따라서 식사 중 소화될 수 있는 탄수화물은 모두 단당류로 분해된다.

그러나 식이섬유는 소화효소가 존재하지 않기 때문에 소화되지 않은 그대로 대장으로 넘어간다. 일부는 세균 중에 함유되어 있는 셀룰레이스에 의해 분해되어 포도당을 생성하지만, 이것은 거의 흡수되지 않고 세균에 의해서 소비되는 것으로 여겨진다. 따라서 대부분의 식이섬유는 그대로 변으로 배설된다고 볼 수 있다.

아밀롭신(amylopsin) 췌장 아밀레이스

말테이스(maltase) 말토스 가수분해효소

수크레이스(sucrase) 자당분해효소

락테이스(lactase) 유당(젖당)분해효소

표 2-2 탄수화물의 소화 과정

소화기관	분비 장소	소화효소	소화 과정
입	타액선	타액 아밀레이스	일부 전분, 글리코겐 ⟶ 맥아당, 덱스트린
위		없음	없음
소장	췌장	췌장 아밀레이스	전분 ⟶ 맥아당
	소장벽	말테이스 수크레이스 락테이스	맥아당 ⟶ 포도당 + 포도당 자당 ⟶ 포도당 + 과당 유당 ⟶ 포도당 + 갈락토스
대장	장	박테리아에 의한 발효	일부 수용성 식이섬유 – 산 + 가스 불용성 식이섬유 – 배출

2) 탄수화물의 흡수와 운반

소화된 단당류는 소장의 공장에서 융모와 미세융모를 통해 수동적 확산과 능동적 수송에 의해 소장벽을 지나 흡수된다. 소장관에서 흡수된 단당류는 거의 모두 융모상피세포의 세포막을 지나 그곳에 있는 모세혈관으로 들어가게 되고, 문맥을 통해 간으로 운반된다. 간에서 과당과 갈락토스는 포도당으로 전환되는데, 이는 포도당이 신체 내에서 가장 유용한 형태의 단당류이기 때문이다.

공장(jejunum) 포유류 소장의 십이지장에서 회장으로 이어지는 뒷부분

융모(villi) 융털

미세융모(microvilli) 세포의 표면막에 있는 미소 원주상의 돌기

문맥(portal vein) 산소를 적게 함유한 혈액을 위·비장·담낭·췌장에서 간으로 보내는 큰 정맥

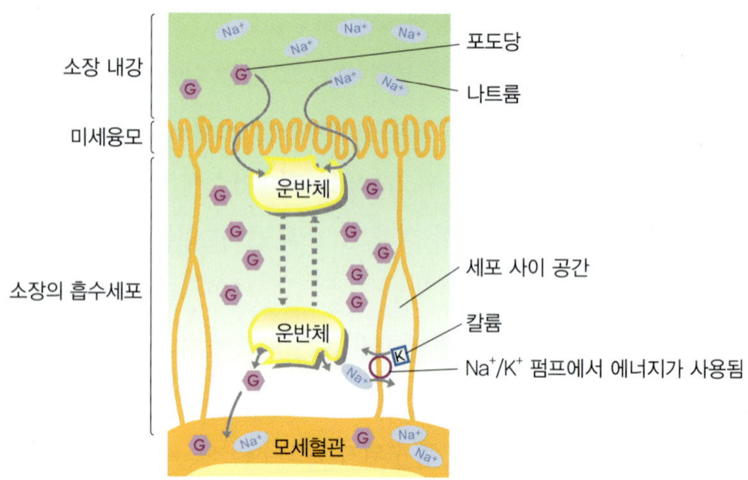

그림 2-3 포도당의 흡수와 운반

3. 탄수화물의 대사

식사 내의 탄수화물은 체내에서 소화 과정을 거치면서 모두 단당류로 분해된다. 단당류로 분해되고 흡수된 모든 단당류들은 간에서 대부분 포도당으로 전환된다. 그러므로 탄수화물 대사는 실질적으로 포도당의 대사라 말할 수 있다.

1) 에너지 대사

해당 과정(glycolysis)
당분해작용

포도당은 해당 과정과 TCA회로를 통해 에너지를 발생한다. 체내의 에너지 대사 과정은 단백질과 지질 그리고 비타민, 무기질이 서로 관계하고 있으며, 여러 가지 효소와 조효소들이 관여하는 매우 정교하고 역동적인 반응이다.

피루브산(pyruvic acid)
동식물의 중요한 에너지원으로 환원하면 젖산이 되는 자극적인 냄새를 가진 액체

TCA회로
(tricarboxylic acid cycle)
크레브스 회로, citric acid cycle이라고도 함. 동식물체의 미토콘드리아 내에서 일어나는 에너지 생성을 위한 화학적 순환 과정

해당작용

세포질에서 일어나는 해당 과정은 혐기성 과정으로, 산소가 없는 상태에서 포도당이 피루브산으로 산화되면서 에너지를 낸다. 해당 과정에서 생성된 피루브산은 산소가 충분한 호기적 상태에서 미토콘드리아로 들어가서 아세틸 CoA로 되고, TCA회로를 통해 산화되며 에너지를 낸다. 피루브산이 아세틸 CoA로 전환될 때 티아민이 조효소로 필요하다. 산소가 부족한 혐기적 조건에서는 젖산으로 환원되고, 젖산이 체내에 쌓이게 되면 체내의 산도가 높아져 피로하게 된다.

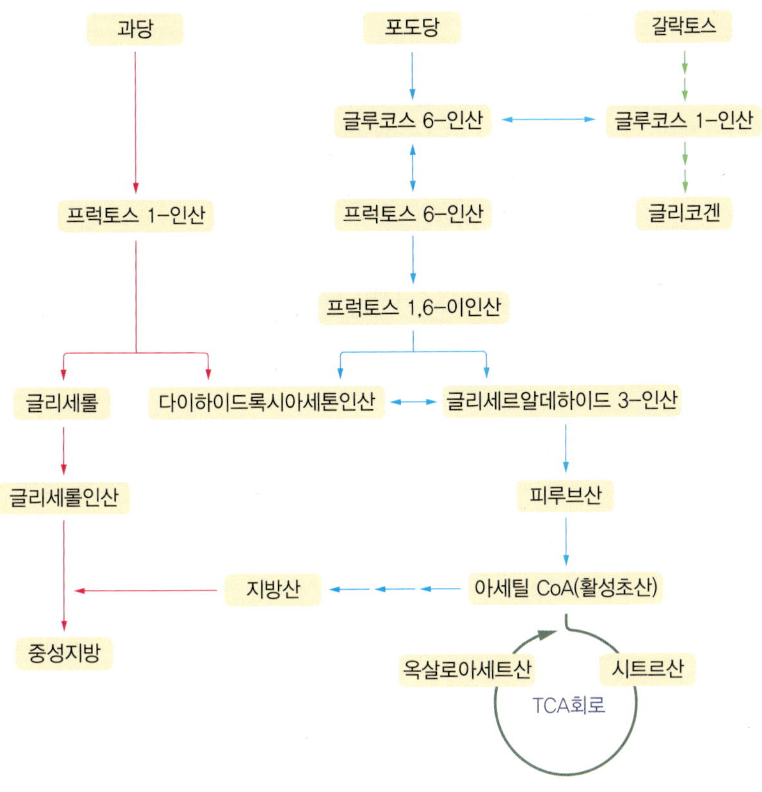

그림 2-4 포도당의 대사 경로

TCA회로

해당 과정 다음 반응으로 산소의 존재하에서 일어나는 호기성 과정이 세포 내 미토콘드리아에서 일어난다. 이 과정을 TCA회로라고 한다. 피루브산의 산화로 생성된 아세틸 CoA는 TCA회로로 들어가 첫 단계에서 탄소 4개인 옥살로아세트산과 결합하여 탄소 6개의 시트르산이 된다. 시트르산은 TCA회로의 일련의 대사 과정을 거치면서 ATP 형태로 에너지를 낸다(그림 2-4).

옥살로아세트산 (oxaloacetic acid)
이소시트르산이 이소시트르산 탈수소효소에 의해 탈수소되어 생긴 중간체

2) 글리코겐 대사

혈당이 증가되어 간과 근육세포 내에서 포도당이 글리코겐으로 전환되는 과정을 글리코겐 합성이라 한다. 반면, 혈당량이 저하되면 저장되어 있는 글리코겐이 포도당으로 분해되는데 이 과정을 글리코겐 분해라 한다.

글리코겐 합성

여분의 포도당은 간과 근육에서 글리코겐으로 전환된다. 일반적으로 간에 저장되는 글리코겐의 양은 간 중량의 약 6%에 달하며, 근육 내에는 근육의 2% 정도가 최대라고 한다. 그러나 간에 비해 근육의 중량이 더 크므로 저장된 글리코겐의 총량은 근육 내에 훨씬 많다고 볼 수 있다. 근육에 저장할 수 있는 글리코겐의 양은 근육의 종류에 따라 달라지며, 운동을 많이 할수록 근육의 글리코겐 저장량을 늘릴 수 있다.

글리코겐 분해

포도당이 부족하여 신체에 필요한 에너지를 충분히 공급하지 못할 경우 저장되었던 글리코겐이 포도당으로 분해되어 에너지를 생성한다. 간의 글리코겐 저장량은 100 g 정도이므로 약 400 kcal를 에너지로 사용할 수 있다. 만일 그 이상의 에너지가 필요한데 공급이 충당되지 않으면 탄수화물 이외의 열량소, 즉 아미노산(단백질)과 글리세롤(지방)을 에너지원으로 사용하게 된다. 근육의 글리코겐 저장량은 약 250 g 정도이지만 근육 내에는 글리코겐 분해에 필요한 효소가 없기 때문에 직접 포도당으로 분해되지는 못한다. 근육의 운동에 의하여 글리코겐은 젖산으로 분해된 다음 간으로 운반되어 간 내의 젖산과 같이 포도당으로 전환되어 에너지로 사용되는데 이를 코리 회로라고 한다.

3) 포도당신생

포도당은 두뇌 및 적혈구 등의 에너지 급원으로 필수적이므로, 혈당이 저하되면 호르몬의 작용으로 당의 절약작용과 당의 신생합성이 증가하여 혈당이 올라간다.

간이나 신장에서 아미노산이나 글리세롤, 피루브산, 젖산, 프로피온산 등 당 이외의 물질을 이용하여 포도당이 합성되는 것을 포도당신생합성이라 한다(그림 2-5). 피루브산은 아미노산에서 나온 아미노기와 함께 알라닌의 형태로 간으로 이동되어 다시 포도당으로 합성되는데 이를 알라닌 회로라고 한다(그림 2-6).

알라닌(alanine)
아미노산의 일종

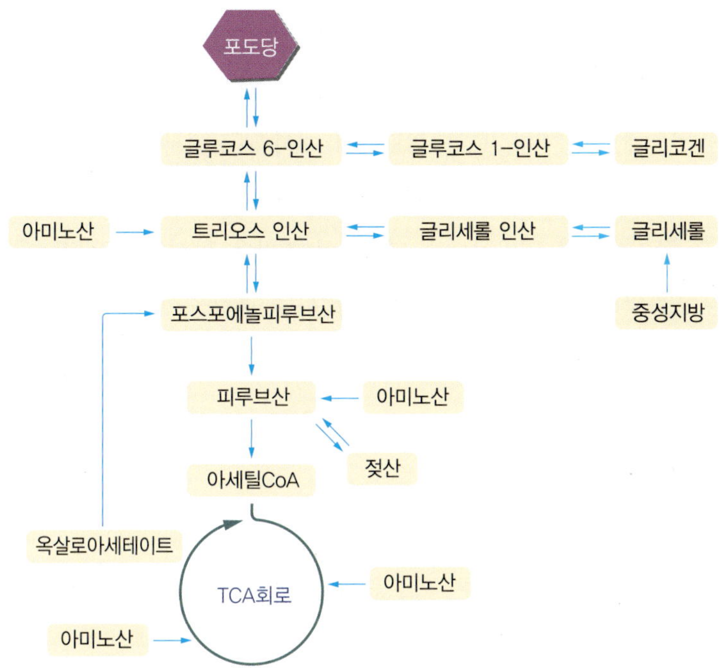

그림 2-5 포도당신생 과정

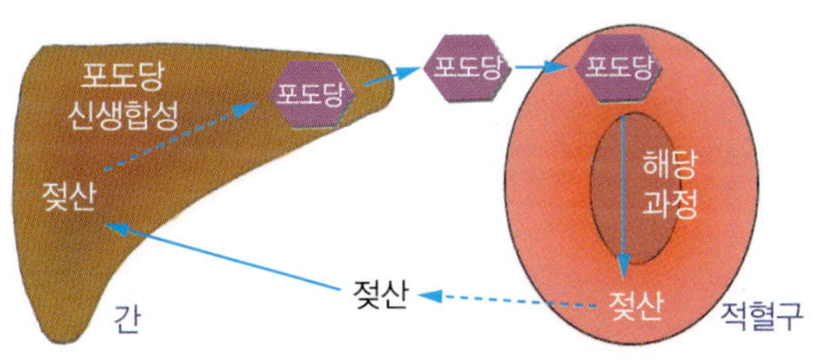

코리 회로

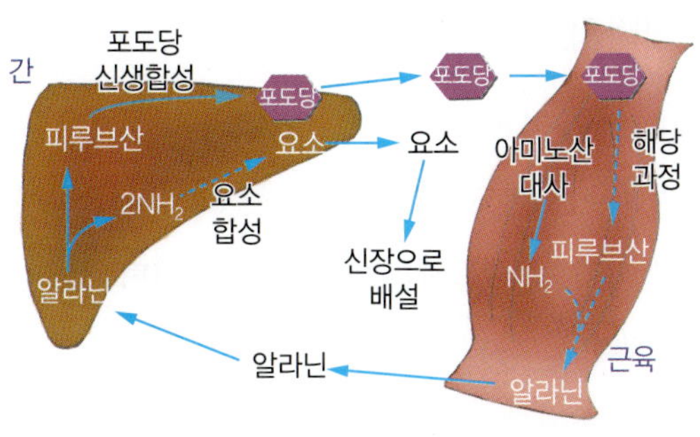

알라닌 회로

그림 2-6 포도당신생과 해당 과정 : 코리 회로와 알라닌 회로

4) 탄수화물의 지방 합성

글리코겐을 만들고 남은 여분의 포도당은 해당 과정을 거치면서 글리세롤로 전환되어 지방의 재료가 된다. 또한 포도당의 대사 과정에서 생성된 아세틸 CoA는 아세틸기가 축합하여 짝수의 탄소원자를 가진 지방산을 합성한다. 따라서 여분의 탄수화물은 글리세롤과 지방산으로 전환되어 지방을 합성하게 된다. 이렇게 저장된 지방은 포도당의 이용이 제한될 때 지방 분해 과정을 통해 에너지의 급원으로 쓰일 수 있다.

5) 기타 탄수화물의 대사 경로

탄수화물의 또 다른 대사 경로로는 HMPS(hexose monophosphate shunt)를 들 수 있으며, 이 경로를 통해 포도당은 새로운 물질을 합성하는 데 이용될 수 있다. 즉, 지방산과 스테로이드호르몬의 합성을 위해 필요한 NADPH 생성과, DNA와 RNA의 합성을 위해 필요한 오탄당인 리보스를 생성한다. 또한 글루쿠론산 회로를 통해 포도당으로부터 생성된 글루쿠론산은 간에서 독성물질의 해독 과정에 관여한다.

탄수화물은 일단 피루브산으로 분해된 후 아미노산을 형성하기 위한 탄소의 골격으로도 사용될 수 있다. 즉, 탄수화물로부터 유리된 탄소골격에 질소를 갖고 있는 아민기가 부가되면 비필수 아미노산을 합성할 수 있다.

스테로이드호르몬 (steroid hormone)
스테로이드계에 속하는 30여 가지의 화학물질 중 하나. 이 호르몬들은 보통 부신피질·정소·난소·태반·황체에서 분비

NADPH
NADP의 환원형

DNA (deoxyribonucleic acid)
모든 살아 있는 세포에서 볼 수 있고 유전형질을 전달하는 복잡한 유기 화학적 분자 구조

RNA(ribonucleic acid)
세포 내 단백질 합성에 관여하는 고분자량의 복합 화합물

글루쿠론산 (glucuronic acid)
포도당의 6자리의 알코올 잔기가 카복실기로 치환된 대표적 우론산

4. 탄수화물의 기능

1) 에너지 공급

탄수화물의 주요 기능은 에너지 공급으로 1 g당 4 kcal의 에너지를 낸다. 일부 탄수화물은 신체 내의 즉각적인 에너지 요구에 따라 포도당으로 사용되고, 나머지는 간과 근육에 글리코겐으로 저장되며, 남는 것은 지방으로 전환되어 지방조직에 저장된다.

조직 중에서 적혈구와 중추신경계는 포도당만이 유일한 에너지원이 된다. 혈당이 정상 이하로 감소되면 두뇌의 주요 에너지 급원인 포도당이 결핍되고, 이로 인해 두뇌 기능이 불균형 상태로 되므로 경련 증세를 보이게 된다. 신경조직과 폐조

더 알아보기 탄수화물이 발효된 알코올의 에너지는?

알코올은 1 g당 7 kcal를 내며, 체내에서의 대사 속도가 매우 느려서 알코올의 산화 속도는 대략 알코올 0.1 g/kg/h이라 한다. 그러므로 체중이 60 kg인 사람이 맥주 한 병(500 mL, 4% 알코올 농도)을 마시는 경우, 알코올이 대사되는 데 걸리는 시간은 약 3시간 정도이며, 소주 한 병(360 mL, 25% 알코올 농도)을 마신 경우는 약 15시간이 소요된다. 특히 술에는 대부분 알코올만 들어 있어서 에너지 외에는 다른 영양소가 거의 없어 빈열량이라고도 한다.

$$알코올\ 에너지(kcal) = 알코올(g) \times 7(kcal/g)$$

직도 역시 포도당을 에너지원으로 사용하는 것이 지방을 에너지원으로 사용하는 것보다 더 효과적이다. 그러나 장시간의 기아 상태에서는 두뇌조직이 케톤체를 사용하게 된다.

탄수화물은 소화 흡수율이 98.2%로 높아 섭취된 탄수화물의 대부분이 체내에서 이용된다. 또한 섭취되어 소비될 때까지의 시간이 짧기 때문에 단시간 이내에 피로를 회복시킬 수 있으므로 운동이나 등산을 할 때 사탕이나 초콜릿 등을 먹는 것은 이러한 의미에서 효율적이라고 할 수 있다.

2) 단백질 절약작용

단백질도 에너지를 낼 수 있으나 단백질은 에너지를 내는 일 이외에 고유의 중요하고 필수적인 기능이 있다. 그러나 식사 중에 탄수화물이나 지질이 부족하면 단백질은 이 기능을 수행하지 못하고 에너지를 내는 데 이용된다. 만약 탄수화물의 섭취가 불충분하여 포도당을 공급하지 못하면 신체는 다른 영양소, 주로 단백질에서 포도당신생합성이라는 과정을 통해 포도당을 생성한다. 즉, 근육, 심장, 간, 신장, 기타 조직의 단백질이 아미노산으로 분해되고, 아미노산은 포도당을 만드는 데 필요한 탄소를 공급하게 된다. 만일 이 과정이 수 주일 동안 계속 일어나면 그 장기는 부분적으로 약해진다. 이러한 현상은 체중을 줄이기 위해 에너지를 제한하는 경우, 또는 반기아 상태에서도 관찰할 수 있다. 그러므로 에너지원으로 탄수화물을 섭취함으로써 단백질이 에너지원으로 쓰이지 않고 단백질 고유의 기능을 수행하도록 한다.

3) 케톤증 예방

탄수화물의 섭취가 불충분하면 지방이 분해되어 아세틸 CoA가 다량 생성된다. 그러나 포도당으로부터 생성되는 옥살로아세트산이 없으므로 TCA회로에 들어갈 수 없고, 대신 간에서 지방산이 불완전 산화된다. 이 과정에서 케톤체를 다량 생성하여 혈액과 조직에 축적하게 되는데, 이를 케톤증이라 한다. 케톤체는 유리 지방산보다 조직에서 이용되기 쉬운 에너지 형태이며, 두뇌와 심장 등 일부 조직은 기아 상태와 같은 비상 시에는 케톤체를 에너지원으로 사용하여 신체 단백질의 손실을 줄여 준다.

유리 지방산 (Free Fatty Acid, FFA)
혈청 중 지방산의 주성분인 글리세린에스터로 구성된 중성 지방 이외에 에스터화하지 않은 것

당뇨병의 경우에도 케톤체가 생성되는데, 인슐린의 부족으로 혈액에는 포도당이 많으나 근육이나 지방 조직으로 운반되지 못하여 신체는 포도당이 부족하게 되므로 지방을 분해한다. 그 결과, 혈액 내에 케톤체가 상승하고 케톤체는 나트륨, 칼륨 이온과 함께 소변으로 배설된다. 이러한 무기질 이온의 손실은 혼수 상태를 일으키고 당뇨병이 치료되지 않을 경우에는 이로 인해 사망하기도 한다. 이러한 케톤증을 방지하기 위해서는 하루에 최소 50~100 g의 탄수화물 섭취가 필요하다.

4) 감미료

탄수화물은 에너지를 낼 뿐 아니라 음식에 단맛과 향미를 제공한다. 감미도는 당의 종류에 따라 다르며, 당뇨병이나 다이어트를 위해 대체 감미료가 개발되어 이용되고 있다.

천연 감미료

모든 단당류와 이당류는 단맛을 내어 감미료로 사용된다. 이들 가운데 자당이 가장 순수한 단맛을 가지고 있으므로 자당과 비교한 상대적 당도를 표 2-3에 제시하였다. 꿀은 벌의 소화효소에 의해 자당이 포도당과 과당으로 분해된 것이다. 자연산 꿀에는 클로스트리듐 보툴리눔균이 함유되어 있는 경우가 많으므로 어린이에게 사용할 때는 주의를 기울여야 한다.

클로스트리듐 보툴리눔 (*Clostridium botulinum*)
클로스트리듐속 균의 한 균종으로 사람과 동물의 보툴리누스 중독의 원인균이며, 그람 양성 간균으로 아포를 형성하는 편성 혐기성 세균

당알코올

당알코올은 단당류나 이당류의 알데하이드기(-CHO)나 카보닐기(C=O)가 알코올

표 2-3 천연 당류와 인공 감미료의 당도

분류	탄수화물 종류	상대적 당도(자당 = 1.0)
탄수화물	과당	1.2~1.8
	전화당	1.3
	자당	1.0
	포도당	0.7
	맥아당	0.4
	유당	0.2
당알코올	마니톨	0.7
	솔비톨	0.6
	자일리톨	0.9
인공 감미료	사카린	300
	아스파탐	200

기로 환원된 형태의 당유도체이다. 단당류 유도체인 솔비톨, 마니톨, 자일리톨은 소화 과정 없이 흡수되지만, 이당류 유도체인 말티톨, 이소말트 등은 구성당으로 분해되어 흡수된다. 대부분의 당알코올은 다른 당류에 비해 흡수 및 대사되는 속도가 느리다. 흡수되지 않은 당알코올은 대장으로 내려가 대장균에 의해 발효되어 휘발성 유기산을 생성하며, 이 과정에서 수소와 메탄가스가 생성된다.

따라서 과다 섭취하면 복부 팽만감과 설사 증상과 같은 부작용을 유발할 수 있다. 흡수된 유기산은 체내에서 대사되어 에너지를 내지만 일반적으로 당알코올은 포도당의 1/2~1/3에 해당하는 저칼로리 당류로서, 급격한 혈당 상승을 일으키지 않으며, 대사에 인슐린을 거의 필요로 하지 않으므로 당뇨 환자에게 적합한 대체 감미료이다. 일본의 경우, 당알코올은 특정 보건용 식품 소재로 분류되어 저칼로리, 비만 예방, 당뇨환자용 설탕 대체 감미료 등으로 사용되고 있다.

솔비톨(sorbitol)
마가목 등의 과즙에 함유되어 있으며 당뇨병 환자의 설탕 대용품

마니톨(mannitol)
강한 단맛, D-마노스의 환원 형태인 당알코올로 자연계에 널리 분포

자일리톨(xylitol)
xylose의 환원으로 얻은 당알코올로 충치 예방용 대체 감미료로 사용

말티톨(maltitol)
글루코스와 솔비톨로 구성되는 이당류 알코올

사카린

사카린은 대체 감미료 중에서 가장 오래 사용된 감미료이다. 사카린은 설탕보다 500배나 당도가 더 높으나 에너지는 내지 않는다. 세계적으로 90개국에서 사용이 허가되어 있으며, 안정성이 뛰어나 고온에서도 단맛이 잘 지속된다.

사카린(saccharin)
물에 잘 녹는 나트륨염이 사용되고, 설탕의 약 500배의 단맛을 가지며, 열량이 없는 합성 감미료

아스파탐

아스파탐은 설탕의 200배에 달하는 당도를 가지며 대체 감미료로서 널리 사용

아스파탐(aspartame)
설탕의 약 200배의 단맛을 내는 인공 감미료

더 알아보기 **무가당 주스에는 탄수화물이 없나요?**

흔히 무가당 주스는 당이 없는 것으로 오해하기 쉽다. 무가당 주스란 본래 과일의 당 이외에 다른 당은 더 넣지 않는 것을 말한다.

되고 있다. 아스파탐은 두 개의 아미노산인 페닐알라닌과 아스파르트산으로 구성된 화합물이다. 아미노산으로 구성되어 있으므로 1 g당 4 kcal의 에너지를 내지만 실제 사용량이 매우 적으므로 에너지 섭취에 별 영향을 주지 않는다. 열에 약해서 가열 시 단맛을 잃기 때문에 음식 조리가 끝난 후에 첨가하도록 한다. 주로 음료, 젤라틴 후식, 껌, 기타 다이어트 식품에 사용되고 있다. 그러나 과량 섭취는 두통, 현기증, 구토증, 알레르기 반응 등의 증후를 일으키는 원인이 되기도 한다. 또한 아스파탐에 페닐알라닌이 함유되어 있으므로 페닐케톤뇨증의 의심이 있는 사람은 이의 사용을 피해야 한다.

페닐알라닌(phenylalanine)
필수 아미노산의 일종

아스파르트산 (aspartic acid)
단백질을 구성하는 아미노산의 하나로, 분자 내에 2개의 카복실기를 갖는 산성아미노산

젤라틴(gelatin)
뼈나 가죽을 알칼리로 처리한 후 열탕에서 추출하면 얻어지는 변성 콜라겐

페닐케톤뇨증 (phenylketonuria)
선천성 효소계 장애에 의하여 단백질 대사 장애를 일으키는 지적 장애의 특수한 형태

5) 식이섬유의 기능

식이섬유는 고분자 화합물로서 보수성, 양이온 교환 능력, 유기화합물의 흡착 능력, 젤 형성 능력 등의 물리 화학적 특성을 가진다. 이러한 특성으로 인해 식이섬유는 장운동 개선, 혈당 및 콜레스테롤의 상승 억제 등 생리학적으로 유익한 효능을 나타낸다(표 2-4).

(1) 식이섬유소의 기능

장운동 개선

불용성 식이섬유는 변의 양을 증가시키는데, 이는 대장근육을 자극하여 빨리 통과하게 한다. 또한 물을 보유하는 성질이 있어서 변을 부드럽게 만든다. 또한 식이섬유의 수분은 장의 발암물질을 희석하고, 배설시킴으로써 대장암 발병 위험을 줄일 수 있다.

혈당 및 콜레스테롤의 상승 억제

수용성 식이섬유는 소장에서 당 흡수를 낮추어 혈당을 천천히 증가하게 하여 인

표 2-4 식이섬유의 분류와 특성

분류	생리적 기능 및 특성	종류	급원식품
불용성 식이섬유	• 식이섬유의 2/3를 차지 • 물과 친화력이 적음 • 배변량 증가 • 대장의 연동운동 증가	셀룰로스	밀, 보리, 현미
		헤미셀룰로스	곡류, 채소류
		리그닌	페닐계의 중합체, 나무나 식물의 조직
		키틴	새우, 게 등의 껍데기 오징어와 조개 등의 연골 버섯이나 균류의 세포벽
수용성 식이섬유 (3 kcal/g)	• 장에서 수분 흡착, 팽윤 • 장액의 점도를 높여 젤 형성 • 지방과 포도당 흡수 지연 • 장내 미생물에 의해 빠르게 분해	펙틴	사과, 귤 등의 과일과 채소
		검	구아, 로커스트 빈
		알긴산, 한천, 카라기난 – 해조다당류	갈조류 및 홍조류
		난소화성 덱스트린	감자, 옥수수, 콩류, 바나나 등
		폴리덱스트로스	합성 식이섬유
		키토산	동물성 식이섬유 곰팡이, 효모, 갑각류

슐린 필요량을 감소시킬 수 있다. 따라서 혈당을 조절해 주는 효과를 가지고 있다. 또한 소장에서 콜레스테롤의 흡수를 방해하는데, 담즙산과 결합하여 배설되므로 담즙산의 재흡수를 억제한다. 따라서 당뇨병이나 동맥경화증의 예방과 치료를 위해서 수용성 식이섬유의 섭취가 중요하다고 할 수 있다.

(2) 식이섬유의 대사 과정

대장 내에서 식이섬유의 소화 과정은 종류에 따라 다르다.

- 소화성 식이섬유 : 과일이나 채소의 섬유소는 대장의 대장 미생물에 의해 분해되어 박테리아의 성장에 도움을 주고, 이때 형성된 짧은사슬지방산은 흡수되어 혈중 콜레스테롤을 낮춘다. 아울러 대변의 양을 증가시켜 주며 짧은사슬지방산은 흡수된다.
- 난소화성 식이섬유 : 겨 혹은 곡물의 껍질은 대장 미생물에 의해 분해되지 않고 대변으로 배출된다.

셀룰로스(cellulose)
식물의 세포막이나 섬유의 주성분. 보통, 펄프·솜 등에서 채취되어 종이나 옷감의 원료로 쓰이는 한편, 폭약의 원료가 되기도 함. 섬유소

헤미셀룰로스(hemicellulose)
식물 세포벽을 이루는 다당류 중 셀룰로스와 펙틴질을 제외한 것

키틴(chitin)
곤충, 게 등의 껍데기를 형성하는 성분

펙틴(pectin)
고등식물체에 널리 분포하며, 세포간 물질 또는 세포막 구성 성분으로서 존재하는 콜로이드 상태의 다당류

검(gum)
점성물질

구아(guar)
갈락토마난을 주성분으로 하는 검을 분비하는 콩과 식물

알긴산(alginic acid)
갈조류의 세포 사이를 채우는 점질 다당류

한천(agar)
우뭇가사리, 바다풀 등을 익혀 한천질을 용출하여 응고시킨 식품

카라기난(carrageenan)
홍조류 추출물로 현탁제로 사용

키토산(chitosan)
갑각류에 함유되어 있는 키틴을 인체에 흡수가 쉽도록 가공한 새로운 물질

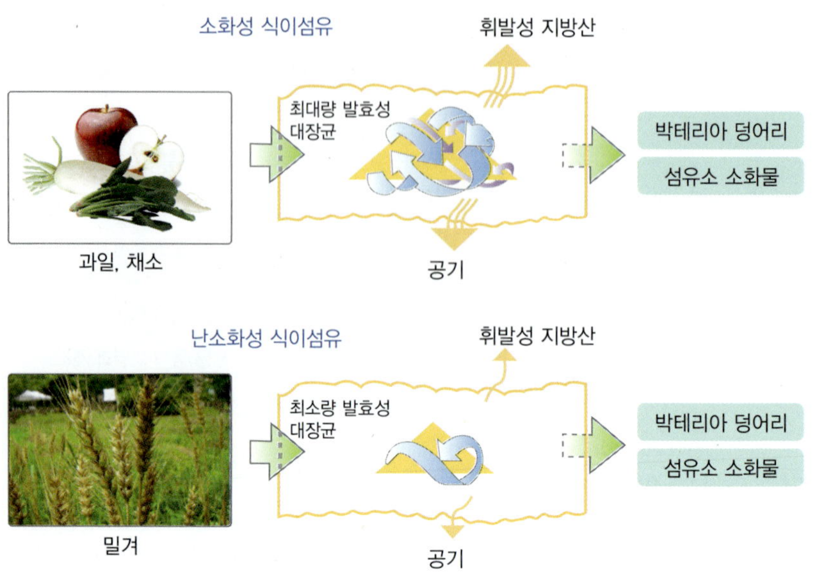

그림 2-7 식이섬유의 대사 과정

6) 기타

탄수화물은 단백질과 함께 신체 내에서 중요한 몇 가지의 화합물을 형성한다. 그 예로 히알루론산과 같은 점성 다당류를 들 수 있으며, 이 물질은 신체 내 연결부분의 윤활물질로서 중요하다.

5. 영양소 섭취기준 및 실태

1) 섭취기준

성인의 경우 탄수화물 섭취가 하루 50 g인 경우에 케토시스를 방지할 수 있고, 하루 100 g 정도는 되어야 근육조직의 손실을 방지할 수 있으며, 적어도 하루 200 g을 섭취해야 중등 수준의 신체활동을 할 수 있다고 보고한 바 있다. 2020 한국인 영양소 섭취기준에 따르면 1세 이후 전 연령층의 에너지 적정비율에서 하루 총에너지 섭취 중 탄수화물로부터 섭취하는 에너지는 55~65%이고, 탄수화물 평균필요량은 100 g이다(표 2-5, 표 2-6). 또한 전곡, 채소, 콩 및 과일 등과 같이 혈당지수가 낮은 복합 탄수화물을 많이 섭취하도록 권장하고 있다.

표 2-5 에너지 적정비율

영양소	1~2세	3~18세	19세 이상
탄수화물	55~65%	55~65%	55~65%
단백질	7~20%	7~20%	7~20%
총지방	20~35%	15~30%	15~30%

자료 : 보건복지부·한국영양학회, 2020 한국인 영양소 섭취기준, 2020

표 2-6 한국인의 1일 탄수화물 섭취기준

연령		탄수화물(g/일)			
		평균필요량	권장섭취량	충분섭취량	상한섭취량
영아	0~5(개월)			60	
	6~11			90	
유아	1~2(세)	100	130		
	3~5	100	130		
남자	6~8(세)	100	130		
	9~11	100	130		
	12~14	100	130		
	15~18	100	130		
	19~29	100	130		
	30~49	100	130		
	50~64	100	130		
	65~74	100	130		
	75 이상	100	130		
여자	6~8(세)	100	130		
	9~11	100	130		
	12~14	100	130		
	15~18	100	130		
	19~29	100	130		
	30~49	100	130		
	50~64	100	130		
	65~74	100	130		
	75 이상	100	130		
임신부		+35	+45		
수유부		+60	+80		

자료 : 보건복지부·한국영양학회, 2020 한국인 영양소 섭취기준, 2020

2) 섭취 실태 및 급원식품

탄수화물은 에너지 공급원으로 매우 중요하다. 또한 소화하기 쉽고 체내에서 대

표 2-7 탄수화물 주요 급원식품(100 g당 함량)[1)]

순위	급원식품	함량(g/100 g)	순위	급원식품	함량(g/100 g)
1	백미	75	16	메밀국수	61
2	라면(건면, 스프 포함)	69	17	고추장	52
3	국수	60	18	감자	16
4	빵	50	19	바나나	22
5	떡	49	20	콜라	9
6	사과	14	21	과일음료	9
7	현미	74	22	맥주	3
8	과자	66	23	감	14
9	밀가루	77	24	양파	7
10	고구마	34	25	복숭아	13
11	보리	75	26	당면	89
12	찹쌀	82	27	만두	28
13	배추김치	6	28	물엿	83
14	설탕	100	29	포도	15
15	우유	6	30	배	12

1) 2017년 국민건강영양조사의 식품별 섭취량과 식품별 탄수화물 함량(국가표준식품성분표 DB 9.1) 자료를 활용하여 탄수화물 주요 급원 식품 상위 30위 산출

자료 : 보건복지부·한국영양학회, 2020 한국인 영양소 섭취기준, 2020

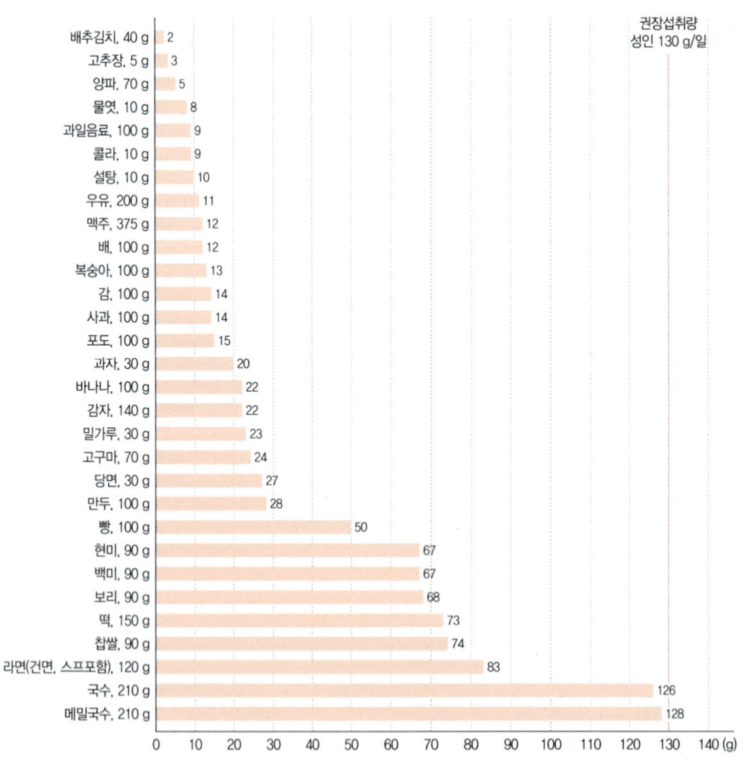

그림 2-8 탄수화물 주요 급원식품(1회 분량당 함량)[1)]

1) 2017년 국민건강영양조사의 식품별 섭취량과 식품별 탄수화물 함량(국가표준식품성분표 DB 9.1) 자료를 활용하여 탄수화물 주요 급원 식품 상위 30위 산출 후 1회 분량(2015 한국인 영양소 섭취기준)을 적용하여 1회 분량당 함량 산출, 19~29세 성인 권장섭취량 기준(2020 한국인 영양소 섭취기준)과 비교

자료 : 보건복지부·한국영양학회, 2020 한국인 영양소 섭취기준, 2020

사할 때 독성물질도 거의 만들지 않는다. 2020 한국인 영양소 섭취기준에 다르면 우리나라 사람들이 많이 소비하는 탄수화물 주요 급원식품은 백미, 라면, 국수, 빵, 떡, 사과, 현미, 과자, 밀가루, 고구마 순이다(표 2-7). 탄수화물 주요 급원식품의 1회 분량당 함량과 탄수화물 고함량 식품은 그림 2-8, 표 2-8과 같다.

표 2-8 탄수화물 고함량 식품(100 g당 함량)[1]

함량 순위	식품	함량(g/100 g)	함량 순위	식품	함량(g/100 g)
1	설탕	100	16	물엿	83
2	과당	100	17	찹쌀	82
3	사탕	98	18	젤리	82
4	껌	95	19	계피가루	81
5	생강차	91	20	영지버섯, 말린것	81
6	전분	90	21	카라멜	80
7	당면, 말린것	89	22	밀가루	77
8	조청	88	23	파스타, 말린것	77
9	컴프리차 가루	88	24	율무차 가루	76
10	쌍화차 가루	88	25	미숫가루	76
11	녹두 국수, 말린것	88	26	밀	76
12	꿀	86	27	딸기잼	75
13	시리얼	85	28	보리	75
14	상황버섯, 말린것	85	29	백미	75
15	얼레지 뿌리, 말린것	83	30	한천	75

[1] 국가표준식품성분표 DB 9.1

자료 : 보건복지부·한국영양학회, 2020 한국인 영양소 섭취기준, 2020

또한, 당류의 식품군별 섭취량은 과일류와 음료류가 가장 높았고, 그다음은 우유류, 채소류, 곡류 순이며, 당류의 주요 급원식품은 사과, 설탕, 우유, 콜라 순으로 나타났다(표 2-9). 당류 주요 급원식품의 1회 분량당 함량과 당류 고함량 식품은 그림 2-9, 표 2-10과 같다.

표 2-9 당류 주요 급원식품(100 g당 함량)[1]

순위	급원식품	함량(g/100 g)	순위	급원식품	함량(g/100 g)
1	사과	11.1	16	아이스크림	17.3
2	설탕	93.5	17	참외	9.1
3	우유	4.1	18	포도	10.4
4	콜라	9.0	19	케이크	22.9
5	배추김치	3.1	20	가당 오렌지주스	6.5
6	과일음료	7.1	21	빵	4.1
7	바나나	14.6	22	요구르트(호상)	4.6
8	양파	5.7	23	초콜릿	43.9
9	감	10.5	24	귤	5.1
10	고추장	22.8	25	수박	5.1
11	고구마	9.8	26	불고기양념	28.2
12	복숭아	9.3	27	쌈장	25.7
13	국수	7.4	28	커피(믹스)	5.9
14	사이다	8.8	29	배	4.7
15	기타 탄산음료	10.7	30	양배추	4.8

[1] 2017년 국민건강영양조사의 식품별 섭취량과 식품별 당류 함량(국가표준식품성분표 DB 9.1) 자료를 활용하여 당류 주요 급원식품 상위 30위 산출

자료 : 보건복지부·한국영양학회, 2020 한국인 영양소 섭취기준, 2020

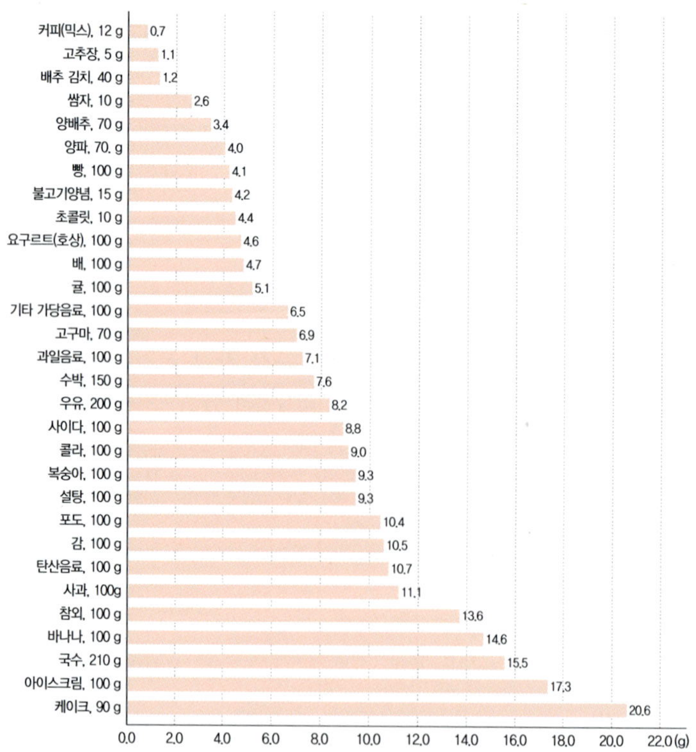

그림 2-9 당류 주요 급원식품(1회 분량당 함량)[1]

[1] 2017년 국민건강영양조사의 식품별 섭취량과 식품별 당류 함량(국가표준식품성분표 DB 9.1) 자료를 활용하여 당류 주요 급원식품 상위 30위 산출 후 1회 분량(2015 한국인 영양소 섭취기준)을적용하여 1회 분량당 함량 산출

자료 : 보건복지부·한국영양학회, 2020 한국인 영양소 섭취기준, 2020

표 2-10 당류 고함량 식품(100 g당 함량)[1]

함량 순위	식품	함량(g/100 g)	함량 순위	식품	함량(g/100 g)
1	설탕	93.5	16	쥐치포, 말린 것	25.8
2	꿀	74.7	17	쌈장	25.7
3	시럽, 단풍나무	60.5	18	대추, 생것	24.3
4	코코아 가루	55.7	19	케이크	22.9
5	딸기잼	53.2	20	고추장	22.8
6	조청	49.9	21	돈까스 소스	22.3
7	초콜릿	43.9	22	물엿	22.1
8	사탕	42.8	23	겨자 페이스트	21.1
9	양갱	41.9	24	잭프루트, 생것	19.1
10	분유	38.6	25	프루트칵테일, 통조림	18.9
11	초고추장	36	26	고춧가루	17.5
12	매실 농축액	35.9	27	아이스크림, 바닐라맛	17.3
13	시리얼	35.1	28	머루, 생것	17.1
14	곶감, 말린것	29.8	29	마늘장아찌	15
15	불고기양념	28.2	30	발사믹식초	15

[1] 국가표준식품성분표 DB 9.1
자료 : 보건복지부·한국영양학회, 2020 한국인 영양소 섭취기준, 2020

식이섬유는 대부분의 과일류, 채소류, 곡류에 존재하며, 우리나라 사람들이 상용하는 해조류나 콩류, 버섯류는 식이섬유의 좋은 급원이다. 2020 한국인 영양소 섭취기준 보고에 따르면 식이섬유 상위 5개의 급원식품은 배추김치, 사과, 감, 고춧가루, 백미 순이었고(표 2-11), 이들 식품은 식이섬유 함량이 높은 식품이라기보다는 하루 섭취량이 높은 식품이기 때문으로 보고되었다.

표 2-11 식이섬유 주요 급원식품(100 g당 함량)[1)]

순위	급원식품	함량(g/100 g)	순위	급원식품	함량(g/100 g)
1	배추김치	4.6	16	깍두기	4.3
2	사과	2.7	17	고추장	5.2
3	감	6.4	18	라면(건면, 스프 포함)	2.2
4	고춧가루	37.7	19	감자	1.7
5	백미	0.5	20	현미	3.5
6	빵	3.7	21	고구마	2.0
7	보리	11.0	22	국수	1.8
8	대두	20.8	23	만두	5.8
9	두부	2.9	24	건미역	35.6
10	복숭아	4.3	25	양배추	2.7
11	샌드위치/햄버거/피자	7.2	26	상추	3.7
12	양파	1.7	27	열무김치	3.2
13	귤	3.3	28	바나나	1.9
14	된장	10.3	29	가당음료(오렌지주스)	1.8
15	토마토	2.6	30	당근	3.1

1) 2017년 국민건강영양조사의 식품별 섭취량과 식품별 식이섬유 함량(국가표준식품성분표 DB 9.1) 자료를 활용하여 식이섬유 주요 급원식품 상위 30위 산출

자료 : 보건복지부·한국영양학회, 2020 한국인 영양소 섭취기준, 2020

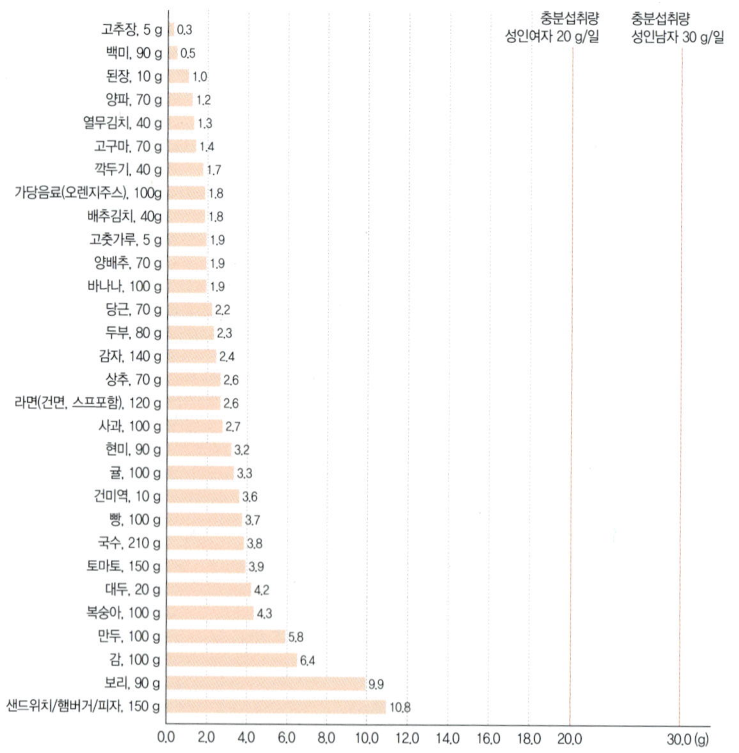

그림 2-10 식이섬유 주요 급원식품(1회 분량당 함량)[1)]

1) 2017년 국민건강영양조사의 식품별 섭취량과 식품별 식이섬유 함량(국가표준식품성분표 DB 9.1) 자료를 활용하여 식이섬유 주요 급원식품 상위 30위 산출 후 1회 분량(2015 한국인 영양소섭취기준)을 적용하여 1회 분량당 함량 산출, 19~29세 성인 충분섭취량 기준(2020 한국인영양소 섭취기준)과 비교

자료 : 보건복지부·한국영양학회, 2020 한국인 영양소 섭취기준, 2020

표 2-12 식이섬유 고함량 식품(100 g당 함량)[1]

함량 순위	식품	함량(g/100 g)	함량 순위	식품	함량(g/100 g)
1	영지버섯, 말린것	77.9	16	들깨, 볶은것	22.0
2	상황버섯, 말린것	74.4	17	콩(대두), 흑태, 말린것	20.8
3	계피, 가루	61.4	18	염교(락교), 생것	20.7
4	석이버섯, 말린것	60.9	19	보리, 엿기름, 말린것	20.4
5	산초, 가루	56.6	20	겨자 페이스트	19.4
6	오레가노, 말린것	42.5	21	팥, 붉은팥, 말린것	17.9
7	고춧가루, 가루	37.7	22	홑잎나물, 생것	17.2
8	미역, 말린것	35.6	23	코코넛, 말린것	16.3
9	녹차 잎, 말린것	35.4	24	참깨, 흰깨, 볶은것	14.1
10	치아씨, 말린것	34.4	25	강낭콩, 생것	14.1
11	팽창제, 효모, 말린것	32.6	26	아마란스, 건조	13.8
12	월계수 잎, 말린것	26.3	27	꾸지뽕 잎, 생것	13.5
13	잠두, 생것	25.0	28	미숫가루	12.8
14	아마씨, 볶은것	24.0	29	선인장, 열매, 생것	12.4
15	삼씨, 말린것	22.7	30	아몬드, 볶은것	11.3

[1] 국가표준식품성분표 DB 9.1

자료 : 보건복지부·한국영양학회, 2020 한국인 영양소 섭취기준, 2020

6. 영양건강문제

1) 혈당조절과 당뇨병(저혈당증 포함)

간에서 혈액으로 나온 포도당, 즉 혈당은 모든 세포에 에너지를 공급하고 체내의 필요한 물질을 합성한다. 정상인의 공복혈당은 혈액 100 mL당 70~100 mg/dL이다. 탄수화물이 함유된 식사를 하고 나면 혈당은 140 mg/dL까지 증가되나 식사 후 1~2시간이 지나면 정상 수준으로 되돌아온다. 이와 같이 정상인의 경우 혈당이 일정 농도로 유지되는데 이 과정에는 여러 호르몬이 상호작용한다(표 2-13). 식사 후 포도당이 혈류에 들어가면 췌장의 β-세포에서 많은 양의 인슐린을 방출한다. 인슐린은 간, 근육이나 지방조직 등으로 혈당의 유입을 증가시키고 간의 글리코겐 합성을 촉진시킨다. 따라서 식사 후 높아졌던 혈당 농도는 정상 수준으로 돌아온다.

인슐린(insulin)
혈당(포도당)의 양을 조절하는 호르몬

표 2-13 혈당 조절에 관여하는 호르몬의 작용

호르몬	분비기관	혈당 조절
인슐린(insulin)	췌장의 β세포	혈당 감소
글루카곤(glucagon)	췌장의 α세포	혈당 증가
에피네프린(epinephrine) 노르에피네프린(norepinephrine)	부신수질 교감신경말단	
글루코코르티코이드(glucocorticoid)	부신피질	
성장호르몬	뇌하수체 전엽	
갑상선호르몬	갑상선	

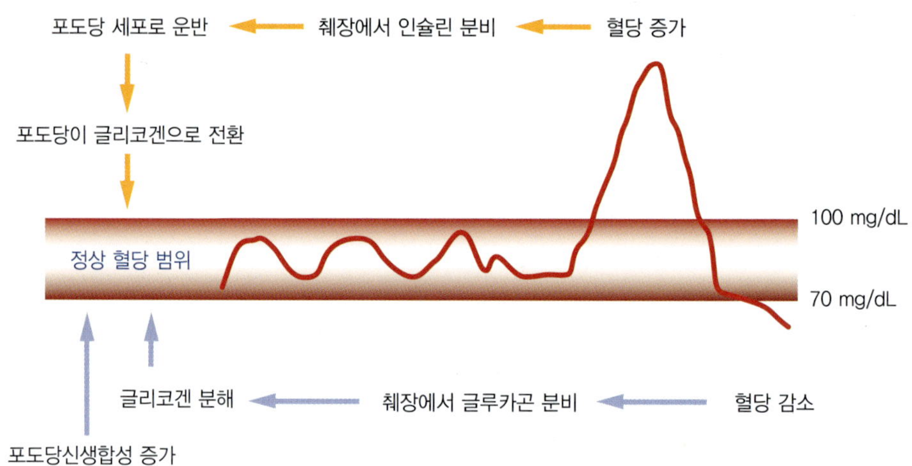

그림 2-11 호르몬에 의한 혈당의 조절

글루카곤(glucagon)
췌장에서 분비되는 호르몬으로 혈당을 높여줌

포도당신생합성(gluconeogenesis)
세포 속에서 다른 종류의 화합물로부터 포도당과 같은 탄수화물을 만드는 것

고혈당증(hyperglycemia)
혈액 속 포도당의 농도, 즉 혈당치가 정상 범위보다 높은 상태. 공복 시 혈당이 140 mg/dL 이상인 경우

저혈당증(hypoglycemia)
혈청 내 포도당의 농도가 정상 수준 이하로 감소하는 상태. 공복 시 혈당이 40~50 mg/dL 이하인 경우

반면, 혈당이 낮아진 경우에는 글루카곤이라는 호르몬의 작용으로 간에 저장되어 있던 글리코겐이 포도당으로 분해되어 혈당 농도가 높아진다. 또한 아미노산들로부터 아미노기가 제거된 탄소골격이 포도당신생을 거쳐 포도당으로 전환되기도 한다. 굶거나 혹은 다른 이유로 탄수화물 섭취가 부족하여 혈당이 정상 범위로 유지되지 않고 에너지를 발생시킬 수 없을 때에는 지방이 분해되어 에너지로 쓰인다.

체내의 혈당 조절 기능이 정상적으로 이루어지지 않아 혈당이 160~180 mg/dL 이상이 되면 고혈당증이라 한다. 이 경우 당이 소변으로 배설되기 시작하고 공복과 갈증을 느끼며, 장기간 계속되면 체중이 감소한다. 반면, 혈당이 40~50 mg/dL 이하로 떨어지면 저혈당증이라 하는데 신경이 예민해지고 불안정하며, 공복감과

두통을 느끼고 심하면 쇼크 증세를 일으킨다.

당뇨병은 비정상적인 탄수화물 대사로 인해 고혈당과 당뇨가 나타나는 만성 대사질환이다. 당뇨병은 인슐린의 부족이나 인슐린 저항성 때문에 생긴다고 할 수 있다. 인슐린이 부족하거나 효율적으로 쓰이지 못하면 근육과 지방 조직 세포에서는 포도당이 부족하게 되는 반면, 혈액 내 포도당 양은 많아지는 비정상적인 상태가 된다. 즉, 세포에서는 포도당이 부족하여 포도당을 에너지원으로 쓰지 못하게 되고 그 대신 지방이 분해되어 에너지원으로 쓰인다.

당뇨병(diabetes mellitus) 인슐린이 부족하거나 인슐린에 대한 감수성이 떨어져 탄수화물 대사에 이상이 생기는 질환

또한 소장에서 흡수는 되었으나 세포로 들어가지 못한 포도당은 혈액에 그대로 남게 되며 그 결과 혈당 농도가 높아지는 고혈당증을 보인다. 혈당이 혈액 100 mL당 160~180 mg보다 높으면 신장에서 처리할 수 있는 한계를 넘기 때문에 포도당이 소변으로 배출된다. 이것을 당뇨라고 한다.

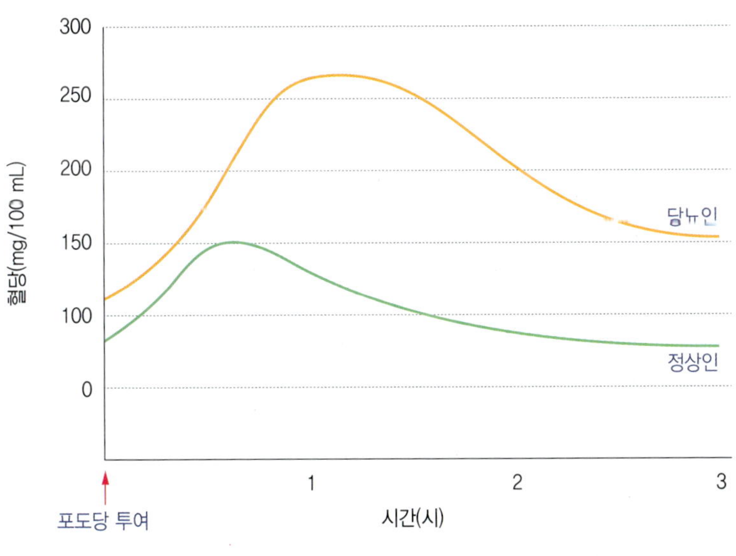

그림 2-12 정상인과 당뇨인의 혈당 변화 곡선

2) 식이섬유와 영양건강문제

식이섬유의 물리 화학적인 특성은 위장관에서의 생리적 기능에 관여하여 건강에 중요한 영향을 미친다. 식이섬유의 친수성, 점성 및 다른 물질과의 결합 능력, 소장에서의 흡수 정도와 대장에서의 발효성 등은 콜레스테롤, 포도당, 무기질의 흡수에

더 알아보기 당뇨병 진단 기준의 변화

과거에는 당뇨병을 진단할 때 공복 시 혈당 140 mg/dL을 기준으로 하였다. 그러나 최근에는 공복 시 혈당이 120 mg/dL인 경우에도 신체조직 손상의 원인이 된다는 것이 밝혀져 공복 시 혈당 126 mg/dL을 진단 기준으로 삼는다. 또는 75 g의 포도당을 투여한 다음 2시간 후의 혈당이 200 mg/dL 이상인 경우 당뇨병으로 진단한다.

혈당지수(GI)와 혈당부하지수(GL)는?

혈당지수(glycemic index, GI)는 특정 식품에 대한 혈당의 반응 정도를 기준 식품(포도당이나 흰 식빵)과 비교하여 나타낸 것이며, 혈당부하지수(glycemic load, GL)는 특정 식품에 들어 있는 탄수화물의 양에 혈당지수를 곱하고 백분율로 계산한 값이다. 그렇다면 왜 GI와 함께 GL을 사용하는 것일까? 1회분에 GI는 식품에 들어 있는 전분 구조, 섬유소량, 조리 정도, 물리적 구조, 식품의 온도, 그리고 지방과 같은 다른 다량 영양소의 영향을 받는다. 따라서 GI는 식품 중 탄수화물의 특성만을 나타내지 않고 오히려 지방이 많은 식품은 GI가 낮을 수 있으며, 지방이 많은 경우에는 에너지가 높으므로 주의해야 한다. 그러므로 최근에는 GI만 사용하는 것이 아니라 식품 속에 들어 있는 탄수화물의 양을 고려하여 GL을 함께 사용하고 있다.

GL = GI × 1회 분량당 탄수화물 함량 / 100

예) 사과의 GL : (38 × 22) / 100 = 8

식품의 혈당지수(GI)와 혈당부하지수(GL)

		GI	탄수화물(g)	GL
현미	1컵*	55	46	25
삶은 당근	1컵	49	16	8
구운 감자	1컵	85	57	48
우유	1컵	27	11	3
사과	중 1개	38	22	8
바나나	중 1개	55	29	16
오렌지	중 1개	44	15	7
사과 주스	1컵	40	29	12
오렌지 주스	1컵	46	26	13
감자칩	30 g	54	15	8
초콜릿	30 g	49	18	9

* 1컵 = 240 mL

자료 : Foster-Powell K et al. International table of glycemic index and glycemic food. *American Journal of Clinical Nutrition* 76(5), 2002

영향을 주며, 장내 균총과 장운동, 면역 기능과 같은 건강 기능성과 밀접한 관계를 갖고 있다.

비만

식이섬유는 인체 내에서 소화되지 않지만 보수성, 양이온 교환성, 젤 형성력, 흡착성 등의 물리 화학적 성질을 갖고 있으므로 위, 소장, 대장으로 이동하는 과정에서 연동운동과 다른 영양소의 소화 흡수에 영향을 준다. 식이섬유가 많은 식사는 상대적으로 에너지가 적을 뿐 아니라 많이 씹어야 하므로 구강의 저작작용을 자극하고 타액과 위액 분비를 촉진시킨다. 특히 수용성 식이섬유는 위에서 많은 양의 수분을 흡수하여 젤을 형성함으로써 음식물이 위에 체류하는 시간을 연장시켜 포만감을 부여하므로 과식을 하지 않게 된다. 비만인 사람들은 보통 음식을 빨리 먹으며 공복감을 참지 못하는 경우가 많은데, 식이섬유는 씹는 시간 때문에 식사 시간이 길어지고, 부피가 많으므로 포만감을 주며, 위장의 수축이 억제된다. 소장 내에서는 식이섬유의 젤 형성력 및 흡착성에 의해 열량 영양소의 흡수를 지연시킨다. 따라서 식이섬유가 풍부한 식사는 체중 감량을 위한 좋은 다이어트 식단이다.

심혈관계 질환

일반적으로 수용성 식이섬유가 불용성 식이섬유보다는 혈청 지질 수준을 낮추는 능력이 더 높다. 식이섬유의 콜레스테롤 수준 저하 효과는 다음과 같다.

첫째, 콜레스테롤은 소장의 가장 위쪽에서 흡수되는데, 수용성 식이섬유가 소장에서 젤매트릭스를 형성하여 식이 콜레스테롤을 둘러싸 흡수를 어렵게 하므로 콜레스테롤 수준을 낮춘다.

둘째, 식이섬유는 담즙산의 재흡수를 저해하고 배설을 증가시킨다. 그 결과 혈액을 순환하는 담즙의 양이 감소하게 되며, 부족한 담즙을 생성하기 위해 혈청 콜레스테롤이 사용되므로 혈청 콜레스테롤 수준이 떨어지게 된다.

셋째, 식이섬유는 장내 미생물에 의해 대장에서 일부 발효되어 아세트산, 프로피온산, 뷰티르산 등과 같은 탄소 수가 적은 짧은사슬지방산을 생성한다. 이러한 지방산은 일부 흡수되어 간에서 콜레스테롤 합성을 억제하고 저밀도(LDL) 콜레스테롤의 분해를 촉진시킨다.

아세트산(acetic acid)
알코올의 산화 등에 의해 생성되는 자극적인 냄새가 있는 산으로 식초의 주성분

뷰티르산(butyric acid)
탄소 수 4개의 곧은 사슬 포화 지방산

그러나 실제 일상생활에서 식사로 섭취하는 2~10 g 수준의 식이섬유로는 콜레스테롤의 감소 효과를 보기는 어렵다고 한다. 한편, 일부 식이섬유는 장내에서 식염과 결합하여 배설됨으로써 혈압 상승을 억제하는 것으로 보고되었다.

당뇨병

식이섬유는 식후 혈당 상승 및 인슐린 분비를 억제하는 작용이 있다. 특히 인슐린 비의존형 당뇨 환자들의 경우, 혈당이 높으면 인슐린 분비가 많아지고 인슐린에 대한 반응이 낮아져서 고혈당 상태를 유지하며 더 많은 인슐린의 분비를 필요로 하는 악순환을 거듭하게 된다. 그러나 식이섬유가 많이 함유된 식품을 섭취하면 혈당이 서서히 증가하여 과도한 인슐린의 분비를 방지할 수 있다. 또한 말단세포의 인슐린에 대한 반응도 높아져서 인슐린 의존도를 낮추게 되므로 당뇨 환자에게 필요한 인슐린의 양을 낮출 수 있다.

변비 및 게실염

식이섬유의 종류와 섭취량이 변의 부피와 배설 시간에 영향을 준다. 특히 셀룰로스와 같은 불용성 식이섬유는 변의 용적을 증가시킴으로써 대장 운동을 촉진하여 변비 예방 효과가 있다. 식이섬유가 적은 식사를 하면 변의 양이 적고 변이 장내에 오래 머무르게 되면서 수분이 제거되어 딱딱한 상태로 된다. 건조하고 딱딱한 대변은 때로는 항문 주위를 찢어 치질이 생기게도 한다.

식이섬유의 섭취가 부족하여 변의 양이 적고 단단해지는 경우 배설을 위해 압력을 가하게 되고 이에 따라 대장 외벽에 주머니 형태로 돌출된 게실을 만들어 게실염을 일으킬 수 있다. 또한 대장 내 남아 있는 음식물 찌꺼기들은 장내 박테리아들에 의해 유해한 성분으로 변하여 장 건강에 해로운 영향을 미친다. 그러나 식이섬유를 충분히 섭취하면 변통을 좋게 하여 장내 유해한 물질들의 생성을 억제하며, 이들의 배설을 촉진함으로써 유익한 장내세균이 증식할 수 있는 환경을 제공할 수 있다.

게실(diverticulum)
여러 가지 크기의 국한성 낭 또는 주머니

게실염(diverticulitis)
게실의 염증, 특히 농양을 형성하여 천공되는 수가 있는 결장 게실의 염증

대장암

여러 역학 조사에서 식이섬유의 섭취량이 대장암의 발병 빈도와 역의 상관관계가 있음을 보고하면서 식이섬유의 대장암 예방 효과에 대한 관심이 고조되어 왔

더 알아보기 식이섬유, 많이 먹어도 될까

건강한 성인에게 식이섬유가 풍부한 식사는 건강에 유익한 점이 많으나 영양 상태가 불량하거나 소화 능력이 부족한 성장기 어린이와 노약자의 경우에는 주의가 필요하다.

- 무기질 흡수 저해 : 식이섬유는 양이온 교환 능력이 있기 때문에 무기질과 결합할 수 있다. 따라서 식이섬유를 과다하게 섭취하면 무기질과 킬레이트 화합물을 형성하여 칼슘, 아연, 철, 마그네슘 등의 흡수가 저해되고 배설이 촉진되어 무기질 결핍이 일어날 수 있다. 또한 식이섬유가 풍부한 식사에는 피틴산이나 수산 함량도 많기 때문에 칼슘, 아연, 철 등의 무기질 흡수를 억제할 수 있다.
- 위장관 장애 : 소화되지 않은 식이섬유 잔재물은 대장에서 박테리아에 의해 메탄, 이산화탄소, 수소 등의 가스를 생성하여 위장관 통증 및 복부 팽만감을 유발할 수 있다. 따라서 과민성 대장 증상을 가진 사람은 가스 발생이 적도록 식이섬유 함량이 적은 식사가 권장된다. 한편, 식이섬유를 과량 섭취하면 다량의 수분 섭취가 필요한데, 만약 물의 섭취가 부족하면 변이 매우 단단해져서 오히려 배변이 어려워진다.

다. 수용성이나 불용성 식이섬유 모두 대장암 억제 효과가 있을 수 있으나, 특히 불용성 식이섬유가 발암물질의 적절한 제거로 장 세포가 발암물질에 노출되는 것을 제한하여 대장암의 발생 위험을 감소시킬 수 있는 것으로 보고되었다. 또한 식이섬유의 발효 산물인 짧은사슬지방산의 발암 억제 효과가 밝혀짐으로써 대장암 예방을 위한 식이섬유의 생리적 유용성에 대한 관심이 증가되고 있다.

3) 유당불내증

유당은 포도당과 갈락토스로 분해되어야 흡수되는데, 유당불내증은 유당분해효소인 락테이스가 부족하거나 없어서 생기는 질환이다. 정상인은 우유 속에 있는 유당을 락테이스에 의해 갈락토스와 포도당으로 분해하여 흡수하나, 락테이스를 충분히 갖고 있지 않은 사람은 유당이 소화되지 못하고 대장에서 발효하여 산과 가스를 생성한다. 즉, 소화가 안 된 유당과 유당 발효산물들은 장내로 물을 끌어들여 복통, 설사, 고창 혹은 복부 경련 등의 증세를 보이는 원인이 된다. 유당불내증은 전 세계적으로 백인보다 흑인, 아시아인, 아프리카인들에게 훨씬 많다.

유당불내증 (lactose intolerance)
젖당을 포함하는 우유, 유제품을 섭취했을 때 생기는 장애, 복통, 설사 등 여러 가지 증상을 보임

모유나 우유를 먹는 유아기에는 유당을 대부분 잘 분해하다가 이유기가 지나면서 유당분해효소의 분비가 충분치 않아 유당이 잘 분해되지 못하는데 이를 '성인 유당 과민성'이라고도 한다. 보통 다량의 유당(빈 속에 50~100 g의 유당을 섭취하는

정도)에 대해 유당불내증을 보이는 사람일지라도 유당을 조금씩 섭취할 때는 괜찮은 경우가 있다. 이런 사람들은 12 g 정도의 유당(우유 1잔 정도)은 문제가 안 될 수 있으며, 식사를 하면서 우유를 마시면 증상을 보이지 않을 수도 있다. 요구르트나 산 처리 우유 등 미리 발효시킨 우유제품은 유당이 이미 분해되었기 때문에 도움이 된다.

그러나 유당불내증의 정도가 심한 사람은 우유뿐만 아니라 유제품 모두를 식사에서 제외시켜야 한다. 우유나 유제품 모두를 제외시켜야 하는 사람은 다른 대체식품으로 영양소를 공급해야 한다. 단백질은 육류, 생선류, 가금류, 달걀 등으로부터, 비타민 A는 녹황색 채소나 간으로부터, 리보플라빈은 육류나 곡류로부터, 그리고 우유의 가장 주된 영양소인 칼슘은 멸치, 뼈째 먹는 생선, 콩류, 녹황색 채소, 굴 등으로부터 섭취해야 한다.

4) 갈락토스 혈증

갈락토스 혈증은 체내에 갈락토스와 그 대사산물이 축적되는 유전적 대사질환의 하나로 Galactose-1-phosphate uridyl transferase(GALT)의 결핍된 제1형, Galactose kinase 결핍된 제2형, Epimerase 결핍된 제3형으로 구분할 수 있다. 생후 즉시 발육부전, 구토, 황달, 설사 증상 등이 나타나고, 치료하지 않으면 백내장, 정신지체 등을 보이다가 심해지면 간기능 부전, 출혈, 패혈증 등으로 사망할 수도 있다.

제1형 갈락토스 혈증의 증상이 가장 심하고 보편적인데, 체내에 갈락토스와 그 대사산물인 Galactose-1-phosphate(Gal-1-P)가 축적되어 신장, 간, 뇌의 선조직 세포에 이상을 초래하고, 일반 우유(분유와 모유)나 갈락토스가 함유된 모든 음식이 체내에서 독성으로 작용한다.

5) 설탕 섭취와 영양건강문제

단순당인 설탕 섭취의 증가로 발생되는 문제로는 충치, 비만, 당뇨병, 심장순환계 질환, 영양 상태 불량 등이 있다. 설탕은 열량만을 낼 뿐 다른 영양소는 들어 있지 않아 '빈(empty, naked) 영양소'라 불리기도 한다. 설탕이나 단 음식을 많이 섭취하게 되면 균형적인 영양소의 섭취가 어려우며, 에너지 섭취 과다로 체지방이 축적될 수 있다. 또한 설탕은 중성지방의 증가 초래, 동맥경화증 유발의 2차적 위험인자가 될 수 있다.

동맥경화증 (arteriosclerosis)
동맥의 내막 하층에 지방질의 침착을 주체로 하는 병변이 생기고, 동맥의 내막을 중심으로 섬유가 증가하여 동맥벽이 경화하는 병태의 총칭

설탕은 충치 발생에 주요 역할을 하는데 입안에 있는 박테리아는 치아에 남아 붙어 있는 설탕 찌꺼기를 곧바로 덱스트란이라는 끈적끈적한 물질로 바꾼 후 그곳에 서식하며 이를 영양원으로 이용한다. 이러한 박테리아의 대사작용에 의해 생성된 산(주로 젖산)은 구강 내 pH를 4까지 떨어뜨리는데, 보통 pH 5.5에서부터 치아의 에나멜층은 침식, 용해되기 때문에 치아가 손상된다. 설탕의 농도가 진할수록 충치 유발성은 커지며, 설탕의 섭취 빈도와 섭취 시간 등이 충치 형성에 영향을 준다. 즉, 섭취 빈도가 높을수록, 특히 설탕이 많이 들어 있는 식품을 식사와 식사 사이에 섭취하면 충치 유발성은 커진다.

식사를 할 때 침의 분비가 왕성해지며 이것이 산을 중화시킨다. 수면 중에는 침의 분비가 감소되어 밤새 설탕이 치아에 접촉한 상태로 있어 치아는 더욱 손상을 입기 쉽다. 설탕 함유식품의 물리적 형태도 충치 발생에 영향을 주는데 껌이나 단 스낵류들은 치아의 표면에 잘 달라붙어 충치를 쉽게 유발한다. 또한 설탕물이나 설탕이 많이 든 음료는 잘 닦기 어려운 치아의 균열된 틈으로 설탕을 옮겨 주므로 충치 유발성이 높아진다.

해봅시다

1. 내가 어제 먹은 음식의 식단을 적고 영양 분석을 해보자.

1) 어제 하루 내가 섭취한 탄수화물의 양은?

2) 나의 에너지 섭취의 3대 영양소 섭취 비율은 얼마인가?

3) 내 식단의 영양 분석 자료를 검토하고 문제점과 해결 방법에 대하여 방안을 제시하시오.
[참고 사이트 : CAN-Pro5.0, 메뉴젠, 미국 농무성]

CAN 5.0(http://canpro5.kns.or.kr/uat/uia/canproExpertLogin.do)
한국영양학회에서 개발한 개인이나 집단의 영양 섭취 상태를 평가하기 위해 개발된 프로그램

메뉴젠(MenuGen, http://koreanfood.rda.go.kr/kfi/mgnNewmenumkFoodSelectNew/list#;)
2001년 농촌진흥청 농촌자원개발연구소의 인터넷 식단작성 프로그램으로 식품영양 정보, 음식영양 정보, 식단영양 분석이 가능

미국 농무성(http://www.usda.gov)
식품의 영양 성분, 영양 정보 제공, Nutrition Program, Food Pyramid 등과 식품영양 정보 검색 가능

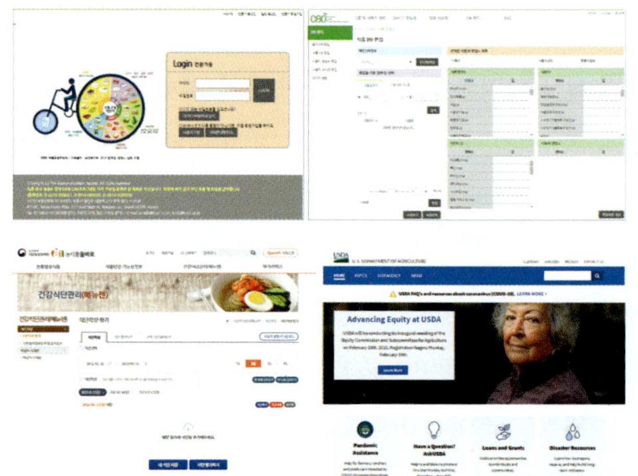

2. 과일/채소/식이섬유 섭취 검진을 위한 Block의 간이설문지

	(0점) 일주일에 1회 미만	(1점) 일주일에 1회 정도	(2점) 일주일에 2~3회	(3점) 일주일에 4~6회	(4점) 매일 점수	점수
오렌지 주스						
과일(주스 제외)						
푸른 채소 샐러드						
감자						
콩 종류						
기타 채소류						
고섬유질 시리얼						
통밀빵, 현미						
흰빵, 비스킷, 머핀						

*과일/채소/식이섬유 총점수 =

평가 30점 이상 : 만족할 만한 수준
20~29점 : 과일, 채소, 도정을 덜한 곡류를 더 먹을 것을 권장
20점 미만 : 일부 주요 영양소가 부족되기 쉬움. 과일, 채소, 전곡 등을 매일 더 먹어야 함.

단원정리

1. 탄수화물은 포도당 · 과당 · 갈락토스 등의 단당류, 맥아당 · 자당 · 유당 등의 이당류, 올리고당, 전분 · 글리코겐 · 식이섬유와 같은 다당류로 분류한다.
2. 탄수화물 대사는 실질적으로 포도당의 대사이다. 포도당은 혈당 유지, 세포에 필요한 에너지의 공급, 글리코겐 저장, 체지방 형성 등을 위해 이용될 수 있다.
3. 탄수화물의 주요 기능은 에너지 공급이다. 탄수화물 섭취를 제한하면 체내 단백질이 분해되어 포도당을 생성하며 간의 지방 대사가 불완전하여 케톤증을 유발한다. 따라서 단백질을 절약하고 케톤증을 방지하기 위해서 하루에 최소 100 g의 탄수화물을 섭취해야 한다.
4. 탄수화물의 급원식품은 곡류 및 감자류이며, 설탕이 함유된 식품들과 일부 과일 중에 탄수화물 함량이 많은 것들이 있다. 식이섬유는 콩류, 해조류, 과일류, 채소류, 전곡류 등에 많이 함유되어 있다.
5. 한국인 영양소 섭취기준에 의하면, 총에너지 섭취 중 탄수화물로부터 섭취하는 에너지는 55~65%이다. 식이섬유의 경우 충분섭취량은 성별, 연령에 따라 다르지만 대략 하루에 15~25 g 수준이다.
6. 탄수화물과 관련된 영양문제로는 당뇨병, 유당불내증 및 충치 등을 들 수 있다. 혈당 조절호르몬인 인슐린의 작용이 정상적으로 작용하지 않으면 당뇨병이 발생한다. 유당분해효소가 부족한 경우 유당의 소화 흡수가 어렵고 장내 박테리아에 의해 유당이 발효되어 가스가 차고 설사 등의 증상이 나타나는데 이를 유당불내증이라 한다. 설탕은 충치 발생에 주요 역할을 하는 것으로 보인다.
7. 식이섬유의 친수성, 점성 및 다른 물질과의 결합 능력, 소장에서의 흡수 정도와 대장에서의 발효성 등은 콜레스테롤, 포도당, 무기질의 흡수에 영향을 준다. 이에 따라 식이섬유는 비만, 심혈관질환, 당뇨병, 변비 및 게실증, 대장암 등에 효능이 있는 것으로 보인다.

연구문제

1. 당류 권장기준은 얼마이며, 당류를 줄이기 위한 식생활에 대하여 토론해 보자.

2. 탄수화물의 소화 과정에 대하여 설명해 보자.

3. 세포 내에서 포도당 1분자는 어떠한 과정을 거쳐서 ATP를 얼마나 생성하는지에 대하여 생각해 보자.

4. 당뇨인의 혈당 조절을 위하여 탄수화물 섭취를 위한 식생활에 대하여 토론해 보자.

5. 식이섬유소의 역할과 섬유소의 섭취를 늘리기 위한 실천 가능한 식생활에 대하여 설명해 보자.

참고문헌

김혜경, 송재철, 신완철, 유리나, 최석영, 홍순명(2006). **건강과 영양(개정판)**. 울산대 출판부.

문수재, 이명희, 이민준, 김정현(1999). **영양학의 이해**. 수학사.

문수재, 이민준, 김정현, 강정선, 안홍석, 송세화, 최문희(1992). 수유 기간에 따른 모유의 총질소, 총지질 및 젖당 함량 변화와 모유 영양아의 에너지 섭취에 관한 연구. **한국영양학회지** 25: 233-247.

박태선, 김은경(2000). **현대인의 생활영양**. 교문사.

보건복지부 · 한국영양학회(2020). 한국인 영양소 섭취기준.

오경원, 남정모, 김초일, 이양자(2004). 우리나라 성인의 당질 섭취가 혈청 중성지방 수준에 미치는 영향. **한국영양학회지 37**: 448-454.

조성숙(2002). **스포츠영양학**. 도서출판 효일.

질병관리청(2020). 국민건강영양조사 제8기 1차년도(2019) 결과발표 자료집.

최혜미(2016). **21세기 영양학**(개정판). 교문사.

최혜미, 김정희, 장경자, 민혜선, 임경숙, 변기원, 이홍미, 김경원, 김희선, 김현아(2000). **21세기 영양학원리**. 교문사.

통계청(2006). 2005년 한국인 사망원인통계 보고서.

홍순명, 배재학, 김곤, 최정숙, 김영옥, MenuGen(2004). 한국 식량자급률 향상을 위한 인터넷 기반의 권장식단검색 및 식단작성 프로그램. **대한영양사협회지 학술지 10**(3): 272-283.

홍순명(2005). **인터넷 영양분석 프로그램의 이해**. 울산대 출판부.

홍순명(2005). **당뇨병의 맞춤영양 식사요법**. 울산대 출판부.

Brand-Miller J, Holt SHA, Pawlak DB, McMillan J(2002). Glycemic index and obesity. *Am J Clin Nutr 76*(Suppl) : 281S-285S.

Brown JE(1999). *Nutrition Now* 2nd ed. West Wadsworth.

Foster-Powell K and others(2002). International table of glycemic index and glycemic food. *Am J Clin Nutr 76*(5).

Institute of Medicine of The National Academies(2002). Dietary References Intakes for Energy, Carbohydrate, Fiber, Fat, Fatty Acids, Protein and Amino Acids. Food and Nutrition Board. Washington, D.C. National Academy Press.

Liu S, Willet WC, Stampfer MJ, Hu FB, Franz M, Sampson L, Hennekens CH, Manson JE(2000). A prospective study of dietary glycemic load, carbohydrate intake and risk of coronary heart disease in US women. *Am J Clin Nutr 71*: 1455-1461.

Mckeown NM, Meigs JB, Liu S, Saltzman E, Wilson PWF, Jacques PF(2004). Carbohydrate nutrition, insulin resistance, and the prevalence of the metabolic syndrome in the Framingham offspring cohort. *Diabetes Care 27*: 538-546.

Michelle McGuire & Kathy A. Beerman(2007). *Nutritional Sciences from Fundamentals to Food*. Thomson, Wadsworth.

Murphy SP, Johnson RK(2003). The scientific basis of recent US guidance on sugar intake. *Am J Clin Nutr 78*(Suppl): 827S–833S.

Oh KW, Hu FB, Cho EY, Rexrode KM, Stampfer MJ, Manson JE, Liu S, Willet WC(2005). Carbohydrate intake, glycemic index, glycemic load and dietary Fiber in Relation to risk of stroke in Women. *Am J Epidemiol*(in press).

Sizer F & Whitney E(1997). *Nutrition Concepts and Controversies*. seventh Edition. West Wadsworth.

Wardlaw GM & Hampl JS(1993). *Perspectives in Nutrition*. Mosby.

Yang EJ, Chung HK, Kim WY, Kerver JM, Song WO(2003). Carbohydrate intake is associated with diet quality and risk factors for cardiovascular disease in US adults: NHANES Ⅲ. *J Am Coll Nutr 22*: 71–9.

03 단백질

학습 목표

1. 단백질과 아미노산을 정의하고, 구조 및 종류를 분류한다.
2. 단백질의 소화, 흡수 및 대사 과정을 설명한다.
3. 단백질의 체내 기능을 설명한다.
4. 단백질의 질을 평가하는 원리와 방법을 설명한다.
5. 단백질과 아미노산의 한국인 영양소 섭취기준을 설명한다.
6. 단백질과 아미노산의 급원식품을 열거한다.
7. 단백질과 관련된 영양건강문제를 설명한다.

청소년기의 남학생은 여학생에게 인기 있는 체격이 좋은 친구들을 부러워한다. 광고에서 보았듯이 아미노산제제나 펩타이드제제를 복용하면 나도 남성다워 보이는 근육질의 몸매를 만들 수 있을까? 한번쯤은 이런 생각도 해 본다. 또한 어른이나 노인들은 기운이 없거나 한동안 고기를 먹지 않으면 반드시 보충을 해야 한다고 생각한다. 단백질을 먹어야 힘이 난다는 생각이 뿌리 깊이 자리 잡고 있기 때문이다.

최근 국민건강영양조사의 결과를 보면 만 1세 이상 우리 국민의 평균 단백질 섭취량은 영양소 섭취기준의 150% 가까이 된다. 그런데 교육부의 조사 결과를 보면 체력은 점점 저하된다고 하니 모순이다. 과연 단백질은 힘의 원천이고 많이 먹어야 강해지는 것일까?

단백질(protein)은 그리스어인 'protos'에서 파생된 단어로, 영어로는 'foremost' 또는 'first'를 뜻하는 어원적 의미를 내포하고 있다. 단백질은 신체 내에서 체중의 16% 정도로 수분 다음으로 많은 양이며, 체구성 성분, 영양물질, 생체 촉매자 또는 정보 전달자로서 생명 유지를 위한 다양한 기능을 한다. 이렇게 기능이 복잡하지만 단백질은 20여 개의 아미노산으로 구성되며, 아미노산은 조합을 이루어 무수히 많은 종류의 단백질을 만들고 있다.

단백질의 구성 원소는 탄소(45~55%), 수소(6~8%), 산소(19~25%), 질소(14~20%, 평균 16% 함유)이며 그 외에 황, 인, 철과 구리 등을 포함하고 있다.

그림 3-1 단백질에 대한 인식

1. 아미노산

아스파라긴(asparagine)
아미노산의 일종

글루탐산(glutamic acid)
단백질의 구성 아미노산이며, 생체 내에서 글루타민이나 프롤린으로 되는 물질

단백질 구성의 기본 단위는 아미노산으로 체내에는 40여 종류의 아미노산이 존재한다. 최초로 발견된 아미노산은 아스파라긴(1806년)이고, 마지막으로 발견된 아미노산은 트레오닌(1938년)이다. 아미노산의 명칭은 흔히 발견된 원료와 연관성이 있는 경우가 많다(예: 아스파라긴-아스파라거스, 글루탐산-밀가루의 글루텐).

1) 아미노산의 구조와 종류

아미노산은 α-탄소원자에 수소 염기성인 아미노기(-NH_2)와 산성인 카복실기(-COOH), 측쇄 구조인 R기가 결합된 기본 구조를 가진다. 측쇄인 R기의 종류에 따라 아미노산의 성질이나 기능이 달라진다(그림 3-2). R기에 수소(H-)가 결합된 것은 가장 간단한 구조의 아미노산인 글리신이다. 나머지 아미노산의 구조는 표 3-1과 같다.

아미노산과 단백질은 분자 중에 염기성인 아미노기와 산성인 카복실기를 동시에 가지고 있기 때문에 체액의 pH에 따라 산 또는 염기로 작용할 수 있는 양성 전해질이다.

카복실기(carboxyl)
카복실기, 카복실산이라 칭하는 유기산에 존재하는 기

측쇄 구조(side chain)
사슬화합물에서는 주사슬로부터 갈라져 나온 탄소사슬이고, 고리화합물에서는 고리에 연결되어 있는 탄소사슬

글리신(glycine)
가장 간단한 구조를 지닌 아미노산의 일종

양성 전해질(amphoteric electrolyte)
수용액상에서 산으로서의 성질과 알칼리로서의 성질을 함께 갖고 있는 물질

기본 구조

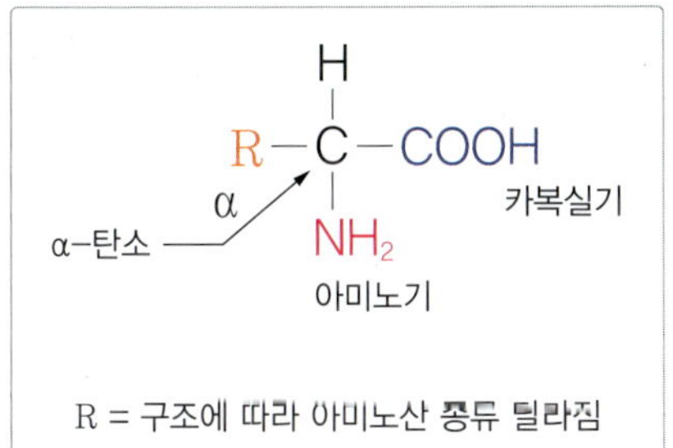

글리신(가장 간단한 아미노산)

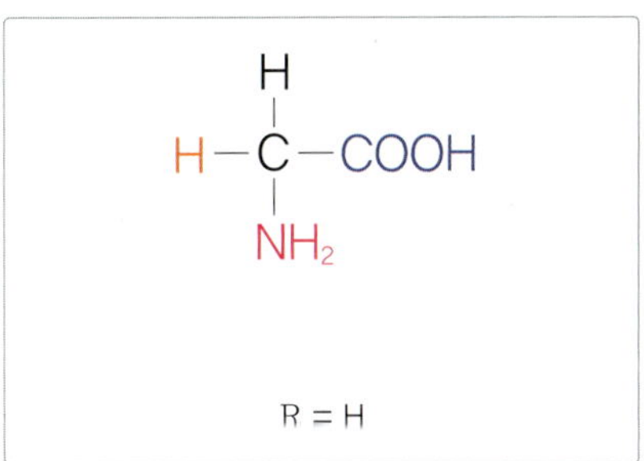

그림 3-2 아미노산의 기본 구조

2) 필수 아미노산

20종류의 아미노산은 체내 단백질 합성에 필수적이다. 체단백질 구성에 필요한 20개의 아미노산 중 어떤 아미노산은 체내의 질소를 이용하여 합성될 수 있으나 9개의 아미노산은 체내에서 합성될 수 없다(표 3-2).

체내에서 합성될 수 있는 아미노산을 비필수 아미노산, 합성될 수 없는 아미노산을 필수 아미노산이라고 한다. 체단백질이 합성될 때 필수 아미노산이 부족할 경우 체내의 단백질 합성이 원활하게 이루어지지 못하고 단백질의 분해와 합성의 균형이 깨져 신체가 약해질 수 있다. 따라서 필수 아미노산은 반드시 식사를 통해 섭취해야 한다.

표 3-1 아미노산 종류에 따른 R기의 구조

명칭		R기
글리신	glycine	H−
알라닌	alanine	CH_3-
발린*	valine	$(CH_3)_2-CH$
루신*	leucine	$(CH_3)_2-CH-CH_2-$
이소루신*	isoleucine	$C_2H_5-CH-(CH_3)-$
세린	serine	CH_2OH-
트레오닌*	threonine	CH_3CHOH-
아스파르트산	aspartic acid	$HOOC-CH_2-$
글루탐산	glutamic acid	$HOOC-CH_2-CH_2-$
리신*	lysine	$H_2N(CH_2)_4-$
오르니틴	ornithine	$H_2N(CH_2)_3-$
아르기닌	arginine	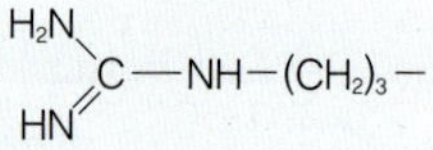 H_2N / HN = C—NH−$(CH_2)_3-$
시스테인	cysteine	$HSCH_2-$
메티오닌*	methionine	$CH_3-S-(CH_2)_2-$
히스티딘*	histidine	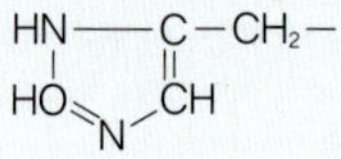 HN—C−CH_2- / HO=N−CH
페닐알라닌*	phenylalanine	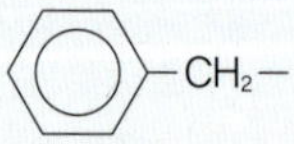 (벤젠고리)−CH_2-
티로신	tyrosine	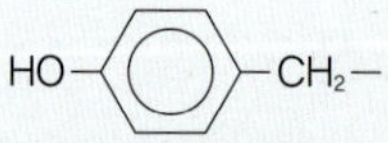 HO−(벤젠고리)−CH_2-
트립토판*	tryptophane	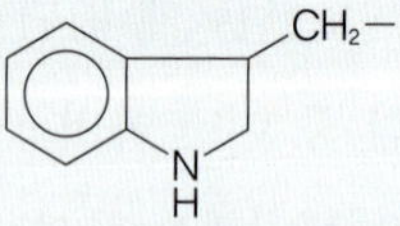 CH_2- / N H
프롤린	proline	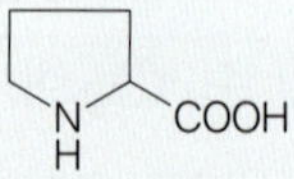 N H COOH
하이드록시프롤린	hydroxyproline	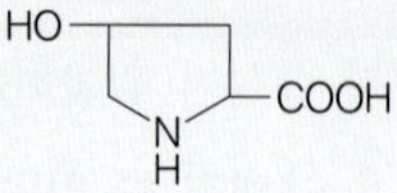 HO / N H COOH

*필수 아미노산

표 3-2 필수 아미노산과 비필수 아미노산의 종류

필수 아미노산	비필수 아미노산
히스티딘, 루신, 이소루신, 리신, 발린, 페닐알라닌, 트레오닌, 트립토판, 메티오닌	알라닌, 아스파르트산, 아스파라긴, 시스테인, 글루탐산, 글루타민, 글리신, 프롤린, 하이드록시 프롤린, 세린, 티로신, 아르기닌

2. 단백질의 구조와 종류

1) 단백질의 구조

체내 아미노산의 90%는 조직 단백질에 결합하여 존재한다. 단백질의 구조와 여러 가지 특성은 분자 내의 실질 간격과 펩타이드 길이에 크게 영향을 받는데, 특히 아미노산의 크기, 아미노산의 잔여기가 갖고 있는 극성 여부 등이 결정적인 역할을 한다.

펩타이드(peptide)
2분자 이상의 아미노산으로 만들어진 저분자 화합물

단백질의 구조는 1차, 2차, 3차, 4차 구조로 표 3-3과 같이 나누어진다.

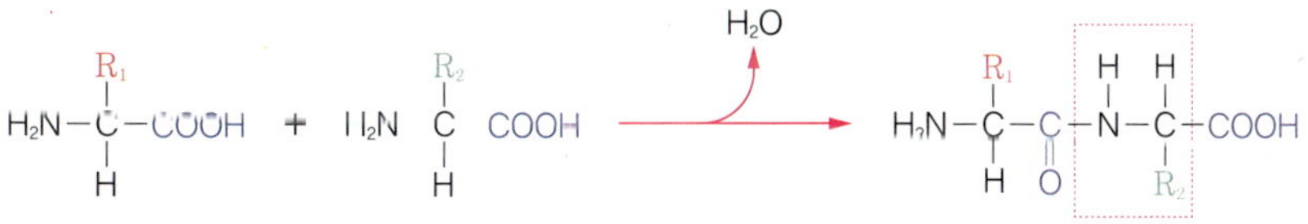

$$H_2N-\underset{H}{\overset{R_1}{C}}-COOH + H_2N-\underset{H}{\overset{R_2}{C}}-COOH \xrightarrow{-H_2O} H_2N-\underset{H}{\overset{R_1}{C}}-\underset{O}{\overset{\|}{C}}-\overset{H}{N}-\underset{R_2}{\overset{H}{C}}-COOH$$

그림 3-3 펩타이드 결합

더 알아보기 L형, D형 아미노산

글리신을 제외한 모든 아미노산은 부제탄소를 갖고 있어 α-탄소(카복실기 옆의 2번 탄소)에 서로 다른 원자나 기가 결합되어 있다. 이때 원자나 기의 공간적인 배치에 따라 D형과 L형의 광학적 이성체가 만들어지는데, 자연계에는 주로 L-아미노산으로 존재하지만 식품 가공이나 조리 과정 중 열처리나 물리적 반응 등으로 D-아미노산이 생성되기도 한다. 나이가 많아질수록 인체에서 발견되는 D-아미노산의 양이 증가하기도 하며, 또한 D형은 L형에 비해서 장에서 느리게 흡수된다.

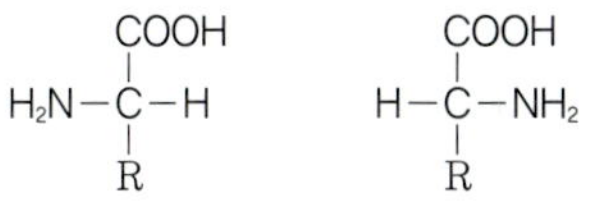

$$H_2N-\underset{R}{\overset{COOH}{C}}-H \qquad H-\underset{R}{\overset{COOH}{C}}-NH_2$$

L-아미노산　　D-아미노산

D형 아미노산을 다량 섭취하면 아미노산 대사에 지장을 초래할 수 있다. 성인의 경우는 여러 식품을 다양하게 섭취하므로 상관이 없으나, 유아들의 경우 식품 섭취가 몇몇 식품에 제한되어 있으므로 문제가 될 수 있다. 예를 들어 유아식(예 : 분유)을 한번에 많은 양을 조리한 후 냉장고에 보관했다가 전자레인지에 데워서 먹이면, 데우는 동안 아미노산의 구조가 D형으로 변하여 이용성이 낮아진다. 따라서 유아식의 경우 식품의 영양소가 최적 상태로 공급되어 성장에 기여할 수 있도록 필요할 때마다 바로 만들어 먹여야 한다.

표 3-3 단백질의 구조와 특성

구조	구조의 모형	구조의 특성
1차 구조		• 구성 아미노산이 펩타이드 결합으로 폴리펩타이드를 형성한 것(그림 3-3) • 유전 정보에 따라 아미노산 순서가 결정됨 • 아미노산의 서열에 따라 각기 다른 단백질이 구성됨
2차 구조		• 1차 구조의 폴리펩타이드가 안정된 α-나선 구조(helix)나 β-병풍구조(sheets)를 형성한 것 • 수소결합과 이황화결합에 의함
3차 구조		• 2차 구조가 공간 내에서 입체 형태를 취한 구조 • 여러 비공유 결합이 작용하여 형성됨 • 친수기는 표면에, 소수기는 내부에 위치하여 안정된 3차원의 구조를 형성함
4차 구조		• 3차 구조를 지닌 두 개 이상의 폴리펩타이드가 여러 개 중합한 구조 • 4차 구조의 기본 단위를 소구조라고 함 • 헤모글로빈은 4개의 소구조가 중합하여 거대한 단백질분자를 형성하고 있음

폴리펩타이드(polypeptide)
2개 이상의 아미노산이 사슬 모양의 펩타이드 결합으로 길게 연결된 것

이황화결합(disulfide bond)
2개의 SH기 사이에 산화적으로 형성되는 $-CH_2-S-S-CH_2-$형의 황원자간 결합

소구조(subunit)
단백질에서 서로 같거나 다른 폴리펩타이드 고리가 비공유결합에 의해 회합체를 형성하여 생리적 기능을 발휘하는 경우, 회합체의 구성단위

알부민(albumin)
글로불린과 함께 세포의 기초 물질을 구성하며 생체세포나 체액 중에 분포되어 있는 단순단백질

글로불린(globulin)
혈장 단백질의 일종

히스톤(histone)
염기성 단백질로 핵산과 결합하여 뉴클레오히스톤 형성

콜라겐(collagen)
소량의 당이 결합되어 있으며, 엘라스틴과 함께 동물의 결합조직을 구성하는 섬유상 단백질

당단백질(glycoprotein)
폴리펩타이드 사슬에서 특정 아미노산 잔기에 공유결합한 헤테로당 곁사슬을 갖는 단백질의 1군

지단백질(lipoprotein)
콜레스테롤, 인지질, 중성지방, 유리지방산으로 대표되는 지방과 단백질의 복합체

인단백질(phosphoprotein)
난황의 비텔라인, 우유의 카세인과 같은 복합단백

색소단백질(chromoprotein)
동식물의 세포나 체액에 존재하는 자연 상태에서 어떤 특정한 색소와 결합하고 있는 복합단백질의 하나

금속단백질(metalloprotein)
탄산 디하이드라테이스, 시토크롬, 금속단백질 가수분해효소 등 보결분자족으로서 금속 이온을 포함한 단백질

2) 단백질의 종류

식품과 체내의 단백질은 수천 가지의 다양한 형태로 존재하는데, 우선 공급 출처에 따라 식물성 단백질과 동물성 단백질로 나눈다. 아울러 단백질은 조성과 구조, 영양학적 가치 또는 기능에 따라 다음과 같이 분류된다.

표 3-4 단백질 조성에 따른 분류

종류	구조의 특성
단순 단백질	순수 아미노산으로만 구성되어 있음 • 알부민, 글로불린, 히스톤, 콜라겐
복합 단백질	아미노산 이외에 보결기로서 다른 화학 성분이 결합되어 있음 이들 화학 성분은 단백질의 주요 기능을 결정함 • 당단백질, 지단백질, 인단백질, 색소단백질, 금속단백질

표 3-5 단백질의 구조에 따른 분류

종류	구조의 특성
섬유상 단백질	• 섬유 모양의 구조를 가진 단백질로 긴 섬유상의 폴리펩타이드 사슬이 일정한 방향으로 규칙적으로 배열하고 있음 • S-S결합 또는 수소결합에 의함 • 콜라겐, 케라틴, 엘라스틴, 피브리노겐, 미오신
구상 단백질	• 폴리펩타이드 사슬이 구부러지고 휘어져 구형을 이룬 단백질 • 이온결합, 소수결합 등에 의함 • 알부민, 글로불린, 글리아딘, 히스톤, 프로타민

표 3-6 단백질의 생리적 기능에 따른 분류

활성형	예	기능
효소	약 3,000개 정도 알려져 있음	생체 촉매 • 효소는 모두 단백질로 생화학반응의 촉매 기능
호르몬	글루카곤, 인슐린, 성장호르몬 등	생체 내 대사 조절
운반단백질	헤모글로빈, 알부민, 지단백질, 철 결합단백질, 레티올 결합단백질, 칼슘 결합단백질	단독으로 이동하기 어려운 물질을 특정 부위로 이동시키는 기능 • 혈액 내 O_2의 운반 • 혈액 내 지방산의 운반 • 혈액 내 지질의 운반 • 혈액 내 철의 운반 • 혈액 내 비타민 A의 운반 • 혈액 내 칼슘의 운반
생체 보호 단백질	면역글로불린, 항체, 피브리노겐, 트롬빈, 액틴, 미오신	면역, 혈액응고 및 근육 활동 기능 • 방어적 기능 • 혈액응고에 관여 • 근육의 수축과 이완에 관여
구조단백질	콜라겐, 엘라스틴, β-케라틴, 점액단백질, 세포막단백질	구조적 기능 • 근육과 연골의 결체조직 형성 • 인대, 피부 형성 • 손톱, 모발 형성 • 점액 분비 • 세포막 구성

표 3-7 단백질의 영양학적 분류

종류	의미
완전 단백질	• 모든 필수 아미노산이 적합한 비율로 함유되어 있는 단백질 • 필수 아미노산 33%, 비필수 아미노산 66% 정도 함유 • 주로 동물성 단백질 • 달걀의 알부민과 글로불린, 우유의 카세인

(계속)

케라틴(keratin)
손톱, 뿔 등을 구성하는 물질로, 물에 쉽게 녹지 않는 안정된 성질로 동물의 몸을 보호하는 역할을 하는 경단백질

엘라스틴(elastin)
힘줄, 피부, 동맥 등의 신전성이 풍부한 조직의 구조단백질

피브리노겐(fibrinogen)
혈액응고에 관여하는 당단백질

미오신(myosin)
actin과 함께 근단백질의 주요 구성성분

글리아딘(gliadin)
글루테닌과 함께 소맥 단백질의 주성분인 글루텐을 구성

프로타민(protamine)
물고기 정자에 있는 염기성 저분자량 단백의 일종

글루카곤(glucagon)
췌장에서 분비되는 호르몬으로 혈당을 높여줌

인슐린(insulin)
췌장 랑게르한스섬의 β세포로부터 합성, 분비되는 호르몬

성장호르몬(growth hormone)
성장을 촉진하는 물질을 총칭하며, 특히 뇌하수체 전엽에서 분비되는 호르몬

면역글로불린(immunoglobulin)
항체. 생체의 면역계에서 혈액이나 림프 안에서 순환하면서 이물질인 항원 침입에 반응하는 방어물질

항체(antibody)
자기의 구성 성분과는 다른 성질의 항원이 생체 내로 침입했을 때 림프계 세포에 의해서 생산된 항원과 특이적으로 반응하는 단백질

트롬빈(thrombin)
응혈작용을 하는 혈액 중의 물질

액틴(actin)
근육 구성 단백질

β-케라틴(β-keratin)
머리, 손발톱 등을 구성하는 물질

점액단백질(mucoprotein)
뮤코다당류를 함유한 모든 결합조직과 지지조직에 존재하는 화합물

종류	의미
불완전 단백질	• 하나 또는 그 이상의 필수 아미노산이 결여된 단백질 • 아미노산의 약 25% 정도가 필수 아미노산 • 아미노산 보강으로 단백질의 질 향상이 가능함 • 대부분의 식물성 단백

더 알아보기 단백질 혼합 효과

간과 신장의 기능이 떨어진 경우 부담을 덜기 위해 양질의 단백질을 섭취해야 한다. 즉 필수 아미노산이 충분하도록 아미노산 조성을 조절하여 단백질 합성이 효율적으로 이루어지고 노폐물이 적게 만들어지도록 하는 것이 중요하다. 다음 그래프는 아미노산 조성이 다른 식품의 단백질을 상호 보충하여 단백질의 질을 향상시킨 좋은 예를 보여 준다.

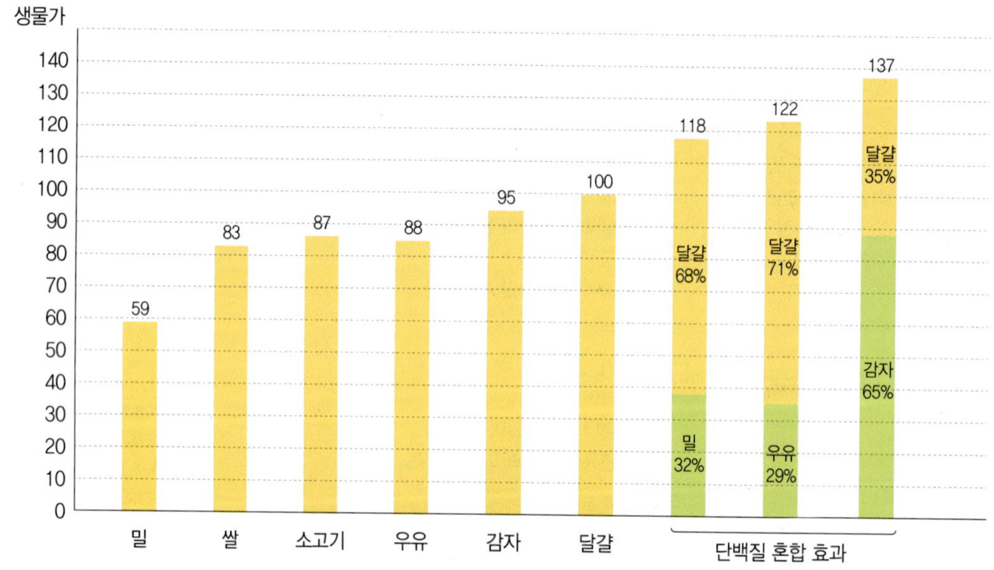

변성(denaturation)
물질의 일반적 성질의 파괴

펩타이드 결합 (peptide bond)
동종 또는 이종의 아미노산에서 한쪽의 카복실기와 다른 쪽의 아미노기가 탈수축합하여 생긴 산아마이드 결합

3. 단백질의 소화와 흡수

1) 단백질의 소화

단백질의 소화 과정은 넓은 의미에서 보면 두 단계로 나눌 수 있다. 첫 단계는 단백질 특유의 구조가 형태를 잃고 긴 사슬이 되어 소화되기 쉽도록 변성되는 과정이며(그림 3-4), 두 번째 단계는 변성된 단백질이 체내의 소화효소에 의해 펩타이

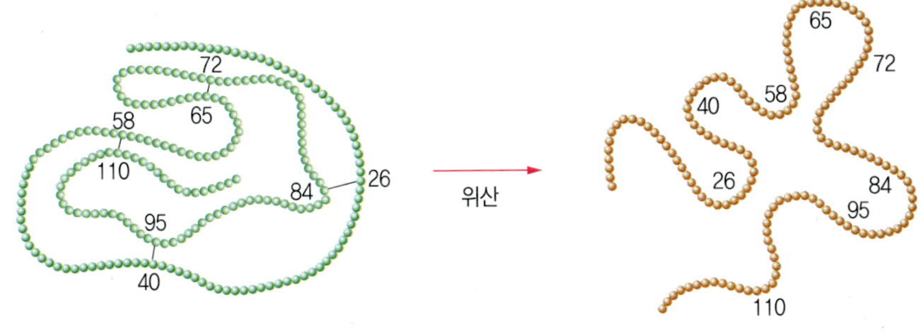

그림 3-4 단백질의 변성

드 결합이 끊어지는 과정이다. 단백질의 변성은 식품을 조리 가공하는 과정에서 주로 이루어지며, 음식물이 체내에 들어온 후 일부 단백질은 위에서 분비되는 염산에 의해 변성되기도 한다. 변성된 단백질은 소화효소의 작용을 받기 쉬워진다. 그러나 지나치게 변성된 단백질은 오히려 효소작용을 받기가 어렵다.

식이 단백질의 주된 소화 과정은 소화기관에서 분비되는 효소에 의해 이루어진다. 그러나 소화기관 자체도 단백질로 이루어져 있으므로 단백질의 소화 과정은 복잡하다. 즉, 위나 소장 자체가 소화되는 것을 막기 위해 음식물이 없을 때에는 대부분의 단백질분해효소들이 불활성 형태 또는 저농도의 상태로 있다가 단백질이 들어오면 효소가 분비되어 활성화된다. 또한 소화기관의 점막세포에서는 점액을 분비하여 소화기관이 효소에 의해 자가소화되는 것을 방지한다.

단백질의 소화는 위에서 시작되어 주로 소장에서 이루어진다. 위에서의 단백질 분해효소는 펩신으로, 펩신은 가스트린이라는 호르몬에 의해 조절된다. 즉, 위에 음식물이 들어오면 가스트린이 분비되고, 이것은 위산의 분비를 촉진하여 불활성 형태의 펩시노겐을 펩신으로 활성화시킨다. 활성화된 펩신은 단백질을 작은 아미노산 단위인 펩톤으로 분해하고, 부분적으로 소화된 단백질이 소장으로 내려간다. 소장에서는 단백질을 분해하기 위해 췌장과 소장벽에서 몇 가지의 효소가 분비된다. 췌장은 콜레시스토키닌의 자극을 받아 트립신, 카이모트립신과 카복시펩티데이스를 분비한다. 이들 효소는 불활성 형태로 소장 내로 분비되며, 활성화되어 폴리펩타이드를 짧은 폴리펩타이드나 아미노산으로 분해한다. 또한 소장벽에서는 아미노펩티데이스와 다이펩티데이스가 분비되어 궁극적으로는 모든 펩타이드를 아

펩신(pepsin)
단백질을 소화시키는 위액에 있는 강력한 효소

가스트린(gastrin)
폴리펩타이드로 음식물이 위 속에 들어오면 혈류 속으로 분비되어 혈액 순환을 따라 위벽에 있는 세포로 가서 위액 분비를 촉진

펩시노겐(pepsinogen)
위에서 분비되는 단백질가수분해효소인 펩신의 불활성형

콜레시스토키닌(cholecystokinin)
위의 음식물이 소장의 첫 부분인 십이지장에 도달할 때 세크레틴과 함께 분비되는 소화호르몬

트립신(trypsin)
췌장에서 분비되는 소화효소의 한 가지. 장내에서 단백질을 가수분해하여 아미노산을 만듦

카이모트립신(chymotrypsin)
췌장으로부터 분비되는 단백분해성, 유즙 응결성 효소

카복시펩티데이스(carboxypeptidase)
단백질 등 폴리펩타이드 사슬의 카복시 말단 쪽의 펩타이드 결합을 가수분해하고 카복시 말단 아미노산을 유리시키는 효소

아미노펩티데이스(aminopeptidase)
유리아미노기를 가진 말단 아미노산의 펩타이드 결합에 작용

다이펩티데이스(dipeptidase)
다이펩타이드를 2개의 아미노산으로 가수분해하는 효소

표 3-8 단백질의 소화 과정

기관	자극 호르몬	효소			소화 과정
		전구체	활성 인자	활성화된 효소	
구강					기계적 저작
위	가스트린	펩시노겐	HCl →	펩신 레닌	단백질 → 펩톤
소장	콜레시스토키닌(소장벽) ↓ 담낭 · 췌장 자극 ↓ 담즙 · 췌장의 단백분해효소 ↓ 장 배출	트립시노겐	엔테로키네이스 →	트립신	단백질, 펩톤 → 폴리펩타이드, 다이펩타이드
		카이모트립시노겐	활성형 트립신 →	카이모트립신	펩톤 → 폴리펩타이드, 다이펩타이드
		프로카복시펩티데이스	활성형 트립신 →	카복시펩티데이스	폴리펩타이드 → 트라이펩타이드, 다이펩타이드, 아미노산
소장벽				아미노펩티데이스	폴리펩타이드 → 트라이펩타이드, 다이펩타이드, 아미노산
				다이펩티데이스	다이펩타이드 → 아미노산

미노산으로 분해한다. 단백질분해효소에 의한 소화 과정은 표 3-8과 같다.

트립시노겐(trypsinogen)
췌장으로부터 분비되는 단백질분해효소인 트립신의 전구체

엔테로키네이스(enterokinase)
십이지장의 점막에서 분비되는 단백질분해효소

트라이펩타이드(tripeptide)
가수분해로 3분자의 아미노산을 생성하는 펩타이드

2) 단백질의 흡수와 운반

소화효소의 작용을 받아 분해된 대부분의 작은 펩타이드는 소장 내에서 아미노산으로 분해되고, 아미노산은 주로 능동적 운반을 통해 소장벽으로 흡수된다(그림 3-5). 흡수된 아미노산은 문맥을 거쳐 간으로 이동하고, 간에서 다른 곳에 쓰일 때까지 아미노산 풀을 형성한다. 식사로 섭취된 단백질이 100 g 정도이고 체내에서 소화관으로 분비되는 단백질이 70 g 정도라면 건강한 보통 사람의 경우 대부분의 단백질(160 g)은 가수분해되어 체내로 흡수되고 소량(10 g 정도)만 대변으로 배설된다.

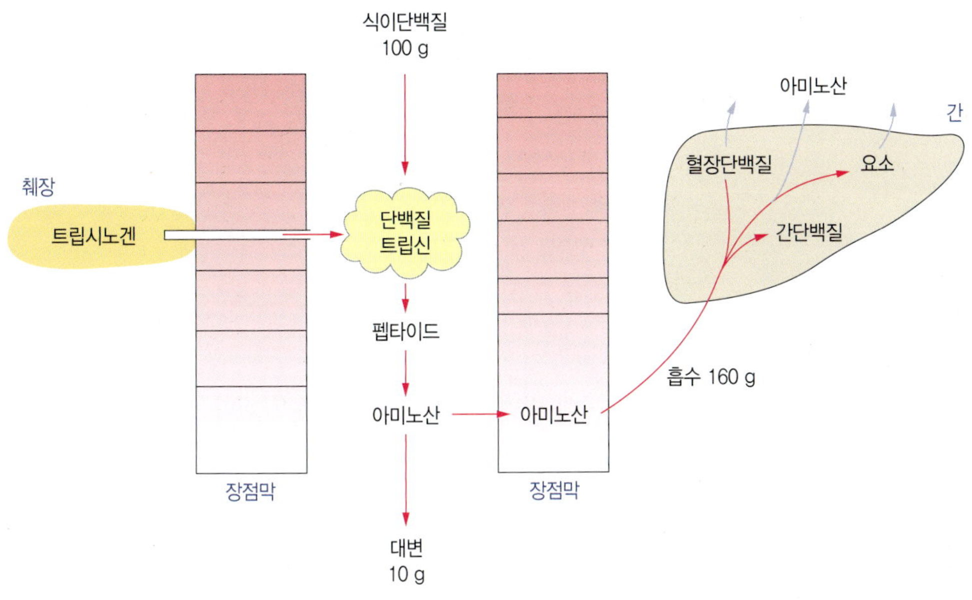

그림 3-5 아미노산의 소화, 흡수와 대사

4. 단백질 대사

1) 단백질 교체율

체단백질은 지속적으로 분해되고 합성되는 과정을 반복한다. 체내의 단백질이 끊임없이 합성되면서 아미노산 풀의 아미노산을 사용하고, 또한 분해되면서 아미노산 풀에 아미노산을 제공해 주는 사이클을 반복하는데 이 사이클 단백질을 교체율이라고 한다.

아미노산 풀 (amino acid pool) 식사 섭취와 단백질 분해 등으로 세포 내에 유입되는 아미노산의 양

표 3-9와 같이 단백질마다 교체 주기가 다르며, 주기가 긴 단백질이 있는가 하면 상당히 짧은 교체속도를 보이는 단백질도 있다. 실제 체내에서 이루어지는 단백질 교체율은 하루에 250~300 g 정도이며, 분해된 단백질의 5/6 정도가 다시 재활용되므로 소변으로 배설되는 양은 대단히 낮다. 이에 비해 매일 식사로 섭취되어 단백질의 합성과 분해에 이용되는 양은 1/6 정도에 불과하다.

단백질 교체 (protein turnover) 단백질이 합성과 분해를 반복하면서 동적인 평형 상태를 유지하는 과정

단백질 교체율은 단백질 섭취량과 관련이 있다. 단백질 섭취량이 적으면 분해가 감소하여 교체율도 둔화되고 소변으로의 질소 배설이 감소된다. 그러나 에너지가 절대적으로 부족한 기아 상태에서는 신경조직의 정상적인 활동을 위해 아미노산

트랜스페린(transferrin)
철 운반 단백질

평활근(smooth muscle)
횡문이 없고 짧은 방추상의 섬유로 된, 수의적 수축을 할 수 없는 내장근

IgM(immunoglobulin M)
면역 글로불린

레티놀 결합단백질 (retinol binding protein)
혈청에 있는 비타민 A를 수송하는 단백질

표 3-9 신체 단백질의 반감기

단백질	반감기
골격근	50~60일
심장근, 트랜스페린	8.5~11일
피브리노겐, 평활근, IgM	4~5일
프리알부민	1.9일
간의 효소, 레티놀 결합단백질	6~14시간

이 포도당으로 전환되기 때문에 소변 내 질소 배설이 증가된다. 이러한 현상이 장기간 지속되면 근육단백질이 분해되어 손상을 일으킨다.

이외에 체내의 단백질 교체율에 영향을 주는 요인에는 아미노산의 균형 및 에너지 섭취 상태, 나이, 운동량, 상해, 질병, 감정적 스트레스 및 기초대사량 등이 있다. 예를 들어, 체중당 기초대사량이 클수록 단백질의 교체율이 높기 때문에 성인보다 어린이의 단백질 필요량이 더 많다.

표 3-10 단백질 교체율과 기초대사량과의 관계

대상	체중(kg)	단백질-turnover(g/kg/d)	기초대사량(kcal/kg/d)
어린이	10	6	45
성인	70	2~3	20

자료 : Elmadfa & Leitzmann, 2005.

2) 아미노산 풀

세포마다 식이 단백질의 소화, 흡수에서 들어온 아미노산과 체단백질의 분해로 생성된 아미노산이 '대사성 아미노산 풀'을 형성하고 있으며, 대부분의 아미노산은 체내 용매에 신속히 분산되어 조직 내로 운반되므로 혈액보다 세포 내의 아미노산 농도가 높다. 아미노산 풀을 중심으로 본 아미노산의 대사 과정을 요약하면 그림 3-6과 같다. 체단백질을 새로 합성하기 위해서는 아미노산 풀에 있는 아미노산, 특히 필수 아미노산의 종류와 양이 적절해야 한다. 체조직 합성에 필요한 모든 아미노산이 양적, 질적으로 충분하지 않으면 체단백질은 합성되지 못하므로 단백질 합성에 필요한 필수 아미노산이 공급될 수 있도록 충분한 단백질을 섭취해야 한다.

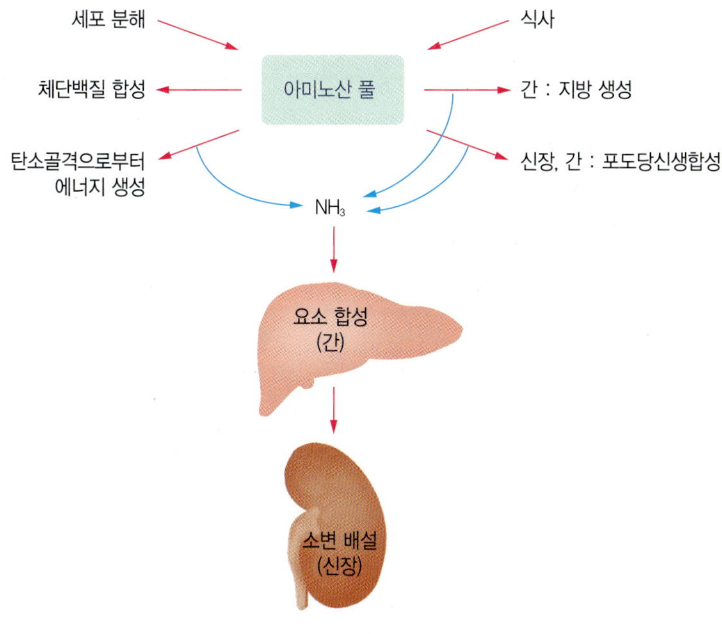

그림 3-6 칼슘의 대사

3) 아미노산의 분해

탄수화물과 지방은 사용되고 남은 양이 체내에 에너지로 저장되지만, 아미노산은 저장되지 못하고 필요량 이상인 경우 분해된다.

아미노기 전이반응

한 아미노산의 아미노기를 다른 탄소골격으로 이동시켜 비필수 아미노산을 합성하는 과정이며, 아미노기를 전달해 주고 남은 탄소골격은 당을 신생합성하거나 에너지를 내는 반응에 연결되어 사용된다. 아미노기를 이동시켜 주는 반응에는 아미노기 전이효소와 조효소인 비타민 B_6가 필요하다.

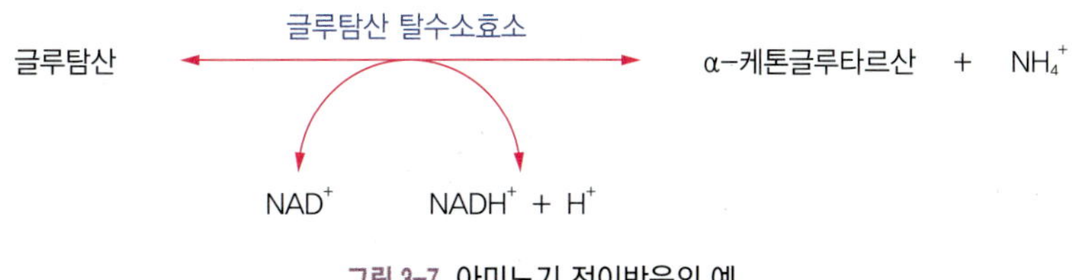

그림 3-7 아미노기 전이반응의 예

산화적 탈아미노 반응을 통한 아미노기의 분해

단백질이 필요량 이상으로 섭취되면 분해되는데 아미노산 분해작용의 첫 단계는 아미노산에서 아미노기가 떨어져 나가는 탈아미노 반응이다. 그림 3-8은 글루탐산에 글루탐산 탈수소효소가 작용하여 아미노기가 암모니아 형태로 떨어져 나가는 탈아미노 반응을 보여 주고 있다. 이는 많은 암모니아를 형성하거나 처리하는 반응에 가역적으로 관여한다.

글루탐산 탈수소효소 (glutamate dehydrogenase)
암모니아를 α-케토글루타르산에 환원적으로 고정해서 글루탐산을 형성하는 반응을 촉매하는 효소

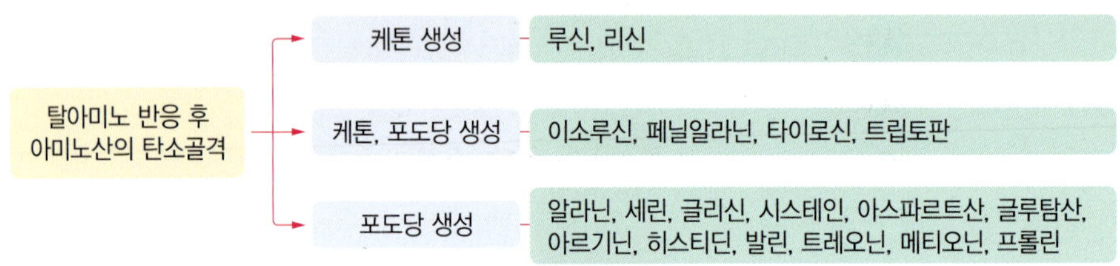

그림 3-8 탈아미노 반응의 예

아미노산 탄소골격의 이용

아미노산의 탈아미노 반응 후 남은 탄소골격은 탄수화물이나 지질의 대사 경로로 들어가 완전 연소되어 에너지를 생성하거나, 또는 포도당이나 지방으로 전환된다. 따라서 탄소골격이 대사되는 경로에 따라 포도당 생성 아미노산과 케톤 생성 아미노산으로 분류한다. 기아 상태 또는 당뇨병 환자의 경우 아미노산의 대부분이 포도당신생 반응을 위해 이용된다.

암모니아의 운명

탈아미노 반응에서 떨어져 나온 아미노기는 인체에 유독한 암모니아를 형성한다. 간에서는 유독한 암모니아가 CO_2와 결합하여 무독성의 요소를 형성하는 요소합성 반응이 일어나고, 요소는 신장을 통해 체외로 배설된다. 또한 간조직 외의 조직에서 생성된 암모니아는 글루탐산과 결합하여 글루타민을 형성한다. 이런 아민의 형성은 독성이 강한 암모니아를 체외로 방출하는 효과적인 방법의 하나이다(그림 3-9).

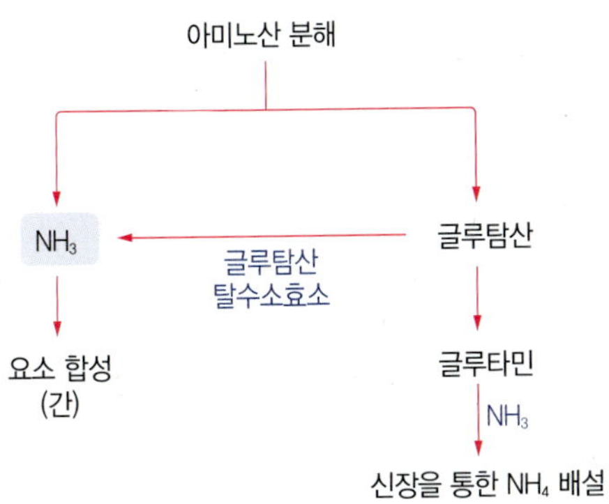

그림 3-9 암모니아의 운명

5. 단백질의 기능

단백질은 인체 내에서 여러 가지 중요한 역할을 한다. 그러나 식사로 들어온 단백질이 체내에서 중요한 역할을 하기 위해서는 체내에 필요한 에너지가 충분해야만 한다. 에너지 공급이 충분하지 않으면 단백질이 에너지원으로 먼저 이용되고 체조직 구성 등의 다른 기능은 이차적으로 이루어지기 때문이다.

(1) 체구성 성분의 합성 : 조직의 성장과 유지

단백질은 성장뿐 아니라 조직의 정상적인 기능을 하기 위하여 일생을 통해 반드시 섭취해야 한다. 근육조직, 결체조직, 뼈와 혈액 등의 체조직은 물론 많은 효소와 운반 단백질, 기능적 단백질(예 : 로돕신) 등의 신체 내 단백질은 체내에서 보수와 재생 그리고 분해 과정을 지속적으로 유지하고 있기 때문이다. 체단백질의 분해 과정에서 끊임없이 생겨나는 아미노산은 다시 단백질 합성에 이용되기 위해 아미노산 풀에 대부분 합류되나 일부는 연소되어 재이용되지 못한다. 따라서 이를 대체할 새로운 단백질을 공급하기 위해 매일 식품으로 섭취해야 한다. 단백질 섭취가 충분하지 않을 경우 체단백질의 보수와 합성은 지연되므로 체단백질의 위축을 초래할 수 있다.

로돕신(rhodopsin)
동물의 망막에 있는 간상세포 내에 함유된 붉은색을 띤 감광색소

(2) 호르몬·효소·신경전달물질의 형성

체내의 중요한 신체 기능 조절인자인 효소와 대부분의 호르몬 및 신경전달물질

도 단백질이나 아미노산으로 구성된다. 이들은 필요한 아미노산이 고루 있을 때에만 합성될 수 있으며, 아미노산 부족으로 합성이 충분하지 않을 경우 특히 뇌와 같은 곳에 큰 손상을 입히는 등 심각한 신체 기능 이상을 초래하게 된다.

(3) 면역 기능

항원(antigen)
생체에 투여되면 항체 또는 세포성 면역을 일으켜 그 항체 또는 감작 림프구와 생체 내 및 시험관 내에서 반응하는 물질

항체는 병원균이나 세균성 이물질 등 여러 가지 항원이 체내로 유입되었을 때 신체를 방어하기 위해 만들어지는 단백질이다. 항원에 대한 항체의 반응을 면역이라고 한다. 따라서 단백질은 인체의 면역체계를 형성하는 중요한 역할을 하며, 단백질 섭취가 부족할 경우 면역반응이 약해져 감염성 질환에 걸리기 쉽다.

(4) 체액의 균형 유지

단백질은 대부분 분자가 커서 반투과성 막인 세포막을 통과하지 못한다. 이런 특성 때문에 단백질은 삼투압에 영향을 주어 세포막을 통한 수분의 이동에 관여한다. 알부민이나 글로불린 같은 혈액 단백질은 체내의 수분 평형 유지에 관여하여, 이들의 농도가 정상일 때 체액량이 정상으로 유지된다. 그러나 단백질 섭취가 낮아지면 이들 농도가 낮아져 혈액의 물은 조직으로 이동하게 되고 결과적으로 영양성 부종이 나타나게 된다. 흔히 단백질 결핍증을 보이는 어린이가 몸이 통통하게 보이는 것은 이 때문으로 단백질 섭취를 증가시켜 혈중 단백질 농도가 정상으로 회복되면 물이 혈액으로 이동하여 부종은 사라지게 된다.

부종(edema)
수분 교환과 관련하여 이상이 생길 정도로 비정상적으로 조직의 림프 공간에 투명 체액이 축적되어 부어올라 있는 상태

(5) 산·염기 균형 조절

단백질을 이루는 아미노산은 산이나 염기성기로 이온화될 수 있다. 따라서 단백질은 체내에서 산과 염기의 역할을 모두 할 수 있는 양쪽 성질을 갖게 되어 혈액의 정상 pH(7.35~7.45) 유지에 기여한다. 즉, 체액이 산성으로 기울 때는 염기로, 염기성으로 기울 때는 산으로 작용하여 중화시키면서 조직의 산·염기 균형을 정상적으로 유지시켜 주는 완충작용을 한다.

(6) 포도당 신생 및 에너지 공급

신체의 모든 세포는 대부분 주된 에너지원으로 포도당을 요구하는데, 특히 적혈

구와 신경조직에는 항상 일정량의 포도당이 혈류에 존재해야 한다. 만일 식사에서 충분한 탄수화물이 공급되지 않으면 간과 신장에서는 탈아미노 반응을 거쳐 포도당을 만드는 대사가 일어나는데 이 대사 과정을 포도당신생합성이라고 한다.

포도당신생합성 (gluconeogenesis)
당글루코스 신생합성, 당신생합성

또한 단백질은 탄수화물, 지방과 함께 에너지 영양소로서 1 g당 4 kcal의 에너지를 낸다. 그러나 단백질은 단백질만이 갖는 중요한 기능을 지니므로 에너지원으로 이용되는 것은 바람직하지 못하다. 아울러 에너지로 전환되는 과정에서 단백질은 아미노기를 제거해야 하고 그 과정이 복잡해 비효율적이다. 에너지 공급을 위하여 지질과 탄수화물은 각각 3~4%, 10~15%의 에너지를 소모하는 데 비해 단백질은 15~30%의 에너지를 소모하므로 생리적 관점에서도 단백질은 값비싼 에너지원이라고 할 수 있다.

6. 단백질의 질적 평가

양질의 단백질이란 필수 아미노산이 고루 균형 있게 들어 있어 체단백질 합성 효율이 높은 단백질을 의미한다. 또한 소화·흡수율이 높아야 한다. 식품 중의 단백질을 질적으로 평가하는 방법에는 화학적 방법과 생물학적 방법이 있다.

1) 화학적 방법

화학적 방법은 단백질의 아미노산 조성을 분석하고, 이를 기준 단백질의 아미노산 조성과 비교하여 평가하는 방법으로 화학가와 아미노산가 등이 있다.

화학가

식품 단백질 1 g에 들어 있는 필수 아미노산의 양을 기준 단백질 1 g에 들어 있는 필수 아미노산 양의 비로 구한다. 이때 가장 적게 들어 있는 아미노산을 제1 제한 아미노산이라고 하는데, 이 아미노산의 양을 기준 단백질의 아미노산 함량으로 나눈 값에 100을 곱하여 구한다. 이때 기준 단백질로 보통 달걀 단백질이 이용된다.

$$\text{화학가} = \frac{\text{식품 단백질 1 g에 존재하는 제1 제한 아미노산의 양(mg)}}{\text{기준 단백질 1 g에 존재하는 제1 제한 아미노산의 양(mg)}} \times 100$$

화학가(chmical score)
예 밀 단백질의 제1 제한 아미노산은 리신이고 그 양이 2.4라면 화학가=2.4/6.4×100=38

FAO
(Food and Agriculture Organization of the United Nations)
유엔식량농업기구

WHO
(World Health Organization)
세계보건기구

아미노산가

아미노산가란 표준 단백질이 아니라 FAO, WHO가 제시한 인체의 단백질 필요량에 근거한 필수 아미노산의 양을 기준으로 식품의 단백질 아미노산가를 구한 것이다.

아미노산가(amino acid score)
예 밀 단백질의 아미노산가=2.4/5.1×100=47

화학가나 아미노산가는 분석을 통해 비교적 간단히 알 수 있을 뿐 아니라 그 식품에서 부족한 제1, 제2 제한 아미노산을 알아내어 상호 보충 효과를 얻고자 할 때 유용하다. 그러나 소화율이 고려되지 않았고 인생 주기별로 성장과 유지에 필요한 아미노산의 필요량을 정확히 알 수 없다는 단점이 있다.

표 3-11 기준 단백질의 아미노산 함량

아미노산	아미노산 함량(g/100 g 단백질)	
	달걀(화학가)	FAO/WHO 기준(아미노산가)
리신	6.4	5.1
트레오닌	5.0	3.5
발린	7.4	4.8
이소루신	6.6	4.2
함황아미노산	5.5	2.6
루신	8.8	7.0
트립토판	1.6	1.1
히스티딘	2.4	1.7
페닐알라닌 + 티로신	10.1	7.3

2) 생물학적 방법

식품 단백질의 질을 평가하는 생물학적 방법에는 성장기 동물이나 어린이의 체중 변화를 근거로 한 단백질 효율과 체내의 질소 보유에 근거하여 질을 평가하는 생물가와 단백질 실이용률이 있다.

단백질 효율
(Protein Efficiency Ratio, PER)
섭취 단백질에 대한 체중 증가량의 비

단백질 효율

단백질 효율(PER)은 특수한 조건하에서 식품 단백질이 성장에 기여하는 정도를 측정하여 단백질의 질을 평가하는 방법이다. 일정 기간 동안 실험동물이 섭취한 단백질 섭취량에 대한 체중 증가량의 비율로 계산한다.

$$\text{PER} = \frac{\text{일정 기간 중의 체중 증가량(g)}}{\text{일정 기간 중의 식이단백질 섭취량(g)}}$$

생물가

생물가(BV)란 식품 단백질이 얼마나 효율적으로 신체 단백질로 전환되었는지를 알아보는 방법이다. 따라서 식품 단백질의 아미노산 조성이 신체의 아미노산 조성과 얼마나 비슷한가에 따라 생물가가 달라진다. 만일 어떤 식품 단백질의 아미노산 조성이 신체의 조성과 많이 다르다면 식품의 아미노산은 대부분 체단백질 합성에 이용되지 못한다. 이런 경우 질소는 분리되어 요소를 만들어 소변으로 배설되며, 탄소골격은 포도당이나 지방으로 전환되거나 에너지원으로 쓰이게 된다. 따라서 단백질의 체내 보유가 낮아지고 생물가도 낮다.

생물가(Biological Value, BV)
흡수된 질소량에 대한 체내 보유 질소량의 백분율

생물가는 흡수된 단백질(질소)이 체내에 얼마나 보유되었는가를 나타내며 아래와 같이 계산된다.

$$\text{BV} = \frac{\text{보유된 질소량}}{\text{흡수된 질소량}} = \frac{\text{식이질소량} - (\text{소변 중 질소량} + \text{대변 중 질소량})}{\text{식이질소량} - \text{대변 중 질소량}} \times 100$$

단백질 실이용률

단백질 실이용률(NPU)은 섭취한 식이 질소가 체내에 얼마나 보유되었는가를 백분율로 나타낸 것으로 다음 식에 의해 계산된다. 생물가는 체내의 소화 흡수율을 고려하지 않고 평가하는 방법인 데 비해 이 방법은 단백질의 소화 흡수율을 고려한 것으로 생물가에 소화 흡수율[(식이질소량－대변 중 질소량)/섭취된 질소량)]을 곱하여 구할 수도 있다.

단백질 실이용률(Net Protein Utilization, NPU)
섭취된 질소량에 대한 체내 보유 질소량의 비율

$$\text{NPU} = \frac{\text{보유된 질소량}}{\text{식이질소량}} = \frac{\text{식이질소량} - (\text{소변 중 질소량} + \text{대변 중 질소량})}{\text{식이질소량}} \times 100$$

$$= \text{생물가} \times \text{소화 흡수율}$$

7. 영양소 섭취기준 및 실태

1) 단백질 섭취기준

(1) 단백질 필요량과 질소 평형

인체는 식이 단백질로부터 체단백질 합성에 필요한 필수 아미노산뿐 아니라 비필수 아미노산 합성을 위한 충분한 질소를 공급받아야 한다. 하루에 얼마만큼의 단백질을 섭취해야 하는가? 성장기에는 체조직 성장을 위해 더 많은 단백질이 요구되고, 성장기가 아니라면 매일 대변, 소변, 피부, 머리카락 및 손톱 등의 신체 각 부위에서 손실되는 양을 보충하기 위하여 필요한 양만큼 섭취하면 될 것이다. 단백질의 섭취 필요량을 결정하기 위해서는 단백질 섭취와 배설이 평형을 이루는 최소 필요량을 알아야 하는데 보통 질소평형법과 요인가산법의 두 가지 방법이 적용된다.

질소평형법
(N-balance method)
섭취된 질소와 배설된 질소량을 비교하는 방법

요인가산법
(factorial method)
영양소 필요량 추정 방법으로 체중 증가량, 체내 보유량 및 불가피 손실량 등 영양소 대사의 주요 요인을 고려하는 방법

질소평형법

건강한 성인의 질소 평형을 유지하기 위한 최소한의 단백질 양을 알아보는 것이다. 섭취된 질소의 양과 배설된 질소량을 비교하여 세 가지의 질소 균형 상태, 즉 양의 질소 평형, 음의 질소 평형 및 질소 평형으로 나누어 볼 수 있다(표 3-12).

표 3-12 질소 평형 상태

양의 질소 평형	평형 상태	음의 질소 평형
질소 섭취량 > 질소 배설량 단백질 배설 단백질 섭취	질소 섭취량 = 질소 배설량 단백질 섭취 단백질 배설	질소 섭취량 < 질소 배설량 단백질 섭취 단백질 배설
성장, 임신 질병으로부터 회복 단계 운동 훈련 효과로 근육의 증가 인슐린, 성장호르몬 분비 증가 남성호르몬 분비 증가	건강한 정상 성인의 경우	부적절한 단백질 섭취 부적절한 에너지의 섭취 발열 · 화상 · 감염 상태 오랜 병상 생활 필수 아미노산의 결핍 단백질 손실 증가(신장질환) 갑상선호르몬 · 코르티솔의 분비 증가

코르티솔(cortisol)
부신피질 호르몬의 일종

요인가산법

일정 기간 동안 무단백 식사를 하면서 그 기간 동안 신체로부터 대변, 소변, 피부, 머리카락 및 손톱, 발톱을 통해 손실된 질소 함유물질의 총량(불가피 질소 손실량)을 측정하는 것으로, 손실된 질소량에 질소계수인 6.25를 곱하면 신체의 단백질을 정상적으로 유지시켜 주는 데 필요한 최소의 단백질 양을 구할 수 있다.

(2) 단백질 섭취기준

과거에는 단백질 필요량의 산출에 있어서 직접적인 질소 균형 연구 자료를 근거로 하였으나 연구가 많이 제한되어 있었고, 스트레스 요인으로 10%를 추가해 권장량을 설정함으로써 다른 나라의 경우보다 높은 경향을 보였다. 한국인 영양소 섭취기준에서는 이상적인 체중에서 초과되는 체중은 주로 체지방에 의한 것이므로 이상 체중에 근거를 두고 단백질 필요량을 산출하였다.

성인의 단백질 필요량은 FAO, WHO, UNU 보고와 유럽식품안전위원회 보고 등에서 근거로 사용된 질소 균형 실험 결과 남녀 구분 없이 0.66 g/kg/일을 기준으로 하되 소화율 90%를 반영하여 0.73 g/kg/일을 질소 평형 유지를 위한 단백질 필요량으로 결정하였다. 권장섭취량은 평균필요량에 권장량 산정 계수인 1.25를 적용하여 0.91 g/kg/일을 기준으로 하였다.

UNU
(United Nations University)
유엔대학교(또는 국제연합대학교)는 인류의 존속과 발전, 복지에 관한 세계 문제를 연구하기 위한 싱크탱크이자 대학원 중심의 대학이다.

성인의 단백질 섭취기준 산출식은 다음과 같다.

평균필요량 = 평균 체중 × 0.73 g/kg/일

권장섭취량 = 평균 체중 × 0.73 g/kg/일 × 1.25

= 평균 체중 × 0.91 g/kg/일

이렇게 계산된 19~29세 성인 남녀의 단백질 평균필요량은 각각 50 g과 45 g이며, 권장섭취량은 각각 65 g과 55 g이다(표 3-13).

표 3-13 한국인의 1일 단백질 섭취기준

연령		체중(kg)	단백질(g/일)		
			평균필요량	권장섭취량	충분섭취량
영아	0~5(개월)	5.5			10
	6~11	8.4	12	15	
유아	1~2(세)	11.7	15	20	
	3~5	17.6	20	25	
남자	6~8(세)	25.6	30	35	
	9~11	37.4	40	50	
	12~14	52.7	50	60	
	15~18	64.5	55	65	
	19~29	68.9	50	65	
	30~49	67.8	50	65	
	50~64	64.5	50	60	
	65~74	62.4	50	60	
	75 이상	60.1	50	60	
여자	6~8(세)	25	30	35	
	9~11	36.6	40	45	
	12~14	48.7	45	55	
	15~18	53.8	45	55	
	19~29	55.9	45	55	
	30~49	54.7	40	50	
	50~64	52.5	40	50	
	65~74	50.0	40	50	
	75 이상	46.1	40	50	
임신부	2분기	–	+12	+15	
	3분기		+25	+30	
수유부		–	+20	+25	

자료 : 보건복지부·한국영양학회, 2020 한국인 영양소 섭취기준, 2020

(3) 단백질 섭취 실태

2013~2017년도 국민건강영양조사 자료 분석 결과 현재 우리나라 국민의 단백질 평균섭취량은 여성 75세 이상을 제외하고 상향 조정된 평균필요량보다 높은 수

더 알아보기 노쇠/근감소증 위험 감소를 위한 단백질 섭취기준

나이가 들면서 발생하는 노쇠(frailty)는 의도하지 않은 체중 감소, 허약, 탈진, 신체 활동 저하, 그리고 넘어짐 등으로 특징 지워지는 현상으로 노쇠의 주요 원인 중의 한 가지는 비정상적인 근육량 및 근력 손실로 정의되는 근감소증(sarcopenia)으로 알려져 있다. 근육량과 근력의 저하는 노화가 되면서 자연스럽게 예상되는 결과이기는 하지만 신체적 비활동과 저단백질 섭취가 근감소증과 노쇠의 위험 인자로 제시가 되면서 노쇠 및 근감소증 예방을 위해 65세 이상 노인의 단백질 섭취기준을 상향 조정하는 것에 대한 필요성이 대두되고 있다.

노쇠/근감소증에 관한 문헌 분석 결과를 요약하면 노인 대상의 단백질 보충 혹은 고단백 식사 섭취가 근감소증/노쇠 지표(근육량과 근력 감소)를 억제시키고, 근섬유 생성을 증가시킨다는 연구 결과가 꾸준히 보고되고 있다. 섭취기준의 경우 매우 다양(1.0~1.6 g/kg/일)하나 현재 기준인 0.8 g/kg/일 이상의 단백질 섭취가 노쇠와 근감소증 개선에 도움이 된다는 결과가 일관성 있게 제시되고 있다.

우리나라 노인을 대상으로 한 중재 연구에서도 1.2 g/kg/일 이상 섭취 시 노쇠와 근감소증 개선에 효과가 있었으나 1.5 g/kg/일 섭취 그룹에서 효과가 더 높았다. 단면 연구의 경우에도 최소 1.1 g/kg/일 이상 섭취를 제시하고 있다. 그러나 현재까지는 섭취기준을 제시할 만큼 연구의 수와 질 모두 부족한 상황이므로 노쇠/근감소증을 개선시킬 수 있는 단백질 섭취량 기준은 설정되지 않은 상황이다.

그럼에도 불구하고 2013~2017년 국민건강영양조사 자료에 따르면, 75세 이상 노인(특히 여성)의 단백질 섭취량이 1일 권장섭취량에 미치지 못하고 있으므로 신장질환을 가지고 있지 않는 한, 충분한 단백질 섭취로 노인의 근감소증을 적극적으로 예방할 필요가 있다.

준이었으며(표 3-14), 에너지 섭취비율은 대부분의 연령대에서 7~20% 기준 범위 내에서 섭취하고 있는 것으로 나타나 단백질 섭취는 일부 노년층을 제외하고 결핍이 우려되지 않는 수준으로 나타났다.

단백질의 과잉 섭취는 대사면에서도 유익하지 않지만, 동물성 단백질 식품은 지방을 동반하는 경우가 많으므로 이의 과잉 섭취는 에너지 과잉, 이에 따른 비만을 야기할 수 있으므로 합리적인 섭취가 필요하다.

표 3-14 2013~2017년도 국민건강영양조사의 단백질 평균섭취량

연령		평균섭취량 (g/일)	Percentiles								
			2.5	5	10	25	50	75	90	95	97.5
유아	1~2(세)	38.1±1.1	14.7	16.5	20	27.7	34.9	44.6	61.7	75.0	81.2
	3~5	46.3±1.1	18.5	21.2	28.1	34.2	43.3	54.6	67.5	77.0	84.8
남자	6~8(세)	62.9±1.6	25.6	30.0	35.9	47.2	60.9	73.1	91.6	108.0	129.1
	9~11	74.8±2.4	29.3	35.2	40.8	54.3	70.2	89.8	114.4	133.4	137.4
	12~14	89.1±3.0	32.8	37.1	44.5	61.7	80.0	105.0	135.5	160.7	207.3
	15~18	96.4±3.7	26.8	35.2	46.5	59.1	82.7	118.2	162.2	192.3	222.4
	19~29	88.3±2.4	27.4	34.8	41.1	56.8	81.4	111.7	139.5	172.8	196.8
	30~49	88.8±1.3	31.5	37.4	46.3	61.0	80.0	107.9	141.9	169.2	190.1
	50~64	82.5±3.5	28.2	30.2	36.4	56.0	74.2	96.2	124.4	143.8	166.1
	65~74	69.2±2.2	20.3	25.1	34.5	45.5	64.3	84.9	108	133.2	152.2
	75 이상	58.0±2.4	12.1	21.4	28.0	38.3	52.8	71.8	99.5	106.9	121.8
여자	6~8(세)	52.3±1.5	21.1	24.1	28.9	37.5	49.1	62.7	80.7	90.4	99.5
	9~11	65.2±2.0	27.1	28.4	36.9	48.1	60.0	78.0	94.5	108.3	122.0
	12~14	66.4±2.2	27.9	31.7	40.2	47.8	59.5	76.3	97.8	129.4	149.4
	15~18	63.5±2.5	14.6	20.4	30.3	42.7	58.5	77.8	98.6	113.7	117.5
	19~29	64.3±1.6	19.5	25.2	30.5	42.7	58.1	79.1	104.8	120.8	148.4
	30~49	63.0±0.9	22.4	27.0	32.6	42.9	56.4	74.6	98.9	115.0	134.6
	50~64	57.8±1.0	19.6	23.7	29.8	40.5	54.1	70.6	87.5	106.4	118.5
	65~74	49.6±1.8	11.6	20.9	24.8	34.7	46.3	60.9	75.4	83.2	106.2
	75 이상	37.7±1.5	9.4	14.8	17.5	24.4	35.5	48.5	58.4	67.1	73.9

자료 : 보건복지부·한국영양학회, 2020 한국인 영양소 섭취기준, 2020

2) 아미노산 섭취기준

아미노산은 단백질의 구성 성분으로서 9종의 필수아미노산과 11종의 비필수아미노산으로 분류할 수 있다. 비필수아미노산 중 불필수아미노산은 5종으로 체내 합성이 용이하며, 조건적 필수아미노산 6종은 정상적인 상황에서는 체내 합성으로 충족되더라도 특정 생리 상태일 경우 그 합성이 제한된다. 아미노산은 조직의 성장과 유지에 관여하고, 호르몬과 효소, 항체 등의 주요 구성 성분이 되며, 각기 고유의 기능을 가지고 있기 때문에 부족하면 성장기 어린이의 성장 지연과 성인의 체

표 3-15 한국인의 1일 아미노산 섭취기준(g/일)

연령		영아		유아		남자									여자									임신부	수유부
		0~5 (개월)	6~11	1~2 (세)	3~5	6~8 (세)	9~11	12~14	15~18	19~29	30~49	50~64	65~74	75 이상	6~8 (세)	9~11	12~14	15~18	19~29	30~49	50~64	65~74	75 이상		
메티오닌	EAR[1]		0.3	0.3	0.3	0.5	0.7	1.0	1.2	1.0	1.1	1.1	1.0	0.9	0.5	0.6	0.8	0.8	0.8	0.8	0.8	0.7	0.7	1.1	1.1
	RNI[2]		0.4	0.4	0.4	0.6	0.8	1.2	1.4	1.4	1.3	1.3	1.3	1.1	0.6	0.7	1.0	1.1	1.0	1.0	1.1	0.9	0.9	1.4	1.5
	AI[3]	0.4																							
류신	EAR		0.6	0.6	0.7	1.1	1.5	2.2	2.6	2.4	2.4	2.3	2.2	2.1	1.0	1.5	1.9	2.0	2.0	1.9	1.9	1.8	1.7	2.5	2.8
	RNI		0.8	0.8	1.0	1.3	1.9	2.7	3.2	3.1	3.1	2.8	2.8	2.7	1.3	1.8	2.4	2.4	2.5	2.4	2.3	2.2	2.1	3.1	3.5
	AI	1.0																							
이소류신	EAR		0.3	0.3	0.3	0.5	0.7	1.0	1.2	1.0	1.1	1.1	1.0	0.9	0.5	0.6	0.8	0.8	0.8	0.8	0.8	0.7	0.7	1.1	1.3
	RNI		0.4	0.4	0.4	0.6	0.8	1.2	1.4	1.4	1.4	1.3	1.3	1.1	0.6	0.7	1.0	1.1	1.1	1.0	1.1	0.9	0.9	1.4	1.7
	AI	0.6																							
발린	EAR		0.3	0.4	0.4	0.6	0.9	1.2	1.5	1.4	1.4	1.3	1.3	1.1	0.6	0.9	1.2	1.2	1.1	1.0	1.1	0.9	0.9	1.4	1.6
	RNI		0.5	0.5	0.5	0.7	1.1	1.6	1.8	1.7	1.7	1.6	1.6	1.5	0.7	1.1	1.4	1.4	1.3	1.4	1.3	1.3	1.1	1.7	1.9
	AI	0.6																							
라이신	EAR		0.6	0.6	0.6	1.0	1.4	2.1	2.3	2.5	2.4	2.3	2.2	2.2	0.9	1.3	1.8	1.8	2.1	2.0	1.9	1.8	1.7	2.3	2.5
	RNI		0.8	0.7	0.8	1.2	1.8	2.5	2.9	3.1	3.1	2.9	2.9	2.7	1.3	1.6	2.2	2.2	2.6	2.5	2.4	2.3	2.2	2.9	3.1
	AI	0.7																							
페닐알라닌+티로신	EAR		0.5	0.5	0.6	0.9	1.3	1.8	2.1	2.8	2.9	2.7	2.5	2.5	0.8	1.2	1.6	1.6	2.3	2.3	2.2	2.1	2.0	0.8	0.8
	RNI		0.7	0.7	0.7	1.0	1.6	2.3	2.6	3.6	3.5	3.4	3.3	3.1	1.0	1.5	1.9	2.0	2.9	2.8	2.7	2.6	2.4	1.0	1.1
	AI	0.9																							
트레오닌	EAR		0.3	0.3	0.3	0.5	0.7	1.0	1.2	1.1	1.2	1.1	1.1	1.0	0.5	0.6	0.9	0.9	0.9	0.9	0.8	0.8	0.7	3.0	3.7
	RNI		0.4	0.4	0.4	0.6	0.9	1.3	1.5	1.5	1.5	1.4	1.3	1.3	0.6	0.9	1.2	1.2	1.1	1.2	1.1	1.0	0.9	3.8	4.7
	AI	0.5																							
트립토판	EAR		0.1	0.1	0.1	0.1	0.2	0.3	0.3	0.3	0.3	0.3	0.2	0.2	0.1	0.2	0.2	0.2	0.2	0.2	0.2	0.2	0.2	0.3	0.4
	RNI		0.1	0.1	0.1	0.2	0.2	0.3	0.4	0.3	0.3	0.3	0.3	0.3	0.2	0.2	0.3	0.3	0.3	0.3	0.3	0.2	0.2	0.4	0.5
	AI	0.2																							
히스티딘	EAR		0.2	0.2	0.2	0.3	0.5	0.7	0.9	0.8	0.7	0.7	0.7	0.7	0.3	0.4	0.6	0.6	0.6	0.6	0.6	0.5	0.5	1.2	1.3
	RNI		0.3	0.3	0.3	0.4	0.6	0.9	1.0	1.0	1.0	0.9	1.0	0.8	0.4	0.5	0.7	0.7	0.8	0.8	0.7	0.7	0.7	1.5	1.7
	AI	0.1																							

[1] 평균필요량, [2] 권장섭취량, [3] 충분섭취량

자료 : 보건복지부·한국영양학회, 2020 한국인 영양소 섭취기준, 2020

중 감소를 유발하고 인체 대사 조절에 영향을 미칠 수 있다. 반면, 개개의 아미노산을 보충제의 형태로 섭취하는 것은 아미노산 간의 흡수 경쟁을 유발하여 아미노산 불균형 및 독성 위험을 증가시킬 수 있다. 최근 육류 및 건강기능식품으로 인한 아미노산의 섭취가 증가하면서, 아미노산의 적절한 섭취를 위한 기준이 필요하게 되었다.

현재 아미노산 필요량 설정의 근거로 사용할 수 있는 한국인 인체시험 결과가 전무한 실정이다. 따라서 아미노산 섭취기준은 미국 및 캐나다의 영양소 섭취기준을 기초로 하되, 우리나라 사람들의 성별, 연령별 체위기준을 적용하여 평균필요량과 권장섭취량을 설정하고 0~5개월 영아에 대해서는 충분섭취량을 설정하였다. 필수아미노산 필요량은 mg/kg/일 단위로 정하였고, 단백질 평균필요량을 이용하여 mg/g 단백질로 산출하였다. 권장섭취량은 2배의 변이계수(CV)를 더한 값으로 나타내거나 평균필요량에 1.25를 곱한 값으로 산출하였다. 아미노산 상한섭취량은 근거 자료의 절대 부족으로 설정이 불가능하므로, 식이 아미노산의 과잉 및 보충섭취와 그와 관련된 부작용에 대한 연구 결과가 충분히 도출될 때까지 과잉 섭취에 대한 주의가 필요하다.

8. 단백질 급원식품

1) 단백질 급원식품

2017년도 국민건강영양통계조사 결과에 따르면 한국인의 단백질 급원식품은 육류(29.7%), 곡류(27.1%), 어패류(13.6%), 채소류(6.1%), 두류(4.9%), 우유류(4.9%), 난류(4.7%), 양념류(3.1%), 과일류(1.4%), 종실류(1.1%)의 순으로 나타났다. 육류와 어패류와 같은 동물성 식품의 섭취가 여전히 단백질 섭취에서 높은 비율을 차지하고 있지만, 단백질 섭취량에 대한 주요 급원식품의 순위를 살펴보면, 백미가 가장 높았고, 돼지고기, 닭고기, 소고기, 달걀이 그 뒤를 이었다. 그 외 단백질 주요 급원식품 및 식품 100 g 당 단백질 함량은 표 3-16에 제시되었다. 그림 3-10은 주요 급원식품의 1회 분량당 함량을 19~29세 성인의 2020 단백질 권장섭취량과 비교한 것으로, 1회 분량의 단백질 함량이 가장 높은 식품은 새우와 가다랑어로, 각각 22.6 g,

표 3-16 필수아미노산 주요 급원식품[1)]

순위	급원식품	함량(g/100 g)
1	백미	9.3
2	돼지고기(살코기)	19.8
3	닭고기	23.0
4	소고기(살코기)	17.1
5	달걀	12.4
6	우유	3.1
7	두부	9.6
8	멸치	49.7
9	빵	9.0
10	햄/소시지/베이컨	20.7
11	배추김치	1.9
12	라면(건면, 스프포함)	8.6
13	국수	7.3
14	돼지 부산물(간)	26
15	대두	36.1
16	새우	28.2
17	고등어	21.1
18	오징어	18.8
19	요구르트(호상)	5.2
20	명태	17.5
21	밀가루	10.3
22	떡	3.7
23	샌드위치/햄버거/피자	9.6
24	가다랑어	29
25	간장	7.4
26	어묵	11.4
27	보리	8.7
28	된장	13.7
29	현미	6.3
30	소 부산물(간)	29.1

[1)] 2017년 국민건강영양조사의 식품별 섭취량과 식품별 단백질 함량(국가표준식품성분표 DB 9.1) 자료를 활용하여 단백질 주요 급원식품 상위 30위 산출

자료 : 보건복지부·한국영양학회, 2020 한국인 영양소 섭취기준, 2020

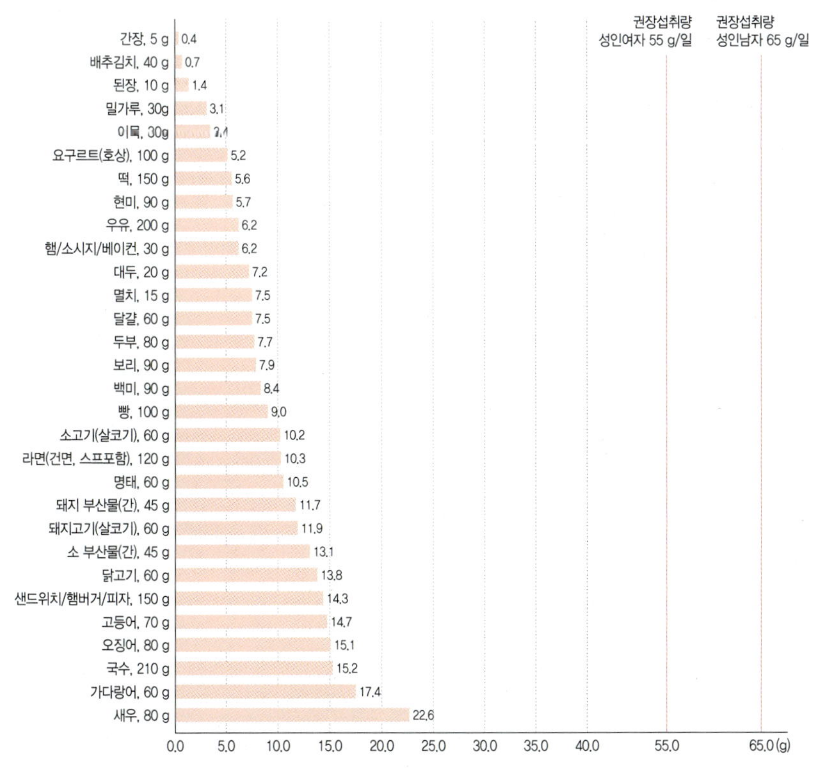

그림 3-10 단백질 주요 급원식품(1회 분량당 함량)[1)]

[1)] 2017년 국민건강영양조사의 식품별 섭취량과 식품별 단백질 함량(국가표준식품성분표 DB 9.1) 자료를 활용하여 단백질 주요 급원식품 상위 30위 산출 후 1회 분량(2015 한국인 영양소 섭취기준)을 적용하여 1회 분량당 함량 산출, 19~29세 성인 권장섭취량 기준(2020 한국인 영양소 섭취기준)과 비교

자료 : 보건복지부·한국영양학회, 2020 한국인 영양소 섭취기준, 2020

17.4 g이었다. 또한 닭고기, 돼지고기, 소고기와 같은 육류의 단백질 함량은 10~14 g으로, 19~29세 성인이 1일 권장섭취량에 도달하기 위해서는 남자는 5~6회 분량을, 여자는 4~5회 분량을 섭취해야 함을 알 수 있다.

2) 아미노산 급원식품

아미노산은 단백질의 분해산물로서 단백질이 풍부한 식사를 통해 섭취할 수 있으나, 식품의 종류에 따라 단백질을 구성하고 있는 아미노산 종류와 함량이 다르다(표 3-17). 이소류신, 류신, 발린은 육류와 근육류 식품에 많이 함유되어 있고 콩도 좋은 급원이다. 라이신은 소고기와 가금류에 많이 함유되어 있다. 메티오닌의 경우, 달걀, 치즈, 닭고기, 생선, 소고기 등에 많이 함유되어 있으며, 페닐알라닌의 식품 급원으로는 달걀, 닭, 간, 소고기, 우유 그리고 콩이 있다. 트레오닌은 고타치즈, 가금류, 어류, 육류, 렌틸콩, 참깨 등에 함유되어 있다. 트립토판의 경우 고단백 식품과 유제품이 좋은 급원이며, 특히 초콜릿, 오트밀, 우유, 가금류에 많이 함유되어 있다. 히스티딘 또한 다른 아미노산들과 마찬가지로 육류, 가금류, 생선, 유제품에 많이 함유되어 있으며, 일부 곡류를 통해서 섭취할 수 있다.

표 3-17 필수아미노산 주요 급원식품[1)]

단백질 급원식품 순위	급원식품	단백질 (g/100 g)	아미노산(mg/100 g)								
			이소류신	류신	라이신	메티오닌	페닐알라닌	트레오닌	트립토판	발린	히스티딘
1	백미	9.3	360	750	330	220	490	320	130	530	250
2	돼지고기(살코기)	19.8	950	1,512	1,650	524	793	952	194	1,076	757
3	닭고기	23	1,082	1,682	1,845	542	946	1,046	223	1,186	878
4	소고기(살코기)	17.1	850	1,451	1,571	407	737	846	186	903	658
5	달걀	12.4	624	1,043	855	346	663	664	194	824	285
6	우유	3.1	120	333	232	72	115	134	13	147	46
7	두부	9.6	348	709	519	111	454	349	109	340	217
8	멸치	49.7	2,091	3,227	3,925	1,129	1,892	1,891	579	2,498	1,279
9	빵	9	287	593	155	116	437	243	67	319	169
10	햄/소시지/ 베이컨	20.7	923	1,690	1,780	253	844	1,236	148	993	762
11	배추김치	1.9	53	86	77	9	55	63	10	66	25
12	라면(건면, 스프 포함)	8.6	265	548	188	106	378	232	55	307	153
13	국수	7.3	217	491	160	96	349	192	39	257	140
14	돼지 부산물(간)	26	1,320	2,319	2,007	645	1,274	1,107	366	1,607	708
15	대두	36.1	1,317	2,514	2,091	475	1,618	1,306	399	1,393	842
16	새우	28.2	1,000	1,800	2,100	690	1,000	940	250	1,100	520
17	고등어	21.1	807	1,412	1,195	384	738	812	220	858	898
18	오징어	18.8	682	1,246	1,034	199	632	698	122	643	475
19	요구르트(호상)	5.2	184	367	238	78	211	177	31	226	86
20	명태	17.5	1,082	1,908	2,157	696	917	1,029	263	1,210	691
21	밀가루	10.3	322	708	149	149	492	287	40	358	212
22	떡	3.7	125	275	64	99	176	159	81	187	48
23	샌드위치/햄버거/피자	9.6	253	464	325	108	277	245	74	324	179
24	가다랑어	29	955	1,607	1,436	655	793	1,209	377	968	1,334
25	간장	7.4	243	423	152	55	223	203	27	231	109
26	어묵	11.4	490	870	766	286	449	481	51	502	207
27	보리	8.7	264	610	304	133	448	302	99	371	189
28	된장	13.7	530	978	698	170	606	485	130	558	275
29	현미	6.3	264	459	303	137	298	228	85	385	148
30	소 부산물(간)	29.1	1,352	2,670	2,247	759	1,515	1,215	368	1,761	879

1) 2017년 국민건강영양조사의 식품별 섭취량과 식품별 단백질 함량(국가표준식품성분표 DB 9.1) 자료를 활용하여 단백질 주요 급원식품 상위 30위 산출 후 해당 식품별 필수아미노산 함량 표시

자료 : 보건복지부·한국영양학회, 2020 한국인 영양소 섭취기준, 2020

9. 영양건강문제

단백질은 조직의 성장과 유지, 체내의 수분 평형 조절, 산·염기 평형 조절, 에너지 급원 등 인체의 중요한 기능을 담당하고 있다. 따라서 단백질이 결핍되거나 과잉되면 여러 가지 건강문제를 야기한다.

1) 단백질 결핍과 부족

전쟁, 기아, 빈곤, 흡수 불량증, 심한 소모성 질환 등의 이유로 단백질 공급이 장기간 부족하면 단백질 결핍 증상이 나타난다. 단백질의 결핍 증세로는 발육 장애, 체중 및 피하지방의 감소, 근육의 쇠약, 2차성 빈혈, 부종, 저혈압증, 저맥박, 피부색소 변화 등이 관찰되며, 이 외에 피로, 저항력 약화, 무월경 등도 나타난다.

특히, 유아~10세까지의 어린이에게서 단백질 결핍증인 콰시오커와, 단백질과 에너지의 결핍으로 인한 마라스무스가 나타나기도 한다. 콰시오커의 경우는 부종을 동반하지만 마라스무스는 부종을 보이지 않는다. 어린이의 경우 성장을 위한 단백질 요구량이 크기 때문에 성인보다 결핍 증상이 흔할 뿐 아니라 증세가 심하여 일생 동안 영향을 미칠 수 있다.

단백질 영양 불량은 질병 이환율과 사망률에도 양향을 미칠 수 있으므로 주의를 기울여야 한다. 입원한 환자에게도 주로 문제가 되는 것이 영양 결핍이며, 병원에서 영양 상태를 평가할 때 콰시오커, 마라스무스 또는 심한 단백질-에너지 영양불량(PCM)으로 나누어 판정한다.

콰시오커(Kwashiokor)
단백 결핍성 소아 영양실조증

마라스무스(Marasmus)
전신의 쇠약, 소모증으로 영유아에서 장기간 단백질과 함께 열량이 결핍되면 나타남

심한 단백질-에너지 영양불량(Protein Calorie Malnutrition, PCM)
단백질 칼로리 영양실조

표 3-18 단백질 결핍을 중심으로 한 영양지표

영양지표	Marasmus	Kwashiorkor	심한 PCM
% 표준체중	< 75	>90	< 75
% 체중 감소(6개월)	>10	< 5	>10
Albumin(g/dl)	>3.2	< 2.8	< 2.8
식사 섭취 불량	>2주	>2주	>2주
식욕 부진, 구토, 설사 등	>2주	>2주	>2주
신체 증후(1가지 이상) 피하지방 · 근육 소모, 복수, 부종	심한 정도	심한 정도	심한 정도

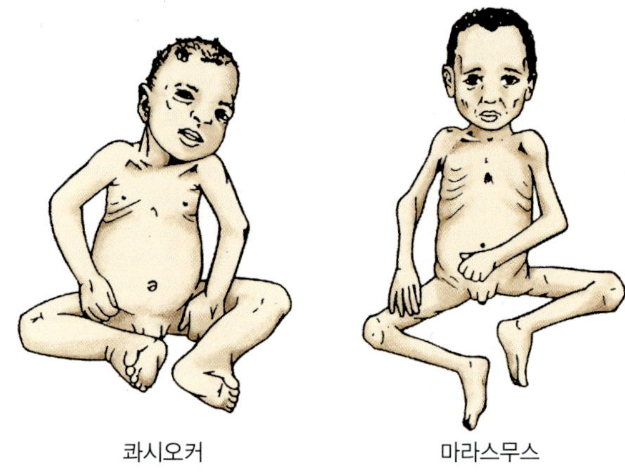

그림 3-11 콰시오커와 마라스무스

2) 단백질 과잉

필요 이상의 단백질 섭취가 해로운가에 관하여 아직 단정하기는 어려운 점이 있다. 예를 들어 에스키모인은 거의 동물성 식품을 섭취하지만 단백질 과잉 섭취로 인한 장애는 찾아보기 힘들다. 그러나 여분의 단백질은 체내의 에너지 충족 정도에 따라 연소해서 에너지로 이용되거나 지방으로 전환되어 체지방으로 축적된다. 또한 단백질 식품은 지질을 많이 함유하는 경우가 있으므로 과잉 섭취 시 비만과 연결될 수 있고, 핵산 함유량이 높아 통풍 유발이 우려된다.

단백질은 탄수화물이나 지질과는 달리 체내에서 대사되려면 질소를 분리하는 과정이 이루어져야 한다. 이 과정에서 생기는 단백질 분해산물이 대사를 항진시키거나, 체온의 증가, 혈압 상승을 일으켜서 피로를 증가시키고 신경을 자극해서 불면증, 귀울림과 같은 증세를 일으킬 수 있다. 또한 과잉의 단백질 처리 과정에서 생성되는 암모니아는 유독하므로 이를 무독화시켜 배설하기 위해 간과 신장에 부담을 주게 되며, 쉽게 배설되지 않으면 혈중 요소 농도를 상승시켜 요독증을 유발할 수 있다. 육류 등을 구워서 먹을 때 가열 과정에서 발암물질이 형성되어 발암원으로 작용할 수 있다는 우려와 함께 과잉의 단백질 섭취는 칼슘의 소변 배설을 증가시킨다는 연구 보고가 있다. 탄수화물과 지질에 비해 값비싼 단백질을 에너지 급원으로 이용하는 것은 건강에는 물론 경제적으로도 불합리하다. 따라서 전체 에너지의 15~20% 정도만 단백질로 섭취하는 것이 바람직하다.

핵산(nucleic acid)
살아 있는 세포의 유전물질을 구성하는 물질

통풍(gout)
팔다리 관절에 심한 염증이 되풀이하여 생기는 대사 이상 질환

요독증(uremia)
신장에서 질소 화합물이 소변을 통해 배출되지 못함으로써 이 물질의 혈중 농도가 비정상적으로 높아져서 생기는 독성 효과

더 알아보기 아미노산 보충제를 먹어야 하는가?

근육을 키우기 위해 또는 힘을 얻기 위해서 아미노산 보충제를 찾는 사람이 늘고 있다고 한다. 그러나 건강한 사람의 경우 다음과 같은 이유로 아미노산 보충제를 섭취할 필요가 없다.

- 돈의 낭비이다. 아미노산 보충제는 건강상 장점이 없으며, 또한 근육량을 증가시키거나 신체적 수행 능력을 뚜렷이 향상시켰다는 증거가 없다.
- 오히려 과잉의 아미노산 보충제는 정상적인 단백질 합성을 방해하거나 설사의 원인이 되고, 또는 장기에 부담을 주어 건강에 나쁠 수도 있다.
- 정상적으로 식사를 하면 필요한 아미노산은 충분히 공급된다. 대부분의 한국인은 충분한 단백질을 섭취하는 것으로 조사되고 있다.
- 대부분의 아미노산 보충제 제품에 대한 안전성이 아직 완전히 확보되지 않았다.

3) 단백질과 알레르기

알레르기(allergy)
일반적으로 다른 사람들에게는 별로 해가 없는 외부 물질(항원)에 대한 신체의 과민반응

전 세계적으로 알레르기 질환으로 고생하는 인구가 늘고 있다. 이는 문명화가 진행될수록 여러 종류의 알레르기를 일으키는 알레르기원이 증가하기 때문이다.

알레르기란 면역체계의 과민반응으로 나타나는 현상이다. 즉, 많은 경우 보통 사람에게는 별 영향이 없는 물질에 대해서 면역반응을 일으켜 발생한다. 알레르기는 식품으로 유발되거나 물리적 자극에 의해 발생한다.

단백질 함량이 높은 식품이 흔히 항원으로 작용하는데, 식품 항원에 대한 일반적인 신체 증상은 가려움증, 두드러기, 습진, 혈관 부종, 배앓이, 구토, 토사, 설사,

표 3-19 식품으로부터 유발되는 알레르기의 빈도

식품	빈도(%)	식품	빈도(%)
우유	41	말고기	1.7
달걀*	34	육류	1.3
생선	11	채소	1.2
과일	4.2	양파	1.0
콩류**	2.5	기타	2.2

- 기타로 물리적인 자극(운동, 기후, 계절, 감염, 항원 접촉, 식품, 감정적 요인)에 의한 알레르기성 반응도 있다.
* 주로 흰자위
** 주로 땅콩류 : 서구에서는 콩분리단백질 등의 가공품이 산업 가공품에 이용되는데 이에 대한 알레르기 현상은 적은 것으로 보고 있다.

콩분리단백질
(soy protein solate)
콩에서 분리 추출한 양질의 식물성 단백질원

비염, 천식성 쇼크 등이 있다. 이는 관절염, 장궤양, 편두통 및 개인적 성향의 변화 등 복합적인 질병의 형태로 발전할 수 있다. 표 3-19에는 식품으로부터 유발될 수 있는 알레르기의 발생 빈도를 제시하였다.

더 알아보기 식품 알레르기

2013년 4월 인천의 한 초등학교에서 9세 초등학생 A군이 급식으로 나온 카레를 먹고 사망한 사례가 있다. A군에게는 유제품 알레르기가 있었는데 카레 성분의 30% 이상이 우유였던 것. A군은 중증 급성 알레르기 반응인 아나필락시스를 어릴 때 진단받아 우유를 입에 대지도 않았다. 안타깝게도 카레에 우유 성분이 들어 있다는 것을 생각지도 못했고 카레를 먹은 이후 호흡곤란과 저혈압을 동반하면서 뇌사 상태에 빠졌다가 끝내 숨졌다.

식품의약품안전처 고시인 '식품 등 표시기준'에는 알레르기 유발물질은 함유된 양과 관계없이 원재료명을 표시하도록 되어 있다. 식품 알레르기 표시 대상은 난류(가금류에 한한다), 우유, 메밀, 땅콩, 대두, 밀, 고등어, 게, 새우, 돼지고기, 복숭아, 토마토, 아황산류(이를 첨가해 최종 제품에 이산화황으로 10 mg/kg 이상 함유한 경우), 호두, 닭고기, 소고기, 오징어, 조개류(굴·전복·홍합 포함)를 원재료로 사용한 경우, 이런 식품으로부터 추출 등의 방법으로 얻은 성분, 이런 식품이나 성분을 함유한 식품 또는 식품첨가물을 원재료로 사용한 경우다. 표시 방법은 원재료명 표시란 근처에 바탕색과 구분되도록 별도의 알레르기 표시란을 마련해 알레르기 표시 대상 원재료명을 표시하게 되어 있다. 예컨대 '달걀·우유·새우·이산화황·조개류(굴) 함유'라고 표시한다. 알레르기 유발 물질을 사용하는 제품과 사용하지 않은 제품을 같은 제조 과정(작업자·기구·제조라인·원재료 보관 등)을 통해 생산해 불가피하게 혼입 가능성 있는 때도 주의사항 문구를 표시하게 돼 있다. 예로 "이 제품은 메밀을 사용한 제품과 같은 제조 시설에서 제조하고 있습니다."라고 표시한다.

식품의약품안전처는 알레르기 유발 식품으로 22종(이 중 1종은 식품첨가물)을 지정하였다. 난류(가금류에 한함)·우유·메밀·땅콩·대두·밀·고등어·게·새우·돼지고기·복숭아·토마토·아황산류(이를 첨가해 최종 제품에 이산화황으로 10 mg/kg 이상 함유)·호두·닭고기·소고기·오징어·조개류(굴·전복·홍합 포함) 등이다. 이 22가지가 식품 제조 과정에서 재료로 쓰인 경우 함유된 양과 관계없이 원재료명을 반드시 제품 포장지에 표시해야 한다. 알레르기 표시 대상 원재료가 포함된 식품은 제품 포장지에 기존의 원재료명과 별도로 알레르기 표시란을 두게 되어 있다. 소비자가 이 표시를 보고 자신에게 알레르기를 유발하는 식품을 피할 수 있도록 하기 위해서이다. 자신이나 가족 중에 식품 알레르기가 있다면 제품 구입 전에 제품 뒷면의 라벨을 꼼꼼히 읽어봐야 한다. 학교 급식에 이런 식품이 포함되면 식단표에 표시해 사전에 학생에게 알리도록 되어 있다.

식품 알레르기 대처법

1. 자신이 어떤 식품에 민감한지 사전 검사
2. 자신에게 알레르기를 유발하는 식품 회피
3. 식품 라벨을 꼼꼼하게 확인, 자신에게 알레르기를 유발하는 식품 포함 여부 확인
4. 외식할 때 자신에게 알레르기 일으키는 식품은 '빼 달라'고 주문
5. 학교 급식 등에서 자신에게 알레르기를 유발하는 식품이 포함되어 있는지 확인

가공식품의 식품 알레르기 유발물질 확인 방법

식품 알레르기 유발물질 표시대상 식품

6. 가급적 가공·첨가되지 않은 천연 신선 식품 섭취
7. 알레르기 유발 식품이 콩·우유 등 웰빙식품이라면 회피로 인해 영양이 부족해지지 않도록 주의
8. 유기농·천연식품도 식품 알레르기를 유발할 수 있다는 사실 기억
9. 두드러기 등 가벼운 알레르기 증상에 그친다면 일단 안심
10. 두드러기가 잘 가라앉지 않으면 피부 진정용 크림을 바르거나 항(抗)히스타민제 복용

식품 알레르기 관련 궁금증 풀이

Q 식품 알레르기 유병률은 어느 정도인가?

A 식품 알레르기는 소아의 5~8%, 성인의 2%가 경험한다. 아이가 성장하면서 소화 기능이 강화되고 알레르기 유발 성분에 대한 면역 시스템이 작동한다. 5세가 되면 달걀·우유·밀·대두에 의한 알레르기는 잘 일어나지 않는다.

Q 연령대에 따라 식품 알레르기의 원인 식품이 다르게 나타나는가?

A 영유아에서는 우유·달걀·콩·밀·호두·땅콩 등이 흔한 알레르기 유발 식품이다. 사과·복숭아·당근·멜론 등에 알레르기 증상을 보이는 것은 대개 아동기 이후이다. 청소년·성인에서는 보통 새우·조개·갑각류·생선·메밀·과일 등이 알레르기를 일으킨다.

Q 알레르기 원인 식품을 피해도 식품 알레르기가 생기는 이유는 무엇인가?

A 교차 반응 때문이다. 교차 반응이란 알레르기 유발 인자로 작용하는 특정 식품이 있을 때, 그것과 분자 구조가 유사한 다른 성분의 것에도 알레르기 반응이 일어나는 것을 말한다. 한 식품에 대해 알레르기를 갖고 있는 경우 같은 과(科)나 속(屬)에 속하는 다른 식품과 교차 반응을 보일 수 있다. 특정 식품에 대한 알레르기가 있다면 교차 반응이 나타날 가능성이 있는 식품도 함께 피하는 것이 안전하다.

Q 교차 반응은 식품 알레르기가 있는 사람에게만 생기는가?

A 교차 반응은 식품 알레르기가 없는 사람에게도 나타날 수 있다. 예컨대 꽃가루 알레르기가 있는 사람은 과일·채소 등과 교차 반응이 일어나 알레르기 증상이 나타날 수 있다. 라텍스에 민감한 사람은 복숭아·토마토 등의 식품에 대해서도 알레르기 반응을 보일 수 있다. 이 경우 재채기나 입 주위 또는 입술의 가려움증이 주증상이다.

Q 식품 알레르기가 있다면 육식을 피해야 하는가?

A 만약 돼지고기·땅콩·우유·달걀·생선·밀가루 등을 먹은 뒤 알레르기 증상을 일으켰다면 해당 식품만 빼고 먹이면 된다. 특히 어린이가 알레르기 질환을 앓고 있다고 해서 고기·단백질을 식단에서 완전 배제한 채 아이를 채식만으로 키우는 것은 손해이다. 어린이의 성장에 필요한 양질의 단백질 등 영양소를 충분히 섭취할 수 없어서다.

Q 패스트푸드점에서도 알레르기 유발 식품을 알 수 있는가?

A 식품의약품안전처는 2017년 5월부터 햄버거·피자 등 어린이 기호식품을 판매하는 점포 수 100개 이상 프랜차이즈 가맹점에서 조리·판매하는 식품에 알레르기 유발 식품를 의무적으로 표시하도록 「어린이식생활안전관리 특별법」을 개정하였다.

Q 식품 알레르기가 아니라는 진단을 받은 뒤에도 음식을 먹고 나서 증상이 나타나면 어떻게 대처해야 하는가?

A 메모를 해 놓는다(의심되는 식품 이름). 다음에 먹었을 때도 이상이 있는지 확인한다. 반복적으로 이상이 있으면 그 식품은 먹지 말고 병원에서 확인한다.

그 밖에 식품 알레르기와 관련된 주요 내용

1. 식품 알레르기와 아토피 피부염은 다른 질병이다.
2. 유당불내증은 식품 알레르기가 아니다.
3. 식품 알레르기는 주로 영유아에게 문제가 된다.
4. 청소년·성인에서는 대개 새우·조개·갑각류·생선·메밀·과일 등이 알레르기를 일으킨다.
5. 식품 알레르기는 콩·우유·달걀 등 일반적으로 웰빙식품으로 알려진 식품에서도 문제가 된다.
6. 아황산은 식품 알레르기를 유발할 수 있는 것으로 확인된 유일한 식품 첨가물이다.
7. 유기농 식품도 알레르기를 일으킬 수 있다.
8. 알레르기 유발 식품을 섭취하지 않아도 교차오염에 의해 식품 알레르기가 생길 수 있다.
9. 한국인에게 알레르기를 자주 일으키는 식품이 따로 있다. 메밀·밀·대두·아황산 등 22가지가 '알레르기 원재료 표시대상'으로 지정되어 있다.
10. 식품 알레르기는 표시제·회피요법 외에는 특별한 대책이 없다.

자료 : 식품의약안전처 식품안전이슈 "식품 알레르기"

해봅시다

1. 인체의 영양에서 단백질의 공급은 대단히 중요한 의미를 지닌다. 그러나 과잉의 단백질 공급은 바람직하다고 할 수 없다. 과잉의 단백질이 오히려 인체에 불리하다고 추측하는 이유를 아는 대로 설명해 보시오.

2. 아래의 사항을 주어진 정보로 갖고 문제를 풀어 보시오.

정보 사춘기의 남학생(15세)인 지성이가 하루 125 g의 단백질을 섭취하고 있는데 대변과 소변으로 배설되는 질소량을 측정해 보니 3 g의 질소가 대변으로, 4 g의 질소가 소변으로 배설되고 있었다.

1) 지성이의 질소 평형 상태는 어떻게 평가할 수 있을까?

2) 지성이가 섭취한 단백질의 평균적인 생물가를 계산해 보시오.

3) 지성이의 단백질 실이용률을 계산해 보시오.

단원정리

1. 신체 내에서 단백질은 체중의 16% 정도를 차지하여 체구성 성분 중에서 수분 다음으로 많다.
2. 모든 아미노산은 체내 단백질 합성을 위해 필수적이므로 중요하며, 체내에서 합성될 수 없는 9개의 필수 아미노산과 체내의 질소를 이용하여 합성되는 비필수 아미노산으로 나뉜다.
3. 하나 또는 그 이상의 필수 아미노산이 부족한 단백질을 불완전 단백질이라 하며, 이때 부족한 아미노산을 제한 아미노산이라 한다. 두 종류 이상의 단백질 식품을 같이 먹으면 부족된 아미노산이 상호 보강되어 단백질의 질이 향상된다.
4. 음식물로 섭취된 단백질은 소화효소의 작용으로 아미노산으로 분해된 후 소장벽에서 단순 확산이나 능동적 운반을 통해 흡수된다. 흡수된 아미노산은 문맥을 거쳐 간으로 이동되고, 간에서 다른 곳에 쓰일 때까지 아미노산 풀을 형성한다.
5. 아미노산은 아미노기가 떨어져 나가는 탈아미노 반응 후 아미노산의 탄소골격은 탄수화물이나 지질이 분해되는 경로로 들어가 대사된다. 암모니아는 간에서 요소를 합성하여 신장을 통해 배설된다.
6. 단백질은 신체조직을 구성하는 이외에 호르몬, 효소 및 항체를 형성한다. 또한 체액의 균형, 산 · 염기 균형을 조절해 주며, 포도당 신생에 쓰이거나 에너지원으로서 기능을 한다.
7. 성인의 단백질 필요량은 FAO, WHO, UNU 보고와 유럽식품안전위원회 보고 등에서 근거로 사용된 질소 균형 실험 결과 남녀 구분 없이 0.66 g/kg/일을 기준으로 하되 소화율 90%를 반영하여 0.73 g/kg/일을 질소 평형 유지를 위한 단백질 필요량으로 결정하였다. 권장섭취량은 평균필요량에 표준편차의 권장량 산정계수인 1.25를 적용하여 0.91 g/kg/일로 산출하였다.
8. 유제품, 어육류, 난류 등의 동물성 식품과, 콩류, 견과류 등의 식물성 식품이 단백질의 주요 급원이다.
9. 단백질 섭취가 부족하면 발육 장애, 체중 및 피하지방의 감소, 근육의 쇠약, 2차성 빈혈, 부종 등이 초래된다. 어린이(유아~10세)의 경우 콰시오커와 마라스무스 현상을 보인다.
10. 과잉의 단백질은 에너지로 이용되거나 당과 지방으로 체내에 축적되므로 과잉 섭취는 비만과 연결될 수 있다. 또한 단백질 식품은 핵산 함유량이 높아 통풍 유발이 우려된다.

연구문제

1. 식이 내의 필수 아미노산과 비필수 아미노산의 상대적인 중요성을 토론해 보자.

2. 단백질의 주요 기능 네 가지를 들고, 단백질이 그 기능을 하는 이유를 생각해 보자.

3. 식이 단백질의 질에 영향을 미치는 요인은 무엇이 있을지 생각해 보자.

4. 자신의 건강을 위해 바람직한 단백질의 섭취 방법을 생각해 보자.

5. 질이 좋은 단백질 식품을 5가지만 들고, 질이 좋다고 평가하는 이유를 말해 보자

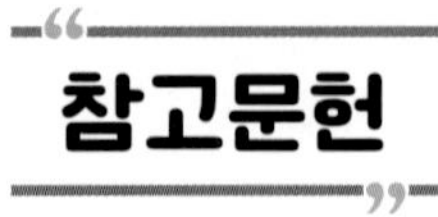

참고문헌

보건복지부 질병관리본부(2022). 2020 국민건강통계 Ⅰ · Ⅱ 추이–국민건강영양조사 제8기 2차년도.

보건복지부 · 한국영양학회(2010, 2015, 2020). 한국인 영양소 섭취기준.

Bender DA & Bender AE(1997). *Nutrition a reference handbook*. Oxford University Press, Oxford.

Brody T(1998). *Nutritional Biochemistry*. Academic Press.

Byrd–Bredbenner C & Berning J & Kelly D(2022). *Wardlaw's Perspectives in Nutrition*, 12th ed. McGraw–Hill.

Campbell WW(1996). "Dietary Protein Requirements of Older People : Is the RDA Adequate?". *Nutrition Today 31*(5): 192–197.

Elmadfa I & Leitzmann C(2019). *Ernährung des Menschen*. 6. Aufage, Ulmer.

Gibbs BF & Alli I & Mulligan C(1996). "Sweet and Taste–Modifying Proteins". *A Review 16*(9): 1619–1630.

Kasper H(2020). *Ernährungsmedizin und Diätetik*. 13. Auflage, Urban/Fischer.

Lehninger AL & Nelson DL & Cox MM(2012). *Principles of Biochemistry*, 6th ed. Worth publishers Inc. New York.

Lemon PWR(1996)." Is Increased Dietary Protein Necessary or Beneficial for Individuals with a Physically Active Lifestyle?". *Nut Rev 54*(4): S169–S175.

Macrae R & Robinson RK & Sadler MJ(1993). "Food Technology and Nutrition". *Encyclopaedia of Food Science*, Academic Press, San Diego, Cal.

Marriott B & Birt D & Stalling V & Yates A(2020). *Present Knowledge in Nutrition*, 11th ed. Academic Press.

Shils ME & Shike M & Ross AC & Caballero B & Cousins BJ(2005). *Mordern Nutrition in Health and Disease*. 10th ed. Lippincott Williams & Wikins.

Simopoulos AP & Pavlou(2001). Nutrition and Fitness. Diet, Genes, Physical Activity and Health. *World Review of Nutrition and Detetics. 89*. Krager.

MEMO

04 지질

학습 목표

1. 지질의 종류를 분류한다.
2. 중성지방, 인지질, 콜레스테롤의 특성을 이해한다.
3. 지질의 소화, 흡수 및 대사 과정을 이해한다.
4. 지단백질의 종류를 분류하고 그 기능을 이해한다.
5. 지질의 체내 기능을 설명한다.
6. 한국인의 지질 섭취기준을 안다.
7. 지질 급원식품을 열거한다.
8. 지질과 관련된 영양건강문제를 이해한다.

'저탄고지' 식사는 탄수화물을 줄이는 대신 지질은 충분히 섭취하는 식단이다. 저탄고지 식사는 케톤체를 에너지원으로 사용하는 케토시스 상태를 유발하기 때문에 케토제닉 식단이라고도 불린다. 최근 저탄고지 식사로 체중감량에 성공했다는 사례들이 나오면서 탄수화물은 몸매관리의 '적'으로 여겨지는 분위기다.
하지만 탄수화물을 극단적으로 줄이면 지질의 섭취가 과도하게 늘어나 오히려 건강에 위협이 될 수도 있다는데, 어느 것이 진실일까.

지질(lipid)
물에 용해되지 않고 유기 용매에 추출되는 지용성 물질들의 총칭. 상온에서 고체 물성인 동물성 지방(fat)과 액체 물성인 식물성 기름(oil)을 모두 아우르는 개념

스테롤(sterol)
스테로이드 핵을 가진 유기 알코올

지질은 탄수화물과 동일하게 탄소, 수소, 산소 등의 원소로 이루어진 물질이지만 구성비와 구조는 서로 다르다. 지질은 탄수화물에 비해 산소에 대한 탄소의 비가 높고, 물에 거의 녹지 않지만 비극성 용매에는 잘 녹는다.

지질은 중성지방, 인지질, 스테롤, 왁스, 지방산 등의 지용성 탄화수소 물질들을 총칭하는 개념이다. 자연계에 있는 지질은 주로 동물의 지방조직과 식물의 종자에 분포하며 대부분 중성지방의 형태를 이루고 있다.

1. 지방산

지방산은 중성지방과 인지질을 구성하는 중요 지질로서 그 종류에 따라 중성지방과 인지질의 물리, 화학적 특성이 달라질 뿐 아니라 신체 내에서의 역할이 결정된다.

1) 화학구조에 따른 지방산의 분류

카복실산(carboxylic acid)
카보닐기(carbonyl group)의 일종인 카복실기를 함유한 유기화합물

메틸기(methyl group)
알킬기 중 가장 간단한 형태. 메테인(CH_4)에서 1개의 수소 원자가 제거된 1가의 치환기

카복실기 (carboxylic group)
$-COOH$ 구조의 카보닐기를 말하며 양성자(H^+)를 제공하는 성질로 인해 산성을 띰

지방산은 긴 지방족 사슬을 가진 카복실산이다. 따라서 한쪽 끝은 메틸기($-CH_3$), 다른 쪽 끝은 카복실기($-COOH$)의 구조를 가지며 $CH_3(CH_2)_nCOOH$로 나타낼 수 있다. 자연계에서 n은 일반적으로 짝수이다(그림 4-1).

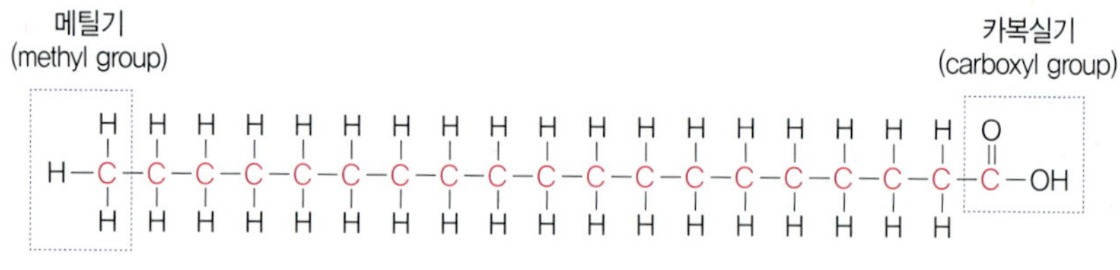

그림 4-1 지방산 구조의 예

지방산을 구성하는 탄소가 사슬을 형성하는 방법에는 단일(공유)결합(C-C)과 이중(공유)결합(C=C)이 있고, 이중결합의 수(불포화도)와 이중결합의 위치에 따라 지방산을 분류할 수 있다. 또한 탄소 원자의 수(지방산의 길이)에 따라 분류하기도 한다.

표 4-1 화학구조에 따른 지방산의 분류

분류 방법	종류
탄소 수	짧은사슬지방산, 중간사슬지방산, 긴사슬지방산
이중결합 수	포화지방산, 단일불포화지방산, 다가불포화지방산
이중결합 위치	오메가-3계, 오메가-6계, 오메가-7계, 오메가-9계
이중결합 구조	시스형, 트랜스형

(1) 탄소 수에 따른 종류

지방산을 구성하는 탄소 수는 1~35개까지 매우 다양하며, 탄소 수에 따라 짧은사슬지방산, 중간사슬지방산, 긴사슬지방산으로 나눈다. 탄소 수가 더 적은 짧은사슬일수록 물에 녹는 성질이 커지고 탄소 수가 더 많은 긴 사슬은 이러한 성질이 사라지기 때문에 탄소 수에 따라 지방산의 소화, 흡수 과정도 다르다.

짧은사슬지방산은 탄소 수가 6개 미만인 지방산으로 동물성 식품에 소량 존재하고, 장에서 미생물에 의한 음식물 발효로 생성되기도 한다. 대표적인 짧은사슬지방산인 탄소 수 4개의 뷰티르산은 우유나 버터가 산패할 때 나는 불쾌한 냄새의 원인이고, 피지의 성분으로 체취의 원인이 되기도 한다.

중간사슬지방산은 탄소 수가 6~12개인 지방산으로 코코넛유, 팜핵유 등에 함유되어 있다. 중간사슬지방산은 긴사슬지방산과 흡수 메커니즘이 다르기 때문에 지질의 소화와 흡수에 문제가 있는 환자에게 지질 공급을 위해 중간사슬지방산으로 구성된 중성지방을 처방하기도 한다.

탄소 수가 12개보다 많은 긴사슬지방산은 자연계에 널리 분포하고 있다. 대표적인 지방산에는 탄소 수 16개인 팔미트산, 18개인 스테아르산, 리놀레산, 리놀렌산, 20개인 아라키돈산 등이 있다. 탄소 수가 22개 이상인 지방산을 매우긴사슬지방산으로 따로 분류하기도 한다.

팔미트산(palmitic acid)
자연계에 가장 흔한 포화지방산으로 냄새가 없는 백색 밀랍 형태의 고체 지방산. 팜유에 다량 함유된 데에서 이름이 유래. 비누, 세제, 화장품 제조에 사용. 탄소 16개

스테아르산(stearic acid)
동식물 지질에 널리 함유된 냄새가 없는 고체 지방산. 팔미트산과 함께 비누, 세제, 화장품 제조에 사용. 탄소 18개

(2) 이중결합 수에 따른 종류

지방산 사슬을 구성하는 모든 탄소가 이중결합이 하나도 없이 단일결합만으로 연결되어 있는 지방산을 포화지방산이라고 한다. 팔미트산과 스테아르산은 식품의 대표적인 포화지방산이다. 포화지방산의 함량은 식품에 따라 다양하여 동물성 지

방은 포화지방산을 40~55% 정도 함유하고 있으며 식물성 기름은 10~25% 정도 함유하고 있다. 다만 코코넛유, 팜유, 팜핵유는 식물성 기름임에도 불구하고 포화지방산의 함량이 높다. 탄소 수가 많은 포화지방산은 녹는점이 높은데, 긴사슬 포화지방산을 다량 함유하는 동물성 지방은 상온에서 고체인 경우가 많다.

불포화지방산은 탄소사슬을 구성하는 탄소들 간에 이중결합이 하나 이상 형성되어 있는 지방산을 말한다. 이중결합을 1개 포함하고 있는 지방산은 단일불포화지방산, 2개 이상 포함하고 있는 지방산은 다가불포화지방산이라 한다.

우리가 섭취하는 여러 식품 지질을 구성하는 지방산 조성은 그림 4-2와 같다. 동물성 식품은 종류에 따라 포화지방산과 불포화지방산의 비율이 다양하지만 주

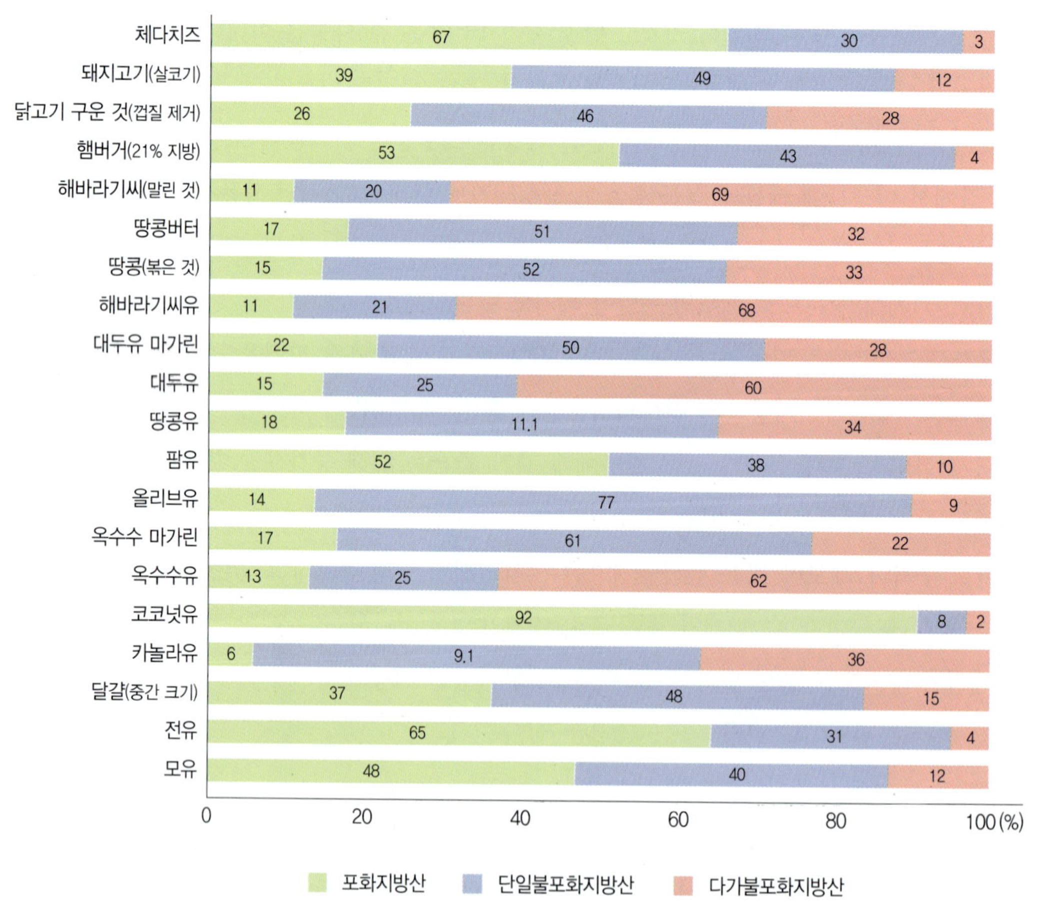

그림 4-2 식품에 함유된 포화, 단일불포화, 다가불포화지방산 함량 비율

자료 : J.E. Brown, Fat profiles of selected food, *Nutrition Now*, 3rd ed., 2001

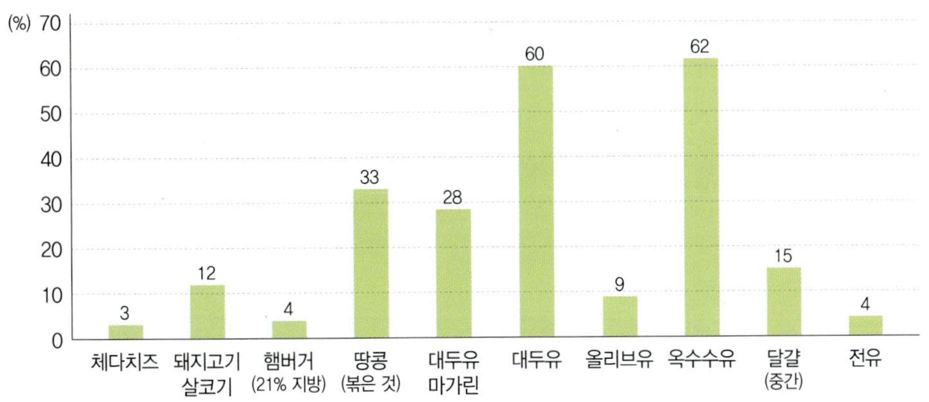

그림 4-3 식품의 다가불포화지방산 함량

로 포화지방산의 함량이 높고, 이에 반해 식물성 기름은 불포화지방산의 함량이 높다. 특히 해바라기씨유, 옥수수유와 대두유에는 다가불포화지방산의 함량이 높다(그림 4-3). 하지만 코코넛유와 팜유는 예외적으로 포화지방산 함량이 높다.

(3) 이중결합 위치에 따른 종류

불포화지방산은 탄소 번호에 따른 마지막 탄소(오메가 탄소, C_ω), 즉 메틸기($-CH_3$)를 기준으로 이중결합의 위치를 따져 오메가-3계, 오메가-6계, 오메가-7계, 오메가-9계 등으로 분류할 수 있다. 메틸기 탄소로부터 3번째 탄소에, 가장 가까운 이중결합이 위치한다면 오메가-3계 지방산, 각각 6번째 탄소와 9번째 탄소에 위치한다면 오메가-6계 지방산과 오메가-9계 지방산이라 한다(그림 4-4).

리놀레산은 18:2(9,12)로 표기하거나 또는 간단히 18:2(오메가-6)라고 표기하는데, 이는 탄소 수가 18개이고 9번과 12번 탄소에 이중결합이 2개이며, 마지막 이중결합이 오메가 탄소로부터 6번째 탄소에 위치함을 의미한다. 같은 방식에 의해 올레산은 18:1(오메가-9), 알파-리놀렌산은 18:3(오메가-3) 그리고 아라키돈산은 20:4(오메가-6)로 표시할 수 있다. 이중결합이 없는 포화지방산인 스테아르산은 18:0으로 표시한다(그림 4-4).

오메가 탄소
탄소사슬의 가장 마지막에 있는 탄소

n-3(오메가-3)계 지방산
메틸기로부터 가장 가까운 이중결합이 3번째 탄소에 나타나는 불포화지방산

n-6(오메가-6)계 지방산
메틸기로부터 가장 가까운 이중결합이 6번째 탄소에 나타나는 불포화지방산

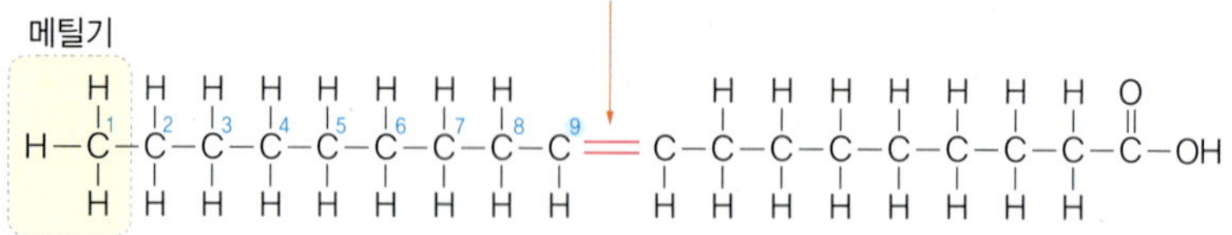

올레산(oleic acid) 18:1(오메가-9)

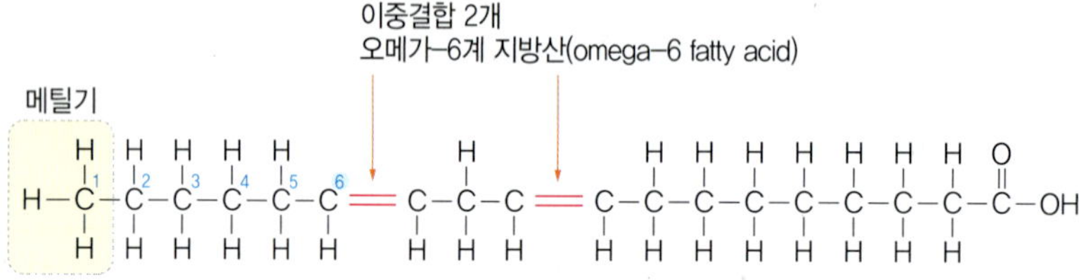

리놀레산(linoleic acid) 18:2(오메가-6)

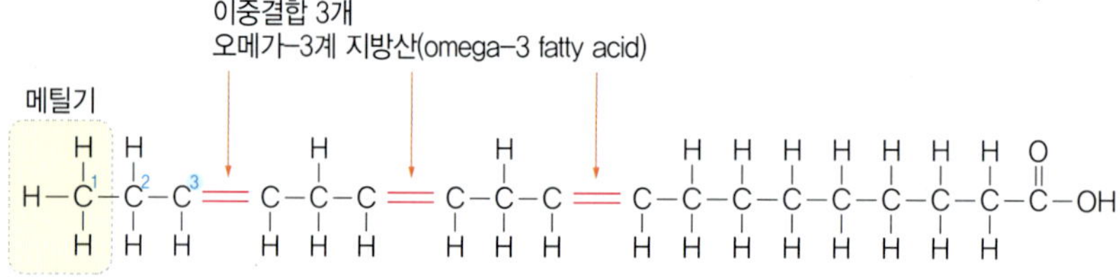

알파-리놀렌산(α-linolenic acid) 18:3(오메가-3)

그림 4-4 불포화지방산의 구조

(4) 이중결합 구조에 따른 종류

시스형(*cis* form)
이중결합 구조를 가지고 있는 화합물의 분자 구조에서 이중결합 평면의 같은 쪽으로 2개의 치환기(원자 또는 원자단)가 위치한 경우

탄소의 이중결합은 시스형이나 트랜스형의 구조를 가질 수 있다(그림 4-5). 탄소 이중결합이 있는 불포화지방산은 자연계에서 대부분 시스형 이중결합을 가지고 있다. 그런데 불포화지방산을 많이 함유한 식물성 기름에 수소를 가하여 부분적으로 경화시키거나 높은 온도에서 가열하는 과정을 거치게 되면, 이중결합의 화학적 구조가 시스형에서 트랜스형으로 바뀌게 된다. 이처럼 트랜스형의 이중결합을 가지고 있는 지방산을 트랜스지방산이라고 한다. 트랜스지방산은 심혈관질환을 비롯한 다양한 질병의 위험과 관련되어 있기 때문에 식품의약품안전처는 2007년 12월부터 가공식품에 트랜스지방산 함량을 의무적으로 표기하도록 하였다.

최근 우리나라에서 생산되는 가공식품은 트랜스지방산 저감화 기술의 발달로 트

더 알아보기 부분경화유와 트랜스지방산

액체 상태의 식물성 기름에 수소를 첨가하여 불포화지방산을 포화지방산으로 전환시키는 과정을 '경화' 또는 '수소화'라 하는데, 특히 불포화지방산의 일부만을 경화시킨 부분경화유는 트랜스지방산 함량이 높아질 수 있다. 대표적 부분경화유에는 마가린과 쇼트닝이 있다.

제과, 제빵 등에 마가린이나 쇼트닝을 사용하면 바삭하고 고소한 특유의 맛을 제공할 뿐 아니라 실온에서 일정한 형태를 유지하는 장점이 있다. 그러나 부분경화유에 만들어진 트랜스지방산은 불포화지방산이지만 화학구조상 직선상의 사슬 모양이기 때문에 포화지방산과 물리, 화학적 특성이 유사하다. 체내에서 대사될 때 포화지방산과 비슷하게 작용하므로 많이 섭취하지 않도록 유의해야 한다.

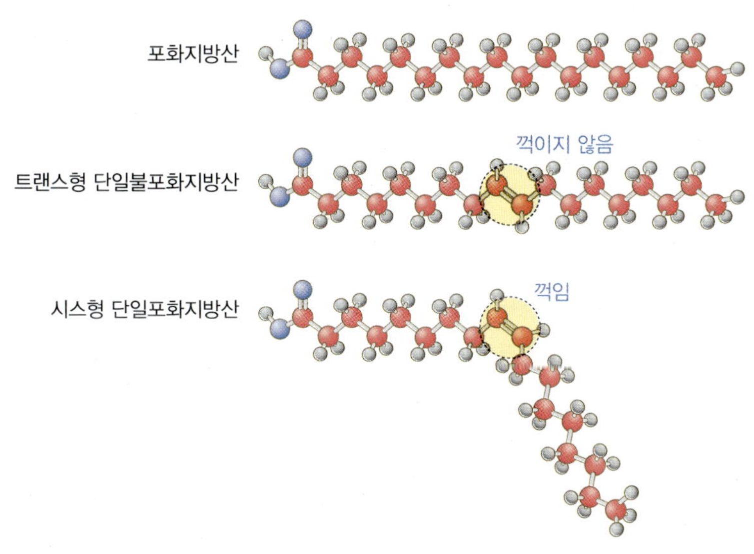

그림 4-5 시스형과 트랜스형 지방산

랜스지방산 함량이 높지 않은 것으로 보고되고 있다.

2) 영양적 필요성에 따른 지방산의 분류

체내에서 합성되지 않아서 음식물을 통해 반드시 섭취해야 하는 지방산을 필수지방산이라 하며 리놀레산과 알파-리놀렌산이 해당한다. 한편, 성장이나 질병과 같은 상태에서 생합성되는 양만으로 불충분하여 식품을 통해 섭취해야 하는 아라키돈산과 도코사헥사엔산(DHA) 등의 지방산은 조건적 필수지방산으로 볼 수 있다.

리놀레산과 알파-리놀렌산은 주로 식물성 지질에 다량 함유되어 있고, 아라키돈산은 동물성 지질에, DHA는 등푸른생선에 함유되어 있다. 이들 지방산은 모두 이중결합이 두 개 이상 있는 다가불포화지방산이다.

표 4-2 영양적 필요성에 따른 지방산 분류

분류	체내 합성 여부	종류
필수지방산	×	리놀레산, 알파-리놀렌산
조건적 필수지방산	△	아라키돈산, DHA
비필수지방산	○	필수지방산과 조건적 필수지방산을 제외한 나머지 지방산들

(1) 필수지방산

인체는 리놀레산과 알파-리놀렌산으로부터 대사에 필요한 긴사슬 다가불포화지방산을 생합성한다. 하지만 이들 두 지방산은 체내에서 전혀 합성되지 않기 때문에 반드시 섭취하여야만 한다. 필수지방산은 조직의 구성과 대사물질 생성 등을 위해 반드시 필요한 영양소이다. 결핍 시에는 피부염과 습진, 생식 기능 장애, 지방간, 면역기능 손상 등이 발생하며 어린이에서는 성장 지연이 나타난다.

리놀레산 18:2(오메가-6)는 탄소 18개로 구성되어 있고, 이중결합이 2개 있으며, 오메가 탄소로부터 6번째 탄소에 마지막 이중결합이 위치한다. 홍화유, 포도씨유, 해바라기씨유, 옥수수유, 면실유, 대두유, 참기름 등에 많이 함유되어 있다. 알파-리놀렌산 18:3(오메가-3)은 리놀레산과 마찬가지로 18개의 탄소로 구성되어 있고, 이중결합이 3개 있으며, 오메가 탄소로부터 가장 가까운 이중결합이 세 번째 탄소에 위치한다. 치아씨드, 아마씨유, 들기름 등에 많으며 카놀라유, 대두유에도 적지 않은 양이 함유되어 있다.

(2) 조건적 필수지방산

영유아와 미숙아는 정상적인 성장과 신경계 발달을 위해 생체 내에서 합성되는 것보다 더 많은 양의 아라키돈산과 DHA가 필요하다. 따라서 모유와 조제유를 통하여 이들 지방산을 추가로 공급받아야만 하며, 이러한 점에서 아라키돈산과 DHA는 생애주기 일부에서 필수성을 가지는 조건적 필수지방산이라 할 수 있다.

영유아에서 아라키돈산과 DHA가 결핍되면 뇌 발달과 시각 등 감각 신경계의 발달에 영향을 줄 수 있다.

아라키돈산 20:4(오메가-6)는 20개 탄소로 구성되어 있고 4개의 이중결합이 있으며, 같은 오메가-6계 지방산인 리놀레산으로부터 감마-리놀렌산을 거쳐 체내에서 생합성 가능하다. 아라키돈산은 주로 세포막의 인지질을 구성하며, 뇌에 가장 풍부한 지방산 중 하나이다. 아라키돈산은 육류와 달걀 등 동물성 식품으로부터 충분히 섭취할 수 있다.

DHA 22:6(오메가-3)은 22개의 탄소로 구성되어 있고 6개의 이중결합이 있으며, 같은 오메가-3계 지방산인 알파-리놀렌산으로부터 아이코사펜타엔산(EPA) 20:5(오메가-3)를 거쳐 체내에서 생합성될 수 있다. 뇌와 망막을 구성하는 중요 지방산이다.

등푸른생선의 딜레마

등푸른생선은 오메가-3계 다가불포화지방산인 EPA와 DHA가 풍부하기 때문에 성장과 건강에 도움이 되는 좋은 식품이다. 하지만 많은 양의 등푸른생선 섭취는 먹이 사슬에 축적되는 PCB(폴리염화바이페닐)와 다이옥신 같은 지용성 오염물질과 함께 수은, 카드뮴, 납, 주석 등 중금속의 잠재적인 위험을 높일 수 있다. 특히 수은의 형태 중 휘발성이 있는 메틸수은은 먹이 사슬의 상위에 있는 심해성 어류에 농축되어 있다가 이를 섭취하는 인체에 축적되어 신경계 문제를 일으킬 수 있다. 메틸수은 중독으로 잘 알려져 있는 미나마타병에 걸리면 사지, 혀, 입술의 떨림, 혼돈, 그리고 진행성 보행 실조, 발음 장애 등 신경계 증상이 나타난다. 메틸수은은 태반을 통해 태아에 직접적으로 영향을 미치고, 1~2세 유아기에는 뇌·신경계에 돌이킬 수 없는 심각한 손상을 입힐 수 있기 때문에 임신·수유기 여성과 유아는 특히 섭취에 주의해야 한다.

메틸수은과 오메가-3계 지방산의 함량은 생선의 종류에 따라 다른데, 다랑어류, 새치류, 상어류 등 심해성 어류는 오메가-3계 지방산 함량이 높은 동시에 먹이 사슬의 상위에 속하고 수명이 길어서 메틸수은 축적량도 높다. 역시 오메가-3계 지방산 함량이 높은 고등어, 멸치, 청어, 정어리와 참치통조림에 사용되는 가다랑어는, 횟감으로 많이 사용하는 심해어류인 참다랑어 메틸수은 함량의 10분의 1 정도를 함유한다. 이러한 이유로 식품의약품안전처는 임신부와 수유부에게 일반 어류와 참치통조림은 일주일에 400g 이하, 심해 어류는 일주일에 100g 이하로 섭취할 것을 권고하고 있고, 1~2세 유아에게는 일반 어류와 참치통조림은 일주일에 100g 이하로 제한하여 섭취할 것을 권고하고 있다.

더 알아보기 **EPA와 DHA**

오메가-3계 다가불포화지방산인 EPA 20:5(오메가-3)와 DHA 22:6(오메가-3)은 고등어, 참치, 정어리, 연어, 꽁치와 같은 등푸른생선에 많이 함유되어 있다. 체내 오메가-3계 지방산 요구량은 식품 섭취와 함께 알파-리놀렌산으로부터의 합성을 통해서 충족된다.

EPA로부터 생체 내에서 생성되는 아이코사노이드라는 물질은 혈소판 응고를 감소시켜 심혈관질환 위험을 낮추는 효과가 있는데, 생선과 해양동물을 많이 섭취하는 이누이트 족들은 서구인에 비해 심장병 발병률이 낮은 것으로 알려져 있다. 한편 DHA는 대뇌 피질과 눈의 망막을 구성하는 역할을 하는데, 뇌 DHA 함량의 50% 이상은 출생 전 태아기에 조성되고 나머지는 출생 후 모유를 통해 공급된다. 따라서 임신기와 수유기 중 DHA 공급은 중요한 의미를 가진다.

아이코사노이드(eicosanoids)

아라키돈산 20:4(오메가-6)와 EPA 20:5(오메가-3) 등 탄소 20개 다가불포화지방산의 산화 과정을 통해 유도되는 세포 신호 물질로 프로스타글란딘, 트롬복산, 류코트리엔, 리폭신 등의 종류가 있고 각 종류별로 시리즈가 있다. 섭취하는 오메가-6계 및 오메가-3계 지방산의 조성에 따라 체내에서 합성되는 아이코사노이드 시리즈의 조성도 영향을 받는다.

신체의 상태에 따라 염증, 알레르기, 발열, 면역반응, 분만, 통증 지각, 세포 성장, 혈압, 혈류 조절 등 다양한 생리적 병리적 과정에 관여한다.

2. 지질의 종류

류코트리엔 (leukotriene, LT) 백혈구, 혈소판, 대식세포에서 형성되고 화학주성(chemostasis), 염증, 알레르기 반응에 관여함

지질은 화학적 구조와 생체 내 기능에 따라 여러 종류로 분류 가능하다. 여기에서는 각 지질을 구성하는 성분 및 생체 분포량과 대사적 중요성을 고려하여 중성지방, 인지질, 스테롤 등 세 가지 지질에 대해 알아본다.

1) 중성지방

글리세롤(glycerol) 분자 내 3개의 하이드록시기(-OH)를 가지고 있는 3가 알코올

다이글리세라이드 (diglyceride, diacylglycerol, DG) 글리세롤에 2분자의 지방산이 에스터 결합한 것

중성지방은 글리세롤과 지방산의 에스테르 화합물을 말하는데, 대개의 경우에는 1분자의 글리세롤에 3분자의 지방산이 결합된 트라이글리세라이드를 일컫는다(그림 4-6). 트라이글리세라이드는 식품과 인체의 지질에서 대부분을 차지하며, 여기에서 지방산 1개가 가수분해된 화합물은 다이글리세라이드, 2개가 가수분해된 화합물은 모노글리세라이드라 한다.

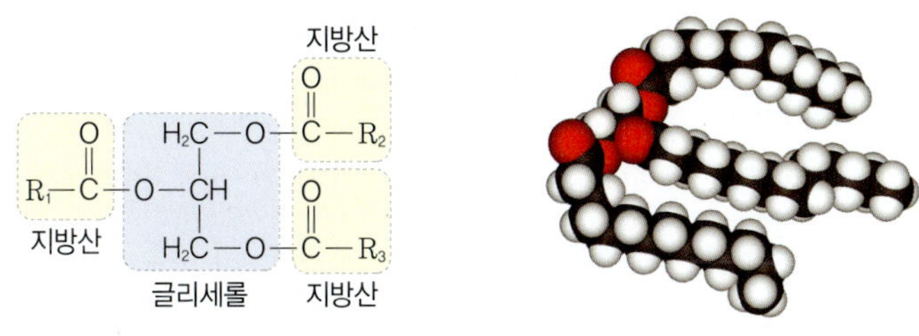

그림 4-6 중성지방의 구조

2) 인지질

인지질은 복합지질의 한 분류로서 글리세로인지질과 스핑고인지질 두 가지로 나눌 수 있다. 글리세로인지질은 글리세롤에 2분자의 지방산과 1분자의 인산기가 결합된 공통 구조를 가진다. 종류에는 레시틴, 세팔린 등이 있다. 레시틴은 식품에 함유된 인지질 중 가장 많은 양을 차지하며 난황과 콩 등에 함유되어 있다. 스핑고인지질은 스핑고신에 지방산과 인산이 결합된 구조를 공통으로 가지고 있는 물질로서 대표적으로 스핑고미엘린이 있다.

인지질은 세포막의 중요 구성 성분으로 조직을 구성하는 인지질의 종류와 양에는 생체 내 기관에 따라 차이가 있다. 일반적으로 세포막 구성 인지질 중 가장 많

복합지질
구성 성분으로 지방산과 알코올 외에 인산, 황산, 콜린, 당 등의 다른 화합물을 함유하는 지질

글리세로인지질 (glycerophospolipid)
인지질의 70% 이상을 차지하고 있는데, 포스파티딜콜린이나 포스파티딜에탄올아민을 비롯하여 포스파티딜세린, 포스파티딜이노시톨 등 외에 에테르 결합으로 지방산과 결합한 플라스말로젠이나 에테르리피드 등

레시틴(lecithin)
글리세린인산을 포함하고 있는 인지질로, 포스파티딜콜린의 다른 이름

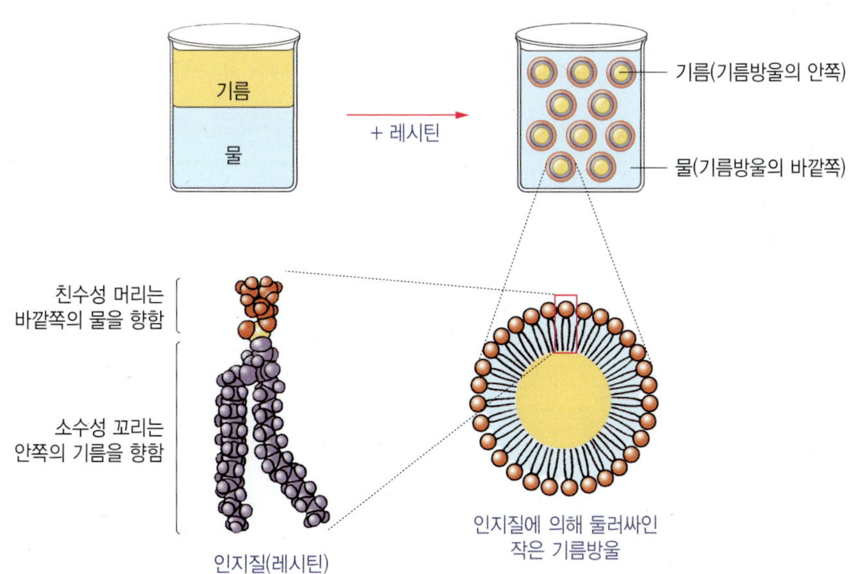

그림 4-7 인지질의 유화작용

은 양을 차지하는 것은 레시틴이며, 스핑고미엘린은 뇌 등 신경 조직에서 주로 발견되는 특수 인지질이다.

인지질은 친수성 부분과 소수성 부분을 모두 가지고 있어 유화제로 작용할 수 있다(그림 4-7). 식품 제조업계에서는 마요네즈나 초콜릿 가공품 등에 대표적 인지질인 레시틴의 유화 작용을 이용한다. 레시틴의 인산과 콜린 부분은 물과 친화력이 있고 2개의 지방산 부분은 지질과 친화력이 있어, 생체 내에서 림프액이나 혈액을 통해 지질 운반의 기능을 하는 지단백질의 중요 성분이 되기도 한다(그림 4-10).

친수성(hydrophilic)
hydro=water(물), philia=friend(친구). 물을 좋아하는 성질

≒ **극성(polar)**
분자구조의 비대칭성으로 인하여 전자가 불균등하게 분포한 상태. 물에 잘 용해되는 성질을 띰

≒ **수용성(water soluble)**
물에 잘 용해되는 성질

소수성(hydrophobic)
hydro=water(물), phobia=fear(두려움) 물을 싫어하는 성질

≒ **무극성(non-polar)**
분자 내 전자가 어느 특정 원자에 편중되지 않고 균등하게 분포하거나, 분자 대칭성으로 인하여 쌍극자 모멘트가 상쇄된 상태. 물에 잘 용해되지 않는 성질을 띰

≒ **지용성(fat-soluble)**
지질에 잘 용해되는 성질

스테로이드(steroid)
4개의 고리로 이루어진 유기 화합물. 탄소사슬 간의 결합으로 형성된 네 개의 A, B, C, D 고리 구조를 스테로이드 핵이라 함

에르고스테롤(ergosterol)
효모나 맥각(麥角)을 비롯하여 표고버섯 등 균류에 들어 있는 스테로이드

아세틸 CoA(acetyl-CoA)
지방산의 체내 베타-산화 과정에서 조효소 A와 결합하여 만든 화합물

7-디하이드로콜레스테롤(7-dehydrocholesterol)
비타민 D 전구물질

3) 스테롤

스테롤은 스테로이드 3번 탄소의 수소가 하이드록시기(-OH)로 대체된 물질이다. 콜레스테롤과 에르고스테롤은 대표적인 스테롤 화합물이다.

체중 70 kg 성인의 체내에는 약 35 g의 콜레스테롤이 있으며, 이 중 대부분은 세포막에 존재한다. 성인은 하루 약 300 mg 정도의 콜레스테롤을 식품으로부터 섭취하는데, 간과 소장에서 아세틸 CoA로부터 생합성되는 양은 이보다 많은 하루 1 g 정도이다. 즉 음식으로 섭취하는 것보다 훨씬 더 많은 콜레스테롤이 체내에서 합성되므로 체내 콜레스테롤 수준은 합성에 영향받게 된다.

콜레스테롤은 세포막의 필수 성분으로서 막의 유동성을 조절하는 중요한 기능을 수행하며, 스테로이드호르몬과 비타민 D 및 담즙산의 전구체 물질이기도 하다(그림 4-8). 피부 표피에 있는 콜레스테롤 유도체인 7-디하이드로콜레스테롤은 자외선을 받으면 비타민 D로 전환된다. 스테로이드호르몬에는 안드로겐, 에스트로겐, 프로게스테론과 같은 성호르몬과 글루코코르티코이드, 미네랄코르티코이드 등 부

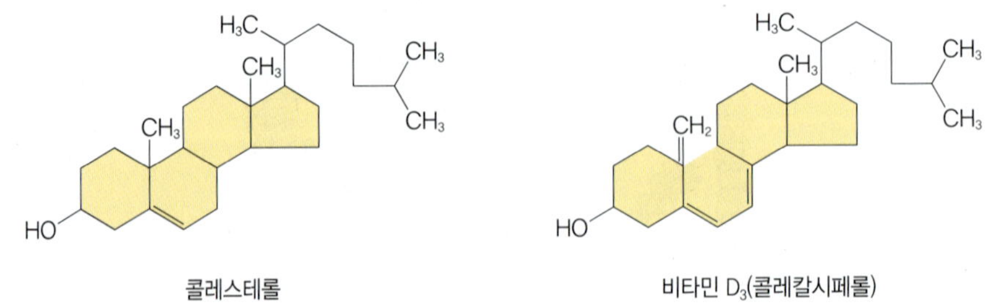

그림 4-8 콜레스테롤과 비타민 D의 구조

신피질호르몬이 있으며 콜레스테롤을 전구체로 하여 효소 반응에 의해 생성된다.

체내에서 합성되거나 섭취된 콜레스테롤은 간에서 담즙산으로 산화된 후 글리신, 타우린 등 아미노산과 결합하여 담즙산염을 형성하고 담즙의 구성분이 된다. 십이지장으로 분비된 담즙은 소장에서 지질을 유화시켜 소화와 흡수를 돕는 중요한 작용을 한다. 소화 작용을 돕고 난 담즙산의 일부는 대변에 섞여 배설되지만 대부분은 소장 말단 회장에서 재흡수되어 간에서 이동된 후 담즙 형성에 재사용된다.

콜레스테롤은 동물성 식품에만 함유되는 스테롤의 형태로, 간을 비롯한 내장육, 달걀노른자, 명란 등을 비롯한 어류 알, 새우, 랍스터, 장어, 미꾸라지 등과 같은 일부 해산물, 크림이나 버터를 사용하여 만든 제과·제빵 제품 등에 함량이 높다. 식물은 피토스테롤을 합성하며, 버섯, 효모, 곰팡이 등은 에르고스테롤을 합성한다. 버섯을 햇볕에 말리게 되면 함유된 에르고스테롤이 자외선에 의해 에르고칼시페롤(비타민 D_2)로 전환되는데, 섭취 후 생체 내에서 생리적으로 활성이 있는 비타민 D로 전환될 수 있다.

에스트로겐(estrogen) 난소 안에 있는 여포와 황체에서 주로 분비되며, 태반에서도 분비되어 생식주기에 영향을 주는 여성호르몬

프로게스테론(progesterone) 난소 안에 있는 황체에서 분비되어 생식주기에 영향을 주는 여성호르몬

성호르몬(sex hormone) 생식선에서 분비되는 호르몬으로 생식기의 발육을 촉진시키고 그 기능을 유지시키는 역할을 함

글루코코르티코이드(glucocorticoid) 부신피질에서 나오는 스테로이드 호르몬

미네랄코르티코이드(mineralocorticoid) 부신피질에서 분비되는 호르몬으로 수분 및 이온 대사를 조절하는 호르몬

커피 크레마의 효능

크레마(crema)가 사뿐히 얹혀 있는 에스프레소는 보는 것만으로 커피의 깊은 향과 맛을 상상하게 해준다. 에스프레소는 곱게 분쇄한 원두에 고온, 고압의 물을 통과시켜 각종 성분들을 순간적으로 추출한 커피이다. 크레마는 이 과정에서 형성되는 갈색 크림층으로 커피에 깊고 풍부한 풍미를 줄 뿐 아니라, 상층에 위치해 커피가 잘 식지 않게 해 준다.

적절한 커피 섭취가 암, 심혈관질환, 당뇨, 간경변 등 각종 만성질환에 대해 예방 효과가 있는 것으로 보고되면서 커피의 성분에 관해 많은 연구들이 진행되었다. 특히 최근 크레마 부분에 녹아 있는 지용성 물질인 카페스톨(cafestol)과 카와웰(kahweol)에 대한 연구들에서는 커피의 효능이 이들 성분에 많은 부분 기인하고 있음이 밝혀졌다. 혈중 LDL-콜레스테롤을 상승시키기도 하지만 항암, 항당뇨, 항염증 효과 등과 같이 생리적, 약리적으로 여러 유익한 기능이 있는 것으로 알려지면서 이 두 물질의 다른 임상적인 효과에 대해서도 점차 관심이 커지고 있다.

카페스톨과 카와웰은 모두 천연 디테르펜(diterpene) 물질로 에스프레소 한 잔당 3~6 mg이 포함되어 있으며, 커피 속에는 주로 지방산과 결합한 에스터(ester) 형태로 존재한다. 섭취 시 소장에서의 흡수율은 약 70%이며 장간순환을 한다. 하지만 종이 필터를 사용한 드립 커피는 추출 과정에서 미세하게 떠다니는 지질 입자와 크레마가 대부분 제거되기 때문에 이들 성분에 의한 효과는 기대하기 어려운 것으로 알려져 있다.

3. 지질의 소화와 흡수

식품에 함유된 지질의 대부분은 중성지방이며 인지질, 스테롤 등의 지질은 비교적 소량에 불과하다. 소화나 흡수 과정에 특별한 문제가 없다면 섭취한 지질의 약 95%는 체내로 흡수된다. 하지만 소화나 흡수에 장애가 생긴 경우 지방변이 나타날 수 있는데 탄수화물이나 단백질에 비해 지질의 소화와 흡수 과정이 상대적으로 더 복잡하기 때문이다.

1) 지질의 소화

타액과 위액에도 지질 소화효소가 함유되어 있지만 본격적인 지질의 소화는 소장에서 이루어진다. 담즙에 의한 유화 과정이 먼저 이루어져야 지질 소화효소가 효과적으로 작용할 수 있기 때문이다. 담즙은 십이지장에 열려 있는 유두를 통해 분비된다. 우유, 난황 등에 함유된 지질은 이미 유화 상태이므로 타액과 위액의 라이페이스에 의해서도 일부 소화될 수 있다.

위에서 십이지장으로 넘어온 유미즙 중 지질과 단백질 성분은 콜레시스토키닌이라는 소장 호르몬 분비를 자극하여 담낭 담즙과 췌장 소화효소(췌장 라이페이스, 콜레스테롤 에스터레이스, 포스포라이페이스 등)의 분비를 촉진한다. 분비된 담즙은 유미즙 속 큰 지방구들을 작은 지방구들로 분산시키는 유화 작용을 통해 췌장 소화효소의 작용을 돕는다. 그 결과 대부분의 중성지방은 가수분해되어 모노글리세라이드와 지방산을 형성하고, 콜레스테롤 에스터와 인지질은 콜레스테롤과 리소인지질 및 지방산을 형성한다.

유미즙(chyme)
위에서 기계적, 화학적 과정에 의해 일부가 분해된, 묽은 죽 상태의 음식물과 위액의 혼합물

미셀(micelle)
지용성과 수용성 물질이 분산되어 있는 혼합물인 콜로이드의 구조 단위. 일반적으로 친수성 부분은 바깥으로, 소수성 부분은 안쪽으로 향해 있는 구형 응집체

융모(intestinal villus)
소장 내강 쪽으로 돌출된 0.5~1.6 mm 길이의 작은 손가락 모양의 돌기. 돌기를 구성하고 있는 각 소장(상피)세포의 표면에는 다시 짧은 미세융모들(microvilli)이 돌출되어 있음

2) 지질의 흡수

십이지장에서 소화된 지질은 공장과 회장에서 흡수된다. 소화와 마찬가지로 흡수도 담즙에 의한 유화 과정이 필요하다. 소화된 긴사슬지방산과 모노글리세라이드 등 지질 성분들은 작은 지방구인 미셀을 형성한 후 장 점막세포 내로 이동하여 흡수된다. 소장 벽에 무수히 많은 융모는 표면적을 증가시켜 소화된 지질이 효율적으로 흡수되도록 한다.

흡수된 지질은 장 점막세포에서 중성지방, 콜레스테롤 에스터, 인지질을 다시 형성하고 지단백질의 일종인 킬로미크론에 실려 각 융모마다 분포되어 있는 림프관을 통해 운반된다.

한편, 십이지장에서 중성지방으로부터 가수분해된 짧은사슬지방산과 중간사슬지방산은 미셀을 형성하지 않고 흡수된 후 수용성 물질들과 함께 간문맥을 통해 운반된다.

림프관(lymphatic vessel) 림프가 흐르고 있는 관

간문맥(portal vein) 위장관, 담낭, 췌장, 비장에서 간으로 혈액을 운반하는 정맥

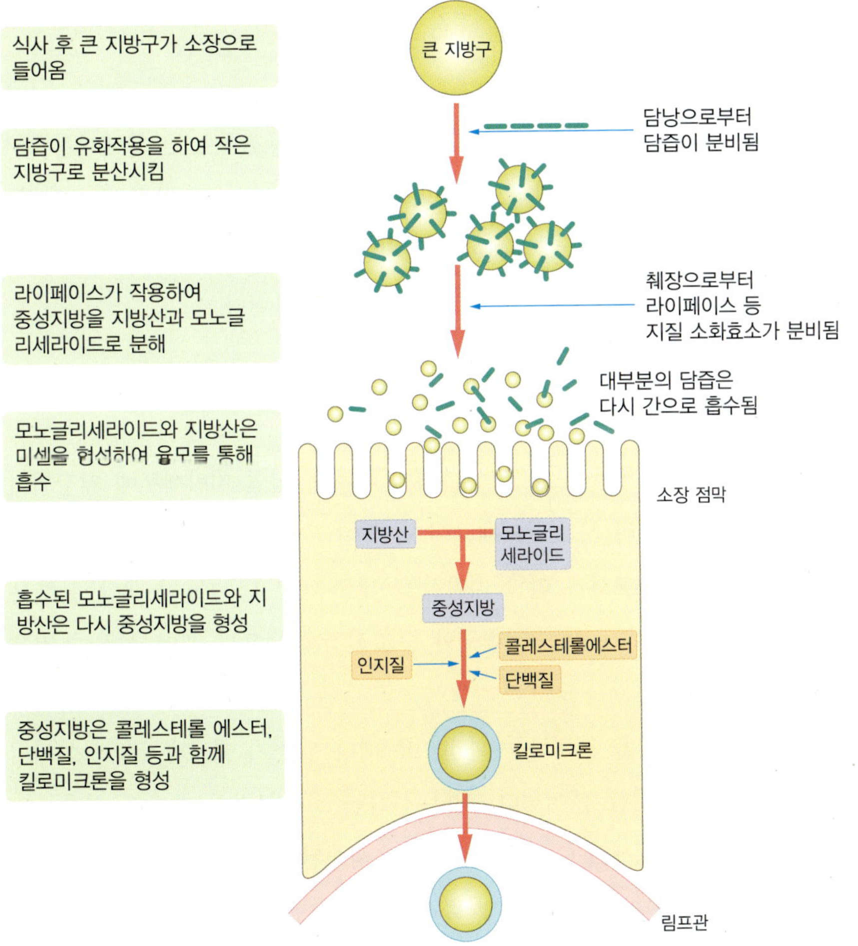

그림 4-9 중성지방의 소화와 흡수

더 알아보기 **담즙**

담즙은 황갈색의 쓴맛을 내는 알칼리성(pH 7.8~8.6) 액체로 수분(97~98%), 담즙산염(0.7%), 빌리루빈(0.2%), 지질(0.51% : 콜레스테롤, 지방산, 인지질), 소량의 무기염으로 구성되어 있다. 간은 계속하여 담즙을 형성하여 담낭으로 보내는데 담낭에 저장되는 동안 농축되면서 구성이 변화한다. 소화 과정 중에는 담낭으로부터 총담관을 거쳐 십이지장으로 열려 있는 유두를 통해 분비되어 지질의 유화를 돕는다. 1일 분비량은 100~400 mL 정도인데, 특히 지질과 단백질 섭취 시 분비량이 현저히 증가된다.

빌리루빈(bilirubin)
적혈구의 헴 분해 산물로서 담즙의 색소이며, 대사 과정을 거쳐 대변과 소변 색의 원인 물질이 됨

구연산회로 (citric acid cycle; tricarboxylic acid cycle; TCA cycle; Krebs cycle)
세포 내 미토콘드리아에서 아세틸 CoA를 완전연소하여 화학적 에너지인 ATP를 형성하는 과정. 이 회로의 첫 번째 중간대사물질이 구연산임

케톤체(ketone bodies)
지방산 베타-산화의 결과물인 아세틸 CoA로부터 형성되는 수용성의 물질로 대부분 조직에서 에너지원이 될 수 있음. 베타-하이드록시부티르산, 아세토아세트산, 아세톤 등 세 가지 물질

제1형 당뇨병 (type 1 diabetes mellitus)
당뇨병의 한 형태로서 자가면역반응 등으로 인해 췌장 베타-세포가 손실되어 인슐린 분비량이 부족해지면서 발생

옥살로아세트산 (oxaloacetic acid)
구연산회로, 포도당신생성 등 생체 내 여러 물질대사 과정의 중간대사물질. 아세틸 CoA가 구연산회로로 들어가 대사되기 위해 필요함

4. 지질 대사와 운반

지질의 대사 과정이 일어나는 주된 장소는 간과 지방조직으로, 간에서는 중성지방의 합성과 분해가 모두 일어나고, 지방조직에서는 중성지방이 합성되고 저장된다. 식품으로 섭취해 소장으로 들어온 중성지방과, 간에서 합성된 중성지방은 지단백질에 실려 혈액을 통해 신체 곳곳으로 운반되고 대사된다.

1) 지방산의 분해와 합성

절식이나 운동으로 혈중 포도당 수준이 낮아지게 되면 지방세포에 저장되어 있던 중성지방이 지방산과 모노글리세라이드, 다이글리세라이드로 분해되어 혈액으로 방출된다. 대부분 조직은 혈중 지방산을 세포 내로 받아들여 베타-산화를 일으키지만, 미토콘드리아가 없는 적혈구와 중추신경계 세포는 베타-산화 과정을 거칠 수 없다.

베타-산화는 지방산을 분해하는 과정으로 베타-탄소가 카보닐기로 산화되기 때문에 '베타-산화'라 이름 붙여졌다. 베타-산화를 한 번 거칠 때마다 지방산은 차례로 탄소가 2개씩 아세틸 CoA로 분리된다. 생성된 아세틸 CoA는 구연산회로를 통해 에너지를 발생하거나, 케톤체 및 콜레스테롤을 합성하는 데 사용된다.

아세틸 CoA가 구연산회로로 들어가지 않고 케톤체로 합성되는 경우는 단식이나 기아, 탄수화물 제한 식사, 장시간의 고강도 운동, 조절되지 않은 제1형 당뇨병 등 이용 가능한 포도당이 감소한 때로서 모두 중성지방 분해 증가로 인해 과량의 아세틸 CoA가 생성되는 동시에 포도당신생성 촉진으로 옥살로아세트산이 부족하게

더 알아보기 **케톤체와 케톤증, 케톤산증**

체내 포도당이 부족해지면 적혈구와 중추신경계를 제외한 대부분의 조직이 에너지원을 얻기 위해 지방산의 베타-산화를 일으킨다. 간에서는 그 산물인 아세틸 CoA로부터 수용성의 케톤체가 생성되어 혈액으로 방출되고 다른 조직들은 이를 받아들여 에너지원으로 사용할 수 있다. 케톤체의 혈중 농도가 높아지게 되면 소변을 통해서도 케톤체가 검출되는데 이러한 상태를 케톤증이라고 하며 생리적으로 정상적인 과정이다. 하지만 특정한 경우에 과도하게 많은 케톤체가 형성되면 혈중 농도가 크게 상승하면서 산-염기 항상성이 깨질 수 있는데 이를 케톤산증이라고 한다. 이 경우 신체는 대사성 산증에 빠지게 되며 임상적으로 응급상황에 해당하게 된다. 케톤산증은 제1형 당뇨병이나 말기 제2형 당뇨병에서 인슐린이 전적으로 부족한 경우 발생할 수 있다.

된 경우이다. 구연산회로를 통해 산화되지 못한 아세틸 CoA는 간에서 케톤체로 전환되어 혈액으로 방출되며 여러 기관에서 에너지 생성을 위한 대체물질로 사용된다. 만일 장시간 포도당 부족이 이어지게 되면 심장과 골격근뿐 아니라 뇌에서도 케톤체를 중요 에너지원으로 이용하게 된다.

많은 양의 탄수화물을 섭취하여 혈중 포도당 농도가 상승하면 인슐린 분비가 촉진된다. 인슐린은 세포 내로 포도당 이동을 증가시킨다. 이처럼 에너지 섭취 수준이 높을 경우 지방조직과 간에서는 아세틸 CoA를 이용하여 지방산을 생합성하는데, 세포 내 포도당은 아세틸 CoA의 급원이 되며 아미노산도 아세틸 CoA의 급원이 될 수 있다. 지방산 생합성은 아세틸 CoA에 탄소를 2개씩 반복하여 붙이는 과정으로 포화지방산인 팔미트산 16:0을 형성하게 된다.

필수지방산 등 불포화지방산과 포화지방산은 효소 반응에 의해 탄소를 2개씩 늘리는 연장과 이중결합의 개수를 늘리는 불포화 과정을 거쳐 다양한 길이와 이중결합의 개수를 가진 긴사슬지방산을 형성할 수 있다.

지방조직과 간은 지방산과 글리세롤의 에스터화를 통해 중성지방을 형성할 수 있다. 지방조직에서 합성된 중성지방은 저장되고, 간에서 합성된 중성지방은 지단백질인 VLDL을 통해 혈중으로 방출된다.

연장(elongation)
지방산 생합성과 동일한 효소의 작용에 의해 지방산에 탄소를 두 개씩 붙여나가는 과정

불포화(desaturation)
불포화효소 작용에 의하여 지방산의 특정 위치 탄소에서 두 분자의 수소를 제거하고 이중(공유)결합을 형성하는 과정

2) 콜레스테롤 대사

섭취량의 변화에도 불구하고 체내 콜레스테롤 균형은 유지되고 있다. 이는 합성,

배설 등 대사 과정이 조절되고 있기 때문이다. 70 kg 성인은 생체 내 약 35 g의 콜레스테롤을 유지하는데, 하루 평균 200~300 mg 정도의 콜레스테롤을 섭취하고 1,000 mg 정도를 합성한다. 만일 식사를 통해 다량의 콜레스테롤을 섭취한 경우에는 체내 적정 수준의 유지를 위해 콜레스테롤 합성이 줄어들게 된다. 대부분 조직이 콜레스테롤을 합성할 수 있지만, 특히 간은 그중 가장 많은 양을 담당하기 때문에 콜레스테롤 균형 유지에 있어서 중요한 기관이다. 콜레스테롤은 아세틸 CoA를 원료로 하여 여러 단계를 거쳐 합성된다.

많은 양의 콜레스테롤이 신경세포 등 여러 세포의 막을 구성하고, 일부는 스테로이드 호르몬, 비타민 D, 담즙산 합성 등에 전구물질로 사용되기도 한다. 또한 담즙에는 담즙산 이외에 소량의 유리 콜레스테롤도 함유된다. 따라서 대변을 통한 담즙의 배설은 콜레스테롤을 체외로 배출하는 주요한 경로가 된다.

킬로미크론(cylomicron)
암죽미립. 지질 소화와 흡수 후 암죽관에 나타나는 미립자

VLDL
(very-low-density lipoprotein)
초저밀도 지단백질

LDL
(low-density lipoprotein)
저밀도 지단백질

HDL
(high-density lipoprotein)
고밀도 지단백질

3) 지단백질

중성지방과 콜레스테롤 에스터 등의 지질은 인지질, 단백질과 함께 지단백질을 이루어 혈액 중에 운반된다(그림 4-10). 즉, 지단백질은 혈액 중에서 중성지방과 콜레스테롤 에스터 등 소수성의 지질을 운반하는 기능을 담당하고 있다. 지단백질은 밀도에 따라 킬로미크론, VLDL, LDL, HDL 등 네 가지로 분류할 수 있다. 혈장 지단백질의 구성 성분과 역할은 그림 4-11과 같다.

과도하게 섭취한 탄수화물은 간과 지방조직에서 중성지방으로 전환되는데 이를

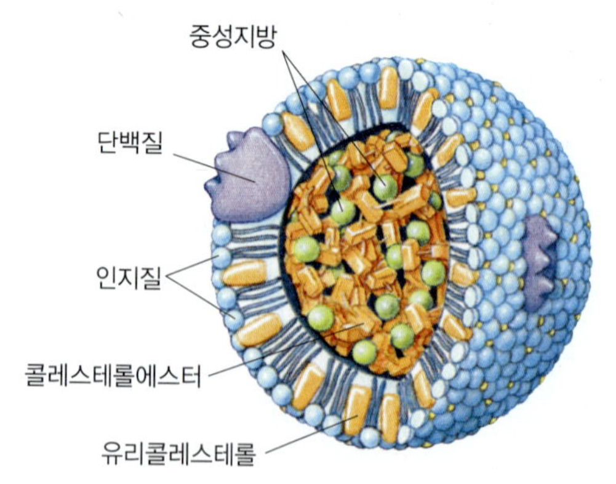

그림 4-10 지단백질의 구조

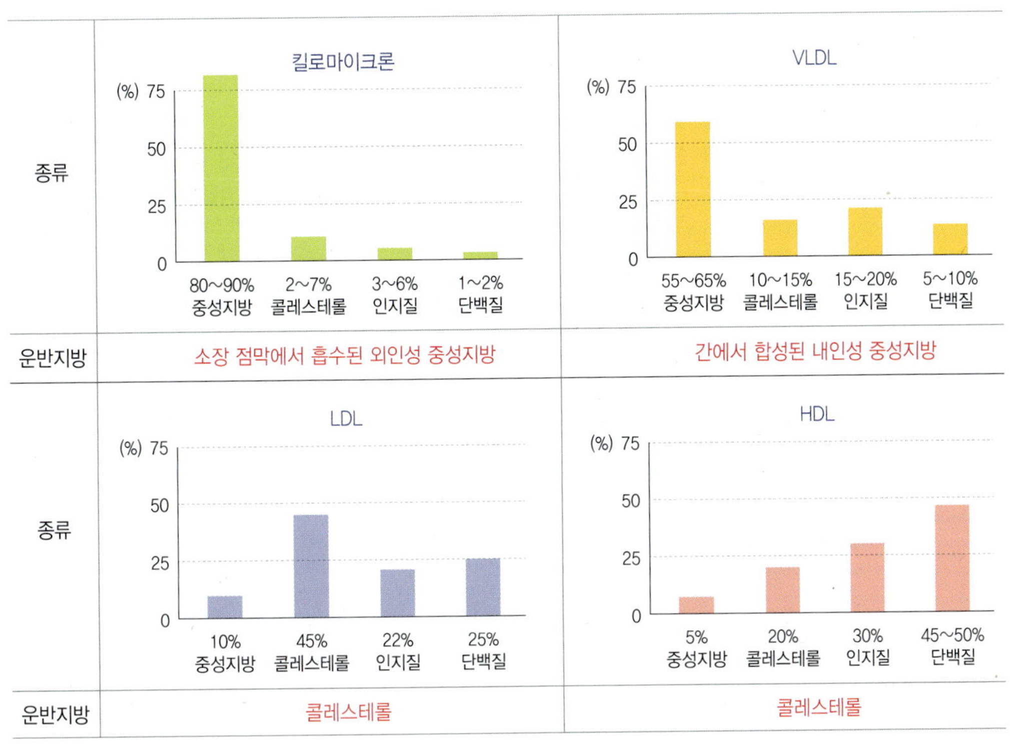

그림 4-11 지단백질의 구성 성분과 역할

내인성 중성지방이라고 한다. 특히 간에서 합성된 내인성 중성지방은 VLDL에 실려 혈액으로 운반된다. 반면, 식품으로 섭취해 소장 점막세포로부터 흡수된 외인성 중성지방은 킬로미크론에 실려 혈액으로 운반된다. 킬로미크론과 VLDL의 중성지방은 모두 지방조직과 골격근의 모세혈관에서 지단백질 라이페이스에 의해 가수분해되어 조직에 지방산을 공급한다. 이렇게 중성지방이 제거된 킬로미크론은 킬로미크론 잔류물이 되어 간에서 제거되고, VLDL은 더 크기가 작아지고 콜레스테롤 에스터 함량이 높아진 LDL이 된다. LDL은 각 조직으로 콜레스테롤을 운반하는 역할을 수행한다. HDL은 LDL과는 반대로 혈관 등 말초조직에 쌓인 콜레스테롤을 간으로 가지고 와 제거하는 역할을 한다. 따라서 혈액 내 높은 수준의 HDL은 죽상경화증을 예방하는 효과가 있다(그림 4-12).

지단백질 라이페이스 (lipoprotein lipase)
지단백질의 중성지방을 두 개의 지방산과 하나의 모노글리세라이드로 가수분해하는 효소. 지방조직, 골격근, 심장, 수유 중인 모체 유선 등의 모세혈관 내피세포에서 발견됨

죽상경화증 (atherosclerosis)
혈관 내피에 콜레스테롤이 침착되고 내피세포 증식이 유발되어 죽종(atheroma)이 형성되는 혈관질환. 죽종 내부는 죽처럼 묽어지고 그 주변 부위는 단단한 섬유성 막인 경화반으로 둘러싸이게 되는데, 이로 인해 혈관 내경이 좁아지거나 막히게 되어 말초 혈류 장애를 일으킴

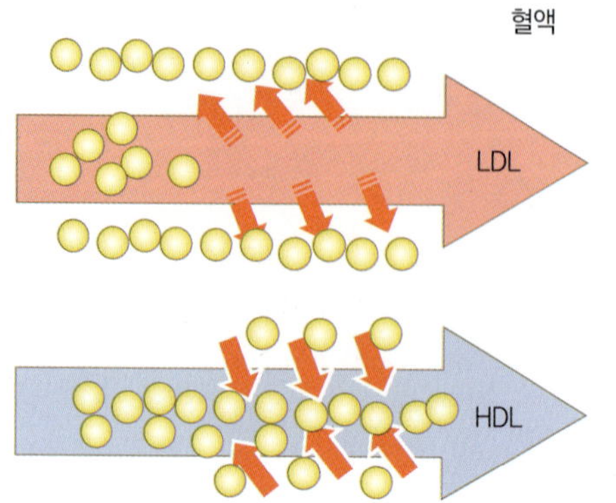

LDL은 혈관 내로 콜레스테롤을 이동시켜 주는 역할을 하고, HDL은 혈관 내 콜레스테롤을 간으로 이동시켜 혈관 내 콜레스테롤을 제거하는 역할을 한다.

그림 4-12 LDL과 HDL의 체내 작용

5. 지질의 체내 기능

지질은 신체 구성 요소일 뿐 아니라 에너지를 공급해 주며 다양한 생리활성물질의 전구체가 되는 등 여러 가지 기능을 수행하고 있다.

1) 신체 구성

지질은 신체를 구성하는 주요 성분으로 우리나라 성인 여성에서는 평균적으로 체중의 약 27~32%, 남성에서는 19~24%를 차지하고 있다. 체내 대부분 지질은 지방조직의 지방세포 내에 분포하여 에너지 저장고로서의 기능을 담당하지만, 인지질과 콜레스테롤 등 지질은 다양한 조직에서 세포막과 세포소기관 막에 분포하여 구조적 기능과 함께 신호 전달 등 여러 생리적 필수 기능도 담당하고 있다. 특히 뇌세포의 막을 구성하는 인지질과 콜레스테롤 등 지질 성분은 뇌세포의 기능 수행에 있어서 매우 중요한 역할을 수행한다.

2) 에너지원

지방은 우리 몸에서 에너지 급원인 동시에 저장원이기도 하다. 탄수화물과 단백질은 1 g당 약 4 kcal의 에너지를 생성하는 데 비해 지방은 이보다 훨씬 많은 약 9 kcal의 에너지를 생성할 수 있다. 이러한 지방의 특성은 단백질과 탄수화물에 비해 탄소-탄소 및 탄소-수소 결합을 더 많이 가지고 있는 화학구조에 기인한다. 한편 지방을 많이 함유한 음식을 섭취하게 되면 긴 위 배출 시간으로 인해 오래도록 포만감을 느끼고 공복감도 늦출 수 있다.

신체는 여분의 에너지를 글리코겐과 중성지방으로 저장한다. 하지만 물을 함유한 형태로 저장되는 글리코겐에 비해 물을 함유하지 않는 중성지방은 더 효율적인 에너지의 저장 형태이다. 이론적으로 지방조직의 지방세포 내에 저장되는 중성지방의 양에는 한계가 없다.

3) 체온 조절과 장기 보호

피하에 저장된 지방은 에너지 저장원인 동시에 체온 유지를 위한 절연체로서의 기능을 수행하고 있다. 지방은 낮은 열전도율로 인하여 인체 내부의 열이 외부로 발산되는 것을 막아주기 때문에 낮은 외기 환경에서도 체온을 일정하게 유지할 수 있도록 해 준다. 또한 피하 지방과 함께 내장 주변에 분포된 복강 내 지방은 외부의 물리적 충격으로부터 내부 장기를 보호해 주는 완충 역할을 수행하기도 한다.

4) 필수지방산과 지용성 비타민 제공

식품 중에 함유된 중성지방은 필수지방산인 리놀레산과 알파-리놀렌산의 중요 공급원이다. 필수지방산 공급이 부족하면 성장 지연과 피부질환 등의 증상이 발생한다.

지용성 비타민은 물에 녹지 않기 때문에 지질과 함께 섭취해야만 체내에서 소화, 흡수, 운반될 수 있다. 따라서 식품 중 함유된 지질 성분은 지용성 비타민의 이용을 위해 반드시 필요하다.

5) 생리활성물질의 전구체

생체 내 탄소 20개짜리 지방산은 아이코사노이드 등 생리활성물질의 전구체가 된다. 또한 비타민 D와 스테로이드 호르몬 및 담즙산은 콜레스테롤로부터 형성된다.

6. 영양소 섭취기준 및 실태

지난 수십 년간 우리 국민의 탄수화물 섭취는 계속하여 감소해 왔다. 그 빈자리는 대부분 지방이 채웠는데, 만성질환의 예방과 관리 측면에서 지방, 특히 포화지방산의 빠른 섭취 증가는 유의 깊게 보아야 할 현상이다.

이에 2020 한국인 영양소 섭취기준에서는 건강 유지를 위한 지방의 에너지 적정비율을 제시하고 이와 함께 만성질환 위험 감소와 결핍 예방을 위한 개별 지방산의 섭취기준도 제시하였다.

1) 지질 섭취기준

지방은 동일 질량의 탄수화물이나 단백질에 비해 두 배 이상의 에너지를 생성하므로 과도한 섭취는 비만 등 만성질환의 위험을 높일 수 있다. 하지만 지방 섭취를 너무 제한하게 되면 과잉의 탄수화물 섭취를 유발할 수 있기 때문에 다량 영양소 간 균형을 고려하여야 한다. 2020 한국인 영양소 섭취기준에서 총지방의 섭취는 영아기와 1~2세 유아기를 제외한 전 생애주기에서 15~30% 범위의 에너지 적정비율을 유지하도록 권장하고 있다.

2020 한국인 영양소 섭취기준에서 제시한 리놀레산, 알파-리놀렌산, EPA, DHA 등 개별 지방산의 섭취기준은 결핍 예방을 위한 최소 필요량에 대한 근거 자료가 부족하여 국민건강영양조사에서 분석된 평균섭취량을 기준으로 하여 충분섭취량을 설정하였다(표 4-3). 심근경색, 심부전, 죽상경화증, 이상지질혈증, 고혈압, 부정맥 등 심혈관질환 예방에 효과가 있는 EPA와 DHA 등 오메가-3 지방산은 생체 내에서 필수지방산인 알파-리놀렌산으로부터 전환될 수 있지만 이 과정이 효율적이지는 않다. 그러므로 알파-리놀렌산과 함께 EPA와 DHA도 반드시 적절한 수준으로 섭취해야 하기에 각각의 충분섭취량을 설정하게 되었다. 2015년 한국인 영양소 섭취기준에서는 오메가-6 지방산 : 오메가-3 지방산의 비율을 4~10 : 1의 범위로 제시하였는데, 2020년 제시한 리놀레산와 알파-리놀렌산 충분섭취량의 비율이 이 범위에 속한다.

2020년 한국인 영양소 섭취기준에서 새롭게 제시된 '만성질환 예방을 위한 섭취기준'은 심혈관질환 위험 감소를 위해 19세 이상 성인 남녀의 경우 포화지방산을 에너지적정비율의 7% 미만, 트랜스지방산은 1% 미만으로 섭취하고(표 4-3), 콜레스테롤은 300 mg/일 미만으로 섭취할 것을 권고하고 있다.

표 4-3 한국인의 1일 총지방 및 지방산의 영양 섭취기준

연령		에너지 적정비율			충분섭취량		
		지방 (%)	포화지방산 (%)	트랜스지방산 (%)	리놀레산 (g/일)	알파-리놀렌산 (g/일)	EPA+DHA (mg/일)
영아	0~5(개월)	–	–	–	5.0	0.6	200[1]
	6~11	–	–	–	7.0	0.8	300[1]
유아	1~2(세)	20~35	–	–	4.5	0.6	
	3~5	15~30	8 미만	1 미만	7.0	0.9	
남자	6~8(세)	15~30	8 미만	1 미만	9.0	1.1	200
	9~11	15~30	8 미만	1 미만	9.5	1.3	220
	12~14	15~30	8 미만	1 미만	12.0	1.5	230
	15~18	15~30	8 미만	1 미만	14.0	1.7	230
	19~29	15~30	7 미만	1 미만	13.0	1.6	210
	30~49	15~30	7 미만	1 미만	11.5	1.4	400
	50~64	15~30	7 미만	1 미만	9.0	1.4	500
	65~74	15~30	7 미만	1 미만	7.0	1.2	310
	75 이상	15~30	7 미만	1 미만	5.0	0.9	280
여자	6~8(세)	15~30	8 미만	1 미만	7.0	0.8	200
	9~11	15~30	8 미만	1 미만	9.0	1.1	150
	12~14	15~30	8 미만	1 미만	9.0	1.2	210
	15~18	15~30	8 미만	1 미만	10.0	1.1	100
	19~29	15~30	7 미만	1 미만	10.0	1.2	150
	30~49	15~30	7 미만	1 미만	8.5	1.2	260
	50~64	15~30	7 미만	1 미만	7.0	1.2	240
	65~74	15~30	7 미만	1 미만	4.5	1.0	150
	75 이상	15~30	7 미만	1 미만	3.0	0.4	140
임신부		15~30			+0	+0	+0
수유부		15~30			+0	+0	+0

콜레스테롤 : 19세 이상 300 mg/일 미만 권고

1) DHA

자료 : 보건복지부·한국영양학회, 2020 한국인 영양소 섭취기준, 2020

2) 지질 섭취 실태

처음 국민영양조사가 실시된 1969년 우리 국민이 섭취하는 지방은 1일 16.9 g이었는데, 이는 점차로 증가하여 1980년에 21.8 g, 1990년에 28.9 g이 되었고 2019년에는 51.2 g에 이르렀다. 이것을 에너지 섭취량에 대한 섭취분율로 환산하면 1969년 7.2%이었던 것이 2019년 23.6%가 되었다. 지방 섭취 결과를 연령별로 비교해 보면 40대까지 섭취분율은 23~25% 범위였지만 65세 이상 노인은 15% 정도로 나타나 연령에 따른 차이가 있다.

에너지 섭취량이 필요추정량의 125% 이상이면서 지질 섭취량이 적정 에너지 섭취비율을 초과한 에너지/지질 과잉 섭취자(19세 이상, 표준화)의 비율은 2019년 전체 성인의 6.9%였고 성별에 따라서는 남자 8.8%, 여자 4.9%였으며, 연령별로는 30~49세가 가장 높았다.

우리 국민이 식사로부터 섭취하는 오메가-6 지방산과 오메가-3 지방산의 대부분은 필수지방산인 리놀레산과 알파-리놀렌산이 차지한다. 2013년부터 2017년까지 조사된 국민건강영양조사 분석 결과, 리놀레산과 알파-리놀렌산의 섭취비율은 5~10 : 1로 나타났다.

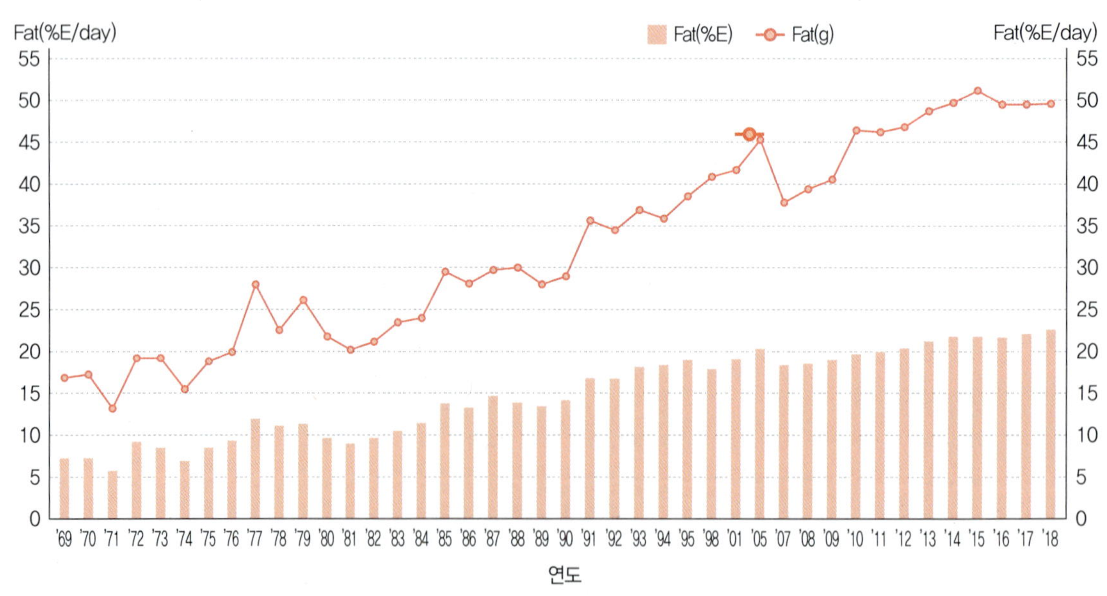

그림 4-13 한국인의 1일 지질 섭취량과 에너지 섭취비율의 변화 추이
자료 : 보건복지부, 한국영양학회, 2020 한국인 영양소 섭취기준, 2020

한국인의 지질 섭취가 크게 높은 수준은 아니지만 섭취하는 식품의 종류가 변화하고 조리 방법이 서구화되면서 총지질과 동물성 지질의 섭취분율이 지속적으로 증가하고 있다는 점은 주목해야 할 현상이다.

7. 지질의 급원식품

우리 국민이 섭취하는 지질의 주요 급원식품군은 육류, 곡류, 유지류 등이다. 국민건강영양조사 결과, 육류가 15% 정도로 가장 많고 다음으로 곡류 약 9%, 유지류 약 7% 순으로, 이들 세 가지 식품군을 통해 총지질의 약 3분의 1을 섭취하고 있다. 유지류의 경우 1회 섭취량은 적더라도 지질 함량이 높고 육류, 과자나 스낵류, 견과류, 초콜릿류와 튀긴 음식도 지질 함량이 높다(그림 4-14). 2018년 조사 결과, 단위 중량 기준으로 식품 기여도는 돼지고기, 소고기, 콩기름, 달걀, 우유, 마요네즈, 라면, 빵, 과자, 닭고기 순으로 높았고(표 4-4), 1회 분량 기준으로 음식 기여도는 삼겹살 구이, 닭튀김/강정, 라면, 소고기 구이, 우유, 과자, 달걀부침/프라이, 샌드위치, 샐러드, 돼지고기볶음 순이었다.

포화지방산 섭취량은 2013년에 1일 14.76 g이었던 것이 2018년에 16.57 g으로 증가하였는데, 2018년 단위 중량 기준으로 기여도가 큰 식품은 돼지고기, 소고기, 우유, 달걀, 라면, 빵, 과자, 콩기름, 커피(당, 프림 등 첨가), 케이크 순이었다(표 4-5). 포화지방산은 주로 동물성 식품에 많은 양 함유되어 있지만 코코넛유나 팜유 등은 식물성임에도 포화지방산 함량이 높은 식품이다.

식사를 통해 섭취하는 오메가-3 지방산에는 식물성 식품에 주로 함유된 알파-리놀렌산과 어류 및 패류에 함유된 EPA와 DHA 등이 있는데, 우리 국민이 섭취하는 오메가-3 지방산의 대부분은 알파-리놀렌산이 차지하고 있다. 1회 분량을 기준으로 알파-리놀렌산 함량이 높은 식품은 들기름, 아마씨, 들깨, 호두 등이다.

오메가-6 지방산인 리놀레산은 주로 식물성 식품에 함유되어 있는데 많은 부분이 리놀레산으로부터 온다. 1회 분량을 기준으로 리놀레산 함량이 높은 식품은 샌드위치/햄버거/피자와 같은 패스트푸드, 호두, 포도씨유, 두유, 콩기름 순이다.

콜레스테롤은 동물성 식품에만 함유되어 있으며 단위 중량 기준으로 우리 국민

표 4-4 지방 섭취의 주요 급원식품 및 함량

구분 순위	전체 (n=7,064)					남자 (n=3,144)					여자 (n=3,920)				
	식품명	섭취량 (g)	표준 오차	섭취분율(%)[1]	누적분율(%)[2]	식품명	섭취량 (g)	표준 오차	섭취분율(%)[1]	누적분율(%)[2]	식품명	섭취량 (g)	표준 오차	섭취분율(%)[1]	누적분율(%)[2]
1	돼지고기	6.12	0.30	13.0	13.0	돼지고기	8.22	0.49	15.0	15.0	소고기	4.09	0.26	10.5	10.5
2	소고기	5.05	0.27	10.8	23.8	소고기	6.00	0.39	11.0	26.0	돼지고기	4.01	0.28	10.2	20.7
3	콩기름	3.44	0.12	7.3	31.1	콩기름	4.17	0.18	7.6	33.6	콩기름	2.72	0.13	7.0	27.7
4	달걀	2.72	0.09	5.8	36.9	달걀	3.06	0.14	5.6	39.2	달걀	2.37	0.09	6.1	33.7
5	우유	2.25	0.08	4.8	41.7	라면	2.42	0.17	4.4	43.6	우유	2.18	0.09	5.6	39.3
6	마요네즈	1.88	0.11	4.0	45.7	우유	2.33	0.10	4.3	47.9	빵	1.66	0.10	4.2	43.5
7	라면	1.85	0.10	3.9	49.7	마요네즈	2.13	0.17	3.9	51.8	마요네즈	1.62	0.13	4.1	47.7
8	빵	1.77	0.08	3.8	53.4	닭고기	1.89	0.22	3.5	55.3	과자	1.53	0.12	3.9	51.6
9	과자	1.70	0.11	3.6	57.1	빵	1.89	0.11	3.4	58.7	라면	1.27	0.08	3.3	54.8
10	닭고기	1.55	0.13	3.3	60.4	과자	1.87	0.16	3.4	62.1	참기름	1.27	0.04	3.2	58.1

2018년 국민건강영양조사; 1일 섭취량

[1] 지방 1일 섭취량에 대한 식품별 섭취량의 분율

[2] 상위 급원식품부터의 섭취분율에 대한 누적값

자료 : 보건복지부, 2018 국민건강영양조사

이 섭취하는 콜레스테롤의 주요 급원식품은 달걀, 돼지고기, 닭고기, 소고기, 오징어, 빵, 우유, 돼지부산물, 가공육, 소부산물 순이다.

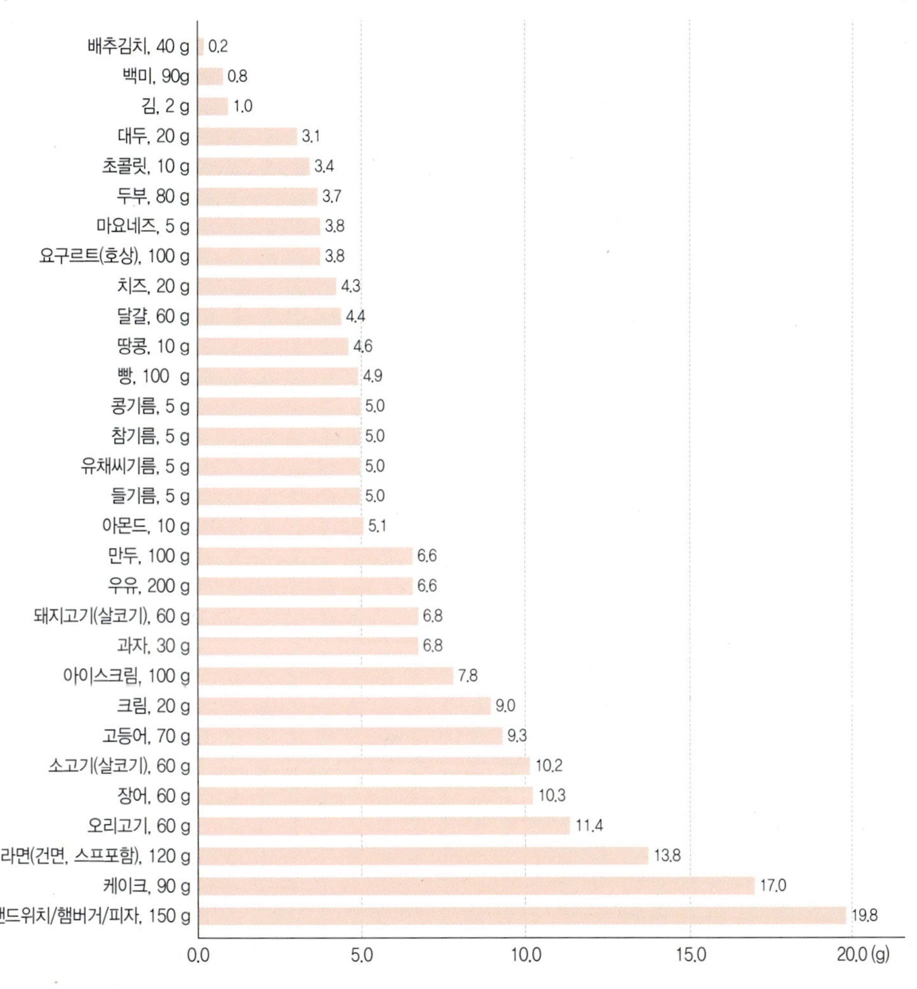

그림 4-14 지방 주요 급원식품(1회 분량당 함량)[1)]

[1)] 2017년 국민건강영양조사의 식품별 섭취량과 식품별 지방 함량(국가표준식품성분표 DB 9.1) 자료를 활용하여 지방 주요 급원식품 상위 30위 산출 후 1회 분량(2015 한국인 영양소 섭취기준)을 적용하여 1회 분량당 함량 산출

자료 : 보건복지부·한국영양학회, 2020 한국인 영양소 섭취기준, 2020

표 4-5 포화지방산 섭취의 주요 급원식품 및 함량

구분	전체 (n=7,064)					남자 (n=3,144)					여자 (n=3,920)				
순위	식품명	섭취량 (g)	표준 오차	섭취분율(%)[1]	누적분율(%)[2]	식품명	섭취량 (g)	표준 오차	섭취분율(%)[1]	누적분율(%)[2]	식품명	섭취량 (g)	표준 오차	섭취분율(%)[1]	누적분율(%)[2]
1	돼지고기	2.17	0.11	14.0	14.0	돼지고기	2.92	0.18	16.2	16.2	소고기	1.57	0.10	12.1	12.1
2	소고기	1.95	0.11	12.6	26.5	소고기	2.32	0.16	12.9	29.1	우유	1.43	0.06	11.0	23.1
3	우유	1.48	0.05	9.5	36.1	우유	1.52	0.07	8.5	37.5	돼지고기	1.42	0.10	10.9	34.0
4	달걀	0.87	0.03	5.6	41.7	라면	1.13	0.08	6.3	43.8	달걀	0.76	0.03	5.8	39.9
5	라면	0.86	0.05	5.6	47.2	달걀	0.97	0.04	5.4	49.2	빵	0.68	0.04	5.2	45.1
6	빵	0.74	0.03	4.8	52.0	빵	0.81	0.05	4.5	53.7	라면	0.59	0.04	4.6	49.7
7	과자	0.60	0.05	3.9	55.9	과자	0.66	0.07	3.7	57.4	과자	0.54	0.05	4.2	53.8
8	콩기름	0.51	0.02	3.3	59.2	커피, 당 · 프림 등 첨가	0.65	0.03	3.6	61.0	케이크	0.42	0.07	3.3	57.1
9	커피, 당 · 프림 등 첨가	0.50	0.02	3.2	62.4	콩기름	0.61	0.03	3.4	64.4	콩기름	0.40	0.02	3.1	60.2
10	케이크	0.41	0.06	2.6	65.0	닭고기	0.49	0.06	2.7	67.2	커피, 당 · 프림 등 첨가	0.35	0.02	2.7	62.9

2018년 국민건강영양조사; 1일 섭취량

[1] 포화지방산 1일 섭취량에 대한 식품별 섭취량의 분율

[2] 상위 급원식품부터의 섭취분율에 대한 누적값

자료 : 보건복지부, 2018 국민건강영양조사

8. 영양건강문제

지방은 건강을 유지하는 데 반드시 필요한 영양소지만 탄수화물과 단백질의 두 배 이상 에너지를 공급하기 때문에 과도한 양의 섭취는 비만 위험을 높일 수 있고 심뇌혈관질환, 당뇨와 같은 대사질환과 각종 암의 원인이 될 수 있다. 식생활과 밀접한 질환으로 알려져 있는 암과 심뇌혈관질환은 우리나라 사망 원인의 48% 정도를 차지하고 있다.

1) 심혈관질환

심혈관질환은 심장과 주요 동맥에 발생하는 병을 말한다. 이상지질혈증으로 인한 높은 혈중 지질 수준은 죽상경화증을 일으킬 수 있고, 이것은 다시 협심증, 심근경색 등 심혈관질환과 뇌졸중 발생의 중요 위험요인이 된다. 심혈관질환의 주요 위험인자에는 고지혈증 이외에도 고혈압, 비만, 당뇨, 흡연, 가족력, 나이 등이 알려져 있다.

이상지질혈증(dyslipidemia)
고지혈증과 비슷한 용어로 비정상적인 혈액 내 지질 상태를 일컬음. 고지혈증, 고콜레스테롤혈증, 고중성지방혈증, 저 HDL-콜레스테롤혈증 등을 모두 포함하는 넓은 의미로 사용

고지혈증(hyperlipidemia)
혈액 중 콜레스테롤이나 중성지방 등 지질의 농도가 높은 상태

정상 수준의 혈중 지질을 유지하기 위해서는 적정 체중을 유지하고, 규칙적으로 운동하는 것이 중요하며, 포화지방산의 섭취를 줄이는 등의 식사조절도 필요하다. 정상 혈중 지질 농도는 총콜레스테롤 200 mg/dL 이하, LDL-콜레스테롤 130 mg/dL 이하, HDL-콜레스테롤 60 mg/dL 이상, 중성지방 150 mg/dL 이하이다. 혈중 콜레스테롤 수준은 총지방 섭취량보다는 섭취하는 지방산의 종류와 관련되어 있으며, 특히 과도한 포화지방산 섭취는 혈중 LDL-콜레스테롤 수준을 높이는 요인으로 알려져 있다. 지방 섭취를 과도하게 제한하게 되면 상대적으로 탄수화물 섭취가 늘어나 혈중 중성지방 수치가 올라갈 수 있기 때문에 섭취하는 지방산의 종류에 따른 영향을 잘 따져보면서 적절한 수준에서의 섭취를 권장해야 한다. 예를 들어 동일한 수준의 지방을 섭취하더라도 포화지방산을 불포화지방산으로 대체하여 섭취하게 되면 혈중 LDL-콜레스테롤 수준이 떨어지는 것으로 알려져 있다.

식사를 통한 콜레스테롤 섭취량이 혈중 콜레스테롤이나 심혈관질환의 위험도에 미치는 영향에 대해서는 아직도 논란이 있지만, 콜레스테롤 섭취량이 높을 경우 혈중 총콜레스테롤 및 LDL-콜레스테롤 수치가 높아지며 심혈관질환 위험도와 사

더 알아보기 **영양표시제도**

영양표시제도는 가공식품의 영양적 특성을 일정한 기준과 방법에 따라 제시함으로써 소비자가 자신의 건강에 나은 제품을 선택할 수 있게 돕는 제도이다. 영양표시제도는 일정한 양식에 영양 성분의 함량을 표시하는 영양 성분 정보와 특정 용어를 이용하여 제품의 영양적 특성을 강조 표시하는 영양 강조 표시가 있다. 영양 성분 정보에는 비만, 당뇨, 심혈관질환 등 대사성 질환과 관련된 것으로 알려진 당류, 트랜스지방, 포화지방, 콜레스테롤 등 성분에 대해 반드시 정보를 제공하도록 의무화하고 있다.

영양정보	총 내용량 ○○ g ○○ kcal
총 내용당량	1일 영양성분 기준치에 대한 비율
나트륨 ○○ mg	○○%
탄수화물 ○○ g	○○%
당류 ○○ g	○○%
지방 ○○ g	○○%
트랜스지방 ○○ g	
포화지방 ○○ g	○○%
콜레스테롤 ○○ mg	○○%
단백질 ○○ g	○○%

1일 영양성분 기준치에 대한 비율(%)은 2,000 kcal 기준이므로 개인 필요 열량에 따라 다를 수 있습니다.

영양 성분 정보

영양 강조 표시

망률이 증가하는 것으로 보고되고 있다. 이에 콜레스테롤은 하루 300 mg 미만 수준에서 섭취하도록 권고하고 있다.

2) 암

암의 발생에는 여러 가지 요인들이 복잡하게 얽혀 있다. 하지만 이 중 식사 요인이 중요한 역할을 하고 있으며, 특히 섭취하는 지방은 암의 발생과 밀접하게 연관되어 있는 것으로 추측된다.

과도한 지방의 섭취는 체지방 축적으로 이어지고, 특히 증가한 내장 지방은 전신 염증을 통해 식도, 대장, 담낭, 췌장, 유방, 자궁 내막, 난소, 신장, 전립선 등의 발암 위험을 증가시킨다고 알려져 있다. 또한 일부 지방산은 비만에 대해 독립적으로 암을 촉진할 수 있는 요인이기도 하다. 과도한 포화지방산의 섭취는 유방암 및 전립선암의 증가와 관련되어 있는 것으로 보고되고 있다.

해봅시다

1. 간식으로 자주 섭취하는 가공식품의 지질 함량을 알아봅시다.

2. 이들 가공식품의 포장지에 표시된 영양표시 정보를 다시 한 번 검토해 보고 나의 지질 섭취에 대하여 평가해 봅시다.

1. 지질은 탄소, 수소, 산소로 이루어져 있으며, 구성비로 보아 탄수화물에 비하여 수소가 많고 산소는 적게 함유되어 있다.
2. 지방산의 종류는 이중결합 유무에 따라 이중결합이 없는 포화지방산과 이중결합이 하나 이상 있는 불포화지방산으로 분류된다. 식품에 가장 많은 포화지방산은 팔미트산, 스테아르산이다. 불포화지방산 중 리놀레산과 알파-리놀렌산은 체내에서 합성되지 않아 반드시 음식으로 섭취해야 하므로 필수지방산으로 분류되며, 성장 촉진과 피부병 예방의 역할을 수행한다.
3. 지질은 중성지방, 인지질, 스테롤로 분류할 수 있다. 중성지방은 자연계에 주로 존재하는 지질의 형태이다. 인지질은 세포막의 주요 구성 성분으로, 특히 뇌와 신경조직에 다량 함유되어 있으며 유화제로도 작용한다. 콜레스테롤은 세포막의 구성 성분이며, 성호르몬과 부신피질호르몬, 담즙산 및 비타민 D 합성의 전구물질이다. 콜레스테롤은 식사를 통해 섭취할 수 있으며 필요한 양의 나머지는 체내에서 합성될 수 있다.
4. 지질의 소화는 소장에서 본격적으로 일어난다. 담즙은 지질을 유화시켜 췌장 라이페이스의 작용을 돕는다. 췌장 라이페이스에 의하여 중성지방이 모노글리세라이드와 지방산으로 분해된다. 흡수된 모노글리세라이드와 지방산은 킬로미크론을 형성하여 림프관을 통해 순환계로 들어간다.
5. 음식으로부터 유래된 지질은 흡수 후 소장에서 킬로미크론에 실린 뒤 혈액을 통해 운반되고, 간에서 합성된 지질은 VLDL에 실려 혈액을 따라 이동하다가 지단백질 라이페이스의 작용을 받아 LDL로 전환된다. HDL은 각 조직으로부터 유래한 콜레스테롤을 간으로 운반하는 역할을 한다. 지질의 운반과 대사는 위의 네 가지 지단백질에 의해서 이루어진다. 이중 LDL은 콜레스테롤 함량이 가장 높으며 혈중 LDL 수준이 높으면 죽상경화증의 위험이 높아지고, HDL은 그 반대 효과를 지니는 것으로 알려졌다.
6. 지질은 에너지원으로 중요하다. 1 g당 9 kcal를 발생하는 효율적 에너지며, 주요 내장기관을 보호하고 체온을 유지시킨다. 또한 장관 내에 머무는 시간이 길기 때문에 포만감을 부여한다. 지질은 식물성 기름과 동물 지방 등에 다량 함유되어 있으며, 식물성 기름에는 필수지방산의 함량이 높다.
7. 지질은 적절히 섭취해야 한다. 한국인 영양소 섭취기준에서는 19세 이상 성인의 경우 하루 총섭취 에너지의 15~30%를 지질로부터 섭취할 것을 제시하고 있다. 오메가-6 다가불포화지방산과 오메가-3 다가불포화지방산의 바람직한 섭취 비율을 4~10 : 1 수준으로 제시하고 있다.

연구 문제

1. 지질이 탄수화물이나 단백질보다 더 많은 에너지를 낼 수 있는 이유는 무엇인지 설명해 보자.

2. 지질의 소화, 흡수 과정 중 담즙의 역할은 무엇인지 설명해 보자.

3. 혈액에서 지질 이동에 관여하는 지단백질의 구조와 역할을 설명해 보자.

4. 영양적인 관점에서 필수지방산의 정의와 역할에 대해서 설명해 보자.

5. 혈액 중의 콜레스테롤 수준과 심혈관질환과의 상관관계에 대해서 토의해 보자.

6. 하루 지방 섭취량과 콜레스테롤 섭취량을 계산해 보고, 본인의 섭취량이 한국인의 영양소 섭취기준과 비교해 볼 때 적절한지 토의해 보자.

참고문헌

보건복지부 · 질병관리청(2019). 2018 국민건강통계.

보건복지부 · 질병관리청(2020). 국민건강영양조사 FACT SHEET-건강행태 및 만성질환의 20년간(1998-2018) 변화.

보건복지부 · 한국영양학회(2020). 2020 한국인 영양소 섭취기준.

신민정 외(2005). 비만아동의 지방과산화물 형성과 항산화체계에 관한 연구. **한국영양학회지 38**(7): 553.

유춘희(2001). 생활양식의 변화에 따른 현대인의 영양문제. 한국영양학회지.

윤군애(2002). 초등학생의 과체중이환율 추적과 관련요인분석. **한국영양학회지 35**(1): 69.

이영미(2006). 어린이의 먹거리 현실과 영양문제. **대한지역사회영양학회지 11**(6): 819.

이정원 외(2003). 농촌지역 중학생의 자연섭취 실태와 식품가치인식 및 혈청 지방농도간의 상관관계. **대한지역사회영양학회지 8**(4): 485.

정효지(2005). 국민영양, 이대로 좋은가: 풍요 속에 심각해지는 영양문제. **한국영양학회지 38**(9): 777.

한국보건산업진흥원(2006). 한국식사의 만성질환 발병요인 파악과 영양감시체계를 통한 만성질환 예방에 관한 심포지엄 자료집.

Coleman E(2002). *Monounsaturated fat, metabolic syndrome, and CHD*. Today's Dietitian.

Food and Nutrition Board(2002). *Dietary reference intakes for energy, carbohydrate, fiber, fat, fatty acids, cholesterol, protein, and amino acids*. The National Academy Press.

Hu FB & Willett WC(2002). Optimal diets for prevention of coronary heart disease. *J Am Med Assoc 288*: 2569.

Hu FB, and others(2001). Types of dietary fat and risk of coronary heart disease: A critical review. *J Am Coll Nut 20*: 5.

Liu S(2002). Intake of refined carbohydrates and whole grain foods in relation to risk of type 2 diabetes mellitus and coronary heart disease. *J Am Coll Nut 21*: 298.

MacMahon S(2000). Blood pressure and the risk of cardiovascular disease. *NEJM 342*: 50.

Mayes PA(2000). Digestion and absorption, In Murray RK and others (eds.): *Harper's biochemistry*, 25th ed. Stanford, CT: Appleton & Lange.

Mayes PA(2000). Lipid storage and transport. In Murray RK and others (eds.): *Harper's biochemistry*, 25th ed. Stanford, CT: Appleton & Lange.

Schaefer E(2002). Lipoproteins, nutrition, and heart disease. *Am J Clin Nut 75*: 191.

Stampfer M and others(2000). Primary prevention of coronary heart disease in women through diet and lifestyle. *NEJM 343*: 16.

05 에너지 대사

학습 목표

1. 식품의 에너지를 안다.
2. 신체 에너지 측정 방법의 원리를 설명한다.
3. 신체 에너지 필요량을 안다.
4. 에너지의 균형과 불균형을 이해한다.
5. 에너지 섭취와 관련된 영양건강문제를 이해한다.

대학생 영수에게 큰 고민거리가 생겼다.
지난달에 있었던 건강검진 결과 비만 판정을 받았으며, 혈압, 혈당, 혈중 중성지방이 모두 정상치보다 높은 경계 수준으로 나왔기 때문이다.
의사는 체중을 줄이면 모든 것이 정상으로 돌아올 것이라고 조언해 준다.
그렇다면 살을 빼는 것이 관건인데……
아무리 생각해도
남보다 많이 먹는 것 같지는 않다.
원래 살이 잘 찌는 체질인가?

ATP (adenosine triphosphate)
아데노신에 인산기가 3개 달린 유기화합물로 아데노신3인산이라고도 함. 이는 모든 생물의 세포 내 존재하여 에너지 대사에 매우 중요한 역할을 함

에너지란 일을 할 수 있는 능력을 말한다. 우리 신체가 사용하는 에너지는 태양으로부터 오며, 이를 동식물이 이용하여 탄수화물, 지질, 단백질의 화학 결합 에너지로 저장한다. 우리 신체는 식품을 통하여 이들 동물과 식물의 저장 에너지를 공급받는다. 신체가 사용하는 에너지의 형태는 ATP(adenosine triphosphate)이므로 식품으로부터 섭취한 탄수화물, 지질, 단백질의 화학 결합 에너지를 ATP 형태로 바꾸는 과정이 필요하다. 일반적으로 식품 에너지의 ATP 형태로의 전환율은 약 25~40%이며, 나머지는 열로 발산되어 체온 유지에 이용된다.

1. 에너지 개념

대사(metabolism)
물질 교환(=대사), 생물체 내에서 일어나는 화학반응

사람은 누구나 활동을 하고 생각을 하며, 숨을 쉬고 새로운 세포를 만들고 있다. 체내에서는 무의식적으로 또는 의식적으로 이런 과정들이 끊임없이 이루어지고 있는데, 이를 위해서는 에너지가 우선적으로 공급되어야 한다. 에너지란 말은 그리스어의 'en'과 'ergon'에서 유래되었는데 'en'이란 영어의 'in'과 같은 뜻으로 '~의 속에', '~의 안에'로 해석할 수 있으며, 'ergon'이란 영어의 'work'로 '일하다'라는 뜻이다. 그리스어에서는 이 두 단어를 합하여 energon이라 하며, 이는 '활동적'이라는 뜻이 된다. 즉, 에너지란 말은 '일을 할 수 있는 힘'을 의미한다. 대사(metabolism)라는 말도 역시 그리스어에서 유래되었으며, 그 의미는 '변화(change)'라는 뜻이다. 따라서 에너지 대사라는 말은 식품에 저장되어 있던 에너지가 체내에서 생명 활동에 필요한 에너지로 변화하는 과정을 말한다.

신체는 성장과 유지, 활동, 체온 조절, 식품의 소화와 흡수, 물질의 이동 등 체내에서 일어나는 모든 신진대사를 위해 에너지를 필요로 하며 우리가 섭취한 식품으로부터 에너지를 얻고 있다. 실제 신체는 ATP의 형태로 에너지를 사용하므로 식품에서 온 탄수화물, 지질, 단백질의 화학 결합 에너지를 ATP 형태로 바꾸는 과정이 필요하다(그림 5-1). 식품 속에 함유된 에너지는 체내에서 대사 과정을 거쳐 신체가 일을 할 수 있도록 여러 가지 형태로 전환된다. 예를 들어, 신체 활동을 위한 기계적 에너지, 영양소의 운반을 위한 삼투 에너지, 신경의 자극 전달을 위한 전기 에너지, 새로운 세포의 합성을 위한 화학적 에너지, 체온 조절을 위한 열에너지로 전

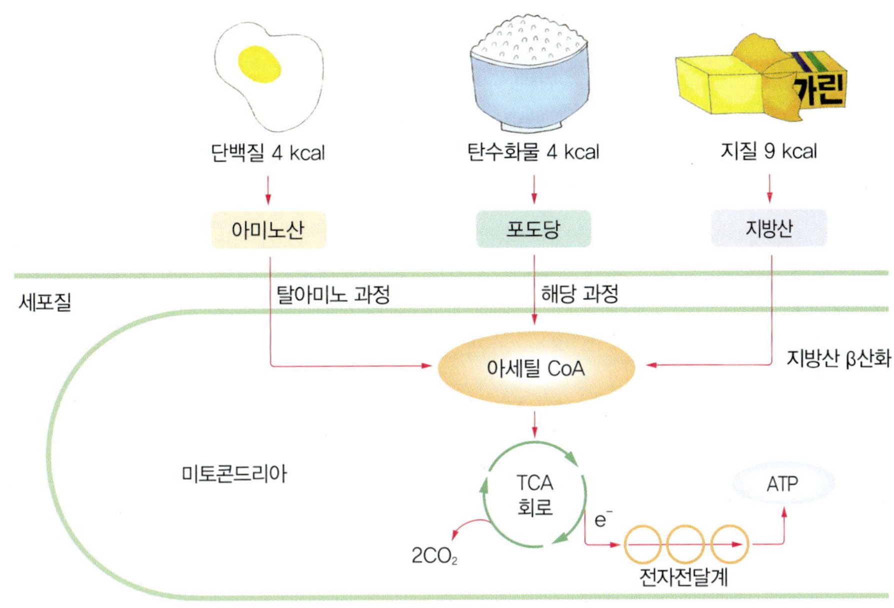

그림 5-1 에너지 대사 개요

환되어 사용된다.

2. 에너지 측정

식품에 함유된 잠재 에너지와 체내 대사에 필요한 에너지량은 발생된 열을 측정함으로써 쉽게 구할 수 있다. 열량가를 나타내는 기본 단위는 칼로리로, 물 1 g을 1° C 올리는 데 필요한 에너지를 1 cal라 한다. 1 kcal는 1,000 g의 물을 1° C 올리는 데 필요한 에너지이다. 보통 물리학이나 화학에서는 소칼로리(cal)를 사용하는 데 비해 영양학에서는 대칼로리(kcal 혹은 Cal)를 사용한다. 미터법에 의한 열의 측정단위는 줄(Joule)이며, 1 kcal는 4.184 kJ이다.

1) 식품 에너지 측정

식품에 함유되어 있는 에너지는 폭발 열량계에 든 시료가 연소될 때 발생하는 열을 측정하여 칼로리로 환산한다.

칼로리(calorie)
열량의 단위로서, 1 atm에서 순수한 물 1 g을 14.5 ℃에서 15.5℃까지 1℃ 올리는 데 필요한 열량을 1칼로리로 정의

줄(Joule)
1뉴턴의 힘으로 물체를 1미터 움직이는 동안에 하는 일
→1칼로리는 4.184줄이므로 열량을 줄로 표시하면 당질 17 KJ/g, 단백질 17 KJ/g, 지방 38 KJ/g이 됨

폭발 열량계 (bomb calorimeter)
물질을 밀폐된 용기 속에서 급속히 연소시켜 발생하는 열량을 측정하는 장치로 화학반응열, 고체 및 액체 연료의 발열량, 식품의 연소열 등의 측정에 사용

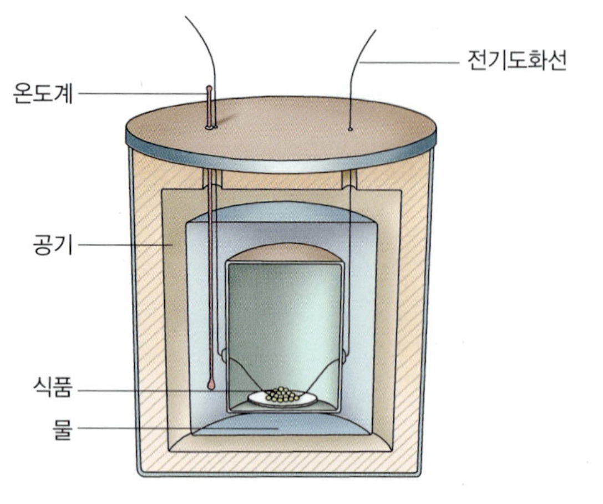

그림 5-2 폭발 열량계의 구조

폭발 열량계는 식품의 에너지를 직접 측정하기 위해 고안된 것으로 완전 절연체로 만들어졌으며, 열량계 중심의 연소실에 시료를 넣고 순수한 산소로 채운 다음 도화선에 전류를 통해 점화시켜 시료를 완전히 연소시킨다. 연소 과정에서 발생한 열은 주위에 있는 일정량의 물에 흡수되어 물의 온도가 상승하게 된다. 식품을 태우기 전과 후의 물의 온도를 측정하여 두 온도의 차이로부터 식품의 에너지를 계산한다(그림 5-2).

폭발 열량계로 순수한 탄수화물, 지질, 단백질의 에너지를 측정해 보면 각각 1 g당 4.15 kcal, 9.45 kcal, 5.65 kcal를 발생하며, 알코올 1 g은 7.1 kcal를 발생한다. 지방은 탄수화물에 비해 두 배 이상의 에너지를 내는데, 그 이유는 분자 구조상 탄소와 수소의 수에 비해 산소의 수가 적어 연소될 때 더 많은 산소의 공급이 필요하므로 다량의 열을 생산하기 때문이다.

절연체(부도체, insulator) 전기 또는 열에 대한 저항이 매우 커서 전기나 열을 잘 전달하지 못하는 물체

열량계(calorimeter) 열량을 측정하는 기계. 칼로리미터라고도 함

알코올(alcohol) 탄화수소의 수소원자가 하이드록시기(–OH)로 치환된 화합물의 총칭

식품의 에너지는 식품을 구성하고 있는 탄수화물, 지질, 단백질의 양에 각 에너지원이 지니고 있는 에너지를 곱하여 환산할 수 있으며, 알코올의 경우도 같은 방법으로 에너지를 환산할 수 있다. 그러나 신체 내에서는 생리적으로 영양소들의 완전한 소화와 흡수가 이루어지지 않으므로 폭발 열량계에서 연소하는 것만큼 연소되지 못한다. 신체는 탄수화물 섭취량의 98% 정도까지 소화 흡수할 수 있고, 지방은 95% , 단백질은 섭취량의 92% 정도가 소화, 흡수된다. 또한 단백질은 질소를 함유하고 있는데, 질소는 체내에서 완전 연소되지 않으며 이 질소의 불완전 연소로 인해 손실되는 에너지는 단백질 1 g당 1.25 kcal 정도로, 단백질의 체내 에너지를 계산하려면 이 수치를 빼 주어야 한다. 이렇게 소화율이 감안된 소화 가능 에너지에서 다시 소변으로 나가는 에너지 손실을 빼 준 것이 대사 가능 에너지이며, 이를 신체 내 생리적 에너지라 한다.

불완전 연소(incomplete combustion) 물질이 연소할 때 산소의 공급이 불충분하거나 온도가 낮으면 그을음이나 일산화탄소가 생성되면서 연료가 완전히 연소되지 못하는 현상

각 에너지원 1 g이 체내에서 실제로 방출하는 에너지, 즉 생리적 에너지는 표 5-1에 계산된 것과 같이 탄수화물, 지방, 단백질이 각각 4.0 kcal, 9.0 kcal, 4.0 kcal이다. 이 생리적 에너지는 애트워터 칼로리 지수라고도 하며, 어떤 식품이든지 그

애트워터 칼로리 지수(Atwater's calorie factor) 에너지 환산 계수

표 5-1 에너지원 1 g당 생리적 에너지

에너지원	폭발 열량계	신체		
	에너지(kcal)	에너지원 소화율(%)	손실량(kcal)	생리적 에너지(kcal)
탄수화물	4.15	98	0	4.0
지방	9.45	95	0	9.0
단백질	5.65	92	1.25(소변으로)	4.0
알코올	7.10	100	0.1(호흡으로)	7.0

자료 : 농촌진흥청 농촌생활연구소, 식품성분표 제9개정판 제I편, 농촌진흥청, 2017
질병관리본부, 2017 국민건강통계 '영양소별 섭취량의 주요 급원식품', 2018

식품을 구성하고 있는 3대 에너지 영양소의 함량만 알면 각각 이 계수를 곱하여 그 식품의 에너지를 계산할 수 있다. 예를 들어, 우유 1컵(200 mL)에는 탄수화물 9.4 g, 지방 6.4 g, 단백질 6.4 g이 함유되어 있으므로 우유 1컵의 생리적 에너지는 다음과 같이 계산된다.

우유 1컵의 생리적 에너지
탄수화물 9.4 g×4 kcal =37.6 kcal
지 방 6.4 g×9 kcal = 57.6 kcal
단백질 6.4 g×4 kcal = 25.6 kcal
___
120.8 kcal

2) 신체 에너지 측정

신체가 일정 시간 동안 소비하는 에너지량을 에너지 대사량이라 하며, 이는 체내의 모든 기계적인 일과 화학적 반응을 통해 발생되는 열을 더한 값이다. 신체의 에너지 대사량을 측정하는 방법에는 직접 에너지 측정법과 간접 에너지 측정법의 두 가지가 있다.

직접 에너지 측정법

식품의 에너지를 측정하는 것과 마찬가지로 절연체로 만들어진 큰 방에서 피실험자가 누워 있거나 활동을 하면서 발산하는 열을 직접적으로 측정하는 방법이다. 피실험자로부터 발생되는 열은 방 바깥쪽의 물에 전달되어 물의 온도를 올려주며, 이때 증가한 온도를 측정함으로써 일정한 활동을 통해 발산된 에너지량을 알아낼 수 있다. 그러나 이 방법은 설비와 비용이 많이 필요하므로 신체에서 소모되는 에너지를 측정하는 데는 직접 방법보다는 간접 방법이 보편적으로 사용된다.

간접 에너지 측정법

신체가 섭취한 음식물을 산화시켜 에너지를 얻기 위해서는 일정량의 산소가 필요하며 그 대사산물로 일정량의 이산화탄소를 배출한다. 즉, 신체는 호흡 시 들이마신 산소의 양이나 내쉰 이산화탄소의 양에 비례하여 일정량의 열을 생산한다. 그러므로 이때 소모된 산소나 배출되는 이산화탄소의 양을 측정함으로써 간접적으로 에너지 대사량을 측정할 수 있다. 표준 조건에서 측정하여 산출된 결과에 의하면 1 L의 산소가 소모되면 4.82 kcal의 에너지를 발생한다.

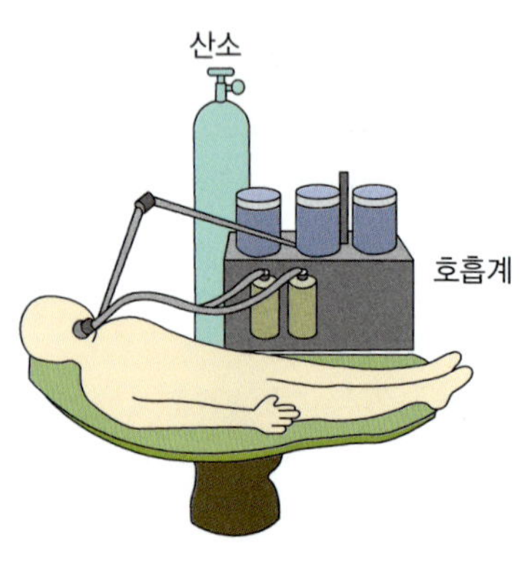

그림 5-3 간접적으로 에너지 대사량을 측정하는 방법

간접 측정 방법에서는 그림 5-3과 같이 고안된 호흡계를 이용하여 간단히 에너지 대사량을 측정할 수 있다. 예를 들어, 성인 여자의 기초대사를 위한 에너지 소비량을 알고 싶다면 호흡계를 착용하고 표준 조건을 갖춘 실내에서 일정 시간 동안 누워 있는 상태에서 흡입된 산소의 양을 측정한다. 이때 흡입된 산소량에 위의 계수 4.82를 곱하면 에너지 대사량을 쉽게 구할 수 있다.

더 알아보기 이중표식수법(Doubly Labeled Water method, DLW)

이중표식수법은 안정동위체인 수소(^2H)와 산소(^{18}O)를 사용하여 총에너지 소비량(total energy ecpenditure, TEE)을 측정하는 방법이다. ^{18}O와 ^2H가 자연계에 존재하는 비율보다 많이 포함된 이중표식수($^2H_2{}^{18}O$)를 체중당 일정 비율로 대상자에게 섭취시킨 후 1~2주간 채취한 소변 내로 배출된 양을 질량분석계로 분석하여 도출된 총에너지 소비량을 측정한다. ^{18}O의 배출률이 ^2H의 배출률보다 크기 때문에 그 차이에서 이산화탄소의 배출률(rCO_2)을 계산할 수 있다. 현재까지 보고된 일상생활 속의 총에너지 소비량을 측정하는 방법 중 가장 정확한 방법으로 알려져 있다. 반면, 대상자의 신체활동의 강도, 빈도, 기간 등을 평가하지 않은 취약점이 있다.

그럼에도 불구하고 미국, 호주, 독일, 일본 등 다수의 선진국에서 이중표식수법을 이용하여 도출한 총에너지 소비량 산출 공식을 적용하고 있고, 최근 우리나라에서도 이중표식수법을 이용한 총에너지 소비량을 측정·평가한 연구가 진행되고 있다.

자료 : Lifson N et al., *J Appl Physiol*, 7:704-710, 1995

3. 신체 에너지 소비량

신체는 여러 가지 복잡한 기능을 수행하기 위하여 외부로부터 끊임없이 에너지를 공급받아야 한다. 즉, 식품을 섭취하여 외부로부터 에너지를 공급받고, 동시에 체내의 여러 과정에서 에너지를 소비한다. 그렇다면 신체는 하루에 평균적으로 어느 정도의 에너지를 소비하고 있을까?

신체가 소비하는 에너지의 형태는 기초대사량, 신체 활동 대사량, 식사성 발열효과(식품 이용을 위한 에너지 소모량)의 3가지로 분류된다. 기초대사량이 1일 총에너지 소비량의 60~75%를 차지하여 그 비중이 가장 크고, 신체 활동 대사량은 15~30%이며, 나머지 10% 정도는 식품 이용을 위한 에너지로 쓰이고 있다. 최근에는 휴식 대사량, 활동을 위한 에너지 소비량, 식품 이용을 위한 에너지 소비량, 적응 대사량으로 분류하기도 한다(그림 5-4).

휴식 대사량은 기초대사량과 유사한 의미로 사용되고, 적응 대사량은 여러 가지 환경 변화에 적응하기 위한 에너지 소비량을 의미한다.

기초대사량
(Basal Metabolic Rate, BMR; Basal Energy Expenditure, BEE)
기초 상태에서 생명현상을 유지하기 위해 소비하는 에너지량

신체 활동 대사량
(Physical Activity Energy Expenditure, PAEE)
육체적 활동에 필요한 에너지 소비량

휴식 대사량
(Resting Metabolic Rate, RMR; Resting Energy Expenditure, REE)
일정 시간 휴식하는 동안 소비하는 에너지량

적응 대사량
(Adaptive Thermogenesis, AT)
환경 변화에 대응하기 위해 열 발생으로 소모되는 에너지량

1) 기초대사량

기초대사량이란 음식물의 소화와 육체적 활동에 필요한 에너지 소비량을 제외하고 오로지 기본적인 생명현상을 유지하기 위해 무의식적으로 소모하는 에너지량

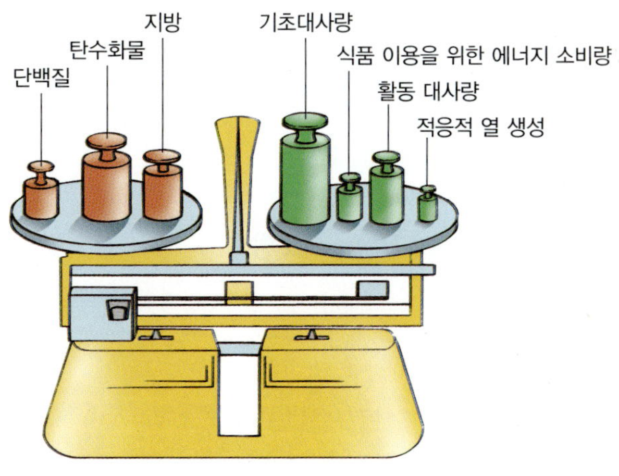

그림 5-4 신체의 에너지 소비

을 말한다. 즉, 생명체의 기본 활동인 심장박동, 혈액순환, 호흡, 정상 체온 유지, 기타 세포의 계속적인 대사작용, 특히 근육 긴장의 유지 등 사람이 깨어 있기는 하나 아무런 근육 활동이 없는 표준 상태에서 생명현상을 유지하는 데 필요한 최소한의 에너지 요구량을 말한다.

일반적으로 정상 성인의 1일 기초대사량은 1,200~1,800 kcal이며, 건강한 성인의 기초대사량은 비교적 일정하다.

(1) 기초대사량 측정

간접적 기초대사량 측정 방법

기초대사량은 간접적 방법, 즉 호흡 시 생산된 이산화탄소나 소모된 산소의 양을 측정하여 구할 수 있다. 기초대사량을 정확하게 측정하기 위해서는 잠에서 깨어난 후 최소 30분이나 1시간 동안 조용히 누워 있어야 하고, 적어도 마지막 식사 후 12~14시간이 경과된 다음 아침식사를 하기 전의 공복 상태에서 측정해야 한다. 이렇게 표준화된 조건 아래 호흡계를 착용하고 누워 있는 상태에서 일정 시간 동안의 산소 흡입량을 측정한다. 가령 피실험자가 6분 동안 1,200 mL의 산소를 소모하였다고 하면, 이 사람의 기초대사량은 다음과 같다.

간접적 방법을 이용한 기초대사량 계산

6분간 산소 소모량 : 1,200 mL

24시간 산소 소모량 : $\frac{10 \times 1{,}200\ \text{mL} \times 24\text{시간}}{1{,}000}$ = 288 L (1 L의 산소 소모 → 4.82 kcal 발생)

기초대사량 : 288 L × 4.82 kcal = 1,388 kcal

더 알아보기 **Harris & Benedict 방법**

체중과 신장을 이용하여 기초대사량을 추정하는 방법으로, 주로 병원에서 개인별 영양 관리가 요구되는 환자에게 적용한다.

남자 : $H = 66.47 + 13.75\ W + 5.00\ S - 6.76\ A$

여자 : $H = 655.1 + 9.56\ W + 1.85\ S - 4.68\ A$

(H: 기초대사량, W: 체중 kg, S: 신장 cm, A: 만 연령)

이와 같이 간접적 에너지 측정 방법으로 기초대사량을 좀 더 정확하게 구할 수 있지만, 실제로 기초대사량을 알기 위해서는 체중이나 체표면적 등 체격지수를 이용하여 간단하게 계산하고 있다.

체표면적
(body surface area)
체표면의 총면적

체격지수
(physique index)
체격 측정값에 대한 다른 체격 측정값의 비율

체격지수를 이용한 기초대사량 산출

기초대사량은 각 개인의 여러 조건에 따라 다르지만 기본적으로 체표면적에 비례한다. 그러므로 체표면적을 구한 다음, 단위 체표면적당 발생되는 에너지를 곱해주면 기초대사량을 산출할 수 있다.

성별, 연령별, 체격별 기초대사량 산출 공식은 다음과 같다.

아동 및 청소년(3~18세)
남자(kcal/일) = 68 − 43.3 × 연령(세) + 712 × 신장(m) + 19.2 × 체중(kg)
여자(kcal/일) = 189 − 17.6 × 연령(세) + 625 × 신장(m) + 7.9 × 체중(kg)

성인(19세 이상)
남자(kcal/일) = 204 − 4.00 × 연령(세) + 450.5 × 신장(m) + 11.69 × 체중(kg)
여자(kcal/일) = 255 − 2.35 × 연령(세) + 361.6 × 신장(m) + 9.39 × 체중(kg)

이밖에도 다음 공식을 이용하여 간단하게 개인의 기초대사량을 계산할 수 있다.

남자(kcal/일) = 1.0 kcal × 체중(kg) × 24시간
여자(kcal/일) = 0.9 kcal × 체중(kg) × 24시간

(2) 기초대사량에 영향을 주는 요인

기초대사량은 여러 가지 요인에 의해 영향을 받기 때문에 개인차가 크다.

체표면적

체표면적이 넓을수록 이를 통해 발산되는 에너지는 커진다. 즉, 기초대사량은 체표면적에 비례한다. 그러므로 두 사람의 체중과 연령이 같다고 하더라도 각자의 기초대사량은 다를 수 있다. 그림 5-5에서 보는 바와 같이 체표면적을 측정해 보면, 같은 체중이라도 마르고 키가 큰 사람은 뚱뚱하고 키가 작은 사람에 비해 체표면적이 넓으므로 단위 체중에 대한 기초대사량이 높게 나타난다.

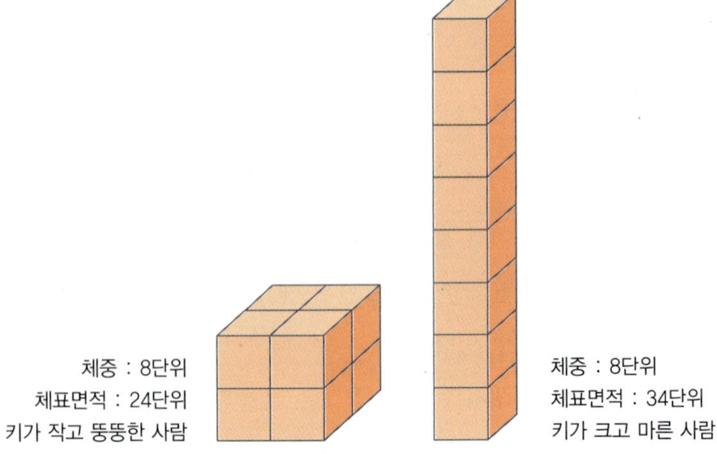

그림 5-5 체중이 같은 두 사람의 체표면적 비교

신체 구성 성분

기초대사량은 신체 구성 성분에 따라서도 크게 영향을 받는다. 산화 과정이 계속 일어나고 있는 근육조직은 지방조직에 비해 에너지 소모가 크다. 연구 결과에 의하면 근육조직이 잘 발달된 운동선수들의 기초대사량이 일반 사람들에 비해 6%나 높다고 한다.

성별

기초대사량은 같은 연령, 같은 체격일지라도 성별에 따라 다르다. 여자의 경우 체지방은 남자보다 많고, 지방조직에 비해 에너지의 소모가 큰 근육량은 남자보다 적기 때문에 여자의 기초대사량이 남자보다 6~10% 낮다(표 5-2). 남녀 간의 근육량의 차이뿐 아니라 성호르몬도 영향을 주는 것으로 보이며, 이는 여성의 경우 배란기에 체온이 상승하고 월경 시작 직전에 체온이 낮아지는 것으로도 알 수 있다.

성호르몬(sex hormone)
생식선에서 분비되는 호르몬으로 생식기의 발육을 촉진시키고 그 기능을 유지시키는 역할

연령

기초대사량은 성장 발달과 직접적인 관계가 있어 생후 1년과 2년이 될 때 일생을 통해 기초대사량이 가장 높다. 기초대사량은 생후 2년 후부터 점차 감소하다 남녀 모두 사춘기에 이르러 다시 상승하며, 그후 노년에 달하기까지 계속 낮아지는데 20대 중반이 지나고 나면 제지방량과 기초대사율은 매 10년마다 2%씩 감소한다.

제지방량(Lean Body Mass, LBM)
체중에서 체지방량을 뺀 신체질량

표 5-2 남·녀의 체조직 구성 비율

	남자(체중 70kg)		여자(체중 57kg)	
	kg	%	kg	%
총지방량	10.4	15	15.4	27
구성지방	2.3	3	6.8	12
저장지방	8.6	12	8.6	15
근육	31.3	45	20.4	36
골격	10.4	15	6.8	2
기타	17.7	25	14.1	25
제지방	61.7		48.6	

자료 : Hegarty V, *Nutrition, Food and Environment*, p.291, Eagan Press, 1995

건강 상태

열이 나면 인체는 감염에 대항해 싸워야 하므로 기초대사량이 높아지는데 정상 체온에서 1° C씩 올라갈 때마다 기초대사량은 13% 정도 증가한다. 따라서 정상 체온보다 3° C 높은 고열 환자는 기초대사량이 약 35% 상승한다. 외상이나 수술 후에도 기초대사량이 증가하며, 화상이 심한 경우에는 정상 시보다 2배 정도 높아진다.

호르몬의 영향

갑상선호르몬인 티록신은 대사를 항진시키므로 이 호르몬의 분비가 적어지면 대사 속도가 느려지고, 이로 인해 기초대사량이 낮아진다. 반대로 티록신이 지나치게 많이 분비되면 기초대사량은 높아진다. 과거에는 갑상선에서 티록신이 정상적으로 분비되는가를 알기 위해 기초대사량을 측정하였으나 최근에는 혈액 검사를 통해 갑상선 기능을 쉽게 판정할 수 있다. 부신에서 분비되는 노르에피네프린과 에피네프린도 지방 대사를 촉진시켜 기초대사량을 증가시킨다. 성장호르몬은 기초대사량을 10~15% 정도 상승시킨다.

갑상선호르몬(thyroid hormone)
갑상선에서 분비되는 호르몬으로 생리작용으로는 세포 내의 이화작용을 촉진하고 총대사량을 증가하여 체온을 높이며 뇌의 흥분성을 강화

티록신(thyroxine)
갑상선호르몬의 일종(=T4)

노르에피네프린(norepinephrine)
교감신경계의 신경 전달작용을 하는 부신수질에서 에피네프린과 함께 분비되는 호르몬

에피네프린(epinephrine)
부신수질에서 분비되는 호르몬으로 아드레날린이라고도 함

기후

추운 환경에서는 체온 조절을 위해 근육의 긴장이 증가하므로 기초대사량이 증가한다. 또한 추운 지방 사람들은 오랜 추위를 막기 위해 갑상선 기능이 항진되어

기초대사량이 높다. 실제로 에스키모인의 기초대사량이 가장 높고, 열대 기후에 사는 사람들의 기초대사량은 온대나 냉대 기후에 사는 사람들보다 5~20%가 낮은 것으로 보고되어 있다.

기타

육체적, 심리적 스트레스는 교감신경계를 자극하여 기초대사량을 증가시키며, 임신 기간 동안에도 태아의 성장을 위해 기초대사량이 증가한다.

(3) 휴식 대사량

기초대사의 상태는 수면에서 깨어난 후 잠시 동안에만 지속되며, 몇 분이 경과되면 신체의 조건은 기초대사 상태에서 휴식 대사의 상태로 이전된다. 그러므로 진정한 기초대사량을 측정한다는 것은 쉬운 일이 아니다. 최근에는 기초대사량을 측정하기보다는 휴식 대사량을 통상적으로 사용하고 있다. 휴식 대사량은 정상적인 신체 기능과 항상성을 유지하면서 교감신경계가 작용하는 데 필요한 에너지 대사를 의미하며, 보통 식사 후 여러 시간이 지난 후 편안한 환경에서 조용하게 앉아 있거나 누워 있는 상태에서 측정한다. 음식물의 소화, 흡수와 이용에 필요한 최소한의 에너지가 포함될 수는 있으나 활동 대사는 제외된다.

항상성(homeostasis)
대사 과정을 조절함으로써 정상적인 체내 환경을 유지하는 것

교감신경 (sympathetic nerve)
부교감신경과 함께 자율신경계를 이루는 개개의 원심성 말초신경

2) 신체 활동 대사량

신체가 소비하는 에너지 요구량 중 기초대사량 다음으로 많은 비중을 차지하는 것이 신체 활동 대사량으로, 신체의 기본적인 대사 이외에 육체적 활동에 필요한 에너지를 말한다.

신체 활동 대사량은 기초대사량과는 달리 활동량에 따라 임의로 변화될 수 있으며, 활동의 종류, 활동 시간, 그리고 개인의 체격에 의해 영향을 받는다. 표 5-3은 각종 활동의 강도에 따른 에너지 소비량을 유사한 것끼리 묶어서 제시한 표이다.

신체 활동에 따른 에너지 소비량은 사람에 따라 많은 차이가 있으며, 또 하루하루 상당히 많은 차이가 나타나는 것으로 보고되고 있다. 체격 역시 활동량에 영향을 준다. 활동량이 적은 사람은 활동 에너지 소비량이 기초대사량의 절반에도 미치지 못하는 반면, 활동량이 많은 일부 노동자 또는 운동선수의 경우 기초대사량

표 5-3 각종 활동 강도에 따른 에너지 소비량

에너지 소비 활동군	활동 상태	kcal/kg/min	kcal/kg/hr
0. 수면 (기초대사량 수준에서 활동에 의한 에너지 소비량을 더해 줄 필요가 없음)			
1. 깨어서 누워 있는 상태		0.002	0.12
2. 앉아 있는 활동	편안히 앉아 있는 상태, 소리 내어 책을 읽는 상태, 바느질하기, 글 쓰는 상태, 먹는 상태, 공부하는 상태	0.007	0.42
3. 서 있는 활동		0.008	0.48
4. 일상생활의 작업 활동	옷 입기, 옷 벗기, 세면, 목욕, 면도 등	0.012	0.72
5. 아주 가벼운 활동	자동차 운전, 부엌에서의 가사 노동, 다림질, 세탁기로 빨래하기, 타이프를 치는 상태, 실외에서 천천히 걷는 상태	0.017	1.02
6. 가벼운 활동	직장에서 앉아서 일을 하는 상태, 손빨래하기(가벼운 세탁물을 세탁하는 경우), 그림 그리기, 가구에 페인트 칠하기, 구두닦기, 중 정도의 속도로 피아노 치기, 실외에서 중 정도의 속도로 걷는 경우	0.025	1.50
7. 중 정도의 활동	중 정도의 속도로 자전거 타기, 골프나 야구 등의 운동하기, 목공일, 춤추기, 청소, 약간 빠른 속도로 걷기	0.042	2.52
8. 약간 심한 활동	빠른 춤추기, 탁구치기, 스케이트 타기, 급히 걷기	0.067	4.02
9. 심한 활동	나무 판자를 톱질하기, 테니스, 계단 오르내리기, 뛰기	0.108	6.48
10. 극심한 활동	권투, 축구, 레슬링 등의 운동, 수영, 달리기	0.142	8.52

자료 : Bogert, *Nutrition and Physical Fitness*, 7th ed, 1963

의 2배 이상을 활동 에너지로 소비하기도 한다.

활동의 정도는 총에너지 소비량을 기초대사량으로 나눈 값, 즉 신체 활동 수준에 근거하여 비활동적, 저활동적, 활동적, 매우 활동적의 4단계로 구분하고 있다. 신체 활동 수준(physical activity level, PAL)이 1.0 이상 1.4 미만인 경우 비활동적이라 하고, 1.4 이상 1.6 미만인 경우 저활동적, 1.6 이상 1.9 미만인 경우 활동적, 1.9 이상 2.5 미만인 경우 매우 활동적이라고 구분한다.

비활동적 수준은 주로 입원환자 등 활동이 제한된 사람들의 활동 수준에 해당된다. 여가 시간을 활용하여 적극적으로, 규칙적으로 운동을 수행하지 않는 일반 사무직 종사자들은 대부분 저활동적 수준에 해당한다. 에너지 필요추정량(estimated energy requirement, EER) 산출 공식에 적용되는 신체 활동 단계별 정보를 표 5-4에 제시하였다.

표 5-4 에너지 필요추정량(EER) 산출 공식에 적용되는 신체 활동 단계별 계수(PA)

신체 활동 단계	신체 활동 수준 (PAL)	신체 활동 단계별 계수(PA)			
		아동 및 청소년		성인	
		남	여	남	여
비활동적(Sedentary)	1.00~1.39	1.00	1.00	1.00	1.00
저활동적(Low active)	1.40~1.59	1.13	1.16	1.11	1.12
활동적(Active)	1.60~1.89	1.26	1.31	1.25	1.27
매우 활동적(Very active)	1.90~2.50	1.42	1.56	1.48	1.45

자료 : 보건복지부·한국영양학회, 2020 한국인 영양소 섭취기준, 2020

3) 식사성 발열 효과

식품이 체내에서 대사될 때에도 에너지가 소비된다. 왜냐하면 식품이 소화, 흡수되고 운반되며, 저장되는 과정에도 에너지를 필요로 하기 때문이다. 대개 식사 후 6시간 동안 이런 과정이 진행되어 그 결과로 열을 발산하는데 이를 식사성 발열 효과(식품 이용을 위한 에너지 소모량)이라 한다. 과거에는 식품의 특이동적 작용이라 표현하였으나, 지금은 식품에 의한 열 생성(thermic effect of food, TEF) 또는 식사로 인한 열 생산이라 한다. 실제 식사 후 몇 시간 동안은 휴식 대사량 이상으로 에너지가 소비되며, 주로 에너지가 열로 발산되므로 체온 상승 효과를 가져온다.

식품 이용을 위한 에너지 소비량은 섭취한 에너지 영양소의 종류에 따라 다르다. 지방은 흡수, 분해, 저장 과정이 비교적 쉽게 이루어지기 때문에 에너지 영양소 가운데 가장 적은 0~5%에 불과하며, 탄수화물은 5~10%, 단백질은 식사성 발열 효과가 20~30%로 가장 크다. 단백질의 식사성 발열 효과가 큰 이유는 소화분해산물인 아미노산의 흡수, 아미노산의 체단백 합성, 아민기의 요소 합성, 포도당신생합성 등과 같은 복잡한 대사 과정을 거쳐야 하기 때문이다.

식사성 발열 효과
(Diet Induced Thermogenesis, DIT)
식사로 인한 열 생산

알코올의 발열 효과는 20%로 탄수화물의 2배가량 되며, 단백질보다는 적은 양이다. 보통 균형 잡힌 식사를 할 때 식품의 체내 이용을 위해 필요한 에너지는 총소비 에너지의 약 10% 이내로 보고 있다. 그러나 실제로 1일 총소비 에너지를 산출할 때는 기초대사량과 신체 활동 대사량을 더한 값의 10%를 식품 이용을 위한 에너지 소비량으로 계산한다.

4) 적응 대사량

적응 대사량은 사람이나 동물이 환경의 큰 변화에 적응하는 데 요구되는 에너지이다. 특히 추운 환경에 노출되거나 지나치게 과식을 했을 때, 그리고 창상 및 기타 여러 가지 스트레스 상황에서 열 발생으로 소모될 수 있는 에너지를 의미하며, 주로 갈색 지방조직에 의한 열 발생 메커니즘과 관련지어 설명된다.

예를 들어, 추운 환경에서 동면하는 동물은 주위의 온도가 심하게 변해도 열을 발산함으로써 일정 체온을 유지하는 것으로 알려져 있다. 사람의 경우에도 이런 현상이 일어날 수 있는지 정확히 밝혀지지는 않았지만 이때의 열 발산이 바로 적응을 하기 위한 에너지 소모이다. 일부 학자들이 신체 내 에너지 소비량을 논할 때 적응 대사량도 포함되어야 한다고 주장하고 있지만 아직 보편적으로 사용되지는 않고 있다.

한편, 과식을 하더라도 섭취량에 비례하여 체중이 증가하지 않는 이유는 체내에서 에너지 효율을 떨어뜨리는 메커니즘인 적응 대사 때문으로 보는 견해도 있다. 그러나 적응 대사에 대한 이론은 아직 논란의 여지가 있다.

갈색 지방조직 (Brown Adipose Tissue, BAT)
에너지 영양소 산화 시 ATP는 생성하지 않고 열 발생을 수반하는 갈색의 특수 지방세포로 구성됨

4. 에너지 섭취기준

에너지는 권장량의 개념을 적용하지 않는다. 그 이유는 권장량이란 건강한 집단의 필요량을 충족시키는 평균필요량에 여유분을 추가하여 결정되므로 권장량을 적용하면 많은 사람이 에너지 필요량을 초과하기 때문이다. 따라서 한국인 영양소 섭취기준에서는 에너지의 경우 권장섭취량 또는 상한섭취량의 개념을 적용하지 않았다. 미국과 캐나다의 영양섭취기준에서도 여분의 에너지가 체지방으로 축적되면서 비만을 초래하고, 비만은 각종 질병의 직접 또는 간접 원인이 되기 때문에 에너지에 대한 권장량을 적용하지 않았다.

한국인 영양소 섭취기준은 에너지의 경우 평균필요량에 해당하는 에너지 필요추정량을 제시하고 있다. 이는 적정 활동을 수행하는 정상 체격의 건강한 사람이 에너지 균형을 유지하는 데 필요로 하는 양으로, 성인의 경우 에너지 소비량에 해당한다. 성장기 어린이와 청소년은 에너지 소비량에 신체의 성장에 필요한 부분을 추

영양소 섭취기준 (Dietary Reference Intakes, DRIs)
평균필요량, 권장섭취량, 충분섭취량, 상한섭취량의 4가지로 구성되어 있음

상한섭취량 (Tolerable Upper Intake Level, UL)
인체 건강에 유해 영향이 나타나지 않는 최대 영양소 섭취량

평균필요량 (Estimated Average Requirements, EAR)
건강한 사람들의 1일 영양 필요량의 중앙값

에너지 필요추정량 (Estimated Energy Requirements, EER)
건강하고 정상적인 활동을 하며, 정상 체격을 지닌 사람이 에너지의 균형을 이루는 데 필요한 양

가하였으며, 임신부는 태아의 발육에 소요되는 에너지를 추가하였고, 수유부는 모유 분비에 따른 에너지 필요량을 포함하여 산출한 양이다.

1) 에너지 필요추정량의 설정 방법

이중표식수법(Doubly Labeled Water Method)
체내 에너지 소모량을 측정하는 방법의 일종

에너지 소비량을 정확하게 측정하려면 직접열량계, 간접열량계 또는 이중표식수법을 이용하는 것이 바람직하지만 현실적으로는 고가의 장비와 훈련된 측정 전문가가 필요하고, 측정 절차와 방법이 까다로워서 현재는 개인의 체중, 신장, 성별 및 연령 등을 고려한 추정 공식에 대입하여 에너지 소비량을 산출하고 있다.

에너지 소비량의 추정 공식은 휴식 대사량 추정 공식과 총에너지 소비량 추정 공식이 대표적이다. 휴식 대사량 추정 공식은 1919년에 개발된 헤리스-베네딕트 공식(Harris-Benedict equation)이 대표적이며, 이후로는 성별, 연령, 인종 및 비만도를 고려한 다양한 공식이 개발되어 활용되고 있다. 한편, 총에너지 소비량 추정 공식은 2002년과 2005년에 미국/캐나다 영양소 섭취기준을 책정할 당시 에너지 필요추정량을 산정하기 위해 이중표식수법으로 측정한 총에너지 소비량을 근거로 도출된 것이다. 앞서 언급한 것처럼 우리나라도 2003년 이후 이중표식수법으로 에너지 소비량을 평가한 연구 결과가 있으나, 아직까지 연령대별로 측정한 대상자 수가 충분하지 않아서 한국인 영양소 섭취기준을 처음 도입(2005)하면서 적용하였던 미국의 영양소 섭취기준에서 제시한 에너지 필요추정량 산출 공식을 그대로 적용하고 있다. 한국인을 위한 에너지 필요추정량 산출 공식은 다음과 같다.

에너지 필요추정량(EER)의 산출 공식

에너지 필요추정량(EER) = $\alpha + \beta \times$ 연령(세) + PA × [$\gamma \times$ 체중(kg) + $\delta \times$ 신장(m)]

*PA(physical activity) = 신체 활동 단계별(비활동적, 저활동적, 활동적, 매우 활동적) 계수

표 5-5 에너지 필요추정량 계산 공식에 적용되는 상수 및 계수

		아동 및 청소년(3~18세)		성인(19세 이상)	
		남자	여자	남자	여자
α	상수	88.5	135.3	662.0	354.0
β	연령 계수	-61.9	-30.8	-9.53	-6.91
γ	체중 계수	26.7	10.0	15.91	9.36
δ	신장 계수	903.0	934.0	539.6	726.0

자료 : 보건복지부 · 한국영양학회, 2020 한국인 영양소 섭취기준, 2020

2) 생애주기별 에너지 필요추정량

2020 한국인 영양소 섭취기준에서 적용한 성별과 연령대별 체위 참고치(신장과 체중)는 표 5-6과 같고, 2015년도와 비교 시 일부 성별 및 연령대에서 변화가 있었다. 이를 바탕으로 산출된 생애주기별 에너지 필요추정량 공식은 표 5-7과 같으며, 최종 한국인의 1일 에너지 섭취기준에 대한 필요추정량 값은 표 5-8과 같다.

표 5-6 2020 한국인 체위 참고치의 비교(2015 한국인 체위 참고치와 비교)

연령(세)	구분	신장(cm) 2015	신장(cm) 2020	신장(cm) 차이	체중(kg) 2015	체중(kg) 2020	체중(kg) 차이	체질량지수(kg/m²) 2015	체질량지수(kg/m²) 2020	체질량지수(kg/m²) 차이
영아	0~5(개월)	60.3	58.3	-2.00	6.2	5.5	-0.70	17.1	16.2	-0.90
	6~11(개월)	72.2	70.3	-1.90	8.9	8.4	-0.50	17.1	17.0	-0.10
유아	1~2(세)	86.4	85.8	-0.60	12.5	11.7	-0.80	16.7	15.9	-0.80
	3~5	105.4	105.4	0.00	17.4	17.6	0.20	15.7	15.8	0.10
남자	6~8	126.4	124.6	-1.80	26.5	25.6	-0.90	16.6	16.7	0.10
	9~11	142.9	141.7	-1.20	38.2	37.4	-0.80	18.7	18.7	0.00
	12~14	163.5	161.2	-2.30	52.9	52.7	-0.20	19.8	20.5	0.70
	15~18	173.3	172.4	-0.90	63.1	64.5	1.40	21.0	21.9	0.90
	19~29	174.8	174.6	-0.20	68.7	68.9	0.20	22.5	22.6	0.10
	30~49	172	173.2	1.20	66.6	67.8	1.20	22.5	22.6	0.10
	50~64	168.4	168.9	0.50	63.8	64.5	0.70	22.5	22.6	0.10
	65~74	164.9	166.2	1.30	61.2	62.4	1.20	22.5	22.6	0.10
	75 이상	163.3	163.1	-0.20	60	60.1	0.10	22.5	22.6	0.10
여자	6~8	125	123.5	-1.50	25	25	0.00	16.0	16.4	0.40
	9~11	142.9	142.1	-0.80	35.7	36.6	0.90	17.5	18.1	0.60
	12~14	158.1	156.6	-1.50	48.5	48.7	0.20	19.4	20.0	0.60
	15~18	160.9	160.3	-0.60	53.1	53.8	0.70	20.5	21.0	0.50
	19~29	161.5	161.4	-0.10	56.1	55.9	-0.20	21.5	21.4	-0.10
	30~49	159	159.8	0.80	54.4	54.7	0.30	21.5	21.4	-0.10
	50~64	155.4	156.6	1.20	51.9	52.5	0.60	21.5	21.4	-0.10
	65~74	152.1	152.9	0.80	49.7	50.0	0.30	21.5	21.4	-0.10
	75 이상	147.1	146.7	-0.40	46.5	46.1	-0.40	21.5	21.4	-0.10

자료 : 보건복지부·한국영양학회, 2020 한국인 영양소 섭취기준, 2020

표 5-7 연령대별 에너지 필요추정량 산출식

구분	연령	총에너지 소비량(TEE) 산출 공식	생애단계별 추가필요량
영아	0~5개월	[89×체중(kg)−100]	+115.5
	6~11개월		+22
유아	1~2세		+20
	3~5세	남: 88.5−61.9×연령(세)+PA×[26.7×체중(kg)+903×신장(m)]	+20
아동	6~8세	[PA=1.0(비활동적), 1.13(저활동적), 1.26(활동적), 1.42(매우 활동적)]	
	9~11세		
청소년	12~14세	여: 135.3−30.8×연령(세)+PA×[10.0×체중(kg)+934×신장(m)]	+25
	15~19세	[PA=1.0(비활동적), 1.16(저활동적), 1.31(활동적), 1.56(매우 활동적)]	
성인	20세 이상	남: 662−9.53×연령(세)+PA×[15.91×체중(kg)+539.6×신장(m)]	−
	임신부	[PA=1.0(비활동적), 1.11(저활동적), 1.25(활동적), 1.48(매우 활동적)] 여: 354−6.91×연령(세)+PA×[9.36×체중(kg)+726×신장(m)]	초기 +0 중기 +340 말기 +450
	수유부	[PA=1.0(비활동적), 1.12(저활동적), 1.27(활동적), 1.45(매우 활동적)]	+340

자료 : 보건복지부·한국영양학회, 2020 한국인 영양소 섭취기준, 2020

표 5-8 한국인의 1일 에너지 섭취기준

연령		에너지(kcal/일)			
		필요추정량	권장섭취량	충분섭취량	상한섭취량
영아	0~5(개월)	500			
	6~11	600			
유아	1~2(세)	900			
	3~5	1,400			
남자	6~8(세)	1,700			
	9~11	2,000			
	12~14	2,500			
	15~18	2,700			
	19~29	2,600			
	30~49	2,500			
	50~64	2,200			
	65~74	2,000			
	75 이상	1,900			
여자	6~8(세)	1,500			
	9~11	1,800			
	12~14	2,000			
	15~18	2,000			
	19~29	2,000			
	30~49	1,900			
	50~64	1,700			
	65~74	1,600			
	75 이상	1,500			
임신부	1기	+0			
	2기	+340			
	3기	+450			
수유부		+340			

자료 : 보건복지부·한국영양학회, 2020 한국인 영양소 섭취기준, 2020

3) 한국인의 에너지 섭취 실태

우리나라 사람의 에너지 섭취량 및 영양소 급원별 변화 추이는 그림 5-6과 같다. 국민건강영양조사 결과 보고 자료에 따르면, 지난 10년(2009~2019) 한국인 1인당 하루 에너지 섭취량은 남성의 경우 2,172 kcal에서 2,245 kcal로, 여성의 경우 1,590 kcal에서 1,629 kcal로 급원별 에너지 섭취 분율을 보면 탄수화물 섭취 비율은 줄고 지방의 섭취 비율이 상대적으로 증가하는 것으로 관찰되었다. 영양소 섭취기준에 대한 섭취 비율 비교에서도 남자의 경우 99%, 여자의 경우 88%로 여자가 섭취기준 대비 좀 더 섭취 비율이 낮았다.

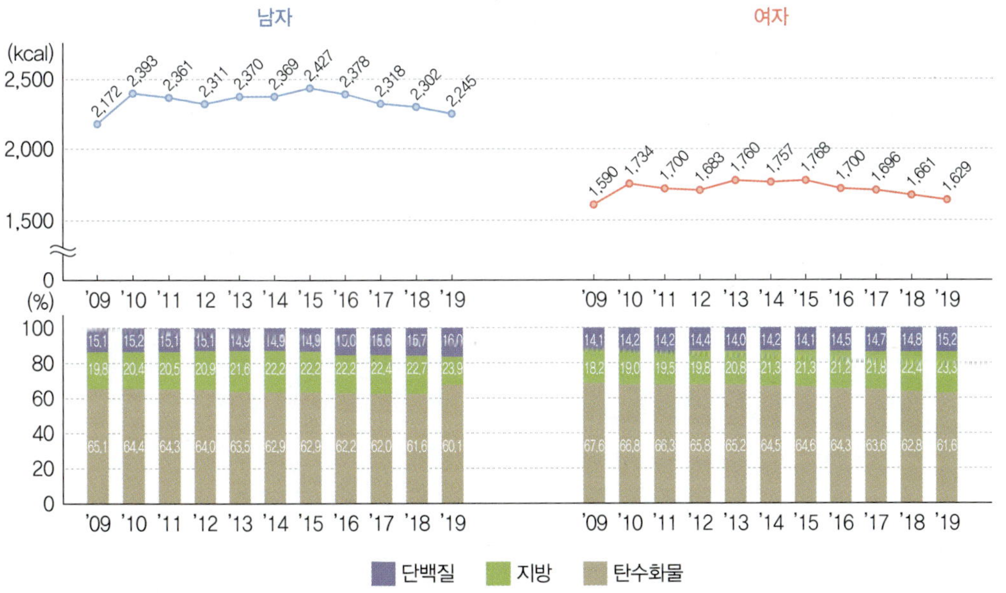

※ 에너지 섭취량 : 1인 1일당 에너지 섭취량의 평균, 만 1세 이상

※ 급원별 에너지섭취분율 : {(단백질 섭취량)×4+(지방 섭취량)×9+(탄수화물 섭취량)×4}에 대한 {(단백질 섭취량)×4}, 또는{(지방 섭취량)×9}, {(탄수화물 섭취량)×4}의 분율, 만 1세 이상

※ 2005년 추계인구로 연령표준화

그림 5-6 에너지 섭취량 및 급원별 섭취 분율

자료 : 질병관리청, 2020 국민건강영양조사 보고

에너지 주요 급원식품

에너지 주요 급원식품과 에너지 함량(식품 100 g 및 1회 분량 기준)에 대한 상위 30개 식품 정보가 표 5-9와 그림 5-7에 제시되어 있다. 1회 분량 기준으로 우리나라

사람들이 섭취하는 에너지가 높은 식품은 대부분 곡류군(국수, 메밀국수, 찹쌀, 백미, 떡, 현미, 보리, 빵, 과자, 밀가루 등)이었고, 육류군(소고기, 돼지고기, 달걀, 두부, 닭고기 등), 유제품(우유), 유지류(참기름, 콩기름, 마요네즈)이 그다음 순이었다. 또한 라면, 샌드위치, 햄버거, 피자와 같은 패스트푸드와 주류(맥주, 소주)도 높은 에너지 함량을 보였다.

더 알아보기 월간 폭음률 변화 추이 및 연령대별 비율

알코올은 1 g당 7 kcal를 내는 에너지 외에는 다른 영양소가 거의 없어 빈열량이라고 한다. 2020 국민건강영양조사 보고에 따르면 2005년부터 추적 조사한 결과 월간 폭음률이 남자의 경우 지속적으로 50%대를 보이고 있고, 여성의 경우 17.2%에서 현재 24.7%로 점차적으로 증가한 것을 관찰할 수 있다. 지난 10년간(2009~2019년) 폭음률을 연령대별로 살펴본 결과 남성은 60대 이상을 제외하고 비율이 감소한 반면, 여성은 전반적으로 증가하였고, 특히 20대에서 가장 큰 폭으로 증가하였다. 폭음의 비율이 높을수록 에너지 섭취가 과다해지고 이는 비만과 각종 만성퇴행성 질환의 발생률과 유병률을 높일 수 있다. 따라서 폭음 습관을 줄이고 적절한 양의 알코올을 섭취하는 것이 바람직하다.

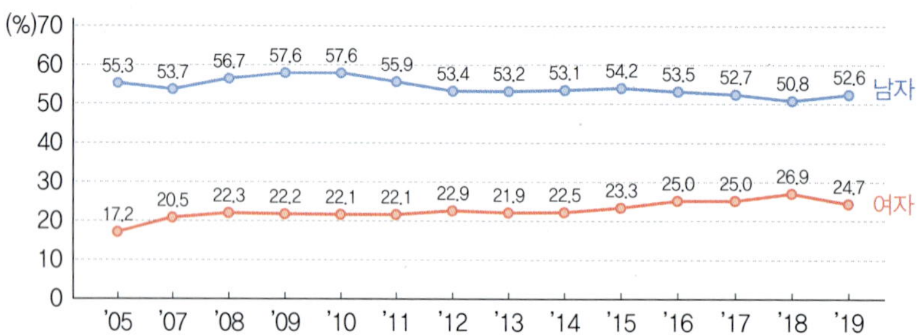

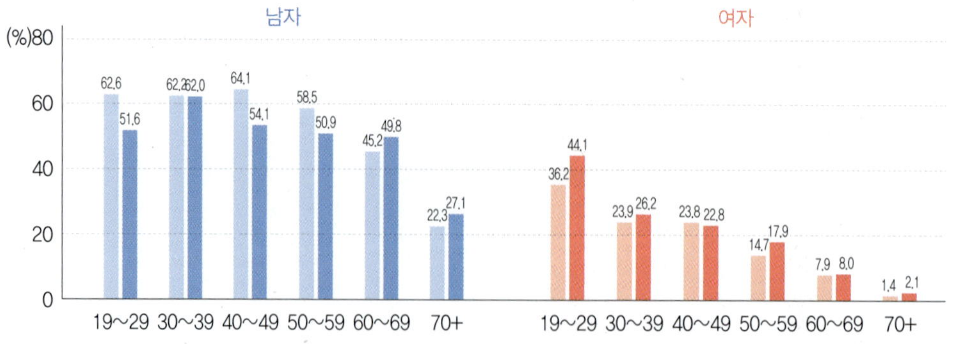

※ 월간 폭음률 : 최근 1년 동안 월 1회 이상 한번의 술자리에서 남자의 경우 7잔(또는 맥주 5캔) 이상, 여자의 경우 5잔(또는 맥주 3캔) 이상 음주한 분율, 만19세 이상

자료 : 질병관리청, 2020 국민영양조사 보고

표 5-9 에너지 주요 급원식품 및 함량(100 g당 함량)[1)]

순위	급원식품	함량(g/100 g)	순위	급원식품	함량(g/100 g)
1	백미	357	16	사과	53
2	돼지고기(살코기)	186	17	배추김치	37
3	소고기(살코기)	223	18	밀가루	375
4	라면(건면, 스프포함)	369	19	보리	343
5	빵	279	20	고구마	141
6	소주	127	21	찹쌀	377
7	국수	291	22	두부	97
8	우유	65	23	메밀 국수	291
9	과자	494	24	마요네즈	711
10	떡	213	25	샌드위치/햄버거/피자	229
11	달걀	136	26	설탕	387
12	닭고기	107	27	참기름	917
13	콩기름	915	28	고추장	205
14	맥주	46	29	감자	70
15	현미	343	30	대두	407

[1)] 2017년 국민건강영양조사의 식품별 섭취량과 식품별 에너지 함량(국가표준식품성분표 DB 9.1) 자료를 활용하여 에너지 주요 급원식품 상위 30위 산출

자료 : 보건복지부·한국영양학회, 2020 한국인 영양소 섭취기준, 2020

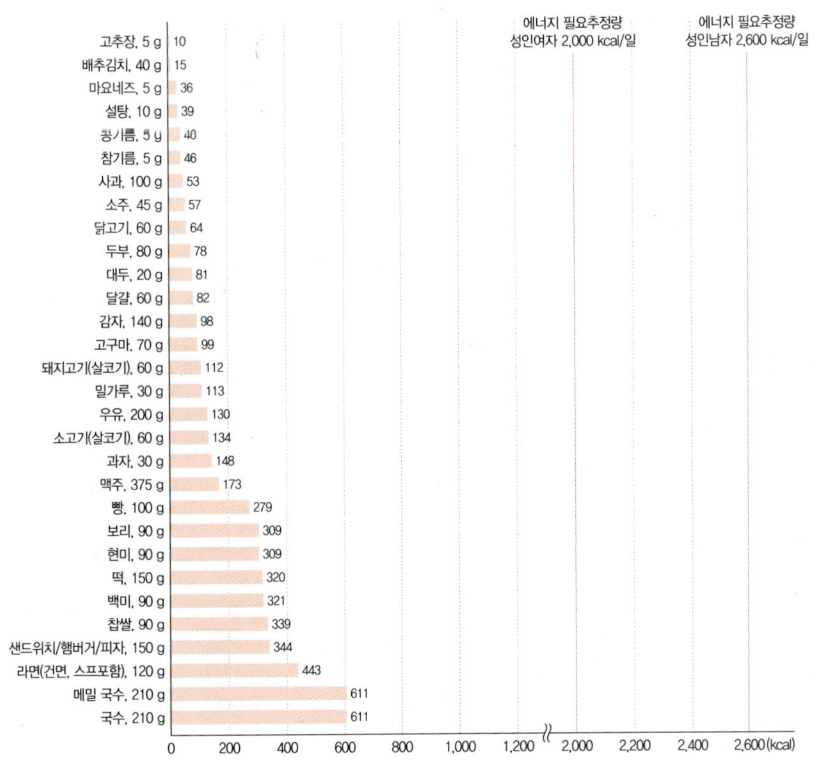

그림 5-7 에너지 주요 급원식품(1회 분량당 함량)[1)]

[1)] 2017년 국민건강영양조사의 식품별 섭취량과 식품별 에너지 함량(국가표준식품성분표 DB 9.1) 자료를 활용하여 에너지 주요 급원식품 상위 30위 산출 후 1회 분량(2015 한국인 영양소 섭취기준)을 적용하여 1회 분량당 함량 산출, 19~29세 성인 에너지필요 추정량 기준(2020 한국인 영양소 섭취기준)과 비교

자료 : 보건복지부·한국영양학회, 2020 한국인 영양소 섭취기준, 2020

5. 에너지 균형

양호한 건강을 유지하기 위해서는 체내에서 필요로 하는 에너지량을 충족할 만큼 충분한 음식을 섭취해야 한다. 만일 에너지 공급이 부족하면 활동량이 감소하며, 극심한 경우에는 생명의 위협까지 받게 된다. 반면 장기간 과잉의 에너지를 섭취하면 체중과다를 초래하고, 이는 각종 만성질환으로 이어질 수 있으므로 무엇보다도 에너지 섭취량과 신체의 에너지 소비량 사이에 균형을 이루는 것이 중요하다.

만성질환(chronic disease)
6개월 혹은 1년 이상 계속되는 질환

1) 에너지 불균형의 문제

신체는 에너지 섭취와 에너지 소비 사이의 균형을 유지하기 위한 조절 능력을 갖고 있어 성인의 체중은 비교적 일정하게 유지된다. 그러나 그림 5-8과 같이 에너지 섭취와 소비 중에서 어느 한쪽이 지속적으로 많아지면 심각한 건강문제를 초래할

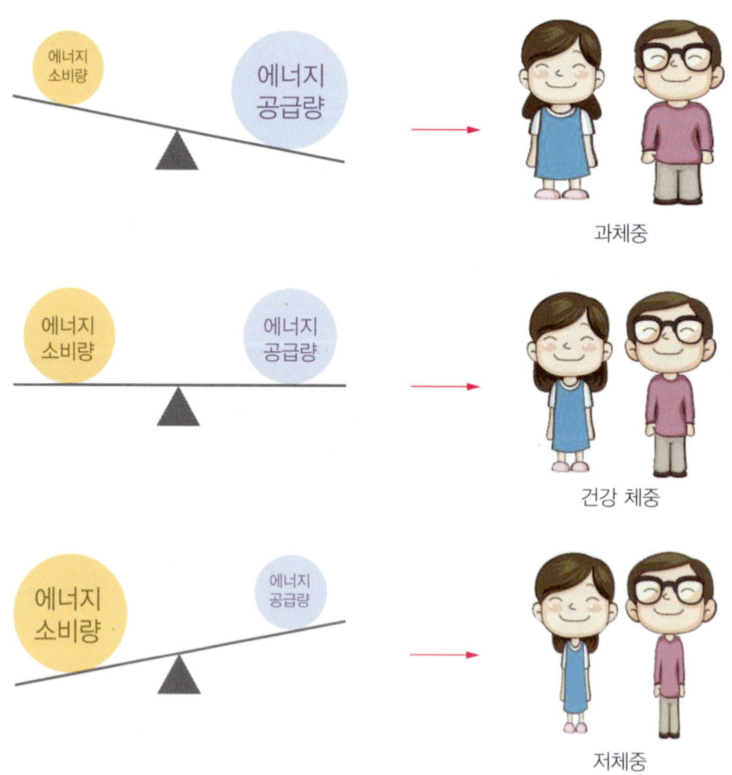

그림 5-8 에너지 대사의 균형

수 있으므로 에너지 대사가 균형을 이룰 수 있도록 식사와 활동을 적절히 하는 생활습관을 갖도록 노력해야 한다.

연령대별 에너지 부족, 적정 과잉 섭취 분율은 다음 그림 5-9와 같다. 10년 전과 비교하여 남자의 경우 20~30대와 50대에서 적정 섭취 분율은 줄고 과잉으로 섭취하는 분율이 높아졌다. 여자의 경우 20대를 제외하고 적정 섭취 분율은 줄었고 부족 섭취 분율은 다소 늘었다. 또한 과잉 섭취 분율은 20대에서 다소 높아졌다. 이러한 에너지 섭취의 불균형은 비만의 발생과 연결되고, 나아가 만성퇴행성 질환의 유병률에도 영향을 줄 수 있다.

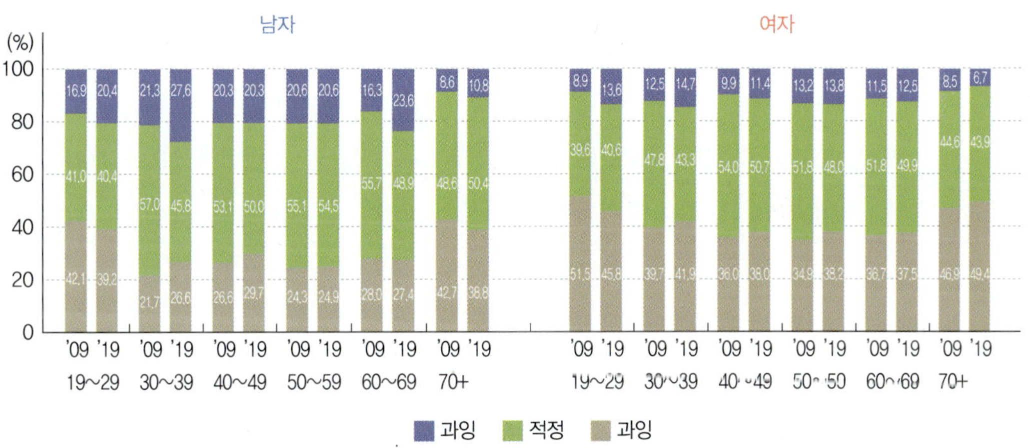

※ 부족 섭취 분율 : 에너지 필요추정량의 75% 미만 섭취, 만 19세 이상
※ 적정 섭취 분율 : 에너지 필요추정량의 75% 이상 125% 미만 범위 내 섭취, 만 19세 이상
※ 과잉 섭취 분율 : 에너지 필요추정량의 125% 이상 섭취, 만 19세 이상

그림 5-9 연령별 에너지 부족, 적정, 과잉 섭취 분율
자료 : 질병관리청, 2020 국민건강영양조사 보고

2) 양의 에너지 균형(에너지 섭취량>에너지 소비량 : 비만)

비만이란 에너지의 섭취가 소비보다 많을 때, 체내에서 사용되지 않고 남은 에너지가 지방으로 전환되어 피하조직과 내장 주변에 지방이 과다하게 축적된 상태를 의미한다. 따라서 단순히 체중이 많이 나가는 과체중을 비만이라고 하지 않는다.

비만의 판정을 위해 체지방량을 정확하게 특정하는 것이 바람직하나 편의상 체질량지수(BMI)가 주로 사용된다.

$$BMI = kg/m^2$$

비만(obesity)
체지방이 과다하게 축적된 상태를 의미함. 체지방이 남자는 체중의 25%, 여자는 체중의 30% 이상일 때, 임상적으로는 BMI가 25.0 이상인 경우나 현재 체중이 이상체중을 20% 초과하는 경우로 정의

체질량지수(Body Mass Index, BMI)
키와 몸무게를 이용하여 지방의 양을 추정하는 비만 측정법

세계보건기구(WHO)의 발표에 의하면, 서양의 여러 나라는 체질량지수(BMI)가 25~29.9에 속하면 과체중, 30 이상이면 비만으로 정의하고 있다. 그러나 아시아·태평양 국가 주민들은 서양의 비만 기준 이상으로 체중이 높지 않아도 종종 만성 합병증이 동반되므로, 체질량지수가 23~24.9에 속하면 과체중, 25 이상이면 비만으로 정의하고 있다.

경제 발전과 더불어 지방 섭취량의 증가와 생활방식의 변화 등으로 인해 한국인의 비만율이 증가하여 서구와 마찬가지로 비만이 큰 건강문제로 대두되고 있다. 국민건강영양조사 결과에 의하면(그림 5-10), 우리나라 30세 이상 성인의 비만 유병률은 남자의 경우 1998년 26.8%에서 점진적으로 증가하여 2019년 43.1%로 보고되고 있고, 특히 30대의 경우 38.5%에서 46.4%로 10% 가까이 증가하였다. 여자의 경우 1998년 30.5%에서 점진적으로 증가하여 2019년 27.4%로 다소 감소된 것으로 보고되고 있다. 40대 이상은 전반적으로 비만율이 감소하였으나, 30대의 경우 19.6%에서 21.6%로 증가하였다. 더불어 고혈압과 당뇨병의 유병률은 10년간 큰

유병률(prevalence rate)
어떤 지역에서 어떤 시점(특정일)에 조사한 이환자(罹患者) 수를 그 지역 인구수에 대하여 나타내는 비율

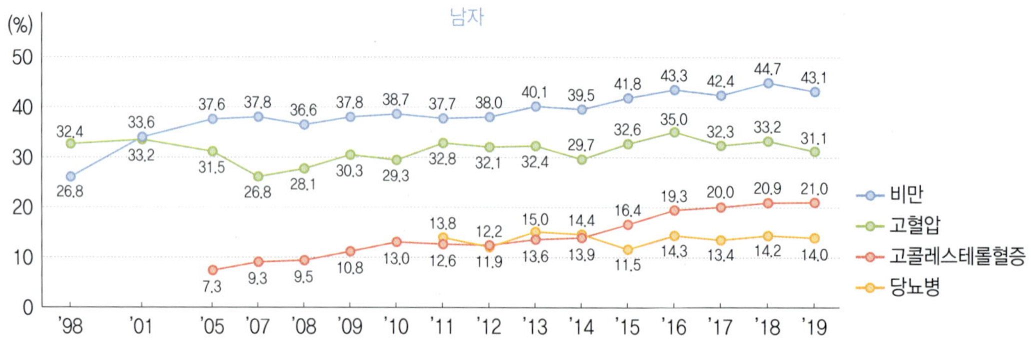

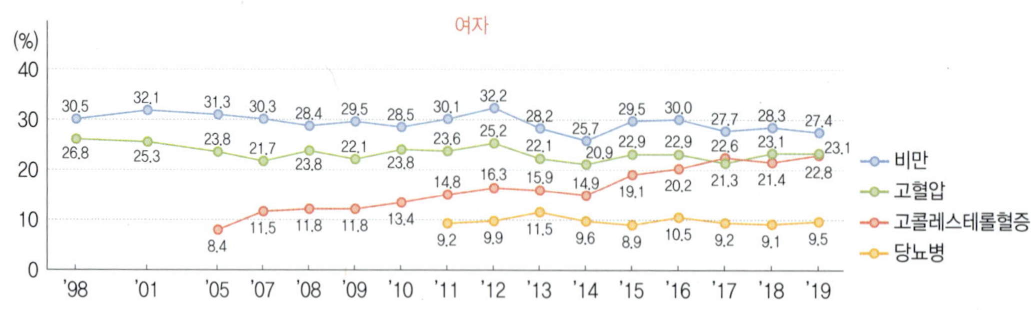

그림 5-10 비만 및 주요 만성퇴행성 질환의 유병률 추이

자료 : 질병관리청, 2020 국민건강영양조사 보고

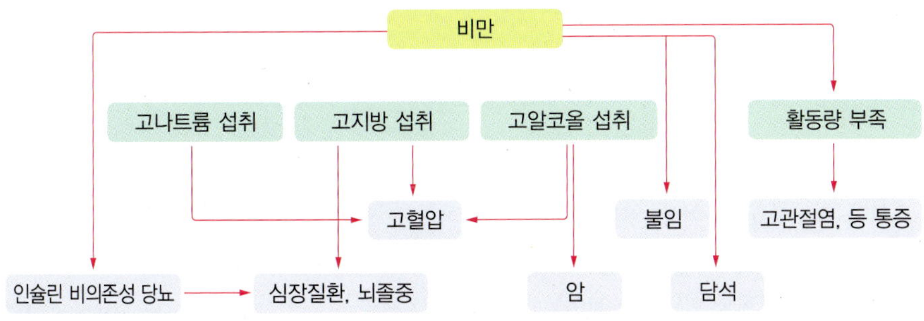

그림 5-11 비만과 여러 질병과의 관계

변동 없이 비슷한 수준을 보이고 있는 반면, 고콜레스테롤혈증의 유병률은 1998년 10% 이하(남자 7.35, 여자 8.4%)였으나 지속적으로 증가하여 현재 20%(남자 21%, 여자 23.1%)를 넘어서고 있다.

표 5-10 비만과 관련된 질병의 상대적 위험

매우 높음(위험도 ≥ 3배)	중등도(위험도 2~3배)	약간 높음(위험도 1~2배)
인슐린 비의존성 당뇨병 담낭질환 이상지질혈증 인슐린저항(당뇨병) 수면 중 무호흡증	관상동맥성 심장질환 중풍 고혈압 골관절염(슬관절) 고요산증, 통풍	암(유방암, 자궁내막암, 대장암) 생식기 호르몬 이상 다낭종성 난소증후군 수정 이상 요통

자료 : 한국인의 건강체중과 영양, 2001 대한지역사회영양학회 춘계학술대회

더 알아보기 비만의 판정

1. 체질량지수(BMI)에 의한 성인의 비만 판정

BMI[1)](kg/m²)	BMI[2)](kg/m²)	구분
<18.5	<18.5	저체중
18.5~24.9	18.5~22.9	정상
25.0~29.9	23.0~24.9	과체중
30.0~34.9	25.0~29.9	경도비만
35.0~39.9	30.0~34.9	중등도비만
≥40.0	≥35.0	고도비만

자료 : [1)] WHO, [2)] 대한비만학회

2. 상대체중에 의한 비만 판정(변형된 Broca법)

- 비만도(%)=$\frac{\text{현재체중}}{\text{표준체중}}\times 100$
- 표준체중 산출 방법 신장 160 cm 이상 ⇒ {신장(cm) − 100} × 0.9
  신장 150~160 cm 이상 ⇒ {신장(cm) − 150} × 0.5 + 50
  신장 150 cm 이하 ⇒ 신장(cm) − 100
- 판정 기준 90% 이하 ⇒ 체중 미달 90~110% ⇒ 정상(건강) 체중
  110~120% ⇒ 과체중 120% 이상 ⇒ 비만

3. 허리둘레에 의한 판정

성인 남자는 허리둘레가 90 cm 이상, 성인 여자는 85 cm 이상이면 복부비만으로 간주

4. 체지방량에 의한 판정

피부두겹두께 측정법, 생체전기저항측정법, 신체전기전도법, 수중체중밀도법, 신체수분측정법, 신체칼륨측정법 등에 의해 피하지방 두께나 신체 밀도 또는 체수분량 등을 구한 후 회귀방정식을 이용해서 총체지방량을 산출. 총지방량을 체중으로 나눈 값인 체지방률이 남자는 25% 이상, 여자는 30% 이상이면 비만으로 판정

체지방 비율(%)에 의한 판정

분류	남자	여자
건강	15~18	20~25
경계비만	19~24	26~29
비만	≥25	≥30

자료 : 대한비만학회, 2000

5. 내장비만-피하지방 비에 의한 판정

컴퓨터 단층촬영법에 의해 내장지방과 피하지방의 면적을 구한 후, 내장지방-피하지방의 비를 구해 이 값이 0.4 이상이면 내장비만형 비만으로 판정. 남녀 모두 내장지방 면적이 100 cm^2 이상이면 내장지방형으로 진단

3) 음의 에너지 균형(에너지 섭취량 < 에너지 소비량 : 저체중)

장기간 에너지 섭취가 필요량에 비해 부족하면 체중이 감소된다. 체중 감소가 심각하지 않을 경우, 즉 BMI가 18에서 20 사이일 때는 과체중의 경우와 같은 질병 위험 요인이 따르지 않는다. 그러나 BMI가 17 이하인 경우에는 질병이나 스트레스와 싸우는 데 필요한 여분의 에너지가 부족되기 쉽고, 이로 인해 감염에 대한 저항

력이 급격히 감소하므로 폐결핵을 포함한 각종 감염성 질환에 쉽게 이환될 수 있다. 가장 심각한 것은 저체중의 젊은 여자가 임신을 하는 경우인데, 임신 기간을 채우지 못하거나 저체중의 허약한 아기를 출산하기 쉽다. 또한 저체중의 가임기 여자는 무월경인 경우가 많으며, 성장기 어린이인 경우에는 성장이 지연된다.

한편, 거식증 및 폭식증과 같은 식사 장애인 경우 심각한 저체중 현상이 초래된다. 그 외에 암, 소화기 장애, 만성질환, 갑상선 기능 항진증과 같은 질병이 장기화될 때에도 저체중 현상이 나타난다.

더 알아보기 체중 고정점 이론 : set point theory

체중이나 총체지방량은 개인마다 유전적으로 정해져 있으며, 신체가 이 수치를 유지하기 위해 식행동과 체내 대사율을 조절한다는 이론이다. 이 이론은 에너지 섭취량이 상당히 변화하는 데도 불구하고 오랫동안 체중이 유지되는 현상을 설명해 준다.

거식증(신경성 식욕부진, anorexia nervosa)이란?

날씬한 몸매에 대한 집착이 매우 극에 달하여 수척해질 때까지 굶는 심리적인 비정상적 현상으로, 정상 체중의 15% 이상 감소하게 되며 극단적인 경우에는 적정 체중의 30% 이상까지 감소되기도 한다. 이로 인해 탈모증, 체온 저하뿐 아니라 전해질 불균형으로 인한 신장 및 심장 기능 장애와 사망에 이를 수 있다.

폭식증(bulimia nervosa)이란?

많은 양의 음식을 빠른 속도로 먹어 치우고 배가 불러도 먹는 것을 멈출 수 없는 식사 조절력의 상실감이다. 폭식한 것을 후회하며, 스스로 자책하고 우울해 하면서 의도적으로 구토를 하거나 하제를 사용하여 설사를 유발시키기도 한다. 이로 인해 위확장증, 위파열이 초래되기도 하며, 구토가 반복됨에 따라 식도, 위, 치아 에나멜층 파괴, 전해질 불균형 등 여러 문제점을 초래한다.

해봅시다 **에너지 균형 : 내가 소비한 에너지와 섭취한 에너지를 계산해 보자.**

1. 나의 하루 에너지 소비량은?

• 어제 하루 동안 에너지를 얼마나 소비했는지 계산해 보자.

연령 : ____________________ 성별 : ____________________

신장 : ____________________cm 체중 : ____________________kg

기초대사량

• 체중을 이용하여 기초대사량(1)을 계산한다.

남자 : 1.0 kcal × kg × 24시간 여자 : 0.9 kcal × kg × 24시간

신체 활동 대사량

하루 동안 있었던 여러 가지 활동들을 모두 기록한다. 즉, 아침에 일어나서 잠자리에 들 때까지의 활동 내용과 시간을 다음 표에 기록한다.

• 1일 활동 기록표

시간	활동	에너지 소모 활동군										
		0	1	2	3	4	5	6	7	8	9	10
예 : 7:30~7:35	세수											

• 활동 기록을 기준으로 다음과 같이 신체 활동 대사량을 계산한다.

에너지 소모 활동군	에너지 소비량(kcal/kg/분)	×	소모 시간(분)	= 총소모 에너지(kcal/kg)
0. 수면		×		=
1. 깨어 누워 있는 정도	0.002	×		=
2. 앉아 있는 활동	0.007	×		=
3. 서 있는 활동	0.008	×		=
4. 일상생활 작업 활동	0.012	×		=
5. 아주 가벼운 활동	0.017	×		=
6. 가벼운 활동	0.025	×		=
7. 중 정도의 활동	0.042	×		=
8. 약간 심한 활동	0.067	×		=
9. 심한 활동	0.108	×		=
10. 극심한 활동	0.142	×		=
합계				=

신체 활동 대사량(2) : 총소모 에너지 × 체중

= ________________ (kcal/kg) × ________________ (kg) = ________________ kcal

식품 이용을 위한 에너지

식품 이용을 위해 소비되는 에너지는 기초대사량과 신체 활동 대사량을 더한 값의 10%에 달한다. 따라서 다음과 같이 계산한다.

식품 이용을 위한 에너지(3) : [기초대사량(1) + 신체 활동 대사량(2)] × 0.1

= (________________ kcal + ________________ kcal) × 0.1 = ________________ kcal

1일 총에너지 소비량

1일 총에너지 소비량 : 기초대사량(1) + 신체 활동 대사량(2) + 식품 이용을 위한 에너지(3)

= ________________ kcal + ________________ kcal + ________________ kcal

= ________________ kcal

2. 한국영양학회의 CAN 프로그램을 이용하여 어제 하루 내가 섭취한 에너지를 계산해 보자.

3. 어제 하루 동안 에너지 소비와 섭취를 산출한 결과, 나의 에너지 균형 상태는?

단원정리

1. 식품의 에너지는 탄수화물 4 kcal/g, 단백질 4 kcal/g, 지방 9 kcal/g 이며, 이를 생리적 에너지라 한다.
2. 신체의 에너지 필요량을 측정하는 방법에는 직접 에너지 측정법과 간접 에너지 측정법이 있다.
3. 신체가 소비하는 에너지의 형태는 기초대사량, 신체 활동 대사량, 식품 이용을 위한 에너지 소비량, 적응 대사량으로 분류된다.
4. 기초대사량이란 음식물의 소화와 육체적 활동에 필요한 에너지 소비를 제외하고 오로지 기본적인 생명현상을 유지하기 위해 무의식적으로 소비하는 에너지량을 말한다.
5. 신체가 소비하는 에너지 요구량 중 기초대사량 다음으로 많은 비중을 차지하는 것이 신체 활동 대사량으로, 신체의 기본적인 대사 이외에 육체 활동에 필요한 에너지를 말한다.
6. 식품 이용을 위한 에너지 소비량은 식품 섭취 후 식품을 소화시키거나 흡수, 대사, 이동, 저장을 위하여 필요한 에너지이다. 식품에 의한 열 생성(thermic effect of food, TEF) 또는 식사로 인한 열 생산(diet induced thermogenesis, DIT)이라 한다.
7. 적응 대사량은 환경의 큰 변화에 적응하는 데 요구되는 에너지이다.
8. 한국인 영양소 섭취기준에서, 에너지는 평균필요량에 해당하는 에너지 필요추정량(estimated energy requirements, EER)을 제시하였다. 이는 적정 활동을 수행하는 정상 체격의 건강한 사람이 에너지 평형을 유지하는 데 필요로 하는 양이다. 성인의 경우 총에너지 소비량(total energy expenditure, TEE)이며, 성장기 어린이와 청소년은 신체 성장에 필요한 부분을 추가하여 산출하였고, 임신부는 태아의 발육에 소요되는 에너지를 추가하였으며, 수유부는 모유 분비에 따른 에너지 필요량을 포함하여 산출하였다.
9. 양의 에너지 균형은 에너지 섭취량이 소비량보다 많을 때이며, 체중이 증가하게 된다. 음의 에너지 균형은 에너지 섭취량보다 소비량이 많을 때이며, 체중이 감소하게 된다.
10. 비만은 에너지의 섭취가 소비보다 많아 체내에서 사용되지 않고 남은 에너지가 지방으로 전환되어 피하조직과 내장 주변에 지방이 과다하게 축적된 상태를 말한다.
11. 비만과 저체중은 모두 건강상 문제를 일으킨다. 비만은 고혈압, 당뇨병, 심장질환 등 여러 만성질환의 위험 요인이다. 반면 에너지 섭취 부족으로 체지방 및 근육단백질이 손실되면 질병에 대한 저항력이 감소하고 회복이 느리며, 어린이의 경우 성장이 지연된다.

연구문제

1. 에너지에 대하여 의미를 생각하여 보고, 신체와 에너지의 생성 관계에 대하여 생각해 보자.

2. 에너지 측정법에 대하여 생각해 보고, 우유 2컵의 생리적 에너지를 측정 · 계산해 보자.

3. 신체가 소비하는 에너지의 형태를 3가지로 분류하고, 그 의미를 말해 보자.

4. 기초대사량에 영향을 주는 요인들을 제시해 보자.

5. 에너지의 불균형이 신체에 미치는 영향에 대하여 토론해 보자.

참고문헌

김선효, 이옥희, 이현숙, 조준용(2007). **체중관리를 위한 영양과 운동**. 파워북.

농촌진흥청 농촌생활연구소(2017). 식품성분표 제9개정판 제I편. 농촌진흥청.

문수재, 이명희, 이민준, 김정현(1999). **영양학의 이해**. 수학사.

보건복지부 · 한국영양학회(2020). 2020 한국인 영양소 섭취기준.

질병관리본부(2018). 2017 국민건강통계 '영양소별 섭취량의 주요 급원식품'.

질병관리청(2020). 2019 국민건강영양조사 제8기 1차년도.

최혜미 외(2006). **21세기 영양학**. 교문사.

Ashwell M & Cole TJ & Dixon AK(1985). Obesity : New insight into the anthropometric classification of fat distribution shown by computed tomography. *Br Med J 290*: 1692.

Bouchard C & Bray GA & Hubbard VS(1990). Basic and clinical aspects of regional fat distribution. *Am J Clin Nutr 52*: 946.

Callaway CW(1991). New weight guidelines for Americans. *Am J Clin Nutr 54*: 171.

Christian JL & Greger JL(1994). *Nutriton for living*, 4th ed. The Benjamin/Cummings Publishing Co.

Forbes GB & Brown MR(1989). Energy need for weight maintenance in human beings: Effect of body size and composition. *J Am Diet Assoc 89*: 499.

Garrow JS(1987). Energy balance in man–An overview. *Am J Clin Nutr 45*: 1114.

Hegaty V(1992). *Nutrition, food and environment*. Eagan Press.

Institute of Medicine of the National Academies(2005). *Dietary reference intakes for energy, carbohydrate, fiber, fat, fatty acids, cholesterol, protein, and amino acids*. The National Academies Press Washington D.C. USA, pp.107–264.

Latham MC(1990). *Protein–energy malnutrition. In Present knowledge in nutrition*, 6th ed. Brown ML. ILSI Press.

Lifson N, Gordon GB, McClintock R(1955). Measurement of total carbon dioxide production by means of D2O18. *J Appl Physiol* 7:704–710.

Miller WC & Lindeman Ak & Wallace J & Niederpruem M(1990). Diet composition, energy intake, and exercise in relation to body fat in men and women. *Am J Clin Nutr 52*: 426.

Napoli R & Horton ES(2001). *Energy requirements. In Present knowledge in nutrition*, 8th ed. Ziegler WW and Filer LJ ed. ILSI press.

Olson RE(1989). World food production and problems in human nutrition. *Nutr Today 24*: 15.

Pennington JAT(1989). *Bowes and Church's Food Values of Portions Commonly Used*, 15th ed. Harper & Row Publishers.

Resnicow K & Barone J & Engle A & Miller S & Haley NJ & Fleming D & Winder E(1991). Diet and serum lipids in vegan vegetarians : A model for risk reduction. *J Am Diet Assoc 91*: 447.

Romieu I & Willet WC & Stamper MJ & Colditz GA & Sampson L & Rosner B & Hanneckens CH & Speizer FE(1988). Energy intake and other determinants of relative weight. *Am J Clin Nutr 47*: 406.

Stensland SH & MarGolis S(1990). Simplifying the calculation of body mass index for quick reference. *J Am Diet Assoc 90*: 856.

Trumbo P et al.(2002). Dietary reference intakes for energy, carbohydrate, fiber, fat, fatty acids, cholesterol, protein and amino acids. *J Am Diet Assoc 102*: 1621.

Wardlaw GM & Insel PM(2005). *Perspectives in Nutrition*, 6th ed. MacGrow-Hill.

Whiteny EN & Rolfes SR(1996). *Understanding nutrition*, 7th ed. West Publishing Co.

MEMO

06 물

학습 목표

1. 물의 체내 분포를 기술할 수 있다.
2. 수분의 기능을 설명할 수 있다.
3. 신체의 수분 평형을 설명한다.
4. 물의 섭취기준량을 알아본다.
5. 물의 결핍증과 과잉증을 알아본다.

영희는 요즈음 매일 규칙적으로 운동을 한다.
오늘도 스포츠센터에서 땀을 흘리며 운동을 했다.
운동을 마치고 나서 회원들과 함께 스포츠 음료를 마셨다.
누군가로부터 땀을 많이 흘린 다음에는 몸에서 흡수가 빠른
스포츠 이온 음료를 마시는 것이 좋다고 들었기 때문이다.
어떤 회원은 순수한 물을 마시는 것이
건강에 좋다고 들었다며 물을 마신다.
영희는 스포츠 음료와 물 중에서 어느 것을 마셔야
할지 고민이다.

적절한 물의 공급은 단세포생물로부터 우리 인간에 이르기까지 모든 생물의 생존에 필수적이다. 물은 가장 높은 비율을 차지하는 인체 구성 성분으로서 체내 항상성 및 생명 유지를 위해 반드시 필요한 생명체의 본질적 구성 요소라고 할 수 있다. 체내 화학반응이 일어나는 장을 제공하며 영양소를 운반하고 노폐물을 배출시켜 준다.

주요 영양소를 말할 때 종종 물을 빠뜨리곤 하는데, 물은 탄수화물, 단백질, 지질, 무기질, 비타민과 함께 6대 영양소 중 하나이다. 다른 영양소의 결핍 증세는 몇 주일이나 몇 개월 또는 몇 년에 걸쳐 나타나지만 물이 없이는 단 며칠도 생존하기 어렵다. 산소가 없어도 번식할 수 있는 세균을 비롯하여 그 어떤 생명체도 물 없이는 생명을 유지할 수 없다. 우리 신체는 물을 저장하지 못하기 때문에 매일 보충해 주어야 하고, 하루에 약 2 L 정도의 물이 필요하다.

물은 수소원자 2개와 산소원자 1개가 결합된 무기물질로서 칼로리는 없다(그림 6-1).

구성원소: H_2O
에너지: 0(zero)
급원: 음료수, 식품
권장섭취량: 나이, 온도, 활동에 따라 다름
신체 내: 체중의 50~70%
결핍증: 탈수
과잉증: 전해질 불균형, 수분 중독

그림 6-1 물

1. 물의 체내 분포

신체 내의 수분은 50~70% 정도로 연령과 성별에 따른 체조성의 차이에 따라 그리고 조직에 따라 수분 함유량에 차이를 보이는데 근육은 수분 함유율이 높으며, 체지방은 수분 함유율이 낮다.

세포 내액 (intracellular fluid)
세포 안에서 고형물질들을 제외한 액체 성분의 물질

신체 수분의 65% 정도는 세포 내부에 세포 내액으로 존재하고, 35% 정도는 세

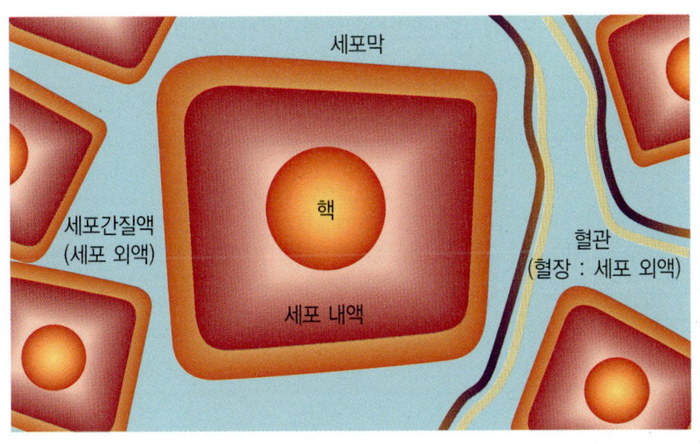

그림 6-2 세포 내액과 세포 외액

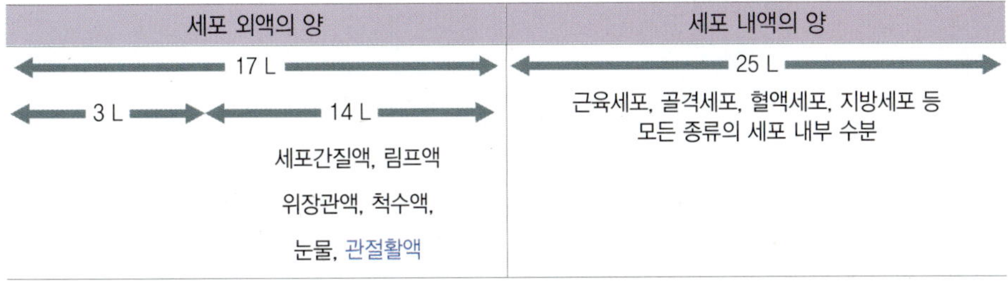

세포 외액의 양	세포 내액의 양
17 L (3 L / 14 L) 세포간질액, 림프액 위장관액, 척수액, 눈물, 관절활액	25 L 근육세포, 골격세포, 혈액세포, 지방세포 등 모든 종류의 세포 내부 수분

그림 6-3 신체 내 체액의 분포(체중 70 kg의 성인 남자)

포 외부에 세포 외액으로 존재한다(그림 6-2). 세포 외액은 혈장과 림프, 분비액, 척수액, 세포간질액으로 이루어져 있다(그림 6-3). 물은 세포 내외로 자유롭게 이동할 수 있으며, 신체의 수분 분포는 서로 다른 환경에서 달라질 수 있으나 총량은 비교적 일정하게 유지된다.

세포 내외부의 물의 양은 전해질 농도로 조절된다. 전해질은 용액에서 이온 상태로 용해되어 있고, 물은 극성을 띠므로 양전하나 음전하로 이동된다. 물분자 중 산소는 약한 음전하를 띠므로 양전하를 띤 나트륨(Na^+)이나 칼륨(K^+) 이온 쪽으로 이동하고, 약한 양전하를 띤 수소는 음전하의 염소(Cl^-)나 인산(PO_4^{-3}) 이온 쪽으로 이동한다. 이러한 이동 때문에 생물학적으로 중요한 대부분의 이온들은 물분자로 둘러싸여 있게 된다. 이온들이 세포 내외에서 이동하면 물도 함께 이동하게 된다.

신체 내의 수분은 반투막을 통해 이동하여 입자의 농도를 같게 하는데, 물은 반투막을 통과할 수 있으나 입자는 통과할 수 없다. 체내에서 반투막은 세포막이고,

관절활액(synovial fluid)
관절강에 존재하는 조직액의 하나. 관절운동이 저마찰로 이루어지도록 하는 윤활제로서의 역할과 관절연골의 영양을 유지시키는 역할

세포 외액 (extracellular fluid)
세포 바깥에 있는 액체 성분으로 혈액, 조직액 또는 간질액, 위장관액으로 이루어져 있으며 간질액만을 가리켜 세포 외액이라고도 함

혈장(plasma)
혈액 속의 유형성분(적혈구·백혈구·혈소판)을 제외한 액체 성분

림프(lymph)
조직세포의 간극에 존재하는 조직액이 림프관에 들어 있는 것으로 임파 또는 림프액이라고도 함

세포간질액 (interstitial fluid)
세포를 직접 둘러싸서 세포의 생활 환경을 형성하고 있는 액체로, 세포 외액의 일부임

전해질(electrolyte)
물 등의 용매에 녹아서 이온으로 해리되어 전류를 흐르게 하는 물질

반투막 (semipermeable membrane)
용액·콜로이드 용액·혼합기체 등과 같은 혼합물의 일부 성분은 통과시키지만, 다른 성분은 통과시키지 않는 막

입자는 주로 전해질이다. 이와 같이 반투막을 통해 전해질 농도가 낮은 쪽에서 높은 쪽으로 물이나 용매가 이동하는 것을 삼투라고 한다. 반투막으로 나누어진 한쪽 구획에 입자를 첨가하면 그 구획의 농도가 높아지는데, 입자는 반투막을 통과할 수 없으므로 농도가 낮은 쪽에서 농도가 높은 쪽으로 물이 이동한다. 이때 양쪽의 농도가 같아질 때까지 물이 이동하게 되며, 농도가 높은 쪽에 형성된 압력을 삼투압이라고 한다(그림 6-4).

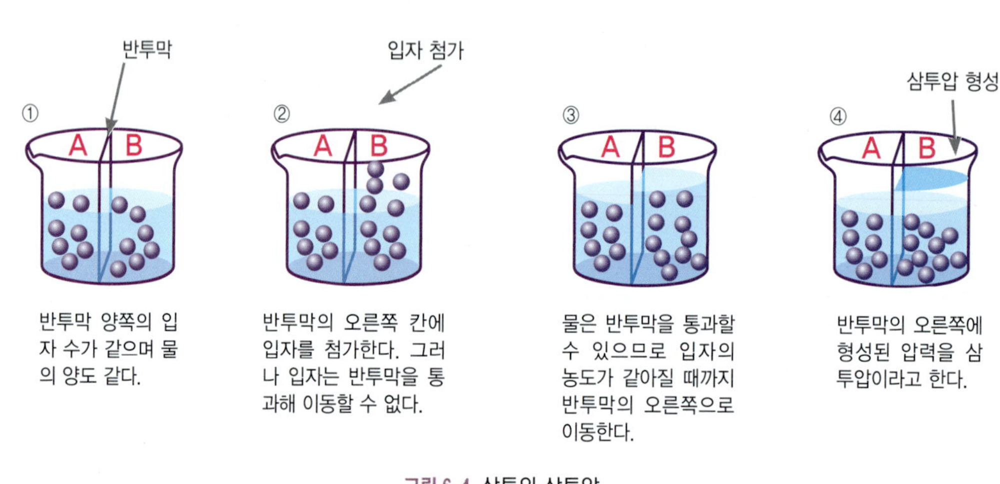

그림 6-4 삼투와 삼투압

2. 물의 기능

물은 독특한 물리 화학적 특성 때문에 체내에서 중요한 역할을 한다. 많은 화학물질의 용매가 되고 화학반응이 일어나는 매체가 되며, 반응물질이나 생성물질이 된다.

신체의 구성 성분

신생아는 체중의 75%, 성인 남녀는 60~65%, 근육량이 현저히 감소되는 노인 남녀는 45~50%로 낮아진다. 우리 몸을 구성하는 주요 구성 성분으로 사람 체중의 60%를 차지하며, 근육의 약 70%, 혈액의 약 83%를 차지한다(그림 6-5).

운반작용

우리 몸에서 음식을 소화·흡수하는 데에 필요하며, 영양소를 온몸에 운반해 주

그림 6-5 신체의 수분 함량

고, 각 조직에서 대사 결과 생긴 이산화탄소, 요소, 요산과 같은 노폐물을 폐나 신장을 통해 배출시켜 준다.

체온 조절

운동 등으로 체온이 오르거나 날씨가 더우면 땀의 형태로 수분을 증발시키며, 이때 빼앗기는 기화열이 체온을 낮추는 역할을 하므로 체온이 정상으로 유지되게 해 준다.

용매와 대사반응에 관여

화학적 반응의 용매로서 체내 많은 화학반응이 물을 매개로 이루어지므로 체내 화학반응이 정상적으로 진행되도록 해 준다.

외부 충격으로부터의 보호

조직 내 수분은 외부로부터 충격이 가해졌을 때 충격을 흡수하여 내장기관이 다치지 않게 해 주는데, 뇌척수액은 뇌와 척수를, 임신부의 양수는 태아를 보호해 준다.

> **양수(liquor amnii)**
> 태아를 둘러싸고 있는 양막 안에 차 있는 액체로서, 태아를 보호하는 역할을 함

윤활제 역할

타액의 주성분으로 음식물 삼킴을 매끄럽게 해 주며, 위장액의 주성분으로 음식물이 쉽게 소화되게 해 주며, 관절액의 주성분으로 뼈와 뼈 사이의 마찰을 줄여 잘 움직일 수 있게 해 준다. 점액의 주성분으로 눈, 코, 호흡기관 등의 점막을 부드럽게 해 준다.

3. 수분 평형

모든 세포는 내부에 일정량의 세포 내액이 있고, 또한 세포간질액에 잠겨져 있다. 정상 조건에서는 세포 내액과 세포간질액의 수분은 끊임없이 손실되고 다시 채워지고 하면서 항상 일정한 양을 유지한다. 즉, 신체의 수분 섭취량과 손실량이 동일하여 체내의 수분 평형을 이루고 있다(그림 6-6). 신체는 수분 평형을 맞추기 위하여 여러 가지 조절 기구를 가지고 있는데, 섭취량과 손실량이 다를 경우에는 탈수나 과잉 증세가 초래된다.

수분 평형(water balance) 체내에서 수분의 섭취와 배설이 균형을 이루는 일

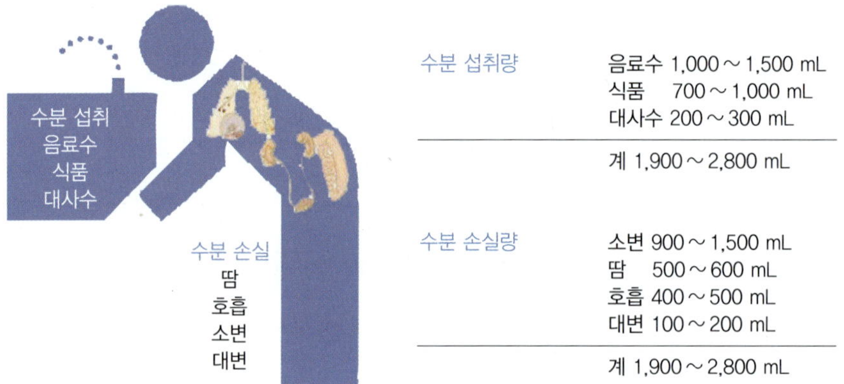

그림 6-6 체내 수분 섭취량과 손실량

1) 수분 섭취량

성인 남자의 경우 체내에 약 45 L의 물을 가지고 있는데, 그중 약 2.75 L의 물을 매일 새롭게 섭취하여 교체한다. 약 1.5 L는 음료수로, 1 L는 음식물로 섭취하며, 0.25 L는 섭취한 음식물의 대사 과정에 의해 만들어진다.

수분은 섭취 후 소화 과정을 거치지 않고 바로 흡수된다. 입과 위에서도 흡수되지만 대부분 소장에서 흡수되며, 흡수된 후 바로 혈액으로 들어간다. 수분 섭취량이 손실량에 비해 많거나 적어지면 수분 평형을 맞추기 위해 소변의 양이 조절된다.

2) 수분 손실량

신체 내의 물은 끊임없이 우리 몸을 순환하면서 반복 사용되는데, 섭취한 양의

물은 여러 가지 방법으로 배출된다. 수분 손실량의 2/3 정도는 신장을 통해 소변으로 배설되고, 1/3 정도는 폐와 피부를 통한 증발로 손실되며, 소량은 대변으로 배설된다. 폐와 피부로 손실되는 수분 양은 사람들이 잘 감지하지 못하기 때문에 불감성 손실량이라고 한다.

소변은 주로 물인데 노폐물을 배설하기 위해서는 하루에 최소한 400 mL의 소변을 배설해야 한다. 대개 소변 양은 하루 최소 배설량보다 훨씬 많다. 소변의 양이 많아지면 노폐물의 농도는 비례적으로 희석된다. 옅은 색의 소변은 물을 충분히 섭취하고 있는 것이고, 짙은 색의 소변은 물 섭취량이 부족하다는 표시이다. 하루에 배설되는 소변량은 1~1.5 L 정도 된다. 심한 신체 활동을 하지 않아도 물은 땀으로 손실되어 곧 증발한다.

또한 신체는 호흡하면서 이산화탄소와 소량의 물을 내보낸다. 대변 중 수분 함량은 75% 정도로 하루 수분 손실량의 약 5%는 대변을 통해 배설된다.

3) 수분 평형의 조절

신체 내 수분은 세포 내외를 자유롭게 이동하여 모든 체액의 삼투압을 평형으로 유지한다. 그러나 여러 가지 원인에 의하여 체내 총수분량이나 세포 내외의 수분량이 달라질 수 있다. 즉, 수분 평형이 깨어질 수 있는데 이 경우 신체는 수분을 더 섭취하거나 배설을 조절함으로써 평형을 유지하고자 한다.

세포 내외의 적절한 수분 평형 유지에는 호르몬과 무기질이 관여한다. 수분 평형에 관여하는 무기질은 주로 나트륨, 칼륨, 염소 등이고, 호르몬은 항이뇨호르몬과 알도스테론이다. 체수분 균형을 유지하기 위해 혈액량 감소 시 뇌하수체에서 항이뇨호르몬 분비가 촉진되어 신장에서 수분 배설량을 감소시키고, 부신에서 알도스테론이 분비되어 신장에서 나트륨 재흡수를 증가시켜 체내에 수분을 보유하게 하며, 뇌의 갈증중추를 자극하여 수분을 섭취하게 한다. 예를 들어, 짠 음식을 먹으면 갈증을 느껴 물이 마시고 싶어진다. 소금이 세포 외액에 축적되면 세포 내부로부터 물을 끌어당기고, 세포 내의 탐지기는 탈수를 감지하여 뇌로 신호를 보내어 갈증을 느끼게 해 물을 섭취하게 한다. 너무 많은 물을 마시게 되면 무기질이 희석되므로 신장에서는 곧 더 많은 소변을 만들어 배설시킨다.

항이뇨호르몬(antidiuretic hormone, ADH)
뇌하수체 후엽에서 분비되는 호르몬으로 수분 재흡수를 항진시켜 소변으로의 수분 손실을 억제함

알도스테론(aldosterone)
부신피질에서 분비되는 주요한 전해질 조절 스테로이드 호르몬으로 신장에서 나트륨 재흡수를 촉진함

4. 물의 급원

우리 몸에 필요한 수분의 주요 급원은 마시는 물과 여러 음료수이다. 전체 수분 섭취량의 절반 이상을 물과 음료수로부터 얻는다. 대부분의 음료에는 당류, 나트륨, 카페인, 알코올 등이 들어 있어 비만, 심혈관계 질환 등의 발생 위험을 높이므로 음료 섭취를 자제하고 물 위주로 섭취하는 것이 바람직하다.

한국인의 수분 주요 급원식품을 산출한 결과 액체류는 제외한 음식 중 수분 함량을 기준으로 했을 때 배추김치, 사과, 돼지고기(살코기), 무, 양파 순으로 수분 섭취에 기여하는 것으로 나타났다.

신체 내의 대사작용에 의해서도 소량의 물이 생성되는데, 탄수화물과 단백질, 지질이 분해되면 에너지를 생성하면서 부산물로 물이 생긴다.

표 6-1 수분 주요 급원식품(100 g당 함량)[1)]

순위	급원식품	함량(mL/100 g)	순위	급원식품	함량(mL/100 g)
1	배추김치	89.3	16	복숭아	86.1
2	사과	85.2	17	수박	91.1
3	돼지고기(살코기)	68.4	18	파	92.8
4	무	95.3	19	바나나	76.1
5	양파	92.0	20	고구마	63.9
6	닭고기	76.2	21	배	87.0
7	백미	14.9	22	애호박	93.1
8	달걀	75.9	23	양배추	89.7
9	두부	81.2	24	참외	86.1
10	감자	81.1	25	떡	46.4
11	토마토	93.9	26	콩나물	91.0
12	오이	95.2	27	깍두기	88.9
13	소고기(살코기)	56.5	28	포도	83.4
14	감	85.6	29	열무김치	90.1
15	귤	89.7	30	빵	34.8

1) 2017 국민건강영양조사의 식품별 섭취량과 식품별 수분 함량(국가표준식품성분표 DB 9.1) 자료를 활용하여 수분 주요 급원식품 상위 30위 산출. 단, 육수와 침출액, 음료 등 액체류는 제외한 음식 중 수분 함량 기준

자료 : 보건복지부·한국영양학회, 2020 한국인 영양소 섭취기준, 2020

건강한 생활 습관이 아름다운 피부를 가질 수 있게 한다.

건강한 성인 남녀를 대상으로 충분한 수분 섭취와 올바른 생활 습관이 피부에 미치는 영향에 대해 연구하였더니 카페인이 들어 있지 않은 음료와 물의 섭취량이 많을수록 각질이 줄었고, 피부결도 부드러워지는 것을 확인하였다. 반면에, 카페인 음료를 많이 섭취하는 경우에는 피부결도 거칠어지고 예민해져 카페인이 수분을 배출하는 요인으로 작용하는 것으로 나타났다. 또한 생활 습관 중 흡연을 하는 경우 피부의 평균수분량이 감소하여 흡연량이 많을수록 피부 수분 함유량에 악영향을 미치는 것으로 확인되었다.

따라서 수분 섭취량은 많게, 카페인 섭취량은 적게, 흡연량 또한 줄이는 것이 안면 피부 건강에 좋은 영향을 미치므로 아름다운 피부를 갖기 위해서는 적절한 수분 섭취와 건강한 생활 습관을 갖는 것이 중요하다.

자료 : 조예림, 성인의 수분섭취량과 생활습관에 따른 안면피부건강 연구. 가천대학교 경영대학원, 2015;
조한희, 여성의 태도와 습관이 안면피부상태에 미치는 영향, 대구가톨릭대학교, 2013

5. 물의 섭취기준

1) 한국인의 수분 섭취기준

물은 식품인 동시에 영양소이다. 이것은 다른 영양소, 즉 탄수화물이나 단백질, 지질이 식품 속의 성분으로 들어 있는 것과 다른 점이다. 사람은 소변과 대변, 땀과 호흡을 통해 손실되는 수분을 보충하기 위해 매일 적어도 1 L 이상의 물을 마셔야 한다. 조사에 의하면 과거에 비해 현대인들은 물이나 음료, 주스, 커피, 차, 알코올 음료 등을 더 많이 마시고 있다. 그러나 어떠한 음료수를 마시든지 몇 시간 내에 배설되기 때문에 매일 수분을 보충해 주어야 한다.

우리나라에서는 체수분량의 6%를 1일 수분 손실량으로 간주하고, 1일 수분 섭취기준으로 1 mL/kcal를 적용하여 하루 수분의 충분섭취량을 제시하고 있다(표 6-2). 총수분량의 충분섭취량은 19~29세의 남자와 여자의 경우 각각 2,600 mL와 2,100 mL이다. 이 중 액체 섭취량은 남녀 각각 1,200 mL와 1,000 mL로 제시하였다.

표 6-2 한국인의 1일 수분 섭취기준

연령		수분(mL/일)					
		음식	물	음료	충분섭취량		상한섭취량
					액체	총수분	
영아	0~5(개월)				700	700	
	6~11	300			500	800	
유아	1~2(세)	300	362	0	700	1,000	
	3~5	400	491	0	1,100	1,500	
남자	6~8(세)	900	589	0	800	1,700	
	9~11	1,100	686	1.2	900	2,000	
	12~14	1,300	911	1.9	1,100	2,400	
	15~18	1,400	920	6.4	1,200	2,600	
	19~29	1,400	981	262	1,200	2,600	
	30~49	1,300	957	289	1,200	2,500	
	50~64	1,200	940	75	1,000	2,200	
	65~74	1,100	904	20	1,000	2,100	
	75 이상	1,000	662	12	1,100	2,100	
여자	6~8(세)	800	514	0	800	1,600	
	9~11	1,000	643	0	900	1,900	
	12~14	1,100	610	0	900	2,000	
	15~18	1,100	659	7.3	900	2,000	
	19~29	1,100	709	126	1,000	2,100	
	30~49	1,000	772	124	1,000	2,000	
	50~64	900	784	27	1,000	1,900	
	65~74	900	624	9	900	1,800	
	75 이상	800	552	5	1,000	1,800	
임신부						+200	
수유부					+500	+700	

자료 : 보건복지부·한국영양학회, 2020 한국인 영양소 섭취기준, 2020

더 알아보기

내가 하루에 마시는 음료의 양을 기록해 보자. 카페인이나 알코올 음료는 분리해서 기록하여 카페인이나 알코올이 없는 음료를 하루에 4~6컵 마시는지 살펴보자. 음료 섭취량이 부족하다면 하루 중 언제 어떤 음료를 마셔야 할지 생각해 보자. 아침에 일어나면 물 1컵을 마시면서 산뜻하게 하루를 시작해 보자. 휴식 중 디카페인 커피 1잔, 오후에 생수 1병, 저녁에 허브차 1잔 정도를 계획해 보자. 마시고 있는 음료가 카페인이 너무 많거나 칼로리가 많다면 건강 음료로 과감하게 바꿔보자.

- 음료수 대신 생수로
- 레귤러 커피 대신 디카페인 커피로
- 홍차 대신 허브차로

중요한 것은 매일 마시는 습관이다. 가장 좋은 습관은 물을 마시는 것이다.

하루에 마시는 음료의 양(mL)

	아침식사	오전 중	점심식사	오후 중	저녁식사	저녁식사 후	계
물							
음료수							
카페인 음료							
알코올 음료							

국민건강영양조사(2008~2012)를 적용한 액체 수분 섭취량

연령(세)		대상자수(명)	물 섭취량(g/일)	음료 섭취량(g/일)	우유 섭취량[1] (g/일)	액체 수분 섭취량 (g/일)
			50th	50th		
유아	1~2	589	537.8	0		537.8
	3~5	960	586.8	0		586.8
남자	6~8	541	704.5	0	+200	704.5
	9~11	522	748.9	0	+200	748.9
	12~14	582	756.2	0	+200	756.2
	15~18	489	891.0	0	+200	891.0
	19~29	653	975.2	34.0	+200	1,009.2
	30~49	2,160	1,017.0	104.9	+200	1,121.9
	19~49	2,813	1,003.4	90.5	+200	1,093.9
	50~64	1,172	928.5	44.4	+200	972.9
	65~74	532	746.2	23.5	+200	769.7
	75 이상	259	516.9	10.7	+200	527.6
여자	6~8	473	635.8	0	+200	635.8
	9~11	534	643.0	0	+200	643.0
	12~14	471	683.9	0	+200	683.9
	15~18	421	651.1	0	+200	651.1
	19~29	877	765.6	23.5	+200	789.1
	30~49	2,804	778.8	15.2	+200	794.0
	19~49	3,681	774.2	16.3	+200	790.5
	50~64	1,152	764.1	11.9	+200	776.0
	65~74	355	506.2	3.1	+200	509.3
	75 이상	336	397.9	0	+200	397.9
	1 이상	15,882	796.1	12.0		808.1

1) 국민건강영양조사의 음료 섭취량에는 우유 섭취량이 포함되지 않아 우유 권장의 의미로 6세부터 우유 섭취량 200 mL/일을 더해 주어 액체 수분 섭취량을 산출(질병관리본부, 2006~2012)

자료 : 보건복지부 질병관리본부, 2008~2012

2) 수분 필요량을 결정짓는 요인

나이

노인은 체내의 수분 보유력도 저하되고 갈증 감각이 떨어지기 때문에 수분 섭취에 유의해야 한다. 유아와 어린이는 성인에 비해 체중에 대한 수분 함량이 더 많고, 단위 체중당 체표면적의 비율이 성인보다 높아 수분 증발량이 많으며, 신장에서의 소변 농축력이 떨어지기 때문에 더 많은 수분이 필요하다. 또한 노인기 중 고령층으로 갈수록 물과 음료 섭취량이 감소하며, 갈증에 대한 의사소통이 어려운 점도 있으므로 주변의 세심한 배려가 필요하다.

체온

기온 상승, 신체 활동, 발열 등에 의해 체온이 상승하면 체온을 낮추기 위해 피부에서의 수분 증발량이 증가하므로 더 많은 양의 수분이 필요하다.

임신·수유기

임신과 수유기에는 수분 필요량이 증가한다. 임신기에는 태아에게 영양을 공급하기 위해 혈액량이 증가하고 양수를 만들어야 하며, 수유기에는 모유를 통한 수분 손실량을 고려해야 하므로 더 많은 수분이 필요하다.

이외에도 짠 음식과 카페인, 알코올 섭취 시에도 탈수를 방지하기 위해 수분 필요량이 증가한다.

6. 영양건강문제

1) 탈수

탈수는 체내 수분이 지나치게 손실되는 현상으로 출혈, 화상, 구토와 설사의 지속 또는 심한 운동에 의해 땀으로 체수분의 손실이 일어나거나 이뇨작용이 일어날 경우 발생할 수 있다. 신체는 매일 소변과 땀, 호흡 등을 통해 많은 양의 수분을 배출하므로 물을 충분히 마시지 않으면 갈증을 느끼게 된다. 그러나 갈증은 수분 부족에 대한 민감한 신호는 아니며, 환자나 노인, 육체 활동을 심하게 하는 사람에게

이뇨작용(diuretic effect)
소변의 양을 증대시켜 체내의 불필요한 수분을 배출하는 작용

는 잘 감지되지 않을 수 있다. 특히 어린이는 발열, 설사, 심한 발한 증세를 보일 때에 물을 충분히 공급해 주어야 한다. 더운 날씨와 건조한 공기, 높은 고도에서는 수분 필요량이 증가한다. 또한 비행기 내에서나 난방을 많이 하는 겨울철 실내에서도 건조한 공기에 의해 불감 증발량이 많기 때문에 충분한 수분 섭취가 필요하다.

갈증에 대처해 수분 평형을 조절하는 과정을 그림 6-7에 나타내었다. 땀을 많이 흘리거나 설사를 하면 물이 빠져나가 세포 외액 양이 감소하는데, 이 현상이 점점 심해지면 세포 외액의 전해질 농도가 높아지고 삼투현상으로 세포 내액이 세포 외층으로 이동하게 된다. 세포 내액이 감소되면 뇌의 시상하부에서는 즉시 갈증을 느낀다.

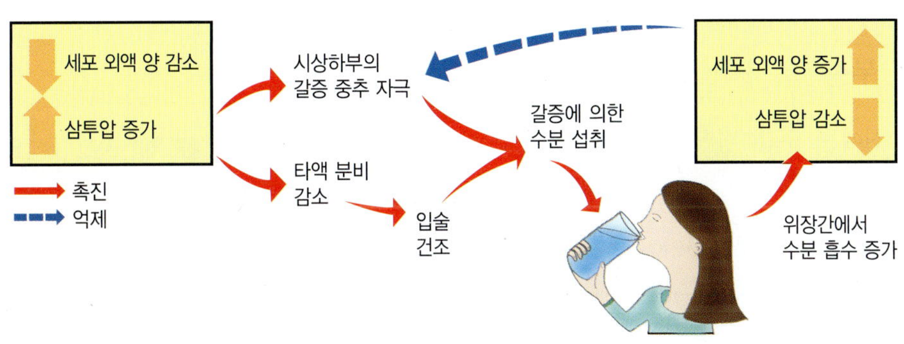

그림 6-7 갈증과 수분 섭취의 조절

자료 : Marieb EN, *Human anatomy and physiology*, p.892, The Benjamin/Cummings Publishing Co, 1989.

갈증은 체액이 감소되었을 때 나타나는 첫 증상이며, 더 심해지면 입술이 마르고 기운이 없어지며 맥박이 빨라지고 체온이 상승하게 된다. 이때 물을 마시면 세포 외액량과 삼투압이 정상으로 되돌아간다.

신체 수분량의 2% 정도 손실되었을 때 갈증을 느끼게 되고, 4% 손실 시 근육의 강도와 지구력이 현저히 저하돼 근육 피로감을 쉽게 느끼게 된다. 10~12% 손실되면 외부의 높은 기온에 대한 내성이 감소하고 허약감을 느끼게 된다. 20%가 손실되면 혼수 상태가 되고 사망한다.

심각한 탈수 증세를 겪게 되면 수분 평형이 회복되어도 탈수 중에 축적된 노폐물로 인해 신장이 손상될 수 있다. 운동할 때 탈수를 방지하려면 운동 전후에 충

더 알아보기 갈증이 날 때에는 어떤 음료수가 좋을까

갈증이 날 때 주스나 음료수를 마셔도 계속해서 갈증을 느낀다. 주스나 음료수에는 물과 함께 설탕, 소금을 비롯한 여러 화학물질이 녹아 있다. 과일 주스 속의 설탕, 국 속의 소금, 음료수 속의 설탕과 소금은 혈액 중 용질의 농도를 높이게 되고, 삼투현상으로 인해 세포에서 물을 빼내어 이들 용질을 희석하고, 소변을 통해 배설시킨다. 따라서 세포는 물이 부족해지고 다시 갈증을 느끼게 된다. 항해 중 갈증이 날 때 바닷물을 마시면 안 되는 이유가 바로 이것이다. 즉, 갈증이 날 때에는 물을 마시는 것이 가장 효과적이다.

분한 수분 섭취가 필요하다. 땀으로 손실되는 수분을 바로 바로 보충해 주어야 운동력의 저하를 막을 수 있다.

2) 부종

신체는 수분 평형을 조절할 능력을 갖고 있지만 심각한 질병이나 상해 시에는 무기질이 손실되고 수분 평형 조절기구가 손상될 수 있다. 단백질이 결핍되면 혈장 단백질인 글로불린, 항체, 혈장 알부민의 농도가 감소하고, 혈장의 수분은 순환계로부터 세포 사이의 세포간질로 빠져나오게 된다.

심한 기아 상태의 어린이에게서 배에 물이 차는 복수 증세가 나타난다. 이것은 혈장에서 물을 보유할 수 있는 단백질이 결핍되었기 때문에 일어나는 증상이다.

항체(antibody)
항원과 특이하게 반응하여 항원항체반응을 나타내는 물질

복수(ascites)
복강 내에 장액성(漿液性) 액체가 괸 상태

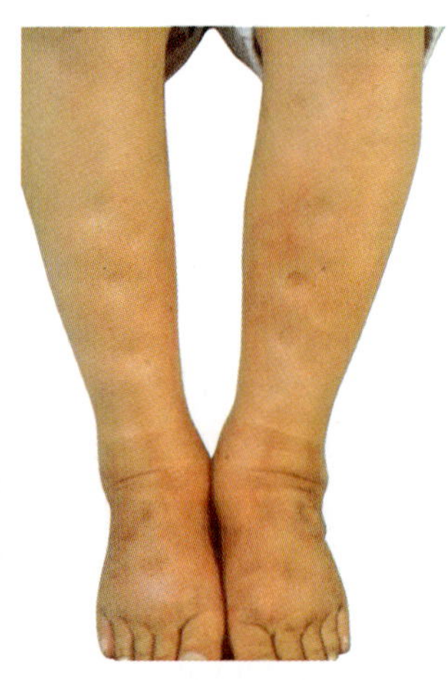

그림 6-8 부종

3) 수분 중독

수분 과잉 섭취로 인한 독성 유발은 확실히 알려져 있진 않다. 하지만 일부 사례 보고에서 수분을 너무 많이 섭취하여 신장에서 배설할 수 있는 양을 초과하게 되면 혈중 나트륨 농도를 저하시켜 세포 외액으로부터 세포 내부로 수분이 이동하고 근육 세포를 손상시켜 세포 내 성분이 세포 외액으로 이동하며, 신장 손상으로 이어진다고 한다. 수분 과잉 섭취가 독성을 유발할 수 있으나 건강한 사람의 경우에는 과량의 물을 마셔도 해로운 효과는 나타나지 않는다. 그러나 어떤 질병이나 정신분열증 같은 정신질환이 있을 때에는 수분 중독이 우려된다. 이러한 수분과 전해질의 불균형으로 인해 설사, 식욕 저하, 저나트륨혈증, 근육 통증, 정신 혼란, 기진맥진, 경련, 혼수 상태를 보이고 사망에까지 이른다.

유아에게 전해질이 낮은 액체를 과량 섭취시킬 때 수분 중독이 나타날 수 있다. 또한 신생아가 설사할 때 잘못 처치하거나 인공 조제유를 너무 묽게 먹일 때 일어날 수 있다.

수분 중독(water intoxication)
물을 과도하게 섭취하여 나트륨 손실에 대처하지 못하여 발생

저나트륨혈증(hyponatremia)
혈액 중 나트륨이 부족하여 수분의 과잉, 간경변, 울혈성 심부전 등의 부종 상태가 나타나는 질환

1. 신체는 물을 오랜 기간 저장할 수 없기 때문에 물 없이는 단 며칠밖에 생존할 수 없다.
2. 물은 용매, 화학반응의 매체, 체온 조절, 윤활제 역할을 한다. 물은 체중의 60%를 구성하고 있고 근육조직을 비롯한 모든 조직, 세포 내액과 세포 외액, 소변, 기타 신체의 모든 액체에 들어 있다.
3. 성인은 하루 소비하는 에너지 1 kcal당 약 1 mL의 수분이 필요하다.
4. 갈증은 신체가 탈수되었다는 첫 번째 표시이다.
5. 질병이나 격렬한 신체 활동 시에는 호르몬에 의해 수분이 보유될 수 있다.
6. 과량의 수분 섭취는 독이 될 수 있다.

연구문제

1. 물 대신 음료수를 마시는 한국인들이 많아지고 있다. 물 섭취를 충분히 해야 하는 이유에 대해 알아보자.

2. 건강하게 수분 섭취를 하는 방법은 무엇인지 알아보자.

참고문헌

김성곤 · 조인호 · 박수연(2005). 이종삼장시간 고온 환경 노출 시 수분의 섭취가 프로골프선수들의 신체피로도 및 심박수에 미치는 효과. **한국영양학회지** 38(2).

김인숙 · 유현희(2001). 전주지역 30세 이상 성인의 성별, 연령에 따른 식사의 질. **한국영양학회지** 34(5): 580–596.

문수재 · 이명희 · 이민준 · 김정현(1999). **영양학의 이해**. 수학사.

보건복지부(2009). 2001년 국민건강영양조사~영양조사부문 1.

보건복지부 · 한국영양학회(2015). 2015 한국인 영양소 섭취기준.

보건복지부 · 한국영양학회(2020). 2020 한국인 영양소 섭취기준.

이기열 · 문수재(1997). **최신영양학**. 수학사.

임은태 · 김영남(2003). 서울지역 여고생의 배변실태와 음료섭취에 관한 연구. **대한지역사회영양학회지** 8(6): 866.

조예림(2015). 성인의 수분섭취량과 생활습관에 따른 안면피부건강 연구. 가천대학교 경영대학원.

조한희(2013). 여성의 태도와 습관이 안면피부상태에 미치는 영향. 대구가톨릭대학교.

조희숙 · 김영옥(1999). 전남지역 일부 청소년들의 음료섭취 실태 및 기호도에 관한 연구. **한국식품영양과학회지** 12(5): 536~542.

최수미 · 이영희 · 전연(1995). 수분 섭취 및 배설량의 측정방법에 관한 연구. **대한간호학회지** 25(1).

최혜미(2002). **21세기 영양과 건강이야기**. 라이프사이언스 출판사.

Food and Nutrition Board, Institute of Medicine(2004). Dietary Reference Intakes for water, potassium, sodium, chloride and sulfate(The US/Canada). Panel on Dietary Reference Intakes dor Electrolytes and Water, Washington D.C.

Gordon M & Paul M(2004). *Perspectives in nutrition*. Insel, Mosby.

Lindheimer MD, Davison JM(1995). Osmoregulation, the secretion of arginine vasopressin and its metabolism during pregnancy. *Eur J Endocrinol* 132–143.

Marcy J & Leed(1998). *Nutrition for healthy living*. McGraw–Hill.

Nancy Anne & DuPuy(1995). *Focus on nutrition*. Mosby.

Sharon RR & Kathryn Pinna & Ellie Whitney & Thomson Wadsworth(2006). *Understanding normal and clinical nutrition*, 7th ed.

07 다량 무기질

학습 목표

1. 무기질의 분류에 대하여 알아본다.
2. 다량 무기질의 체내 분포를 알아본다.
3. 다량 무기질의 흡수 및 대사 과정을 이해한다.
4. 다량 무기질의 체내 기능을 설명한다.
5. 다량 무기질의 섭취기준 및 실태를 알아본다.
6. 다량 무기질의 급원식품을 열거한다.
7. 다량 무기질과 관련된 영양건강문제를 설명한다.

대학생인 민이는 TV에서 '당신의 뼈를 관리하세요'라는 프로그램을 보고, 50대 이후에 나타나는 골다공증과 같은 골격질환을 예방하기 위해서는 사춘기 때부터 좋은 식습관을 가져야 한다는 정보를 듣고 자신의 식생활을 점검해 보았다.
민이는 아침 식사로는 주로 커피와 토스트 혹은 도넛을 먹고 점심 식사는 학교 근처 분식점이나 패스트푸드점을 이용하며, 오후에는 과자나 음료수 등의 간식, 그리고 저녁 늦게 과식을 하는 자신을 발견하였다.
과연 민이가 50대 이후에 받게 될 뼈 건강 성적표는 몇 점일까?

탄수화물, 단백질, 지질, 비타민 등의 영양소는 탄소, 수소, 산소 및 질소 등의 원소가 서로 결합되어 구성되어 있는 반면 무기질은 단일 원소로 존재한다. 무기질은 에너지원으로 쓰이지는 않으나 몸의 구성물질로 쓰이거나 생리작용을 조절하는 중요한 영양소이다. 비타민과는 달리 무기물로서 탄소를 함유하지 않으며, 체내에서 합성되지 않기 때문에 반드시 음식물을 통해 섭취해야 한다. 식품 속의 무기질은 열이나 기타 식품 취급 과정에서 파괴되지 않으나 물을 넣고 가열하면 약간의 무기질은 조리수에 용해되어 손실될 수 있다.

우리 몸에는 체중의 약 4%에 해당하는 무기질이 존재하며, 종류로는 약 60여 종이 있으나 그중에 22종류만이 필수 영양소이다. 무기질은 체내 분포량이나 혹은 하루에 인체에 필요한 양을 기준으로 하여 다량 무기질과 미량 무기질로 나뉜다.

다량 무기질은 체중의 0.05% 이상 분포되어 있거나 혹은 하루 필요량이 100 mg 이상인 무기질로 칼슘, 인, 마그네슘, 염소, 나트륨, 칼륨, 황이 해당된다.

미량 무기질은 체내 분포량이 체중의 0.05% 미만이거나 하루 필요량이 100 mg 미만인 무기질로 철, 아연, 구리, 요오드, 불소, 셀레늄, 망간, 크롬, 몰리브덴 등이 여기에 속한다.

그림 7-1 자연계의 무기질 순환 과정 : 흙→식물→동물→사람→흙

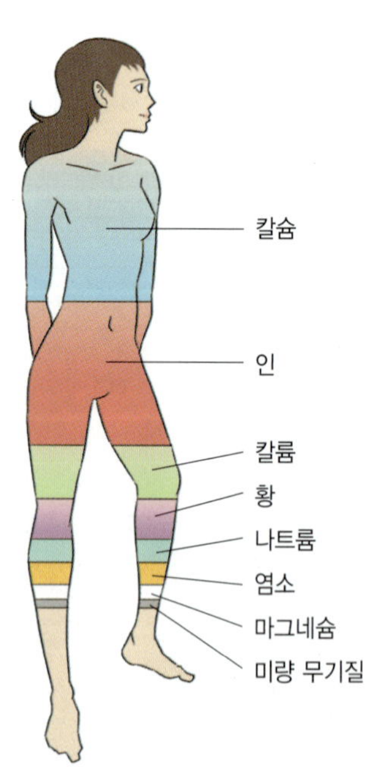

그림 7-2 체내 무기질 함량

칼슘(Calcium, Ca)

1. 체내 분포

신체 구성 무기질 성분 중 가장 많은 양(성인 체중의 약 1~2%)을 차지하고 있는 칼슘은 식품으로부터의 공급과 조직 내의 칼슘으로부터 동적 평형을 유지하고 있으며, 인체의 모든 대사 과정에 필수적인 물질이다. 체내에 존재하는 칼슘의 99%는 경조직, 즉 골격과 치아를 구성하고 있고, 약 1%는 혈액 및 체액에 존재하며 세포의 생명 기능에 관여한다. 골격조직의 석회질 부위는 수산화인회석의 결정으로 되어 있는데, 칼슘과 인의 비율이 약 2 : 1로 일정하게 유지되며 이외에도 다른 많은 미량원소들이 포함되어 있다.

수산화인회석(hydroxyapatite) 뼈나 치아의 기질 중에 존재하여, 그 구조를 견고하게 하는 작용을 하는 무기 화합물

신체의 기본을 이루는 골격은 외관상의 동적 평형과는 달리 일생을 통해 활발한 대사가 일어나는 조직으로 성장기에서 30~39세까지가 새로운 골격조직의 형성이 지속적으로 이루어지는 시기이다. 노화와 더불어 약 40세 이후부터는 골격 손실이 진행되기 시작하여 남녀 모두 10년마다 3~5%의 비율로 손실된다. 특히 여성의 경우는 폐경 이후 45~74세의 평균 감소율이 9%에 이른다.

2. 흡수 및 대사

칼슘은 소화 흡수율이 비교적 낮아서 보통 섭취된 칼슘의 10~30%가 장을 통하여 흡수되는데, 주로 십이지장에서 능동수송에 의해 흡수되고 공장과 회장 부분에서는 수동적 확산에 의해 흡수된다. 일반적으로 알려진 체내에서의 칼슘 대사를 요약하면 그림 7-3과 같다. 칼슘의 흡수는 다음과 같은 여러 가지 요인에 의해 영향을 받는다.

1) 칼슘의 흡수를 증가시키는 요인

신체의 필요량

성장기 아동이나 임신, 수유기와 같이 체내 필요량이 증가하면 흡수율이 증가하는 반면 폐경기 이후의 여성이나 노년층에서는 칼슘 흡수율이 감소한다.

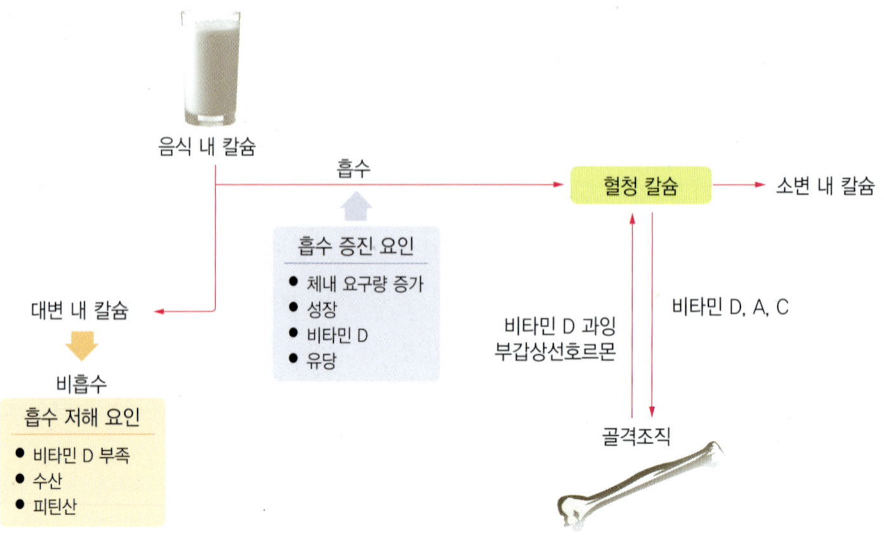

그림 7-3 칼슘의 대사

소화기관의 산도

장내의 산도가 높은 경우 칼슘을 효과적으로 용해시키므로 칼슘의 흡수를 증가시킨다.

비타민 D

비타민 D는 칼슘의 흡수와 골격 형성에 가장 큰 영향을 미친다. 칼슘이 흡수될 때 비타민 D는 신장에서 활성형이 되고, 이것은 장에서 칼슘 결합단백질의 합성을 촉진하는 스테로이드호르몬으로 작용하므로 비타민 D의 충분한 섭취는 칼슘의 흡수를 증가시킨다.

칼슘 결합단백질 (calcium binding protein) 칼슘 이온과 특이적으로 결합하는 단백질의 총칭

유당

유당은 유산균의 작용으로 젖산을 생성하여 장내의 산도를 높여 칼슘의 용해도를 증가시킴으로써 칼슘의 흡수를 증가시킨다.

비타민 C

비타민 C는 칼슘의 흡수를 증가시킨다.

낮은 칼슘 섭취량

칼슘 흡수는 식사 중의 칼슘 함량에 의해 영향을 받는다. 칼슘 섭취가 부족할 경우 체내 흡수율은 증가한다.

식사 내 칼슘과 인의 비율

식사 중 칼슘과 인의 비율이 동량(1 : 1)일 때 칼슘의 흡수율이 최대가 된다. 그러나 한국인은 인의 섭취량이 칼슘보다 높아서 실제 식생활에서 이 비율을 유지하기가 어렵다. 따라서 성인의 경우 1 : 1~2 정도, 성장기 아동이나 임신·수유기의 경우 칼슘의 섭취를 증가시켜 1.5 : 1로 유지하는 것이 좋다. 이 비율을 초과할 경우 서로 흡수를 저해하는데, 칼슘에 비해 인을 과량 섭취할 경우 불용성의 인산칼슘을 형성하여 흡수되지 않고 대변으로 배설된다.

2) 칼슘의 흡수를 감소시키는 요인

수산

시금치, 무청, 근대 등의 녹색 채소와 과일에는 수산과 유기산이 다량 함유되어 있어 소화기 내에서 칼슘과 결합하여 불용성 수산화칼슘을 형성하여 칼슘 흡수를 감소시킨다.

수산(oxalate)
옥살산

피틴산

곡류 특히 밀기울, 밀, 콩류 등 피틴산이 많은 식품을 섭취하면 소화기 내에서 칼슘과 결합하여 불용성 피틴산 칼슘을 형성하여 칼슘의 흡수를 방해한다.

피틴산(phytate)
콩류, 나무의 열매, 곡류의 외피에 많이 분포되어 있는 천연식물 항산화제

식이섬유

식사 중의 식이섬유는 칼슘과 결합하여 칼슘의 흡수를 감소시킨다.

지방

과량의 지방을 섭취하면 칼슘과 결합하여 불용성 염(비누)을 형성하여 대변으로 배설된다.

음주와 흡연

알코올은 장내에서 칼슘 흡수를 방해하므로 만성 알코올 중독인 경우 비교적

젊은 나이에 골격 손실을 초래한다. 또한 담배를 피우는 여성은 피우지 않는 여성보다 폐경이 더 빨리 와서 골다공증의 위험이 더 크다.

표 7-1 칼슘의 흡수에 영향을 주는 요인

흡수를 증가시키는 요인	흡수를 감소시키는 요인
신체 필요량	수산
소화기관의 산도	피틴산
비타민 D	식이섬유소
유당	지방
비타민 C	음주
칼슘 섭취량	흡연

3. 칼슘의 항상성

혈액 중의 칼슘은 거의 변화하지 않고 항상 일정한 농도(9~11 mg/dL)로 조절되고 있다. 그러므로 혈청 칼슘 농도는 칼슘의 영양 상태를 반영하지 않는다. 이를 칼슘의 항상성이라고 하며, 혈액 내 칼슘의 농도는 부갑상선호르몬과 비타민 D 및 칼시토닌에 의해 조절된다.

항상성(homeostasis)
생체가 여러 가지 환경 변화에 대응하여 생명현상이 제대로 일어날 수 있도록 일정한 상태를 유지하는 성질

부갑상선호르몬(parathyroid hormone, PTH)
칼슘 조절 호르몬으로 부갑상선에서 만들어지는 호르몬. 뼈·치아·신장·소화관 등에 작용

칼시토닌(calcitonin)
혈액 속의 칼슘량을 조절하는 갑상선에서 분비되는 32개의 아미노산으로 이루어진 폴리펩타이드이며, 혈액 속의 칼슘 농도가 정상치보다 높을 때 저하시키는 작용을 함

그림 7-4에서와 같이 혈액 내 칼슘 농도가 정상 수준 이하(7 mg/dL 이하)로 떨어지면 부갑상선호르몬이 분비되어 비타민 D를 활성형으로 바꾸기 위하여 신장을 자극한다. 활성형 비타민 D는 장에서 칼슘의 흡수를 증가시킨다. 동시에 신장을 통해 배설되는 칼슘의 재흡수를 증가시키고, 골격에서 칼슘을 유출시켜 혈청 칼슘 농도를 정상 수준까지 증가시킨다. 반대로 혈액 내 칼슘 농도가 높아지면 갑상선에서 칼시토닌이 분비되어 골격에서 칼슘의 유출이 감소되어 혈액 내 칼슘 농도가 정상으로 된다.

활성형 비타민 D는 부갑상선호르몬과 함께 소화기관에서 칼슘의 흡수를 자극하며 신장을 통한 칼슘의 배설을 억제하고 재흡수를 증가시켜 혈액 내 칼슘 농도가 정상이 되도록 한다.

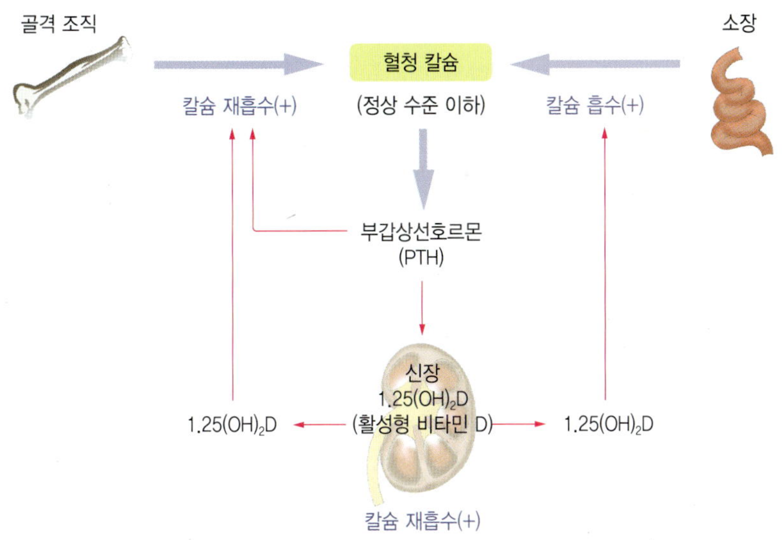

그림 7-4 혈중 칼슘 농도의 조절작용

조골세포(osteoblast)
척추동물의 골조직을 만드는 세포

파골세포(osteoclast)
석회화된 연골과 뼈조직을 녹이는 세포

뼈 기질(bone matrix)
무정형의 기질 및 무기염류에 봉매된 골교원양섬유로 이루어진 뼈의 세포간 물질

4. 체내 기능

1) 골격과 치아의 구성 성분

골격은 두 가지 형태로 이루어져 있는데, 치밀골은 매우 단단하며 치밀한 구조이고, 해면골은 뼈의 말단부분에 있는 다공성 조직으로 스펀지 같은 형태를 하고 있다(그림 7-5). 해면골은 모세관에 접하여 골수로부터 칼슘을 충분히 공급받는다. 식사를 통한 칼슘의 섭취가 부족하거나 섬유주 자체에 충분한 칼슘 보유량이 확보되지 않았을 경우 우선적으로 골반과 척추에서 칼슘을 공급받게 된다.

골격은 조골세포와 파골세포에 의해 균형을 이루고 있다. 조골세포는 지속적으로 뼈의 기질을 형성하면서 골격을 형성하고 여기에 골격 무기질이 축적되어 골격의 결정이 생성되는데, 이것이 골격에 강직성을 주게 된다. 골격의 기질은 점질 다당류와 젤라틴을 모체로 하는 콜라겐으로 구성되어 있다. 점질 다당류는 골격에서 칼슘을 석회화하는 기능이 있다. 석회화는 골격에 무기질이 침착하여 골격이 강해지는 과정으로 골격화라고

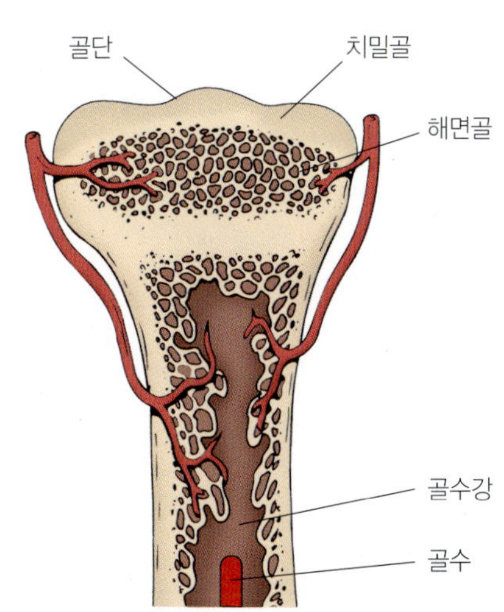

그림 7-5 뼈의 구조

도 한다. 골격 무기질의 주된 구성 요소는 인산칼슘염과 수산화칼슘의 복합체로서 비교적 안정성을 지닌 수산화인회석으로 구성되어 있다. 수산화인회석은 칼슘과 인으로 구성되어 있으므로 골격조직의 형성과 성장을 이루기 위해서는 이 두 무기질이 체내에 충분히 함유되어 있어야 한다. 파골세포는 식사를 통한 칼슘 섭취가 부족할 때 골격에서 칼슘을 녹여내어 칼슘이 혈액으로 이동할 수 있게 한다. 그러므로 조골세포와 파골세포의 작용에 의해서 칼슘이 지속적으로 들어가고 나오게 되며, 결국 골격의 교체와 재형성이 반복된다.

성장기에는 조골세포의 활동이 파골세포의 활동보다 많아져서 골격세포의 분해보다는 재형성이 이루어진다. 그 후에도 골격의 교체는 일생을 통해서 지속되는데, 젊은 성인의 경우는 골격의 15~30%가 매년 재형성되는 것으로 알려져 있다.

한편 치아조직은 상아질과 에나멜층으로 구성되어 있다. 치아조직의 무기질도 수산화인회석으로 형성되어 있으나 골격조직보다는 결정이 더 조밀하고 수분 함량이 낮다. 에나멜층을 구성하고 있는 단백질은 케라틴이며, 상아질을 구성하고 있는 단백질은 콜라겐이다. 어린이의 유치는 보통 5~6개월에 나기 시작하여 만 2세경에 완성되며, 만 6~7세가 되면 영구치로 교환되기 시작한다. 치아는 뼈와 달리 일단 형성된 후에는 칼슘이 다른 것으로 대치되지 않는다. 따라서 영구치는 한번 손상되면 교체되지 않으므로 특별히 관리에 주의하여야 한다. 치아의 형성 시기에 칼슘과 인이 부족하게 되면 치아 구성에 큰 영향을 주어 약하고 충치가 될 확률이 높다.

2) 근육의 수축과 이완

근육은 여러 개의 근섬유가 모여 형성되며, 근섬유는 미오신과 액틴이라는 근단백질로 구성되어 있다. 칼슘은 근육의 수축·이완에 필수적인 요소이다. 근육 수축의 신호가 오는 동시에 세포 내 저장고에서 칼슘 이온이 방출되어 미오신과 액틴이 결합하면 근육이 수축된다. 칼슘 이온이 다시 세포 내 저장고로 돌아가면 근육이 이완된다.

근섬유(muscle fiber)
동물의 근육 또는 근조직을 구성하는 섬유상의 단위 구조로, 가늘고 긴 형태로 존재

미오신(myosin)
액틴과 함께 근단백질의 주요 구성 성분으로 글로불린단백질

액틴(actin)
근육을 구성하는 단백질로 미오신과 함께 근수축계(筋收縮系)의 기본을 이루는 물질

3) 신경의 자극 전달

신경의 자극이 신경 접속부위에 도달하면 신경전달물질이 방출되어야 한다. 이

때 칼슘 이온이 신경전달물질의 방출을 촉진하는 기능을 하여 신경의 자극이 근육에 전해지도록 한다.

4) 혈액응고작용

세포의 손상으로 인하여 혈액이 혈관 밖으로 유출될 때 혈액 칼슘이 이온화되어 혈소판에서 혈전 형성 물질인 트롬보플라스틴을 방출시킨다. 트롬보플라스틴은 혈액응고효소의 전구체인 프로트롬빈이 트롬빈으로 활성화되는 것을 촉진한다. 활성화된 트롬빈은 정상적인 혈액 내에 존재하고 있는 용해성 단백질인 피브리노겐에 작용하여 불용해성 단백질인 피브린으로 전환하여 혈액이 응고되도록 한다.

트롬보플라스틴(thromboplastin) 혈액응고에 관여하는 중요한 인자

프로트롬빈(prothrombin) 혈액응고에 관여하는 효소로 트롬보젠이라고도 하는데 간에서 비타민 K의 작용으로 생성

피브리노겐(fibrinogen) 글로불린에 속하는 단백질로 섬유소원

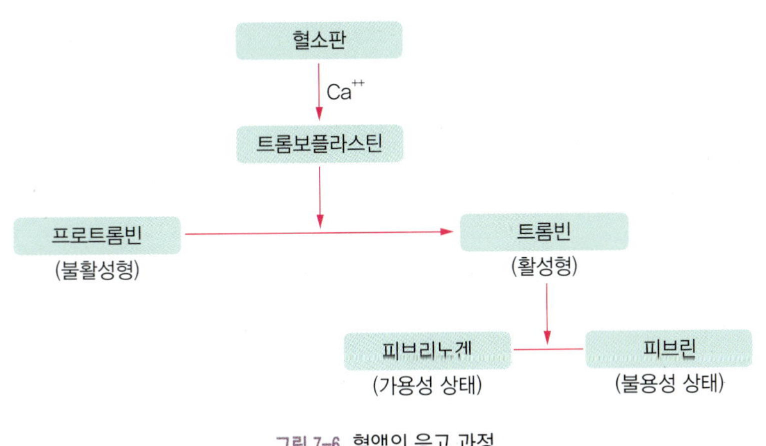

그림 7-6 혈액의 응고 과정

5. 영양소 섭취기준 및 실태

칼슘 필요량은 칼슘 평형, 골밀도 및 골절 위험률 등을 고려하여 한국인 평균 체위기준과 생애주기별 칼슘 흡수율을 반영하여 설정된다.

2020 한국인 영양소 섭취기준에 의하면 19~49세의 성인 남녀의 권장섭취량은 각각 800 mg, 700 mg이며 상한섭취량은 2,500 mg이다. 50세 이상 여성의 경우 폐경으로 인한 골손실 및 골절 예방을 위해 권장섭취량에 100 mg의 추가량을 반영한 800 mg으로 상향 조정되었다. 임신부와 수유부는 태아의 성장 및 모체 조직의 증가, 수유로 인한 체내 칼슘 필요량의 증가에 대해 생리적인 적응반응과 추가

표 7-2 한국인의 1일 칼슘 섭취기준

연령		칼슘(mg/일)			
		평균필요량	권장섭취량	충분섭취량	상한섭취량
영아	0~5(개월)			250	1,000
	6~11			300	1,500
유아	1~2(세)	400	500		2,500
	3~5	500	600		2,500
남자	6~8(세)	600	700		2,500
	9~11	650	800		3,000
	12~14	800	1,000		3,000
	15~18	750	900		3,000
	19~29	650	800		2,500
	30~49	650	800		2,500
	50~64	600	750		2,000
	65~74	600	700		2,000
	75 이상	600	700		2,000
여자	6~8(세)	600	700		2,500
	9~11	650	800		3,000
	12~14	750	900		3,000
	15~18	700	800		3,000
	19~29	550	700		2,500
	30~49	550	700		2,500
	50~64	600	800		2,000
	65~74	600	800		2,000
	75 이상	600	800		2,000
임신부		+0	+0		2,500
수유부		+0	+0		2,500

자료 : 보건복지부·한국영양학회, 2020 한국인 영양소섭취기준, 2020

적인 칼슘 섭취가 건강상의 이익을 준다는 근거가 부족하여 추가량을 제시하지 않았다(표 7-2).

국민건강영양조사 2013~2017년 자료에 의하면 한국인 성인 남녀의 칼슘 섭취량 중위수는 19~29세 남성은 409.4 mg/일, 여성은 361.2 mg/일로 평균필요량 미만 섭취자 비율이 각각 76.5%와 77.6%이다. 30~49세 남녀 성인 중 보충제를 섭취하지 않는 남성의 70.0%와 여성의 72.5%가 각각 평균필요량에 도달하지 못하는 반면 보충제 사용자 중 54.7%와 46.9%가 각각 평균필요량 미만을 섭취하고 있다.

6. 급원식품

칼슘 급원식품 중에서 100 g당 칼슘이 다량 포함되어 있는 식품으로는 멸치(자건) 2,486 mg, 미꾸라지 1,200 mg, 건미역 1,109 mg, 치즈 626 mg이 있다(표 7-3). 또한 칼슘의 주요 급원식품 1인 1회 분량의 칼슘 함량을 성인의 권장섭취량과 비교한 결과(그림 7-7)에서는 1회 분량의 칼슘 함량이 가장 높은 식품은 미꾸라지, 멸치, 굴, 우유 순으로 각각 720 mg, 373 mg, 342 mg, 226 mg로 나타났다. 우리나라 국민의 우유 및 유제품의 섭취가 낮은 결과를 감안하여 생애주기별로 우유 섭취가 낮은 연령대에 칼슘 급원으로 우유 및 유제품의 활용도를 높일 수 있는 교육이 필요할 것이다.

표 7-3 칼슘 주요 급원식품(100 g당 함량)[1)]

순위	급원식품	함량(mg/100 g)	순위	급원식품	함량(mg/100 g)
1	멸치	2,486	16	채소음료	95
2	우유	113	17	무	23
3	배추김치	50	18	깨	854
4	요구르트	141	19	과일음료	20
5	달걀	52	20	빵	26
6	두부	64	21	명태	109
7	미꾸라지	1,200	22	콩나물	53
8	치즈	626	23	대두	158
9	과자	137	24	굴	428
10	열무김치	134	25	어패류젓	592
11	건미역	1,109	26	아이스크림	80
12	상추	122	27	양배추	45
13	들깻잎	296	28	양파	15
14	백미	5	29	가당음료	32
15	라면(건면, 스프 포함)	48	30	홍어	305

1) 2017년 국민건강영양조사의 식품별 섭취량과 식품별 칼슘 함량(국가표준식품성분표 DB 9.1) 자료를 활용하여 칼슘 주요 급원식품 상위 30위 산출

자료 : 보건복지부·한국영양학회, 2020 한국인 영양소섭취기준, 2020

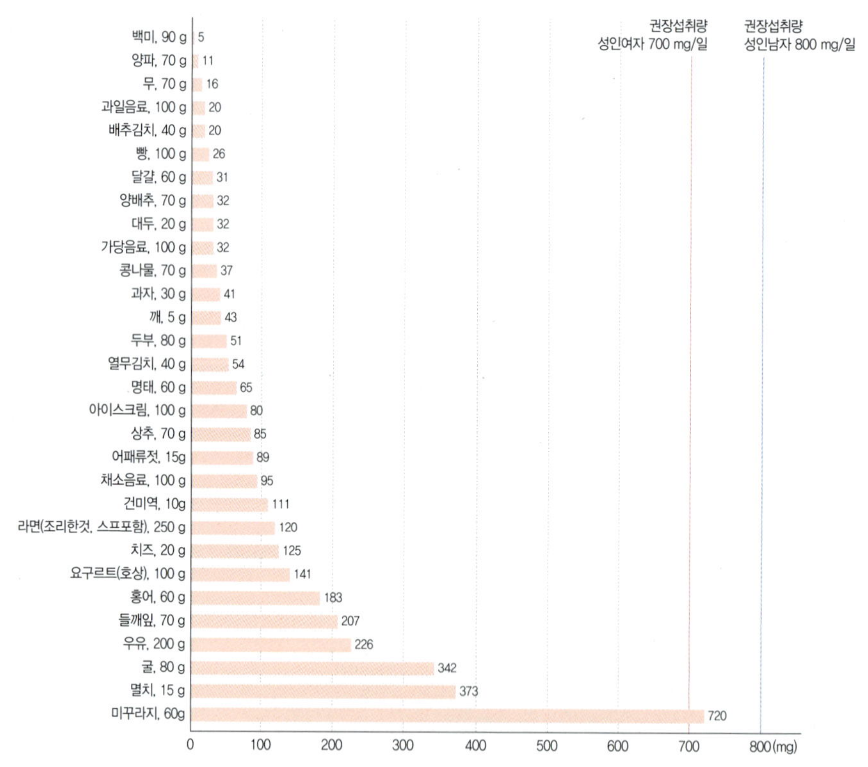

그림 7-7 칼슘 주요 급원식품(1회 분량당 함량)[1)]

1) 2017년 국민건강영양조사의 식품별 섭취량과 식품별 칼슘 함량(국가표준식품성분표 DB 9.1) 자료를 활용하여 칼슘 주요 급원식품 상위 30위 산출 후 1회 분량(2015 한국인 영양소 섭취기준을 적용하여 1회 분량당 함량 산출, 19~29세 성인 권장섭취량 기준(2020 한국인 영양소 섭취기준)과 비교

자료 : 보건복지부·한국영양학회, 2020 한국인 영양소섭취기준, 2020

7. 영양건강문제

칼슘의 섭취 부족으로 인한 대표적인 영양문제로는 골격질환을 들 수 있으며, 다음과 같다.

테타니

칼슘 대사의 이상 또는 비타민 D가 부족하면 근육이 계속 신경자극을 받아 경직되고 경련이 나타난다.

테타니(tetany)
혈액 속의 칼슘의 저하로 말초신경과 신경-근 접합부의 흥분성이 높아져 가벼운 자극으로 근육, 주로 손·발·안면의 근육이 수축·경련을 일으키는 상태

골연화증

성인형 구루병으로 칼슘과 비타민 D의 부족이 원인이다. 전체적인 골격의 양에는 변함이 없으나, 골격조직 내에 무기질의 함량이 감소하여 발생하는 것으로 뼈가 연화되고 동통, 압통, 근육 무력, 식욕 부진 및 체중 감소를 수반한다.

골연화증(osteomalacia)
뼈의 양은 정상이나 뼈를 구성하는 무기질의 부족으로 뼈가 약해진 상태

골다공증

식사를 통한 칼슘 섭취량이 부족하였을 때 인체 내 칼슘 평형이 깨지면 골격조직에서 칼슘의 용출이 일어남으로써 골격의 손실로 인한 구멍이 생겨 골다공증을 일으킨다. 특히 노화와 폐경기 여성의 여성호르몬 감소로 인해 일어나며, 증상으로는 허리가 구부러지고 키가 작아지며 약한 충격에도 척추, 요골 및 대퇴부의 골절이 쉽게 일어난다.

골다공증(osteoporosis)
뼈의 조성은 비교적 정상이나 전체적으로 골질량이나 골밀도가 감소된 상태

그림 7-8 골다공증의 진행 과정

골다공증, 칼슘과 비타민 D 충분히 섭취하고 체중부하운동하자

골다공증은 통증이 없는 조용한 질환이다. 그러나 별 증상이 없는 게 더 위험하다. 평소에 잘 관리하지 않으면 가벼운 외상으로도 뼈가 쉽게 부러지는 등 큰 사고가 날 수 있기 때문이다. 병원에서 일일이 짚어 주지 않는 생활법을 정리했다.

골다공증 환자라면 피해야 할 것

- 술 : 알코올은 칼슘의 흡수를 방해하고 배출을 촉진하기 때문에 골다공증 위험을 높인다. 골다공증 환자라면 되도록 술을 삼가는 게 좋지만, 어쩔 수 없이 마시게 되는 경우에는 어떤 술이든 3잔 이하로 마시는 게 좋다. 술 마실 때 물을 많이 마시고, 공복에는 삼가야 한다.
- 과다한 인 : 인은 칼슘과 함께 뼈를 구성하는 성분이다. 칼슘과 인의 섭취 비율은 1 대 1이 이상적이다. 그런데 인을 칼슘보다 많이 섭취하면 칼슘의 흡수를 감소시키고 배설을 촉진하게 되어 골손실을 유발한다. 그러니 인이 많이 들어 있는 탄산음료나 가공식품은 멀리하는 게 좋다.
- 담배 : 담배가 건강에 백해무익한 존재인 건 누구나 아는 사실이다. 그런데 골다공증 환자가 담배를 피우지 말아야 할 명백한 이유가 있다. 담배를 피우면 뼈를 이루는 세포에 영양분과 산소가 제대로 공급되지 않으며 뼈의 원료가 되는 몸속 칼슘 농도도 떨어진다.

골다공증 환자라면 주목해야 할 성분 두 가지

- 비타민 D : 골격에서 만들어지는 혈액세포와 면역세포의 기능을 조절하는 비타민 D 역시 골다공증 환자가 잊지 말아야 할 성분이다. 식품으로 비타민 D를 충분히 섭취하는 것이 현실적으로 불가능하다. 생선 기름, 달걀, 버섯 등에 비타민 D가 들어 있지만 아주 소량 함유되어 있기 때문이다. 햇빛을 쬐서 비타민 D가 체내에서 생성되게끔 하는 것도 한계가 있다. 이론적으로는 몸의 1/4 이상이 노출된 상태에서 20분 정도 햇빛을 쬐면 1일 필요량의 비타민 D가 생성된다. 나이 들수록 체내 비타민 D 합성 능력이 떨어져서 필요한 양의 비타민 D를 만들기는 어렵다. 비타민 D가 부족하다고 판정받으면 비타민 D 보조제를 복용하는 것이 바람직하다.
- 칼슘 : 뼈에서 칼슘이 빠져나와 뼈가 부실해져서 생기는 병이 골다공증이다. 따라서 칼슘을 잘 보충해 줘야 한다. 대한골대사학회에서는 칼슘을 하루 1,000 mg 이상 섭취하도록 권장하고 있다. 경희대병원 핵의학과 김덕윤 교수에 따르면, 한국인의 하루 칼슘 섭취량은 매우 부족하다. 김 교수는 "매년 실시하는 국민건강영양조사에 의하면 모든 연령층에서 칼슘을 하루 600 mg밖에 섭취하지 않는다"며 "칼슘 섭취량을 대폭 늘리는 게 급선무"라고 했다. 평소 칼슘 섭취량에서 300~500 mg의 칼슘을 더 보충하란 얘기다. 평소 식사는 그대로 하되 하루에 300~400 mg의 칼슘이 들어 있는 양의 고칼슘 우유를 섭취하도록 한다. 고지혈증 환자인 경우 저지방·고칼슘 우유를 선택한다. 두부, 플레인요구르트, 치즈, 멸치 등으로도 칼슘을 보충할 수 있다.

걷기 등 체중부하운동을 땀 흘릴 정도로 해야

빠르게 걷기나 에어로빅처럼 다리에 어느 정도 체중이 실리는 체중부하운동을 꾸준히 하는 게 좋다. 운동은 1회에 30분 이상 땀을 흘릴 정도의 강도로 일주일에 3~4번 하는 것이 적당하다. 체력이 약하거나 연령대가 높아 이러한 운동을 하기 힘든 사람은 가벼운 산책만 해도 도움이 된다.

조금씩 걷는 것 자체가 뼈에 자극을 줘서 뼈 손실을 막아 주는 효과가 있다. 중 강도 이상의 근육강화운동도 빼놓지 말아야 한다. 골다공증 환자들이 주의해야 하는 낙상 예방에 도움을 주기 때문이다. 근육이 뼈를 보호해 넘어졌을 때 골절 위험을 줄여준다.

자료 : 헬스조선, 2015.11.10

이외에도 순환기계 질환, 고혈압, 동맥경화, 고지혈증, 대장암, 유방암 등 각종 만성질환과 관련되어 있다.

보충제 섭취를 포함한 장기적인 칼슘의 과잉 섭취로 고칼슘혈증, 신석증과 우유-알칼리 증후군 등이 생길 수 있다. 고칼슘혈증 증세는 구토, 소화기관의 출혈, 고혈압이 특징이며, 가끔 위궤양 환자가 과량의 알칼리 치료법과 우유를 마실 때도 발생한다. 우유-알칼리 증후군은 영유아의 식사에 비타민 D의 공급이 정상 이상으로 높아졌거나 Ca/P의 비율이 높을 때 흔히 일어난다. 이런 경우 칼슘의 양을 감소시키는 것보다 비타민 D의 양을 줄이는 것이 효과적이다.

고칼슘혈증(hypercalcemia)
혈장 속의 칼슘 농도가 정상치(8.8~10.4 mg/dL)보다 높은 상태

신석증(nephrolithiasis)
신장에 오줌 속의 염류의 결정 또는 결석이 생기는 질환

인(Phosphorus, P)

1. 체내 분포

인은 신체에 칼슘 다음으로 많이 함유되어 있으며(체중의 0.8~1.1%), 신체를 구성하고 있는 무기질의 1/4을 차지한다. 이 중 85%는 칼슘과 결합하여 골격과 치아 조직을 형성하고 있으며, 14%는 조직에, 1%는 세포 외액, 세포 내액 및 세포막에 존재한다. 골격조직 내의 칼슘과 인의 비율은 2:1이며, 혈청 내에는 동량이 들어 있다.

2. 흡수 및 대사

인은 식품 내에 유기 화합물의 인산염 형태로 존재하는데, 소화에 의해 가수분해되어 인산 이온이 유리되고 확산에 의해 소장의 상피세포에서 흡수된다. 인의

흡수율은 급원식품과 섭취량에 따라 좌우된다. 정상적인 식사에서 섭취된 인은 약 50~70% 정도 흡수되며, 섭취량이 낮을 때는 90%까지 흡수된다.

식사 내 칼슘과 인이 동량 존재하는 것이 이상적이지만 현실적으로는 어려우며, 체내 인의 양은 흡수율에 의한 것보다 신장을 통해 배설됨으로써 조절된다.

혈청 내에 함유되어 있는 인의 총량은 신장의 세뇨관을 통과하면서 재흡수된다. 장내에서 흡수되지 않은 인은 대변으로 배설된다. 비타민 D는 인의 재흡수율을 높여 주고, 부갑상선호르몬은 인의 소변 배설을 증가시킨다.

3. 체내 기능

인은 골격조직을 구성하는 동시에 수많은 세포 반응과 생리적 과정에 관여한다.

세포 성장

인은 체내의 모든 세포에서 유전 정보를 전달하는 DNA와 RNA의 구성 성분으로 세포 성장에 필수적이다.

인지질 구성

세포막 인지질의 구성 성분으로 영양소를 세포 내외로 운반하는 조절작용을 하며, 지방의 흡수 과정에서 지방을 운반하는 지단백질의 구성 성분이다.

인산화 과정

대사 과정에서 가장 중요한 인산화 과정(phosphorylation)에 관여한다. 모든 세포 활동의 에너지원인 포도당은 해당 과정에 들어가기 전에 인산화되어야 한다.

조효소 구성 요소

산화와 환원 반응에 관여하는 니아신의 조효소인 NADP, NADPH와 탈탄산반응에 관여하는 티아민의 조효소인 TPP의 구성 요소이다.

탈탄산반응
(decarboxy lation)
유기산의 카복실기로부터 이산화탄소를 유리시키는 생체 반응≒카복시 이탈 반응

4. 영양소 섭취기준 및 실태

인의 평균필요량과 권장섭취량은 한국인 성인 19세 이상 남녀 모두 580 mg과

표 7-4 한국인의 1일 인 섭취기준

연령		인(mg/일)			
		평균필요량	권장섭취량	충분섭취량	상한섭취량
영아	0~5(개월)			100	
	6~11			300	
유아	1~2(세)	380	450		3,000
	3~5	480	550		3,000
남자	6~8(세)	500	600		3,000
	9~11	1,000	1,200		3,500
	12~14	1,000	1,200		3,500
	15~18	1,000	1,200		3,500
	19~29	580	700		3,500
	30~49	580	700		3,500
	50~64	580	700		3,500
	65~74	580	700		3,500
	75 이상	580	700		3,000
여자	6~8(세)	480	550		3,000
	9~11	1,000	1,200		3,500
	12~14	1,000	1,200		3,500
	15~18	1,000	1,200		3,500
	19~29	580	700		3,500
	30~49	580	700		3,500
	50~64	580	700		3,500
	65~74	580	700		3,500
	75 이상	580	700		3,000
임신부		+0	+0		3,000
수유부		+0	+0		3,500

자료 : 보건복지부·한국영양학회, 2020 한국인 영양소 섭취기준, 2020

700 mg이며 상한섭취량은 3,500 mg이다(표 7-4). 특히 인의 경우는 연령이 증가함에 따라 권장섭취량의 감소가 고려되지 않아 노인의 경우에도 동일하며, 임신부 수유부에도 추가적인 고려사항이 없다. 식품으로 섭취하는 인의 양이 한국인 성인 남성의 97.5 백분위수에서 2,628 mg/일이라고 보고된 바 있으며, 최근 가공식품 섭

취량이 늘어남에 따라 1일 총 인의 섭취량이 상한치를 넘는 사람 수는 계속 증가할 것으로 보인다.

5. 급원식품

한국인 식생활에서 인의 주요 급원식품은 백미로서, 함량은 100 g당 95 mg으로 가장 높은 식품은 아니지만 섭취량이 많아 인의 주요 급원식품이다. 그 외 대표적인 식품으로는 돼지고기(살코기), 닭고기, 멸치, 우유, 달걀 등의 동물성 식품이 인의 주요 급원식품이다(표 7-5). 인의 1회 분량당 인 함량이 높은 식품(그림 7-9)으로는 새우(312 mg), 멸치(280 mg), 현미(248 mg), 소고기(간)(224 mg), 오징어(216 mg), 고등어(203 mg), 우유 및 치즈(168~171 mg) 등이 있다.

표 7-5 인 주요 급원식품(100 g당 함량)[1)]

순위	급원식품	함량(mg/100 g)	순위	급원식품	함량(mg/100 g)
1	백미	95	16	새우	390
2	돼지고기(살코기)	183	17	오징어	270
3	닭고기	251	18	고등어	290
4	멸치	1,867	19	감자	62
5	우유	84	20	보리	161
6	달걀	191	21	돼지부산물(간)	241
7	배추김치	50	22	무	37
8	두부	158	23	간장	127
9	소고기(살코기)	131	24	명태	202
10	현미	275	25	맥주	14
11	햄/소시지/베이컨	266	26	된장	218
12	요구르트(호상)	105	27	소부산물(간)	497
13	치즈	857	28	찹쌀	151
14	대두	570	29	고구마	55
15	빵	78	30	국수	49

[1)] 2017년 국민건강영양조사의 식품별 섭취량과 식품별 인 함량(국가표준식품성분표 DB 9.1) 자료를 활용하여 인 주요 급원식품 상위 30위 산출

자료 : 보건복지부·한국영양학회, 2020 한국인 영양소섭취기준, 2020

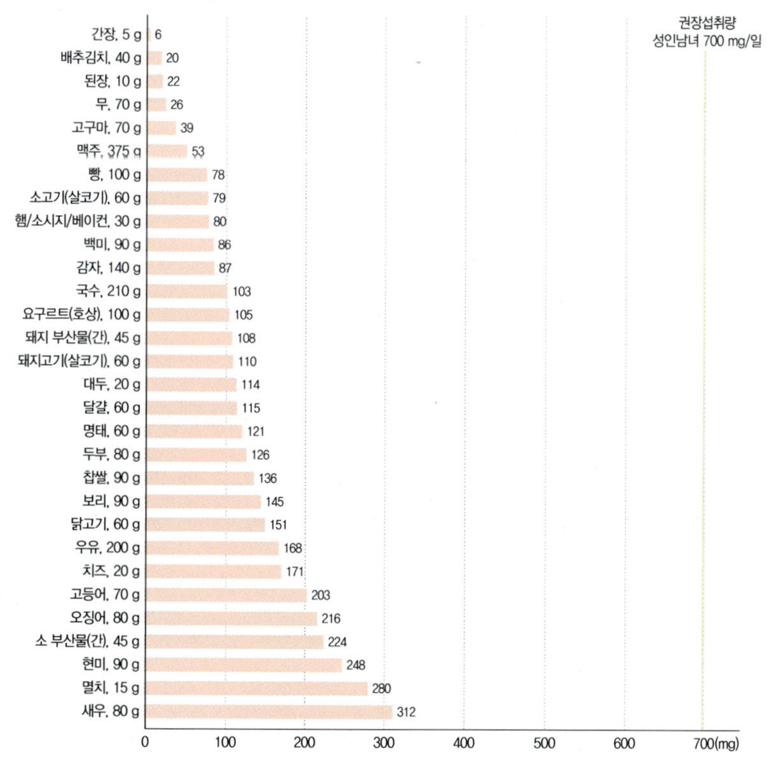

그림 7-9 인 주요 급원식품(1회 분량당 함량)[1)]

[1)] 2017년 국민건강영양조사의 식품별 섭취량과 식품별 인 함량(국가표준식품성분표 DB 9.1) 자료를 활용하여 인 주요 급원식품 상위 30위 산출 후 1회 분량(2015 한국인 영양소 섭취기준)을 적용하여 1회 분량당 함량 산출, 19~29세 성인 권장섭취량 기준(2020 한국인 영양소 섭취기준)과 비교

자료 : 보건복지부·한국영양학회, 2020 한국인 영양소섭취기준, 2020

6. 영양건강문제

기아 상태가 아니면 인의 결핍증은 거의 일어나지 않는다. 다만 염화알루미늄을 함유한 제산제를 장기간 복용한 경우, 알루미늄이 인의 흡수에 경쟁 작용을 함으로써 만성적인 인 결핍을 초래할 수 있다. 결핍 증상으로는 식욕 상실, 관절이 뻣뻣해짐, 골질량 감소, 감염, 근육 약화, 무력증, 뼈의 통증을 유발할 수 있다.

인의 과잉 섭취는 고인산혈증으로 나타난다. 이는 부갑상선호르몬의 분비를 항진시켜 뼈에서 칼슘을 용해시킴으로써 뼈의 형성을 약하게 하고 뼈의 질량을 감소시키므로 골다공증을 일으킨다. 증상으로는 삼투성 설사 및 오심, 구토 등이 나타나기도 한다.

나트륨(Sodium, Na)

1. 체내 분포

나트륨은 세포 외액의 주된 양이온이며, 체중의 0.15%를 차지하고 있다. 체내 나트륨의 약 50%는 세포 외액에, 40%는 고형 물질로 골격 또는 치아에, 나머지 10%는 세포 내액에 존재한다. 나트륨은 염소와 결합하여 주로 체액 속에 존재한다.

2. 흡수 및 대사

섭취한 대부분의 나트륨은 소장에서 흡수되며, 주로 신장을 통해 소변으로 배설된다. 운동을 심하게 하거나 기온이 높을 때에는 땀으로 배설된다. 땀 1 L에는 나트륨이 22~130 mEq(또는 0.5~3.0 g)가 함유되어 있다.

알도스테론(aldosterone)
부신피질호르몬 중에서 가장 대표적인 스테로이드호르몬으로 당질 대사를 조절하며 생체의 전해질, 특히 나트륨과 칼륨의 대사에 강한 작용을 함

나트륨 대사의 조절은 주로 부신피질호르몬인 알도스테론에 의해 신장의 세뇨관에서 이루어진다. 즉, 체내에서 나트륨이 요구되면 알도스테론의 분비가 증가하여 소장에서 나트륨의 흡수와 신장에서의 재흡수 기능을 자극하여 체내 흡수를 증가시킨다.

소변 중의 나트륨은 식사 중의 나트륨 양과 정비례한다. 그러나 소변으로 배설될

수 있는 나트륨 양에는 한계가 있어서, 만일 배설 수준 이상으로 높아지면 혈액과 세포 외액의 나트륨 양이 증가하게 된다. 혈액 나트륨의 수준이 증가되면 뇌의 시상하부에 있는 갈증중추를 자극하여 갈증을 느끼게 된다. 다량의 수분 섭취는 소변을 통해 나트륨의 배설을 증가시킴으로써 혈액 나트륨의 양이 감소된다.

3. 체내 기능

나트륨은 세포 외액의 대표적인 양이온으로, 삼투압과 수분을 조절하는 주요 전해질이다. 염소나 다른 이온과 함께 산·염기 평형 유지에 관여하며, 신경이나 근섬유를 통하여 전기 화학적 신호를 전달한다.

4. 영양소 섭취기준 및 실태

나트륨은 필요량을 추정하기에 충분한 과학적 근거가 없으므로 평균필요량과 권장섭취량을 제시하지 않고 충분섭취량을 통해 적절한 섭취량에 대한 기준을 설정하였으며, 인슐린 저항성, 총콜레스테롤의 증가 등의 지표들을 고려하여 19~64세 성인을 기준으로 1일 1,500 mg으로 설정하였다(표 7-6). 그리고 나트륨의 경우 2020 한국인 영양소 섭취기준에서는 새로운 개념으로 '만성질환 위험 감소를 위한 섭취기준(Chronic Disease Risk Reduction intake, CDRR)'이 신설됨에 따라 2015년까지는 설정이 되어 있던 목표섭취량을 더 이상 제시하지 않게 되었다. 최근 미국의 경우에도 나트륨의 상한섭취량을 삭제하고, 만성질환 위험 감소를 위한 나트륨 섭취기준을 신설하였다.

만성질환 위험 감소를 위한 섭취기준이란 건강한 인구집단에서 만성질환의 위험을 감소시킬 수 있는 영양소의 최저 수준의 섭취량을 의미하며, 나트륨 섭취와 만성질환과의 인과적 연관성이 확보되어 설정할 수 있어 성인 기준 일일 2,300 mg으로 설정하였다.

최근 5년간(2013~2017년) 국민건강영양조사를 통해 살펴본 우리나라 성인 남녀의 평균 나트륨 섭취량은 19~29세 남성 4,363.1 mg/일과 여성 3,165.3 mg/일, 30~49

세 남성 4,977.0 mg/일과 여성 3,486.4 mg/일, 50~64세 남성 4,742.7 mg/일과 여성 3,110.0 mg/일로 대부분의 성인이 충분섭취량은 물론 만성질환 위험 감소를 위한 섭취기준을 2배 이상 상회하여 나트륨을 섭취하고 있다.

표 7-6 한국인의 1일 나트륨 섭취기준

연령		나트륨(mg/일)			
		평균필요량	권장섭취량	충분섭취량	만성질환위험감소 섭취량
영아	0~5(개월)			110	
	6~11			370	
유아	1~2(세)			810	1,200
	3~5			1,000	1,600
남자	6~8(세)			1,200	1,900
	9~11			1,500	2,300
	12~14			1,500	2,300
	15~18			1,500	2,300
	19~29			1,500	2,300
	30~49			1,500	2,300
	50~64			1,500	2,300
	65~74			1,300	2,100
	75 이상			1,100	1,700
여자	6~8(세)			1,200	1,900
	9~11			1,500	2,300
	12~14			1,500	2,300
	15~18			1,500	2,300
	19~29			1,500	2,300
	30~49			1,500	2,300
	50~64			1,500	2,300
	65~74			1,300	2,100
	75 이상			1,100	1,700
임신부				1,500	2,300
수유부				1,500	2,300

자료 : 보건복지부·한국영양학회, 2020 한국인 영양소 섭취기준, 2020

5. 급원식품

자연식품 중 육류에 나트륨이 높은 편이며 채소와 과일은 낮은 편이다. 그러나 자연식품을 통한 나트륨의 섭취는 10%에 지나지 않고, 대부분은 식품의 조리 과정이나 가공 공정 중에 첨가된다. 나트륨의 급원식품으로는 소금, 김치류, 양념류, 라면 등이 있으며, 국수류, 햄류, 빵류, 해조류, 육류 등도 이용되고 있다. 2017년 국민건강영양조사의 식품섭취량 자료를 바탕으로 국가표준식품성분표(농촌진흥청, ver 9.1)의 나트륨 함량을 적용하여 한국인의 나트륨 주요 급원식품을 산출한 결과 소금, 간장, 배추김치, 라면, 된장, 고추장 순으로 나트륨 섭취에 기여하는 것으로 나타났으며, 식품 100 g당 나트륨 함량은 표 7-7과 같다.

표 7-7 나트륨 주요 급원식품(100 g당 함량)[1)]

순위	급원식품	함량(mg/100 g)	순위	급원식품	함량(mg/100 g)
1	소금	33,417	16	과자	577
2	간장	5,476	17	깍두기	501
3	배추김치	548	18	불고기양념	1,964
4	라면(건면, 스프 포함)	1,338	19	열무김치	510
5	된장	4,339	20	어묵	699
6	고추장	2,486	21	달걀	131
7	빵	516	22	총각김치	692
8	어패류젓	11,826	23	메밀국수	455
9	멸치	2,377	24	샌드위치/햄버거/피자	378
10	국수	395	25	우유	36
11	건미역	7,535	26	돼지고기(살코기)	49
12	햄/소시지/베이컨	759	27	청국장	3,083
13	쌈장	2,619	28	짜장	3,227
14	분말조미료	15,836	29	치즈	928
15	떡	261	30	동치미	533

1) 2017년 국민건강영양조사의 식품별 섭취량과 식품별 나트륨 함량(국가표준식품성분표 DB 9.1) 자료를 활용하여 나트륨 주요 급원식품 상위 30위 산출

자료 : 보건복지부·한국영양학회, 2020 한국인 영양소섭취기준, 2020

6. 영양건강문제

나트륨의 결핍증은 거의 일어나지 않으나 오랫동안 심한 구토, 설사, 땀, 부신피질 기능 부전 등에 의해 결핍 증세가 나타날 수 있다. 체내 나트륨 함량이 낮아지면 세포 외액의 나트륨 농도가 낮아져 세포 외액이 세포 내로 이동하고 혈액량이 감소하여 혈압이 낮아진다.

한편 과량의 나트륨 섭취는 고혈압과 부종을 유발할 수 있다. 세포 외액의 나트륨 농도가 높아지면 수분 균형을 조절하기 위해 혈액의 부피가 증가되어 혈압이 상승하고, 세포층에 수분을 보유하여 부종을 유발한다. 나트륨 과잉 섭취로 인한 고혈압은 직·간접적으로 심뇌혈관질환의 발생을 증가시킨다.

해봅시다

ı 우리 생활 속에서 소금을 얼마나 먹는지 알아봅시다.

소금이 많이 들어 있는 식품은 아래와 같다.

소금이 많이 들어 있는 식품

- 절인 식품 : 젓갈류, 자반고등어, 굴비 등
- 스낵식품 : 감자칩, 팝콘, 크래커 등
- 가공식품 : 치즈, 마가린, 버터, 케첩 등
- 훈제식품 : 햄, 소시지, 베이컨, 훈제 연어 등
- 인스턴트식품 : 라면, 통조림, 수프 및 즉석 식품류
- 조미료 : MSG, 간장, 된장, 고추장, 바비큐소스, 우스터소스 등

ı 소금과 나트륨의 관계를 알고 싶어요.

나트륨은 우리가 먹는 소금인 염화나트륨(Nacl)의 구성 성분이다. 이 중 나트륨이 40%, 염소가 60%로 구성되어 있으므로 소금 1 g에는 나트륨 400 mg이 들어 있다.

ı 밀가루의 나트륨 함량은 얼마나 될까요?

라면의 나트륨 함량은?

라면과 배추김치 한 그릇을 먹었을 경우 나트륨 함량은?

밀가루 90 g
482 mg

라면 120 g
1,206 mg

배추김치 40 g
459 mg

ı 나트륨의 섭취를 줄이기 위한 방법을 제시하시오.

염소(Chloride, Cl)

1. 체내 분포

염소는 신체 내에 체중의 약 0.15% 정도 존재하며, 70%는 혈장과 세포 외액에, 나머지 30%는 결체조직의 콜라겐에 음이온으로 존재한다. 많은 양의 염소는 위액 중 염산(HCl)의 구성 성분으로 들어 있다.

2. 흡수 및 대사

염소는 소장과 대장에서 거의 대부분 흡수되며, 주로 신장을 통해 배설된다. 나트륨과 마찬가지로 알도스테론에 의해 대사가 조절된다.

3. 체내 기능

세포 사이나 세포 외액의 주된 음이온으로 나트륨이나 칼륨처럼 수분 균형이나 산·염기 균형에 관여한다. 또한 위벽세포에서 분비되는 염산의 주된 성분이며, 백혈구의 면역반응에도 관여한다.

4. 영양소 섭취기준 및 급원식품

염소에 대한 성인 남녀의 1일 충분섭취량은 2,300 mg이며, 임신부와 수유부도 동일하다(표 7-8).

염소는 염소 자체보다는 식탁염이나 소금 대체용인 염화칼륨의 형태로 섭취한다.

염소는 소금 100 g에 약 60 g 정도 함유되어 있으며, 거의 모든 식사에서 나트륨과 함께 공급되므로 나트륨을 적절히 섭취한다면, 염소도 충분히 공급된다. 염소는 달걀, 육류, 치즈, 해조류, 올리브, 귀리, 상추 등에 많이 들어 있다.

표 7-8 한국인의 1일 염소 섭취기준

연령		염소(mg/일)			
		평균필요량	권장섭취량	충분섭취량	상한섭취량
영아	0~5(개월)			170	
	6~11			560	
유아	1~2(세)			1,200	
	3~5			1,600	
남자	6~8(세)			1,900	
	9~11			2,300	
	12~14			2,300	
	15~18			2,300	
	19~29			2,300	
	30~49			2,300	
	50~64			2,300	
	65~74			2,100	
	75 이상			1,700	
여자	6~8(세)			1,900	
	9~11			2,300	
	12~14			2,300	
	15~18			2,300	
	19~29			2,300	
	30~49			2,300	
	50~64			2,300	
	65~74			2,100	
	75 이상			1,700	
임신부				2,300	
수유부				2,300	

자료 : 보건복지부·한국영양학회, 2020 한국인 영양소 섭취기준, 2020

표 7-9 염소의 급원식품 (1인 1회 분량)

식품명	중량(g)	염소 함량(g)
식빵	100	0.75
자반고등어	50	1.20
햄	30	0.60
베이컨	30	0.48
절인 배추	50	1.38
절인 무	50	1.14
오이지	50	1.02

자료 : 한국영양학회, 한국인 영양섭취기준, 2005

5. 영양건강문제

소금의 섭취량이 많기 때문에 염소 결핍은 잘 일어나지 않는다. 그러나 위장질환이나 장기간의 구토 및 설사를 하는 경우, 또는 하제나 구토제의 부적절한 사용으로 결핍증이 나타날 수 있다. 결핍 증상은 전해질의 부족으로 인한 탈수, 식욕 부진 등이 일어나며, 심각한 결핍은 우리 몸의 체액을 염기 상태(pH 7.4 이상)로 바꾸어 치명적일 수 있다.

염소의 과잉 섭취는 나트륨 이온의 작용을 증가시킴으로써 혈압을 상승시키는 원인이 되며, 염소 소독제(수영장의 물, 온천 음용수, 식탁 표면 소독, 병원에서의 세탁물 등)의 지나친 사용은 방광암을 일으킬 수 있다.

칼륨(Potassium, K)

1. 체내 분포

칼륨은 성인의 체내에 체중의 0.35% 함유되어 있는데, 이 중 약 95%가 세포 내액에 존재한다. 세포 내액의 나트륨과 칼륨의 비율은 1 : 10이며, 세포 외액에는 28:1의 비율로 들어 있다. 대부분의 칼륨은 제지방조직의 세포 내에 존재하고 신체 내 칼륨 양이 일정하기 때문에 체내 칼륨의 양을 측정하여 무지방조직의 양을 측정할 수 있다.

2. 흡수 및 대사

섭취한 칼륨은 90% 이상이 소장 벽을 통하여 단순 확산으로 쉽게 흡수되며, 전해질 성분으로 재흡수되고 소변으로 배설된다. 신장은 칼륨의 균형을 유지시키는 주된 조절 기관이다. 부신피질호르몬인 알도스테론은 신장에서 칼륨 배설을 증가시켜 세포 내외에서 나트륨과 칼륨의 비율이 일정하게 유지되도록 조절하고 있다. 그 밖에 칼륨의 배설을 자극하는 요인으로는 이뇨제, 알코올, 커피 및 설탕의 과다 섭취 등을 들 수 있다.

3. 체내 기능

칼륨은 세포 내액의 주된 양이온으로 나트륨과 함께 체액의 삼투압과 수분 평형을 조절하며, 나트륨, 수소 이온과 함께 산·염기 균형에 관여한다. 또한 나트륨, 칼슘과 함께 신경, 근육의 흥분과 자극에 관여하며, 근육의 수축과 이완 작용 및 신경의 자극 전달에 관여한다. 췌장에서 인슐린 공급에 관여할 뿐만 아니라 글리코겐 및 단백질 합성에도 관여한다.

4. 영양소 섭취기준 및 실태

칼륨은 용량-반응(dose-response) 평가 자료가 충분하지 못하여 평균필요량 및 권장섭취량을 설정하지 못하고 2005년부터 2020년까지 충분섭취량을 제시하였으며, 칼륨의 1일 충분섭취량은 성인 남녀 모두 3,500 mg이고 수유부의 경우에만 400 mg을 더하여 3,900 mg으로 설정하였다(표 7-10). 최근 5년간(2013~2017년)의 국민건강영양조사 자료 분석 결과, 성인 남성의 평균 칼륨 섭취량은 19~29세 2,883.2 mg/일, 30~49세 3,347.3 mg/일, 50~64세 3,602.4 mg/일로 충분섭취량 미만 섭취자 분율은 각각 73.7%, 61.6%, 58.4%였고, 성인 여성의 평균 칼륨 섭취량은 19~29세 2,345.6 mg/일, 30~49세 2,768.9 mg/일, 50~64세 3,158.2 mg/일로 각각 88.6%, 77.7%, 68.1%가 충분섭취량 미만 섭취하는 것으로 나타났다.

5. 급원식품

칼륨은 모든 동식물성 식품에 널리 분포되어 있으므로 정상적인 식사를 할 경우에는 충분히 섭취하게 된다. 콩류, 전곡류, 오렌지, 바나나, 고구마, 감자, 잎채소류, 우유 등 자연식품에 많이 들어 있다. 가공식품의 경우에는 가공 과정에서 칼륨이 손실되고, 나트륨이 첨가됨으로써 칼륨의 농도를 희석시키므로 가공되지 않은 식품이 더 좋은 급원식품이다.

표 7-10 한국인의 1일 칼륨 섭취기준

연령		칼륨(mg/일)			
		평균필요량	권장섭취량	충분섭취량	상한섭취량
영아	0~5(개월)			400	
	6~11			700	
유아	1~2(세)			1,900	
	3~5			2,400	
남자	6~8(세)			2,900	
	9~11			3,400	
	12~14			3,500	
	15~18			3,500	
	19~29			3,500	
	30~49			3,500	
	50~64			3,500	
	65~74			3,500	
	75 이상			3,500	
여자	6~8(세)			2,900	
	9~11			3,400	
	12~14			3,500	
	15~18			3,500	
	19~29			3,500	
	30~49			3,500	
	50~64			3,500	
	65~74			3,500	
	75 이상			3,500	
임신부				+0	
수유부				+400	

자료 : 보건복지부·한국영양학회, 2020 한국인 영양소 섭취기준, 2020

표 7-11 칼륨 주요 급원식품(100 g당 함량)[1]

순위	급원식품	함량(mg/100 g)	순위	급원식품	함량(mg/100 g)
1	배추김치	313	16	바나나	346
2	돼지고기(살코기)	325	17	양파	145
3	백미	89	18	라면(건면, 스프 포함)	272
4	닭고기	371	19	토마토	250
5	우유	143	20	간장	422
6	과일음료	330	21	달걀	131
7	무	268	22	오이	196
8	감자	335	23	요구르트(호상)	174
9	소고기(살코기)	248	24	멸치	770
10	고구마	379	25	고추장	422
11	사과	107	26	두부	132
12	고춧가루	2,541	27	열무김치	349
13	대두	1,804	28	복숭아	188
14	시금치	790	29	양배추	241
15	참외	450	30	배추	331

[1] 2017년 국민건강영양조사의 식품별 섭취량과 식품별 칼륨 함량(국가표준식품성분표 DB 9.1) 자료를 활용하여 칼륨 주요 급원식품 상위 30위 산출

자료 : 보건복지부·한국영양학회, 2020 한국인 영양소 섭취기준, 2020

6. 영양건강문제

칼륨은 식품 내에 골고루 들어 있어서 정상적인 식사를 할 경우 결핍증은 흔하지 않다. 그러나 기아, 만성 알코올 중독증, 만성 위장질환인 경우와 고혈압 치료제, 이뇨제, 하제 및 구토제의 오랜 사용 등으로 칼륨의 섭취가 불량하거나 심한 구토, 설사 등으로 영양소 흡수가 방해를 받는 경우에 결핍증이 생길 수 있다. 결핍 증상으로는 구토, 무기력, 근육의 위축, 정신 혼란, 불규칙한 심장박동, 심하면 심장마비를 일으킬 수도 있다.

칼륨의 섭취가 많거나 신장 기능의 부전, 심한 탈수현상, 부신피질호르몬의 분비 부족 등에 의해 고칼륨혈증이 나타날 수 있다. 증상으로는 두피, 안면, 혀, 수족 끝의 마비, 근육의 약화, 호흡 불량, 불규칙한 심장 수축으로 심장 기능이 마비될 수 있다. 소금의 대용으로 사용되는 염화칼륨은 독성을 유발할 수 있으므로 의사의 처방을 받아서 사용하여야 한다.

마그네슘(Magnesium, Mg)

1. 체내 분포

마그네슘은 성인의 체내에 체중의 0.05% 함유되어 있는데, 그중 60%가 칼슘, 인과 결합하여 골격을 구성하고 나머지는 주로 근육과 간의 연조직에 골고루 분포되어 있다. 근육 중에는 마그네슘이 칼슘보다 더 많이 함유되어 있다.

2. 흡수 및 대사

마그네슘의 흡수는 주로 회장에서 이루어지고, 건강한 성인의 경우 섭취한 마그네슘은 30~40% 정도 흡수된다. 곡류에 많은 피틴산이나 칼슘 및 섬유소가 풍부한 식사는 마그네슘의 생체 이용률을 낮추는 것으로 나타났다. 골격의 마그네슘은 칼슘과 달리 혈액으로 유출되는 비율이 낮기 때문에 혈중의 마그네슘 농도는 주로 신장으로 배설되는 양에 따라 조절된다.

3. 체내 기능

마그네슘은 칼슘, 인과 함께 골격 대사에 중요한 기능을 하며 탄수화물, 지질, 단백질 및 핵산 대사의 여러 과정에 필요한 효소를 활성화시키는 조효소로서 중요한 역할을 한다. 가장 중요한 기능 중의 하나는 산화적 인산화반응에서 ATP의 합성과 에너지가 방출될 때 조효소의 역할을 하는 것이다.

산화적 인산화반응 (oxidative phosphorylation)
ATP(아데노신삼인산)을 얻는 중요한 대사

또한 신경전달물질인 아세틸콜린의 분비를 감소시키고 분해를 촉진하여 신경을 안정시키며, 근육을 이완시키는 작용을 한다. 따라서 마그네슘은 마취제나 항경련제의 성분으로 이용되기도 한다.

4. 영양소 섭취기준 및 급원실태

마그네슘의 2020 한국인 영양소 섭취기준은 19~29세 성인 남성의 경우 2015 한국인 영양소 섭취기준에 비해 권장섭취량이 10 mg/일 높은 360 mg/일로 설정되었으며, 19~29세 성인 여성에서는 2015 한국인 영양소 섭취기준과 동일한 280 mg/일로 설정되었다. 수유부의 경우에만 40 mg이 추가되었다. 상한섭취량은 식품이 아닌 건강기능식품이나 약물치료세로 섭취할 때 해당하는 것으로 설정되었다(표 7-12). 우리나라에서 수행된 건강한 성인을 대상으로 한 마그네슘 섭취량 평가 연구는 매우 부족한 상황이며, 특히 생애주기별 마그네슘 섭취량을 평가한 연구도 매우 제한적이다.

급원식품으로는 녹색 엽채류, 견과류, 두류 및 곡류 식품 등이며, 그 외 유제품, 육류, 어패류, 난류 및 과일류에도 마그네슘이 함유되어 있다(표 7-13).

표 7-12 한국인의 1일 마그네슘 섭취기준

연령		마그네슘(mg/일)			
		평균필요량	권장섭취량	충분섭취량	상한섭취량[1)]
영아	0~5(개월)			25	
	6~11			55	
유아	1~2(세)	60	70		60
	3~5	90	110		90
남자	6~8(세)	130	150		130
	9~11	190	220		190
	12~14	260	320		270
	15~18	340	410		350
	19~29	300	360		350
	30~49	310	370		350
	50~64	310	370		350
	65~74	310	370		350
	75 이상	310	370		350
여자	6~8(세)	130	150		130
	9~11	180	220		190
	12~14	240	290		270
	15~18	290	340		350
	19~29	230	280		350
	30~49	240	280		350
	50~64	240	280		350
	65~74	240	280		350
	75 이상	240	280		350
임신부		+30	+40		350
수유부		+0	+0		350

1) 식품 외 급원의 마그네슘에만 해당

자료 : 보건복지부 · 한국영양학회, 2020 한국인 영양소 섭취기준, 2020

표 7-13 마그네슘 주요 급원식품(100 g당 함량)[1)]

순위	급원식품	함량(mg/100 g)	순위	급원식품	함량(mg/100 g)
1	백미	23	16	맥주	6
2	소금	1150	17	간장	47
3	배추김치	26	18	빵	19
4	두부	80	19	감자	20
5	멸치	304	20	바나나	28
6	닭고기	32	21	고추장	53
7	돼지고기(살코기)	21	22	보리	54
8	현미	100	23	고춧가루	155
9	건미역	901	24	소고기(살코기)	13
10	우유	10	25	된장	74
11	대두	209	26	라면(건면, 스프 포함)	20
12	시금치	84	27	달걀	11
13	과일음료	15	28	열무김치	36
14	고구마	27	29	깍두기	30
15	들깻잎	151	30	콩나물	27

1) 2017년 국민건강영양조사의 식품별 섭취량과 식품별 마그네슘 함량(국가표준식품성분표 DB 9.1) 자료를 활용하여 마그네슘 주요 급원식품 상위 30위 산출

자료 : 보건복지부 · 한국영양학회, 2020 한국인 영양소섭취기준, 2020

5. 영양건강문제

우리나라의 경우 정상적인 식사를 하는 건강인은 마그네슘 결핍이 거의 일어나지 않는데, 이는 자연식품에 다양하게 들어 있고, 신체 내에서는 골격에 함유되어 있어 골격에서 서서히 혈액으로 이동하기 때문이다. 그러나 만성 설사나 구토 등으로 체액이 많이 손실되거나 알코올 중독, 콰시오커 등으로 마그네슘 흡수가 극히 불량할 때에 결핍증이 발생하여 신경 자극 전달과 근육의 수축과 이완에 이상이 와서 근육과 신경이 떨리게 되는 마그네슘 테타니 증상을 나타낸다.

일반적으로 건강한 사람의 경우는 마그네슘 독성에 저항력이 있어서 과잉증은 잘 알려져 있지 않으나, 과량의 제산제나 하제를 복용하거나 혹은 보충제를 과잉 섭취하는 신장 기능이 손상된 사람에게는 독성이 나타날 수 있다. 설사 및 신경계와 심장계에 이상이 생길 수 있다.

무기질은 에너지원은 아니지만 신체의 구성 성분이며 생리작용을 조절하는 중요한 영양소이다. 이 중 다량 무기질은 체중의 0.05% 이상이 분포되어 있거나 혹은 하루 필요량이 100 mg 이상인 것으로, 칼슘, 인, 나트륨, 염소, 칼륨, 마그네슘 및 황이 포함된다.

1) 칼슘

- 주요 기능 : 골격과 치아의 구성, 근육의 수축과 이완, 신경 자극 전달, 혈액응고작용
- 섭취기준 : 권장섭취량 19~49세 남자 800 mg, 여자 700 mg, 상한섭취량 2,500 mg
- 급원식품 : 우유 및 유제품, 뼈째 먹는 생선, 두부, 녹색 채소류 등
- 영양문제 : 결핍증은 테타니, 골연화증, 골다공증

2) 인

- 주요 기능 : DNA와 RNA의 구성 성분, 세포막이나 인지질 구성, 인산화 과정에 관여, 산화 · 환원 반응효소의 기능
- 섭취기준 : 권장섭취량 성인 남자 700 mg, 여자 700 mg, 상한섭취량 3,500 mg
- 급원식품 : 현미, 전곡류, 육류, 생선, 가금류, 우유 및 유제품, 가공식품, 탄산음료 등
- 영양문제 : 결핍증은 거의 없고 과잉증은 식욕 상실, 골질량 감소 및 근육 약화

3) 나트륨

- 주요 기능 : 삼투압과 수분 조절, 체액의 평형 유지, 신경 자극 전달
- 섭취기준 : 성인 남녀 1일 충분섭취량 1,500 mg, 만성질환위험감소섭취량 2,300 mg
- 급원식품 : 소금, 배추김치, 젓갈류, 가공품, 인스턴트 식품 등
- 영양문제 : 결핍증은 거의 없고 과잉증은 고혈압, 부종 유발, 위궤양 및 위암

4) 염소

- 주요 기능 : 수분 평형, 산 · 염기 균형, 위산(HCl)의 성분, 백혈구의 면역반응에 관여
- 섭취기준 : 19~64세 성인 남녀 1일 충분섭취량 2,300 mg
- 급원식품 : 염장 채소류, 자반고등어, 햄, 베이컨 등
- 영양문제 : 결핍증은 거의 없으나 장기간의 구토나 설사를 할 경우 탈수와 식욕 부진, 과잉증은 혈압 상승

5) 칼륨

- 주요 기능 : 체액의 삼투압과 수분 평형, 산 · 염기 평형에 관여, 신경 자극 전달, 근육의 수축과 이완 작용
- 섭취기준 : 성인 남녀 1일 충분섭취량 3,500 mg
- 급원식품 : 전곡류, 육류, 생선, 콩류, 잎채소류, 감자, 오렌지, 바나나 등
- 영양문제 : 결핍증은 구토, 근육의 위축, 정신 혼란 등, 과잉증은 고칼륨혈증 유발, 근육의 약화, 호흡 불량, 심장 기능 마비

6) 마그네슘

- 주요 기능 : 골격 대사에 중요한 기능, 신경 자극 전달과 근육이완에 관여, 체내 대사 과정에서 조효소의 역할
- 섭취기준 : 권장섭취량 성인 남자 360~370 mg, 여자 280 mg, 상한섭취량 350 mg
- 급원식품 : 살코기, 생선, 녹색 채소, 전곡류, 콩류, 견과류 등
- 영양문제 : 결핍증은 거의 없으나 알코올 중독이나 콰시오커 등 만성 영양 결핍에서 마그네슘 테타니를 일으키며, 과잉증은 약물이나 보충제의 과량 복용 시 설사, 신경계와 심장계의 이상

연구문제

1. 체내에서 골격을 구성하는 성분인 칼슘과 인 중 칼슘의 중요성을 더 강조하는 이유에 대해 생각해 보자.
2. 한국인에 있어 저나트륨 섭취에 대한 제안이 다양한 분야에서 이루어지고 있다. 한국인 식생활에서 적절한 저나트륨 섭취 방안은 무엇이 있을지 생각해 보자.
3. 골다공증 등 한국인의 골격 건강을 위한 식생활의 중요성에 대한 실천 방안에 대해 설명해 보자.

참고문헌

곽은희, 이수림, 이혜상, 권인숙(2003). 일부농촌지역 노인들의 식이성 Na, K, Ca 섭취량 및 소변 배설량 및 혈압과의 상관성. **한국영양학회지 36**(1): 75-82.

보건복지부 질병관리본부(2015). 2014 국민건강통계 I · II 추이-국민건강영양조사 제6기 2차년도.

보건복지부 · 한국영양학회(2010, 2015, 2020). 한국인 영양섭취기준.

유춘희, 이정숙, 이일하, 김선희, 이상선, 강순아(2004). 한국 남자의 연령별 골밀도에 영향을 미치는 요인 분석. **한국영양학회지 37**(2): 132-142.

이기열, 문수재(2005). **최신영양학**. 수학사.

이영근, 승정자, 최미경, 이윤신(2002). 나트륨 섭취수준이 정상 성인의 혈압과 혈압성상에 미치는 영향. **한국영양학회지 35**(7): 754-762.

최보영, 김선희(2001). 청소년기 여자의 칼슘과 인 평형 연구. **한국영양학회지 34**(4): 433-439.

최혜미 외(2001). **21세기 영양학**. 교문사.

Anderson JJB and others(2001). Phosphorus. In Browman BA, Russel Rm(eds.): *Present knowledge in nutrition*. Washington, D.C. : ILSI Press.

Anderson JJB(2000). The important role of physical activity in skeletal development: How exercise may counter low calcium intake. *Am J Clin Nutr 71*(6): 1384-1386.

Bar bones(2002). How to keep your bone strong? *Nutrition Action Health Letter*, p.29, January/ February.

Gililand FD, Berhane KT, Li YF, Kim DH, Margolis HG(2002). Dietary magnesium, potassium, sodium and children's lung function. *Am J Epidemiol 155*(1): 125~131.

Khaw KT, Bingham S, Welch A, Luben R, O'Brien E, Wareham N, Day N(2004). Blood pressure and urinary sodium in men and women : the Norfolk cohort of the European prospective investigation into cancer. *Am J Clin Nutr 80*(5): 1397-1403.

Lanham-New SA(2006). Fruit and vegetables : the unexpected natural answer to the question of osteoporosis prevention? *Am J Clin Nutr 83*(6): 1254-1255.

New SA, Robins SP, Campbell MK, Martin JC, Garton MJ, Bolton-Smith C, Grubb DA, Lee SJ, Reid DM(2000). Dietary influences on bone mass and bone metabolism : Further evidence of a positive link between fruit and vegetable consumption and bone health. *Am J Clin Nutr 71*(1): 142-151.

Nieves JW(2005). Osteoporosis : The role of macro-nutrients. *Am J Clin Nutr 81*(5): 1232s-1239s.

Preuss H(2001). Sodium, Chloride and Potassium. In Bowman BA, Russel RM(eds.): *Present knowledge in nutrition*. Washington, D.C. : ILSI Press.

Richard H Carmona(2006). Improving Bone Health. *JADA 106*(5): 651.

Whitening SJ, Vatanparast H, Baxter Jones A, Faulkner RA, Mirwald R, Bailey DA(2004). Factors that affect bone mineral in adolescent gross spurt. *J Nutr 134*: 696s-700s.

08 미량 무기질

학습 목표

1. 미량 무기질의 성질 및 종류에 대해 알아본다.
2. 미량 무기질의 흡수 및 대사 과정을 이해한다.
3. 미량 무기질의 체내 기능을 설명할 수 있다.
4. 미량 무기질의 섭취기준과 급원식품을 설명할 수 있다.
5. 미량 무기질과 관련된 영양건강문제를 설명할 수 있다.

15살 수연이는 학업에 대한 스트레스가 심하며,
외모에 대한 관심이 많은 여학생이다.
아침은 시간이 없어서 못 먹을 때가 많고 편식도 심해서
한두 가지 좋아하는 반찬만 먹는다.
육류는 좋아하지만 살이 찔까 봐 잘 먹지 않고
늦게까지 공부하면서 커피와 녹차를 자주 마신다.
요즈음 들어 수연이는 의욕도 없고 수업시간에도 집중이 잘 안 된다.
친구들은 얼굴이 하얘졌다고 하는데 자주 어지럽고
몹시 피곤하다.
수연이에게 왜 이러한 증상이 나타난 것일까?

미량 무기질은 하루 필요량이 100 mg 미만이지만 체내 필수적인 기능을 하는 무기질로 결핍 시 생리적 기능과 구조의 비정상을 초래한다. 식품 이외 보충제나 건강기능식품을 통한 무기질의 과다 섭취도 유해한 영향을 나타내므로 적절한 수준의 섭취가 중요하다. 철, 아연, 구리, 요오드, 셀레늄, 불소, 망간, 몰리브덴, 크롬에 대한 영양소 섭취기준이 설정되어 있다.

철(Iron, Fe)

기원전 페르시아의 의사가 출혈이 있는 선원들에게 철 보충제를 주었다는 기록으로부터 체내에서 철의 중요성은 상당히 오래 전부터 알고 있었으나 철 결핍증이나 철 결핍성 빈혈은 아직도 세계 곳곳에서 흔하게 발생하는 영양문제이다.

철은 살아 있는 모든 세포에 존재한다. 체내 존재하는 철의 70~80%는 기능적으로 헤모글로빈, 미오글로빈, 철 함유효소에 존재하며, 나머지는 간, 비장, 골수 등에 페리틴이나 헤모시데린 형태로 저장된다. 혈액 내에는 철 운반단백질인 트랜스페린이 존재한다. 철은 체내에서 잘 보존되어 재사용되지만 철 평형을 유지하기 위해서 세포 탈락, 소변, 피부, 생리혈 등으로 손실되는 양만큼 공급해 주어야 한다(그림 8-1).

헤모글로빈(hemoglobin)
적혈구 속에 있으며 조직으로 산소를 운반하는 복합단백질

미오글로빈(myoglobin)
헤모글로빈과 비슷한 근육 내 색소단백질

페리틴(ferritin)
철-아포 페리틴 복합물로서 체내에 철을 저장하는 중요한 형태 중의 하나

헤모시데린(hemosiderin)
철을 저장하는 단백질의 일종

트랜스페린(transferrin)
조직이나 혈액으로부터 헤모글로빈을 만드는 골수로 철을 운반하는 혈장단백질

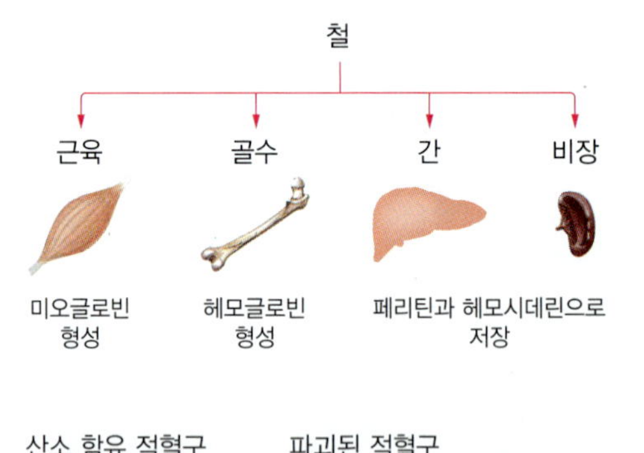

그림 8-1 철의 분포 및 이용

1. 흡수 및 대사

식품 내 철은 헴철과 비헴철의 형태로 존재한다. 헴철은 육류, 생선, 가금류에 존재하며, 주로 헤모글로빈과 미오글로빈, 일부 효소의 구성 성분이다. 비헴철은 주로 곡류, 채소 등의 식물성 식품에 들어 있으며 육류, 생선, 가금류에도 헴철과 함께 존재한다.

철은 십이지장과 공장에서 흡수되며, 식품 내 존재하는 형태, 함께 섭취하는 식품, 체내 저장량과 요구량에 따라 흡수율이 달라진다.

1) 철의 흡수를 증가시키는 요인

체내 저장량 감소 및 신체 요구량 증가

체내 철 저장량이 적으면 소장에서 철 흡수가 더 효율적으로 이루어진다. 성장, 임신, 출혈, 고지대 신체 훈련 등 체내 철 요구량이 증가하면 흡수율도 증가한다.

헴철

헴철은 비헴철보다 흡수율이 높다. 헴철은 10~30%, 비헴철은 2~10% 흡수된다. 헴철의 흡수는 식사 조성이나 위장관 분비의 영향을 적게 받는다.

헴철(heme iron)
헴, 즉 포피린의 철 착염 중에 있는 철

비헴철(non-heme iron)
단백질 또는 단백질 복합체에 함유되어 있는 헴 형태 이외의 철 이온

위산

위에서는 철이 흡수되지 않으나 위산은 제2철(Fe^{3+})을 흡수가 용이한 제1철(Fe^{2+})로 전환시켜 비헴철의 흡수를 높인다.

육류 단백질

육류에 존재하는 철의 40%는 헴철로 존재한다. 육류는 철 함량이 높을 뿐 아니라 흡수도 잘되며 비헴철의 흡수도 증가시킨다.

비타민 C

비타민 C는 제2철을 제1철로 환원시켜 철 흡수를 높인다. 채식주의자나 동물성 식품의 섭취가 부족한 경우 비타민 C가 풍부한 식품을 함께 섭취함으로써 철의 생체이용률을 높일 수 있다.

2) 철의 흡수를 감소시키는 요인

피틴산, 옥살산

곡류 내 함유된 피틴산과 채소, 특히 시금치에 함유되어 있는 옥살산은 철과 결합하여 철의 흡수를 감소시킨다. 시금치는 식물성 식품 중 비교적 철 함량이 높은 편이나 흡수를 방해하는 물질 때문에 철의 좋은 급원은 아니다.

피틴산(phytic acid)
무기질류의 흡수를 저해하는 특정 식물의 잎과 곡류 껍질에 함유되어 있는 이노시톨의 헥사인산 에스터산

옥살산(oxalic acid)
수산, 시금치, 잎채소류에 존재하는 유기산

폴리페놀

차에 존재하는 탄닌, 커피 등에 함유되어 있는 폴리페놀은 철의 흡수를 감소시킨다. 식사를 할 때 커피나 차를 함께 마시지 않는 것이 좋다.

다른 무기질의 과다 섭취

아연, 칼슘, 망간 등의 무기질은 철과 경쟁적으로 흡수되므로 철 흡수를 감소시킬 수 있다. 철 요구량이 높은 경우 칼슘 보충제는 복용 여부나 복용 시간을 조절할 필요가 있다.

위산 분비 감소

노인의 경우 위산 분비 감소로 철 흡수율이 감소하며 체내 철 저장량도 감소된다. 무염산증, 저염산증, 제산제 복용은 비헴철의 흡수를 방해한다.

제산제(antacid)
위산을 중화시키고 위산에 의한 복통을 완화시키는 데 사용하는 탄산수소나트륨·수산화마그네슘·수산화알루미늄 같은 물질

표 8-1 철의 흡수에 영향을 주는 요인

증가 요인	감소 요인
체내 저장량 감소	피틴산
신체 요구량 증가	옥살산
헴철	폴리페놀
위산	철 저장량 포화 상태
육류 단백질	아연, 망간, 칼슘의 과다 섭취
비타민 C	위산 분비 감소

철은 소장 점막세포에서 페리틴과 결합하며 체내 철 영양 상태에 따라 혈액으로 이동하거나 소장 내에 저장되어 있다가 수명이 다한 소장세포가 떨어져 나갈 때 함께 배설된다.

혈액에서 철은 트랜스페린과 결합하여 필요한 곳으로 운반되는데 주로 골수에서 적혈구의 헤모글로빈 합성에 사용된다. 사용되고 남은 철은 간, 골수, 비장 등에 저장되는데 대부분 간에 페리틴으로 저장되며 저장 능력에 한계가 있으므로 초과하는 양은 헤모시데린 형태로 저장된다. 적혈구는 약 120일간 존재한 후 간이나 비장에서 파괴되며 헴에서 빠져나온 철은 대부분 다시 사용된다(그림 8-2).

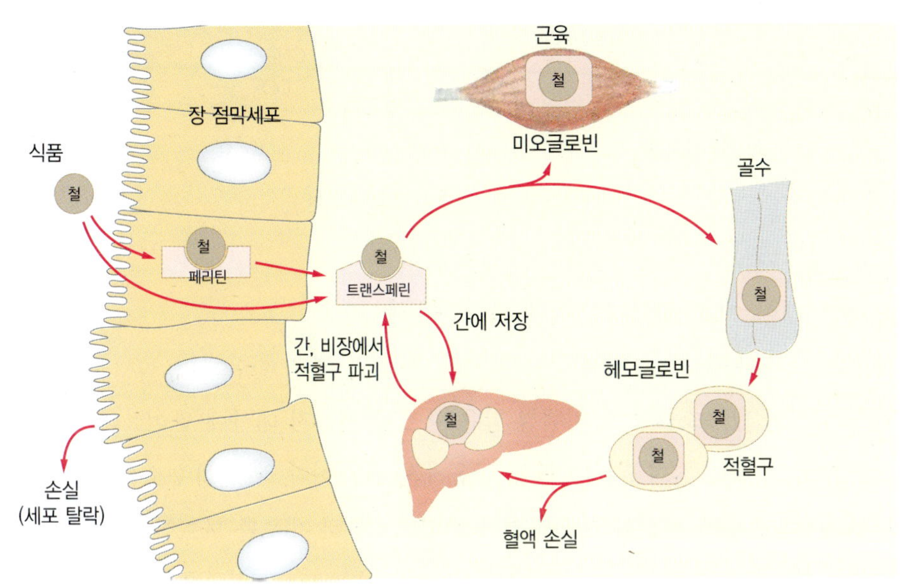

그림 8-2 철의 흡수 및 이동

2. 체내 기능

1) 산소 운반

철은 헤모글로빈과 미오글로빈의 구성 성분이다. 적혈구 내 헤모글로빈은 글로빈 단백질과 4개의 헴이 결합되어 있는 구조로 헴구조 내 철이 산소와 결합하여 폐에서 조직으로 산소를 운반한다. 미오글로빈은 1개의 헴을 함유하는 단백질로 근육 내에서 산소를 운반하고 저장하는 기능을 한다.

2) 효소의 구성 성분

철은 체내 에너지 대사, 항산화 기능, DNA 합성에 관여하는 효소의 구성 성분으

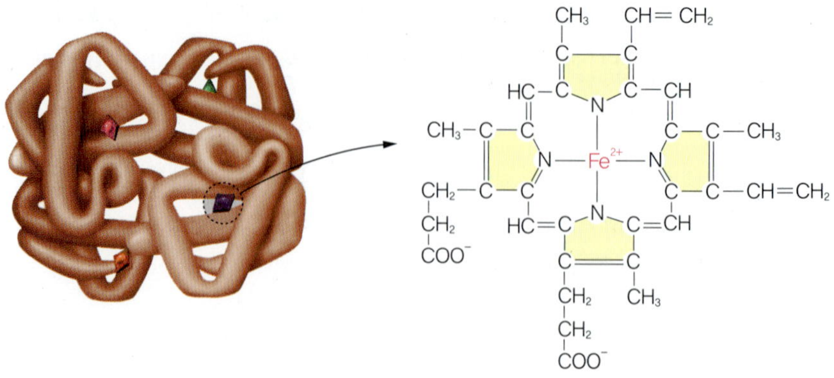

(a) 헤모글로빈

(b) 헴

그림 8-3 헤모글로빈 및 헴의 구조

로 성장, 생식, 치유, 면역기능 등에 관여한다.

사이토크롬(cytochrome)
전자 전달 헴단백질의 일종

카탈레이스(catalase)
과산화수소가 물과 산소로 분해되는 반응을 촉매하는 효소

미토콘드리아의 전자전달계 사이토크롬 효소는 헴을 함유하며, NADH 탈수소효소, 석신산 탈수소효소도 비헴철 함유 효소로 에너지 대사에 관여한다.

카탈레이스와 과산화효소는 헴을 함유하는 효소이다. 과산화수소를 물과 산소로 분해시킴으로써 과산화수소에 의한 손상으로부터 세포를 보호한다.

DNA 합성에 필요한 리보뉴클레오타이드 환원효소도 철 의존효소이다.

3) 면역기능

철은 정상적인 면역기능을 위해서 필요하다. 철 결핍 시 면역세포의 활성이 감소되어 감염 위험성이 증가한다. 그러나 과량의 철 보충은 면역계를 손상시킬 수 있다.

신경전달물질(neurotransmitter)
신경 충격이 한 세포에서 그 다음 세포로, 신경계 전체를 지날 수 있도록 하는 화학물질

콜라겐
결합조직, 뼈, 피부, 연골을 구성하는 섬유상 구조 단백질

4) 기타

철은 신경전달물질 합성과 콜라겐 합성에도 관여한다.

3. 영양소 섭취기준

철의 필요량은 기본적인 손실량 외에 월경으로 인한 손실량, 성장 및 임신으로

인한 요구량 증가 등의 요인들과 철 흡수율을 고려하여 추정한다. 철의 권장섭취량은 성인 남자 10 mg, 성인 여자는 50세 이전과 이후 각각 14 mg, 8 mg이다. 임신부는 비임신부보다 10 mg 추가 섭취량이 필요하며 수유부는 비임신부와 동일하다. 상한섭취량은 철의 유해 영향 중 위장 장애를 일으키는 수준을 근거로 성인의 경우 45 mg/일이다(표 8-2).

표 8-2 한국인의 1일 철 섭취기준

연령		철(mg/일)			
		평균필요량	권장섭취량	충분섭취량	상한섭취량
영아	0~5(개월)			0.3	40
	6~11	4	6		40
유아	1~2(세)	4.5	6		40
	3~5	5	7		40
남자	6~8(세)	7	9		40
	9~11	8	11		40
	12~14	11	14		40
	15~18	11	14		45
	19~29	8	10		45
	30~49	8	10		45
	50~64	8	10		45
	65~74	7	9		45
	75 이상	7	9		45
여자	6~8(세)	7	9		40
	9~11	8	10		40
	12~14	12	16		40
	15~18	11	14		45
	19~29	11	14		45
	30~49	11	14		45
	50~64	6	8		45
	65~74	6	8		45
	75 이상	5	7		45
임신부		+8	+10		45
수유부		+0	+0		45

자료 : 보건복지부·한국영양학회, 2020 한국인 영양소 섭취기준, 2020

한국인의 철 섭취 실태는 남자의 경우 철 권장 섭취기준에 대한 섭취비율이 100% 이상이며 여자의 경우는 90% 수준이다. 평균필요량 미만 섭취하는 비율은 남자 1/4, 여자 1/2 정도 철을 부족하게 섭취하고 있다.

4. 급원식품

철의 가장 좋은 급원은 육류, 어패류, 가금류이다. 곡류 및 곡류 가공식품(빵, 면류), 콩류, 진한 녹색채소에도 상당량의 철이 함유되어 있으나 50% 이하만 이용할 수 있는 형태로 존재한다. 우유나 유제품에는 철 함량이 낮다.

우리나라 사람들의 철의 주요 급원은 백미, 돼지고기(간), 소고기, 달걀, 멸치이며, 1회 분량에 함유된 철 함량은 돼지고기의 간, 순대, 굴 순으로 높다(표 8-3, 그림 8-4).

표 8-3 철 주요 급원식품(100 g당 함량)1)

순위	급원식품	함량(mg/100 g)	순위	급원식품	함량(mg/100 g)
1	백미	0.80	16	빵	0.60
2	돼지 부산물(간)	17.92	17	소 부산물(간)	6.54
3	소고기(살코기)	2.12	18	고춧가루	4.89
4	달걀	1.80	19	굴	8.72
5	멸치	12.00	20	파	0.82
6	배추김치	0.51	21	닭고기	0.28
7	두부	1.54	22	과자	1.14
8	돼지고기(살코기)	0.65	23	간장	1.09
9	대두	7.68	24	된장	2.07
10	시금치	2.73	25	과일음료	0.31
11	순대	7.10	26	라면(건면, 스프포함)	0.54
12	만두	3.10	27	고구마	0.52
13	보리	2.40	28	당면	4.69
14	시리얼	11.95	29	샌드위치/햄버거/피자	1.09
15	찹쌀	2.20	30	감자	0.40

1) 2017년 국민건강영양조사의 식품별 섭취량과 식품별 철 함량(국가표준식품성분표 DB 9.1) 자료를 활용하여 철 주요 급원식품 상위 30위 산출

자료 : 보건복지부·한국영양학회, 2020 한국인 영양소 섭취기준, 2020

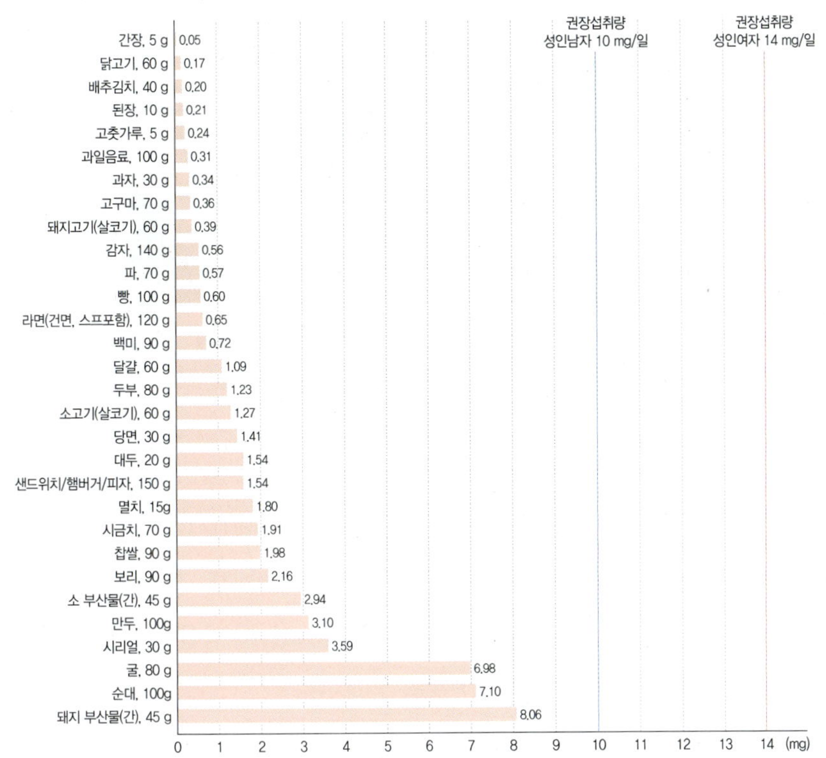

그림 8-4 철 주요 급원식품(1회 분량당 함량)[1)]

1) 2017년 국민건강영양조사의 식품별 섭취량과 식품별 철 함량(국가표준식품성분표 DB 9.1) 자료를 활용하여 철 주요 급원식품 상위 30위 산출 후 1회 분량(2015 한국인 영양소 섭취기준)을 적용하여 1회 분량당 함량 산출, 19~29세 성인 권장섭취량 기준(2020 한국인 영양소 섭취기준)과 비교

자료 : 보건복지부·한국영양학회, 2020 한국인 영양소 섭취기준, 2020

5. 영양건강문제

식사를 통한 철 섭취 부족, 흡수 불량, 출혈, 질병 등은 철 결핍성 빈혈을 초래한다. 철 결핍성 빈혈은 전 세계적으로 가장 흔하게 발생하는 영양문제로, 특히 여성은 체내 철 저장량이 남성에 비해 적고, 임신, 월경 등으로 요구량이 증가하므로 철 결핍성 빈혈 발생 위험이 높다. 이유기, 사춘기, 가임기 여성, 임신부, 노인기에 철 결핍 위험이 높으며 철 저장량이 낮은 상태로 태어난 미숙아, 우유 의존도가 높고 육류 섭취가 적은 유아에게서도 철 결핍성 빈혈이 쉽게 발생한다(그림 8-5).

철 결핍은 단계별로 진행되는데 초기 단계에서는 체내 철 저장량이 감소한다. 중간 결핍 단계에서는 빈혈 증상은 나타나지 않으나 철 결핍에 의한 조혈작용이 저

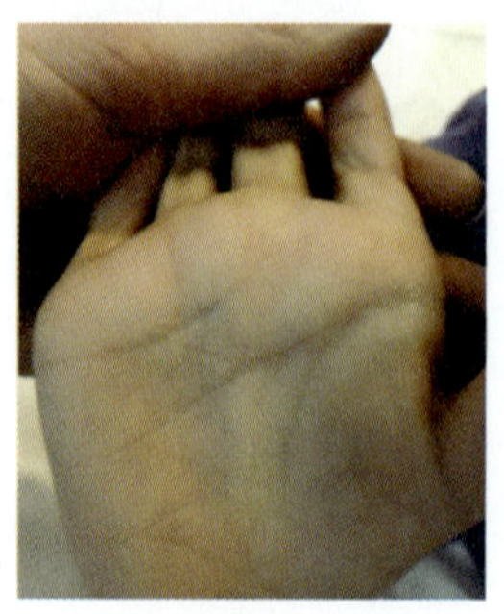

정상

철 결핍성 빈혈

그림 8-5 철 결핍성 빈혈(유아)

자료 : https://www.nationwidechildrens.org

하되며, 마지막 단계에서 소적혈구성, 저색소성 빈혈이 나타난다.

철 결핍성 빈혈 증상으로 피로, 두통, 무기력, 창백한 피부, 집중력 저하, 일 수행 능력 감소, 면역기능 감소, 스푼 모양의 손톱 등이 있다. 임신부의 빈혈은 태아의 성장 지연, 저체중아 출산, 사산, 조산 등을 초래한다.

혈색소증
헤모시데린 침착증은 비정상적으로 다량의 철을 섭취한 사람이나 철을 과도하게 흡수하는 유전적인 결함이 있는 경우 발생하는데, 이 헤모시데린 침착증이 간이나 심장조직 손상과 관련되면 혈색소증이라고 함

철 과잉증은 유전질환인 혈색소증이 있을 때, 장기간 다량의 철 보충제 복용, 잦은 수혈로 인해 간에 비정상적으로 철이 축적된 경우에 나타난다. 체내는 점막 방어 체계를 가지므로 철의 과잉 섭취로 인한 독성이 쉽게 발생하지 않으나 어린이의 경우 철의 방어 체계가 성인처럼 빨리 반응하지 못하므로 과잉 섭취에 의한 영향을 받기 쉽다. 어린이 경우 씹는 형태의 철 보충제를 과다 복용하는 경우 철 과잉증을 초래할 수 있다.

아연(Zinc, Zn)

1960년대 중동 지역에서 아연 결핍증이 처음 보고되었는데 발효시키지 않은 빵을 주식으로 섭취하고 동물성 단백질 섭취가 부족한 청소년에게서 생식부전증과 왜소증이 발생하였다.

아연은 체내 거의 모든 조직에 존재하며 여러 효소의 구성 성분, 생체막의 구조, 면역기능 등에 관여한다.

1. 흡수 및 대사

식사를 통해 섭취된 아연은 대부분 소장에서 흡수된다. 장세포 내에서 아연은 메탈로싸이오닌 합성을 유도하는데 이 단백질이 아연 흡수의 항상성 조절에 관여한다. 혈액 내에서 아연은 알부민과 결합하여 간으로 운반된다(그림 8-6). 아연은 수일 내에 장세포에서 혈액으로 이동하지 못하면 소장 점막세포와 함께 떨어져 나와 주로 대변으로 배설되며, 소량은 소변이나 땀으로 배설된다.

메탈로싸이오닌(metallothionein) 함황 단백질의 일종으로 아연, 구리 등 금속과 결합함

알부민(albumin) 간에서 생성되는 수용성 혈장단백질

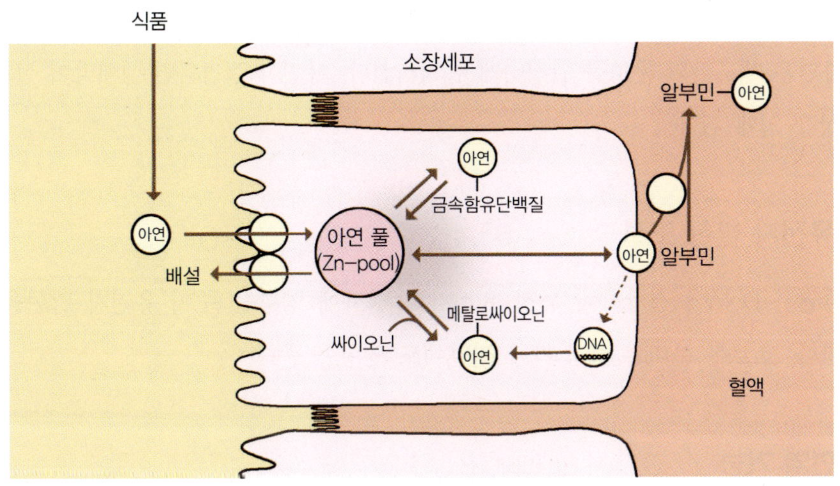

그림 8-6 아연의 흡수 및 이동

철 흡수와 마찬가지로 아연 흡수도 섭취량, 신체의 아연 요구량, 식사 조성 등에 영향을 받는다. 체내 요구량 증가, 소량 섭취 시, 동물성 단백질 섭취가 많을 때 흡수율이 증가한다. 식사 내 피틴산, 식이섬유소의 함량이 많을 경우 아연 흡수는 감소된다. 철이나 구리 등과 경쟁적으로 흡수되므로 이들 무기질 섭취량이 많아지면 아연 흡수는 감소된다.

2. 체내 기능

1) 효소의 구성 성분

세포 내의 많은 대사 과정은 아연을 필요로 한다. 아연은 DNA와 RNA 합성, 알코올 대사, 단백질 대사, 성장 발달, 항산화 방어, 면역 기능, 산·염기 평형 과정에 관여하는 200여 종 금속효소의 구성 성분이다.

금속효소(metalloenzyme) 효소 중 금속 이온과 결합되어 있거나 효소 활성에 금속 이온을 필요로 하는 것

2) 세포막 구조 유지

아연은 세포막의 구조를 안정하게 유지시킨다. 아연이 결핍되면 생체막이 산화적 손상을 입게 된다.

3) 유전자 발현 조절

아연은 DNA에 결합하여 특정 유전자의 전사에 영향을 주어 유전자 발현을 조절한다. 호르몬 분비와 신경 자극 전달에도 영향을 준다.

4) 면역 기능

아연은 면역계에 중요한 역할을 하므로 아연 결핍시 감염에 반응하는 면역계의 작용이 저하된다.

3. 영양소 섭취기준

아연의 필요량은 체내에서 매일 손실되는 양, 흡수율, 성장 등을 고려하여 설정된다.

아연의 권장섭취량은 성인 남자 10 mg/일, 성인 여자 8 mg/일이며, 임신부는 성인 여성에 비해 2.5 mg, 수유부는 5 mg 추가 섭취하도록 한다. 상한섭취량은 성인의 경우 35 mg/일이다(표 8-4).

표 8-4 한국인의 1일 아연 섭취기준

연령		아연(mg/일)			
		평균필요량	권장섭취량	충분섭취량	상한섭취량
영아	0~5(개월)			2	
	6~11	2	3		
유아	1~2(세)	2	3		6
	3~5	3	4		9
남자	6~8(세)	5	5		13
	9~11	7	8		19
	12~14	7	8		27
	15~18	8	10		33
	19~29	9	10		35
	30~49	8	10		35
	50~64	8	10		35
	65~74	8	9		35
	75 이상	7	9		35
여자	6~8(세)	4	5		13
	9~11	7	8		19
	12~14	6	8		27
	15~18	7	9		33
	19~29	7	8		35
	30~49	7	8		35
	50~64	6	8		35
	65~74	6	7		35
	75 이상	6	7		35
임신부		+2.0	+2.5		35
수유부		+4.0	+5.0		35

자료 : 보건복지부·한국영양학회, 2020 한국인 영양소 섭취기준, 2020

4. 급원식품

아연은 단백질이 풍부한 식품에 많이 들어 있다. 소고기, 해산물, 견과류, 콩류, 전곡류 등은 아연의 좋은 급원이다. 우리나라 사람들의 주요 아연 급원식품은 백미, 소고기, 돼지고기, 배추김치, 달걀 순이며, 1회 섭취 분량으로는 굴, 돼지고기(간), 시리얼, 소고기의 아연 함량이 높다(표 8-5, 그림 8-7). 굴은 1회 섭취량으로 하루 성인 권장 섭취 수준을 충족시키는 고함량 식품이다.

표 8-5 아연 주요 급원식품(100 g당 함량)[1)]

순위	급원식품	함량(mg/100 g)	순위	급원식품	함량(mg/100 g)
1	백미	1.40	16	시금치	2.01
2	소고기(살코기)	4.40	17	보리	2.05
3	돼지고기(살코기)	2.13	18	시리얼	9.72
4	배추김치	0.56	19	샌드위치/햄버거/피자	1.51
5	달걀	1.16	20	빵	0.54
6	돼지 부산물(간)	6.72	21	콩나물	1.02
7	우유	0.36	22	햄/소시지/베이컨	1.14
8	두부	1.17	23	소 부산물(간)	5.30
9	닭고기	0.61	24	파	0.79
10	현미	2.05	25	요구르트(호상)	0.43
11	굴	15.90	26	감자	0.38
12	멸치	4.64	27	라면(건면, 스프 포함)	0.46
13	떡	0.86	28	오징어	1.40
14	무	0.53	29	된장	1.46
15	대두	4.49	30	새우	1.80

[1)] 2017년 국민건강영양조사의 식품별 섭취량과 식품별 아연 함량(국가표준식품성분표 DB 9.1) 자료를 활용하여 아연 주요 급원식품 상위 30위 산출

자료 : 보건복지부·한국영양학회, 2020 한국인 영양소 섭취기준, 2020

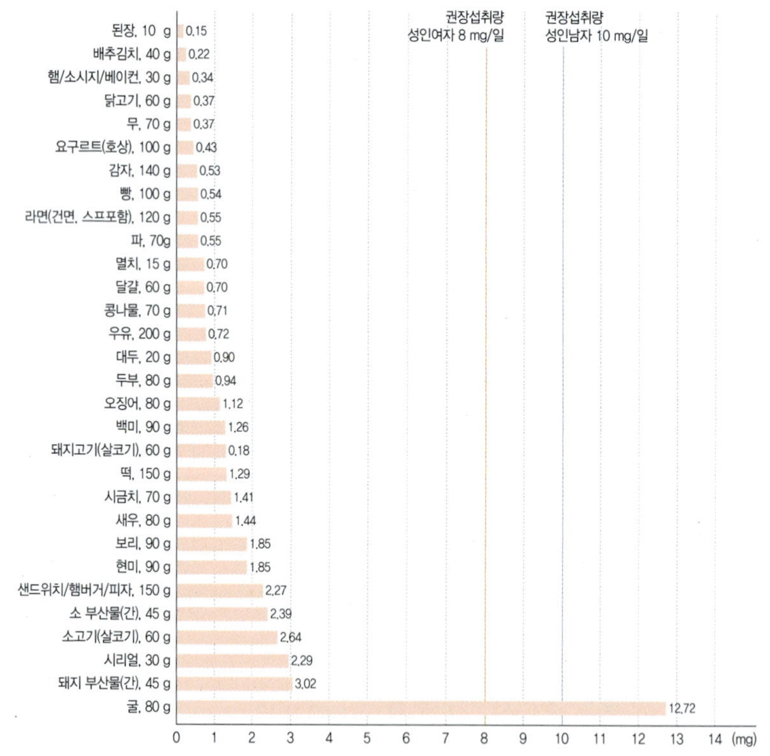

그림 8-7 아연 주요 급원식품(1회 분량당 함량)[1)]

[1)] 2017년 국민건강영양조사의 식품별 섭취량과 식품별 아연 함량(국가표준식품성분표 DB 9.1) 자료를 활용하여 아연 주요 급원식품 상위 30위 산출 후 1회 분량(2015 한국인 영양소 섭취기준)을 적용하여 1회 분량당 함량 산출, 19~29세 성인 권장섭취량 기준(2020 한국인 영양소 섭취기준)과 비교

자료 : 보건복지부·한국영양학회, 2020 한국인 영양소섭취기준, 2020

5. 영양건강문제

아연 결핍증이 처음 보고된 이란과 이집트의 경우 아연의 흡수를 방해하는 섬유소와 피틴산 함량이 높은 정제되지 않은 곡류 섭취, 발효시키지 않은 빵 위주의 식사와 관련이 있었다. 이스트의 발효는 피틴산의 영향을 감소시켜 주는데 이스트를 사용하지 않은 빵의 섭취는 심한 아연 결핍을 초래하였다. 아연 결핍으로 성장 부진, 생식기 발달 부전, 면역 기능의 손상, 설사나 폐렴 등의 감염성 질환 증가, 미각 예민도 감소, 상처 치유 지연, 탈모증, 피부질환 등이 발생한다.

아연 결핍은 식사 섭취 원인 외에 아연 흡수가 손상되는 유전성 피부질환에 의해서도 나타날 수 있다. 유전성 피부질환은 보통 이유기 어린이에게 피부 습진, 탈모증, 설사, 세균 감염 등이 나타나며 치료하지 않으면 사망한다. 이외에 완전정맥영양(TPN)을 받은 환자, 알코올 중독자, 임신부, 노인에서 아연 결핍증이 잘 나타난다.

식품을 통해 아연을 상한섭취량 이상으로 섭취하는 경우는 적으나 아연 보충제, 아연강화식품 등을 장기간 과량 섭취하면 구리의 흡수 저하, HDL-콜레스테롤 감소, 설사, 경련, 메스꺼움, 구토, 면역 기능 감소를 초래한다.

구리(Copper, Cu)

구리는 체내 여러 효소의 구성 성분으로 간, 뇌, 심장, 신장 조직 내에 함량이 높다. 근육은 구리 함량은 낮으나 근육량이 많아 체내 총 구리의 40%를 차지한다.

1. 흡수 및 대사

구리는 대부분 소장에서 흡수된다. 구리 흡수는 섭취량에 따라 영향을 받는데 섭취량이 적을 때는 흡수율이 높으며, 섭취량이 많을 때는 상대적으로 흡수율이 낮다. 아연의 보충은 구리의 흡수에 영향을 준다.

장 점막세포 내에서 구리는 메탈로싸이오닌과 결합하며 이 단백질의 양을 조절함으로써 구리의 항상성을 유지한다. 장에서 흡수된 구리는 주요 저장 부위인 간

세룰로플라스민 (ceruloplasmin)
구리 결합단백질

과 신장으로 이동한다. 간에서 구리는 세룰로플라스민에 결합되어 다른 조직으로 운반된다. 구리는 주로 담즙을 통해 대변으로 배설된다.

2. 체내 기능

1) 효소의 구성 성분

미토콘드리아 전자전달계의 마지막 단계를 촉매하는 사이토크롬 C 산화효소는 구리를 함유하는 효소로 에너지 생성에 관여한다. 신경전달물질 형성 및 대사 과정에도 구리 함유효소가 관여한다.

2) 철 흡수 및 운반을 돕는 작용

구리를 함유하고 있는 세룰로플라스민은 철을 산화시키며($Fe^{2+} \rightarrow Fe^{3+}$), 간에서 다른 조직으로 철의 이동에 관여하여 헤모글로빈 합성을 돕는다.

3) 항산화 기능

구리는 과산화물 유리기를 제거하는 슈퍼옥사이드 디스뮤테이스 효소의 기능에 필요하므로 산화적 손상으로부터 세포를 보호한다. 세룰로플라스민도 철이 촉매하는 유리기 형성을 억제함으로써 항산화 기능을 한다.

4) 결합조직 구성

결합조직 단백질인 콜라겐과 엘라스틴의 교차 결합에 필요한 라이실 산화효소도 구리 함유 효소이다. 이 효소는 심장과 혈관에서 결합조직 유지를 도우며 골격 형성에 관여한다.

5) 기타

구리는 면역계 기능 조절, 유전자 발현 조절 등 다양한 생리 과정에 관여한다.

3. 영양소 섭취기준

구리 권장섭취량은 성인 남자 850 μg/일, 성인 여자 650 μg/일이며 임신부와 수유부의 추가 권장량은 각각 130 μg, 480 μg이다. 구리의 상한섭취량은 성인의 경우 10 mg/일이다(표 8-6).

표 8-6 한국인의 1일 구리 섭취기준

연령		구리(μg/일)			
		평균필요량	권장섭취량	충분섭취량	상한섭취량
영아	0~5(개월)			240	
	6~11			330	
유아	1~2(세)	220	290		1,700
	3~5	270	350		2,600
남자	6~8(세)	360	470		3,700
	9~11	470	600		5,500
	12~14	600	800		7,500
	15~18	700	900		9,500
	19~29	650	850		10,000
	30~49	650	850		10,000
	50~64	650	850		10,000
	65~74	600	800		10,000
	75 이상	600	800		10,000
여자	6~8(세)	310	400		3,700
	9~11	420	550		5,500
	12~14	500	650		7,500
	15~18	550	700		9,500
	19~29	500	650		10,000
	30~49	500	650		10,000
	50~64	500	650		10,000
	65~74	460	600		10,000
	75 이상	460	600		10,000
임신부		+100	+130		10,000
수유부		+370	+480		10,000

자료 : 보건복지부·한국영양학회, 2020 한국인 영양소 섭취기준, 2020

4. 급원식품

간, 해산물, 견과류, 종실류, 두류, 초콜릿은 구리의 좋은 급원이다. 대부분의 과일, 채소, 우유는 구리 함량이 낮다. 1회 섭취 분량의 소고기(간), 굴, 게, 낙지는 성인의 1일 구리 권장섭취량을 충족시킨다(표 8-7, 그림 8-8).

5. 영양건강문제

구리는 다양한 식품을 골고루 섭취하는 건강한 성인에서 결핍증은 매우 드물다. 과량의 아연 보충제 복용은 심각한 구리의 결핍증을 초래할 수 있으며 유아 및 미숙아, 장기간 완전정맥영양을 공급받는 환자, 화상 및 신장투석 환자는 구리가 결핍되기 쉽다. 구리의 결핍 증상으로는 소적혈구성 빈혈, 백혈구 감소증, 성장 부진 등이 있다.

구리의 독성은 흔하게 나타나지는 않으나 보충제 과다 복용 등 지속적인 구리 과다 노출은 용혈성 빈혈, 간, 신경계 손상 등이 나타날 수 있다.

유전적인 구리 과잉증인 윌슨 질환은 구리가 세룰로플라스민과 결합하지 못하고 담즙으로 배설이 감소되어 간, 뇌, 신장, 눈의 각막에 구리가 축적되어 간경화, 신경계의 장애, 정신 장애 등을 초래한다.

윌슨 질환
상염색체 열성으로 유전되는 유전성 대사 이상증의 하나로 간, 뇌, 신장 및 각막에 구리가 침착되는 질환

표 8-7 구리 주요 급원식품(100 g당 함량)[1)]

순위	급원식품	함량(mg/100 g)	순위	급원식품	함량(mg/100 g)
1	백미	220	16	돼지고기(살코기)	32
2	소 부산물(간)	14283	17	과일음료	56
3	대두	1147	18	떡	83
4	배추김치	40	19	고춧가루	694
5	돼지 부산물(간)	634	20	굴	1300
6	두부	126	21	낙지	1000
7	오징어	530	22	된장	328
8	감자	134	23	바나나	85
9	빵	117	24	소고기(살코기)	43
10	새우	620	25	고사리	399
11	현미	229	26	두유	114
12	보리	306	27	멸치	252
13	열무김치	241	28	콩나물	103
14	고구마	111	29	라면(건면, 스프 포함)	63
15	게	1080	30	달걀	35

[1)] 2017년 국민건강영양조사의 식품별 섭취량과 식품별 구리 함량(국가표준식품성분표 DB 9.1) 자료를 활용하여 구리 주요 급원식품 상위 30위 산출

자료 : 보건복지부·한국영양학회, 2020 한국인 영양소 섭취기준, 2020

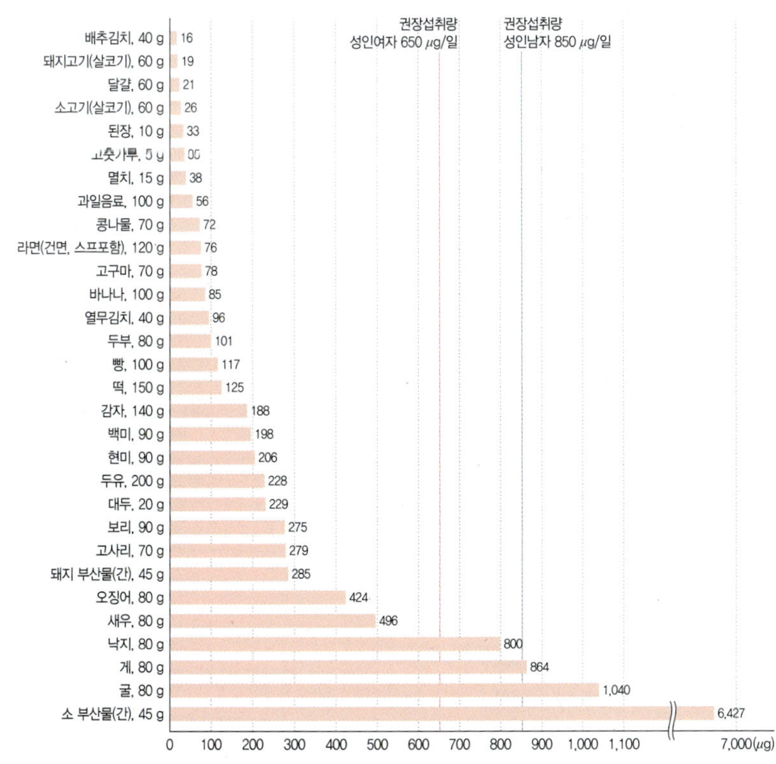

그림 8-8 구리 주요 급원식품(1회 분량당 함량)[1)]

[1)] 2017년 국민건강영양조사의 식품별 섭취량과 식품별 구리 함량(국가표준식품성분표 DB 9.1) 자료를 활용하여 구리 주요 급원식품 상위 30위 산출 후 1회 분량(2015 한국인 영양소 섭취기준)을 적용하여 1회 분량당 함량 산출, 19~29세 성인 권장섭취량 기준(2020 한국인 영양소 섭취기준)과 비교

자료 : 보건복지부·한국영양학회, 2020 한국인 영양소섭취기준, 2020

요오드(Iodine, I)

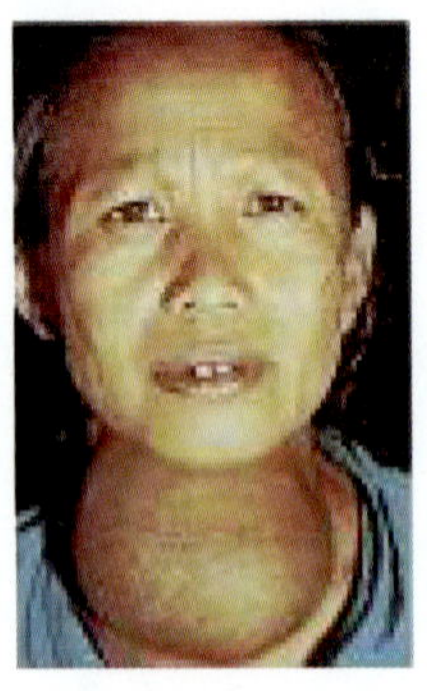

그림 8-9 갑상선종

기원전부터 요오드 결핍으로 인한 갑상선종은 토양 내 요오드 함량이 낮은 지역에서 발생한 풍토병이었으며, 히말라야, 안데스, 알프스, 중국 등의 산악지대를 비롯하여 아프리카, 동남아시아, 유럽, 북미, 남미 등에서 발생하였다.

요오드 강화 식탁염 사용, 식품이나 동물 사료 내 요오드 첨가 등을 통해 요오드 결핍의 문제를 해결해 오고 있다. 요오드 함량이 높은 식품이나 보충제 복용 등으로 인한 과다 섭취도 다양한 갑상선질환을 유발한다(그림 8-9).

체내 존재하는 요오드의 3/4은 갑상선에 존재한다.

1. 흡수 및 대사

요오드는 대부분 소장에서 흡수된 후 갑상선으로 이동하여 갑상선호르몬 합성에 사용된다. 갑상선호르몬의 합성은 뇌하수체에서 분비되는 갑상선자극호르몬에 의해 조절된다. 요오드는 주로 소변으로 배설된다.

갑상선종(goiter)
갑상선이 커져서 목 앞쪽이 부어 오른 것

뇌하수체(pituitary gland)
뇌의 기저부에서 시상하부에 연결된 작은 내분비선

갑상선자극호르몬(Thyroid Stimulating Hormone, TSH)
갑상선을 자극하여 갑상선호르몬을 합성하고 분비하게 하는 뇌하수체 전엽호르몬

왜소증(nanocormia)
신체 또는 체간이 비정상적으로 작은 것을 특징으로 하는 발육 이상

2. 체내 기능

요오드는 갑상선호르몬인 티록신(T_4)과 트리요오드티로닌(T_3)의 필수 구성 성분이다. 갑상선호르몬은 아미노산인 타이로신과 요오드로 구성된 아미노산계 호르몬으로 체내의 대사 과정을 촉진시키고 모든 세포에서의 에너지 생산, 열 생산, 체온 조절 등에 관여한다. 신체의 성장과 두뇌 발달에도 관여하므로 태아나 신생아의 갑상선호르몬 부족은 성장 발달 지연, 왜소증, 지능 저하 등을 초래한다.

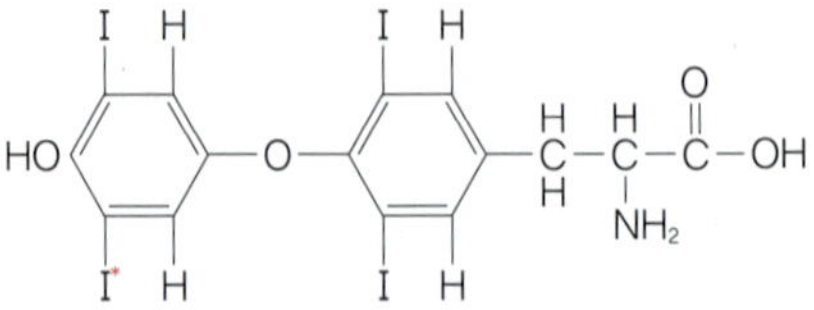

그림 8-10 갑상선호르몬(T_3, T_4)의 구조

I* : T_4만 존재

3. 영양소 섭취기준 및 급원식품

요오드 권장섭취량은 성인 남녀 모두 150 μg/일이며 임신부와 수유부의 추가 섭취량은 각각 90 μg/일, 190 μg/일이다. 상한섭취량은 요오드의 독성 증세를 나타내지 않는 수준으로 2,400 μg/일이다(표 8-8).

다시마, 미역, 김 등 해조류나 해산물의 요오드 함량이 높으며, 육류, 가금류, 난류, 유제품도 요오드 주요 급원이 된다. 한국인의 요오드 주요 급원식품과 함량은 건미역, 김, 달걀, 우유, 멸치이며, 1회 섭취 분량으로는 건미역, 메추리알, 달걀, 김의 요오드 함량이 높다(표 8-9, 그림 8-11). 건미역은 1회 섭취량으로 상한섭취량을 초과한다.

표 8-8 한국인의 1일 요오드 섭취기준

연령		요오드(μg/일)			
		평균필요량	권장섭취량	충분섭취량	상한섭취량
영아	0~5(개월)			130	250
	6~11			180	250
유아	1~2(세)	55	80		300
	3~5	65	90		300
남자	6~8(세)	75	100		500
	9~11	85	110		500
	12~14	90	130		1,900
	15~18	95	130		2,200
	19~29	95	150		2,400
	30~49	95	150		2,400
	50~64	95	150		2,400
	65~74	95	150		2,400
	75 이상	95	150		2,400
여자	6~8(세)	75	100		500
	9~11	80	110		500
	12~14	90	130		1,900
	15~18	95	130		2,200
	19~29	95	150		2,400
	30~49	95	150		2,400
	50~64	95	150		2,400
	65~74	95	150		2,400
	75 이상	95	150		2,400
임신부		+65	+90		
수유부		+130	+190		

자료 : 보건복지부·한국영양학회, 2020 한국인 영양소 섭취기준, 2020

표 8-9 요오드 주요 급원식품(100 g당 함량)[1)]

순위	급원식품	함량(mg/100 g)	순위	급원식품	함량(mg/100 g)
1	건미역	29,098	16	콜라	1
2	김	1,700	17	케이크	9
3	달걀	65	18	분유	123
4	우유	6	19	핫도그	24
5	멸치	89	20	고구마	2
6	배추김치	5	21	돼지고기(살코기)	0.67
7	과자	36	22	배추	5
8	메추리알	240	23	쥐치포	123
9	아이스크림	22	24	소금	14
10	파	9	25	열무김치	4
11	빵	4	26	라면(건면, 스프 포함)	1.68
12	요구르트(호상)	4	27	꽁치	25
13	보리	6	28	메밀국수	4
14	분말조미료	128	29	치즈	11
15	어묵	7	30	고춧가루	10

1) 2017년 국민건강영양조사의 식품별 섭취량과 식품별 요오드 함량(국가표준식품성분표 DB 9.1) 자료를 활용하여 요오드 주요 급원식품 상위 30위 산출

자료 : 보건복지부·한국영양학회, 2020 한국인 영양소 섭취기준, 2020

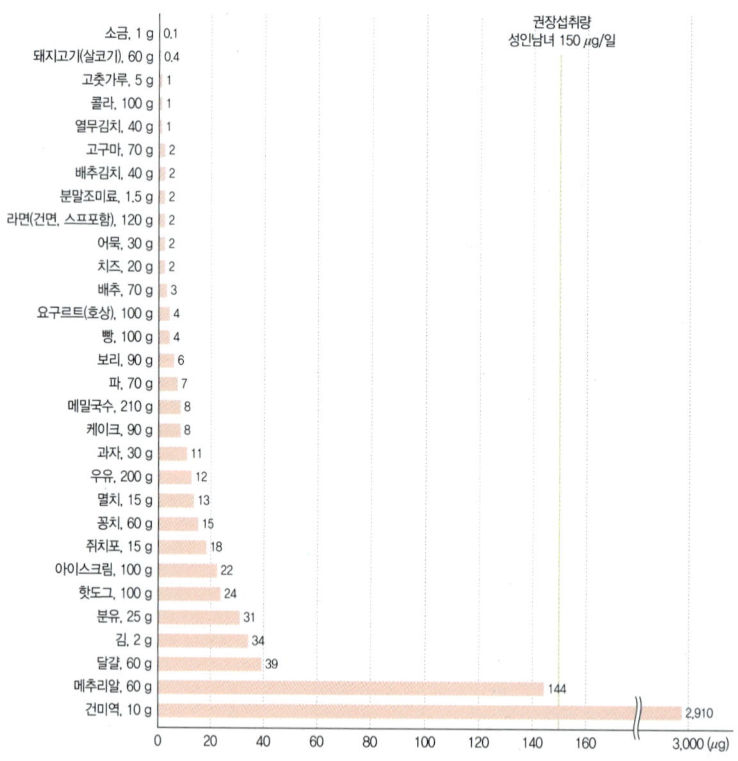

그림 8-11 요오드 주요 급원식품(1회 분량당 함량)[1)]

1) 2017년 국민건강영양조사의 식품별 섭취량과 식품별 요오드 함량(국가표준식품성분표 DB 9.1) 자료를 활용하여 요오드 주요 급원식품 상위 30위 산출 후 1회 분량(2015 한국인 영양소 섭취기준)을 적용하여 1회 분량당 함량 산출, 19~29세 성인 권장섭취량 기준(2020 한국인 영양소 섭취기준)과 비교

자료 : 보건복지부·한국영양학회, 2020 한국인 영양소섭취기준, 2020

4. 영양건강문제

요오드 결핍은 갑상선이 비대해지는 갑상선종, 갑상선 기능 저하증 등을 초래하며, 두뇌 발달의 결정적인 시기에 요오드 결핍은 영구적인 두뇌 발달의 손상을 초래할 수 있다. 임신 기간 동안 요오드가 결핍되면 유산, 사산, 선천성 기형, 영아 사망률 증가, 크레틴병 등이 생길 수도 있다. 풍토성 크레틴병(Cretinism)은 심각한 요오드 결핍 지역에서 발생하며 지능저하, 청각장애, 언어장애, 운동조정기능장애, 왜소증과 같은 장애가 나타날 수 있다(그림 8-12).

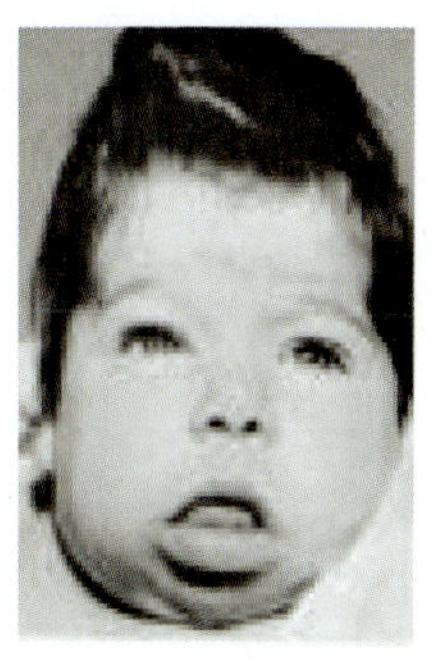

그림 8-12 크레틴병

장기간 해조류 위주의 식사나 식품 외 급원을 통해 요오드가 오염된 경우, 요오드 함유 의약품, 보충제나 건강기능식품 복용 등으로 인한 과량의 요오드 섭취는 갑상선종, 갑상선 기능 저하증, 갑상선 기능 항진증, 갑상선암 등 다양한 갑상선질환을 유발할 수 있다. 우리나라는 요오드가 풍부한 지역으로, 특히 산후 일정기간 미역국 위주의 식사를 하는 수유부의 경우 요오드 섭취 수준이 상한섭취량을 훨씬 초과하는 수준이므로 주의가 필요하다.

갑상선 기능 저하증 (hypothyroidism)
갑상선에서 분비되는 갑상선 호르몬이 부족해지는 증상

갑상선 기능 항진증 (hyperthyroidism)
갑상선호르몬이 너무 많이 분비되는 이상 상태로 갑상선의 활동 과다가 원인이 되는 질병

더 알아보기 산후조리할 때 미역국은 하루 2번이면 충분해요

미역국 '요오드' 함유… 요오드 적정 섭취를 위한 실천 요령 제공

우리나라 산모의 출산부터 산후조리까지 미역국 섭취를 통한 요오드 과다 섭취를 줄이기 위해 '산후조리 시 요오드 적정 섭취 실천 요령' 정보를 제공합니다.

산후조리 시 미역국을 통한 요오드 적정 섭취 실천 사항

(조리) 미역은 30분 이상 불리고 여러 번 씻어서 사용합니다.
다시마보다는 다른 재료로 육수를 내는 것이 좋습니다.

(식단) 미역국과 함께 제공하는 식단으로는 요오드 함량이 높은 김이나 다시마튀각보다 단백질, 식이섬유가 풍부한 육류, 두부, 버섯 등이 좋습니다.

(섭취) 미역국은 하루 2회 이내로 섭취하고 다양한 음식을 골고루 섭취하는 것이 좋습니다.

* 1회 분량(1그릇, 건조미역 7 g, 산모 가정식 기준) : 요오드 1.1 mg 함유

자료 : 식품의약품안전처, 2020

셀레늄(Selenium, Se)

글루타티온 과산화효소(glutathione peroxidase)
지질과산화물로부터 산화형 글루타티온과 물 또는 알코올을 생성하는 반응을 촉매하는 효소

셀레늄은 1970년대 글루타티온 과산화효소의 구성 성분으로 밝혀지고 중국의 케산 지역의 풍토병이 셀레늄 결핍으로 인한 것으로 보고되면서 체내 필수영양소로 인식하게 되었다. 셀레늄은 항산화 작용에 관여하여 항암 효과와 관련된 연구 결과에 주목받고 있는 영양소이다.

1. 흡수 및 대사

메티오닌(methionine)
단백질을 가수분해하여 얻을 수 있는 황을 포함한 아미노산

시스테인(cysteine)
케라틴의 가수분해물로부터 얻어진 시스틴을 환원하여 얻는 물질

식품 내 셀레늄은 아미노산인 메티오닌과 시스테인의 유도체에 결합되어 셀레노메티오닌과 셀레노시스테인 형태로 주로 존재한다. 대부분 소장에서 흡수되며, 생체이용률은 철이나 아연 등 다른 무기질보다 높다. 체내 셀레늄은 주로 소변을 통한 배설에 의해 조절되며, 배설량은 섭취량에 비례한다.

2. 체내 기능

셀레늄은 셀레노프로테인 합성에 관여하며 항산화 기능, 면역 기능, 갑상선 기능, 생식 등에 관여한다.

1) 항산화 기능

글루타티온 과산화효소도 셀레노프로테인으로 체내에서 여러 반응의 부산물로 생성되는 과산화물을 제거시킴으로써 세포를 산화적 손상으로부터 보호한다.

셀레늄은 비타민 E와 마찬가지로 유리 라디칼의 작용을 억제시킨다. 비타민 E는 세포막에서 이미 생성된 유리 라디칼이 더 이상 작용하지 못하게 하는 반면, 셀레늄은 세포질에서 과산화물을 제거한다.

2) 갑상선 대사

갑상선호르몬의 전환 과정에 관여하는 효소도 셀레노프로테인으로 갑상선호르몬 대사에 관여한다.

3) 기타

셀레늄은 면역 기능을 정상화시키고 노화 현상을 지연시키며, 적절한 수준의 셀레늄은 암 발생 위험을 낮출 수 있다(표 8-10).

3. 영양소 섭취기준 및 급원식품

셀레늄 권장섭취량은 성인 남녀 모두 60 μg/일이며, 상한섭취량은 셀레늄 중독증을 근거로 400 μg/일이다.

육류의 내장과 어패류는 셀레늄 함량이 높으며 식물은 토양에 따라 셀레늄 함량이 다양하다. 한국인의 셀레늄 주요 급원식품은 돼지고기, 국수, 달걀, 빵, 소고기이며, 1회 섭취 분량으로 국수, 샌드위치/햄버거/피자, 간(돼지)의 셀레늄 함량이 높다(표 8-11, 그림 8-13).

표 8-10 한국인의 1일 셀레늄 섭취기준

연령		셀레늄(μg/일)			
		평균필요량	권장섭취량	충분섭취량	상한섭취량
영아	0~5(개월)			9	40
	6~11			12	65
유아	1~2(세)	19	23		70
	3~5	22	25		100
남자	6~8(세)	30	35		150
	9~11	40	45		200
	12~14	50	60		300
	15~18	55	65		300
	19~29	50	60		400
	30~49	50	60		400
	50~64	50	60		400
	65~74	50	60		400
	75 이상	50	60		400
여자	6~8(세)	30	35		150
	9~11	40	45		200
	12~14	50	60		300
	15~18	55	65		300
	19~29	50	60		400
	30~49	50	60		400
	50~64	50	60		400
	65~74	50	60		400
	75 이상	50	60		400
임신부		+3	+4		400
수유부		+9	+10		400

자료 : 보건복지부·한국영양학회, 2020 한국인 영양소 섭취기준, 2020

표 8-11 셀레늄 주요 급원식품(100 g당 함량)[1]

순위	급원식품	함량 (μg/100 g)	순위	급원식품	함량(μg/100 g)
1	돼지고기(살코기)	20.7	16	밀가루	25.5
2	국수	56.2	17	고추장	23.2
3	달걀	35.4	18	샌드위치/햄버거/피자	21.9
4	빵	29.0	19	소금	50.0
5	소고기(살코기)	17.2	20	요구르트(호상)	5.0
6	멸치	102.7	21	과자	10.3
7	라면(건면, 스프 포함)	24.9	22	건미역	96.8
8	우유	5.0	23	감자	4.4
9	닭고기	10.1	24	과일음료	2.5
10	돼지 부산물(간)	67.5	25	오리고기	27.8
11	된장	67.6	26	소 부산물(간)	36.1
12	햄/소시지/베이컨	33.2	27	시리얼	45.4
13	간장	30.7	28	만두	10.5
14	어묵	36.8	29	고구마	3.5
15	배추김치	2.6	30	깍두기	6.2

[1] 2017년 국민건강영양조사의 식품별 섭취량과 식품별 셀레늄 함량(국가표준식품성분표 DB 9.1) 자료를 활용하여 셀레늄 주요 급원식품 상위 30위 산출

자료 : 보건복지부 · 한국영양학회, 2020 한국인 영양소 섭취기준, 2020

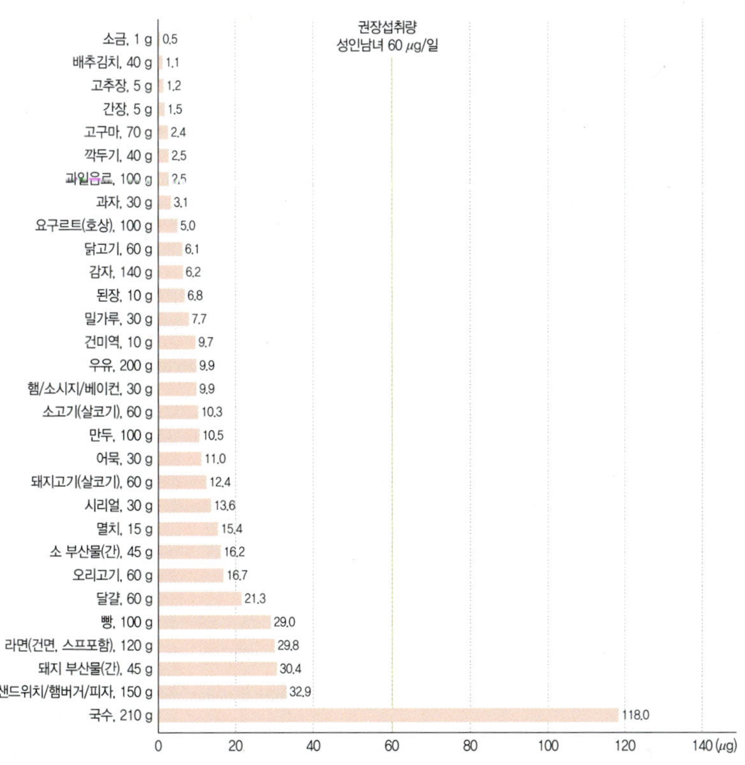

그림 8-13 셀레늄 주요 급원식품(1회 분량당 함량)[1]

[1] 2017년 국민건강영양조사의 식품별 섭취량과 식품별 셀레늄 함량(국가표준식품성분표 DB 9.1) 자료를 활용하여 셀레늄 주요 급원식품 상위 30위 산출 후 1회 분량(2015 한국인 영양소 섭취기준)을 적용하여 1회 분량당 함량 산출, 19~29세 성인 권장섭취량 기준(2020 한국인 영양소 섭취기준)과 비교

자료 : 보건복지부 · 한국영양학회, 2020 한국인 영양소섭취기준, 2020

4. 영양건강문제

셀레늄이 결핍된 토양에서 재배된 식품을 주로 섭취하는 사람에게서 결핍증이 나타났으며 셀레늄 결핍증인 케산병과 케신-벡병은 중국에서 많이 발생하였다. 케산병은 가임기 여성이나 어린이에게서 심장 쇼크나 울혈성 심부전 같은 심장질환을 가지며 케신-벡병은 풍토성 골관절염으로 연골세포 괴사로 관절이 굳어지고 통증, 관절 변형이 나타난다.

골관절염(osteoarthritis)
관절의 변성 질환

사람에게 있어서 셀레늄 과다 섭취로 인한 독성은 구토, 설사, 피부 발진, 신경계통 이상, 머리카락·손톱·발톱의 변화, 호흡 시 마늘 냄새, 간 및 신장의 손상 등이 나타날 수 있다.

불소(Fluorine, F)

1900년대 초 식수 내에 불소가 함유된 지역에서 충치 발생률이 낮다는 것을 관찰하면서 불소는 충치 예방과 관련된 미량 무기질로 알려졌다. 체내 불소는 주로 뼈와 치아에 존재한다.

1. 흡수 및 대사

식사로 섭취한 불소는 위와 소장에서 흡수된다. 불소는 석회화된 조직에 침착되거나 신장을 통해 배설된다. 골격의 발달 단계에 따라 침착되는 불소의 양은 다르며 성장기 어린이의 뼈에 축적되는 양은 성인보다 많다.

2. 체내 기능

불소는 치아와 뼈에서 불화수산화인회석을 형성하는데 수산화인회석보다 에나멜층의 산 용해도를 감소시키므로 충치를 예방하는 효과가 있다. 불소는 구강 내 박테리아에 의한 플라그의 대사산물인 산에 대한 저항성과 에나멜층의 재무기질

수산화인회석
(hydroxy apatitie)
칼슘·수산화인산염 [$Ca_5(PO_4)_3OH$]으로 구성된 인산염광물

화를 촉진하며, 석회화된 조직의 탈무기질화를 방지하는 작용을 한다. 또한 불소는 뼈 형성 세포를 자극하고 뼈의 무기질화를 촉진한다.

3. 영양소 섭취기준 및 급원식품

불소 충분섭취량은 성인 남자는 3.2~3.4 mg/일, 성인 여자는 2.6~2.8 mg/일이다. 상한섭취량은 8세까지 어린이는 치아 불소증을 근거로, 9세 이후는 골격 불소증을 근거로 6~8세는 2.5 mg/일, 9세 이상은 10 mg/일이다(표 8-12).

불소를 첨가한 식수, 식품, 불소치약, 구강 세정제와 불소 도포 등이 불소 급원이 되며, 식품 중에는 홍차, 녹차 등 몇몇 식품을 제외하고는 함량이 낮다(표 8-13).

표 8-12 한국인의 1일 불소 섭취기준

연령		불소(mg/일)			
		평균필요량	권장섭취량	충분섭취량	상한섭취량
영아	0~5(개월)			0.01	0.6
	6~11			0.4	0.8
유아	1~2(세)			0.6	1.2
	3~5			0.9	1.8
남자	6~8(세)			1.3	2.5
	9~11			1.9	10.0
	12~14			2.6	10.0
	15~18			3.2	10.0
	19~29			3.4	10.0
	30~49			3.4	10.0
	50~64			3.2	10.0
	65~74			3.1	10.0
	75 이상			3.0	10.0
여자	6~8(세)			1.3	2.5
	9~11			1.8	10.0
	12~14			2.4	10.0
	15~18			2.7	10.0
	19~29			2.8	10.0
	30~49			2.7	10.0
	50~64			2.6	10.0
	65~74			2.5	10.0
	75 이상			2.3	10.0
임신부				+0	10.0
수유부				+0	10.0

자료 : 보건복지부·한국영양학회, 2020 한국인 영양소 섭취기준, 2020

표 8-13 불소 고함량 식품(100 g당 함량)[1)]

순위	급원식품	함량(mg/100 g)	순위	급원식품	함량(mg/100 g)
1	홍차(차)	0.373	16	고구마	0.014
2	녹차(차)	0.115	17	요구르트	0.009
3	적포도주	0.105	18	포도	0.008
4	커피	0.091	19	상추	0.005
5	콜라	0.078	20	복숭아	0.004
6	옥수수전분	0.051	21	딸기	0.004
7	백미	0.041	22	사과	0.0033
8	체다 치즈	0.035	23	당근	0.003
9	참치통조림	0.031	24	버터	0.003
10	초콜릿 아이스크림	0.023	25	바나나	0.0022
11	케이크	0.022	26	고추, 토마토	0.002
12	소고기(등심)	0.022	27	양파, 오이	0.001
13	쌀밥	0.019	28	수박	0.001
14	스파게티(건면)	0.018	29	달걀	0.001
15	고등어, 꽁치, 삼치, 참치, 민어(구운 것)	0.018	30	옥수수기름	0.001

1) 한국영양학회 CAN Pro DB 5.0

자료 : 보건복지부·한국영양학회, 2020 한국인 영양소 섭취기준, 2020

4. 영양건강문제

적당량의 불소 섭취 수준은 치아 법랑질 발달과 충치 예방 효과가 있다. 과량의 불소는 정상적인 치아 법랑질과 뼈의 생성을 방해하는 등 위해 영향이 나타날 수 있다. 음용수 내 불소의 충치 예방 효과는 농도가 0.5~1.0 mg/L일 때 최대이며, 기준치 이상의 불소 농도에서는 치아 불소증의 위험이 있다.

어린이들의 치아 발달 시기에 과량의 불소 노출은 치아에 반점이 생기고 치아를 약하게 만드는 치아 불소증이 생긴다. 9세 이후부터 성인이 된 후 불소 섭취량이 너무 많으면 만성적인 불소 독성이 나타날 수 있다.

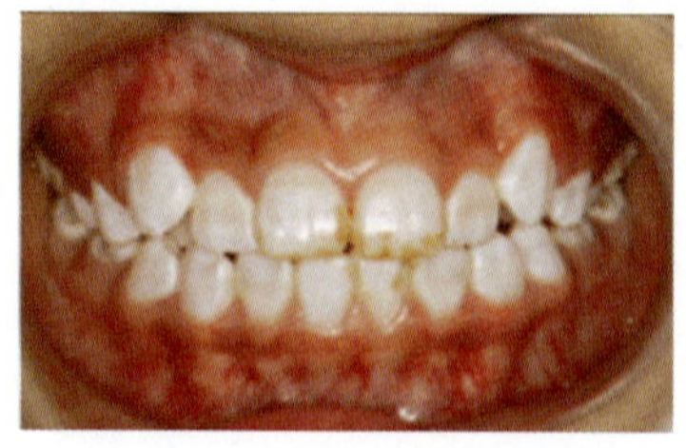

그림 8-14 치아불소증

자료 : *J Korea Acad Pediatr Dent*, 35(4):745, 2008

망간(Manganese, Mn)

망간은 체내 미토콘드리아가 풍부한 조직에 농축되어 있으며 주로 담즙을 통하여 대변으로 배설된다.

망간은 항산화 기능, 에너지 대사, 단백질 대사와 핵산 합성, 면역 기능, 결합조직 및 골격조직 형성, 혈당조절에 관여하는 효소들의 구성 성분이다.

망간의 충분섭취량은 성인 남자 4.0 mg/일, 성인 여자 3.5 mg/일이며, 임신기와 수유기에도 성인 여성과 동일하게 권장한다. 망간의 상한섭취량은 11 mg/일이다(표 8-14).

망간은 식물성 식품에 주로 함유되어 있으며 통곡류, 견과류, 차 등이 좋은 급원 식품이다. 1회 섭취 분량으로 미숫가루, 파인애플, 밤, 현미, 보리의 망간 함량이 높다(표 8-15, 그림 8-15).

표 8-14 한국인의 1일 망간 섭취기준

연령		망간(mg/일)			
		평균필요량	권장섭취량	충분섭취량	상한섭취량
영아	0~5(개월)			0.01	
	6~11			0.8	
유아	1~2(세)			1.5	2.0
	3~5			2.0	3.0
남자	6~8(세)			2.5	4.0
	9~11			3.0	6.0
	12~14			4.0	8.0
	15~18			4.0	10.0
	19~29			4.0	11.0
	30~49			4.0	11.0
	50~64			4.0	11.0
	65~74			4.0	11.0
	75 이상			4.0	11.0
여자	6~8(세)			2.5	4.0
	9~11			3.0	6.0
	12~14			3.5	8.0
	15~18			3.5	10.0
	19~29			3.5	11.0
	30~49			3.5	11.0
	50~64			3.5	11.0
	65~74			3.5	11.0
	75 이상			3.5	11.0
임신부				+0	11.0
수유부				+0	11.0

자료 : 보건복지부·한국영양학회, 2020 한국인 영양소 섭취기준, 2020

표 8-15 망간 주요 급원식품(100 g당 함량)[1)]

순위	급원식품	함량(mg/100 g)	순위	급원식품	함량(mg/100 g)
1	백미	0.59	16	국수	0.35
2	배추김치	0.33	17	무	0.21
3	현미	2.53	18	라면(건면, 스프포함)	0.37
4	두부	0.77	19	된장	1.26
5	멸치	3.04	20	간장	0.64
6	감	0.69	21	밤	4.45
7	미숫가루	17.98	22	양파	0.18
8	보리	1.36	23	밀가루	0.62
9	오이	0.58	24	빵	0.21
10	파	0.75	25	과자	0.49
11	떡	0.45	26	만두	0.66
12	대두	2.69	27	콩나물	0.36
13	고구마	0.47	28	고춧가루	1.47
14	시금치	0.92	29	메밀 국수	0.44
15	파인애플	3.63	30	고사리	1.05

1) 2017년 국민건강영양조사의 식품별 섭취량과 식품별 망간 함량(국가표준식품성분표 DB 9.1) 자료를 활용하여 망간 주요 급원식품 상위 30위 산출

자료 : 보건복지부·한국영양학회, 2020 한국인 영양소 섭취기준, 2020

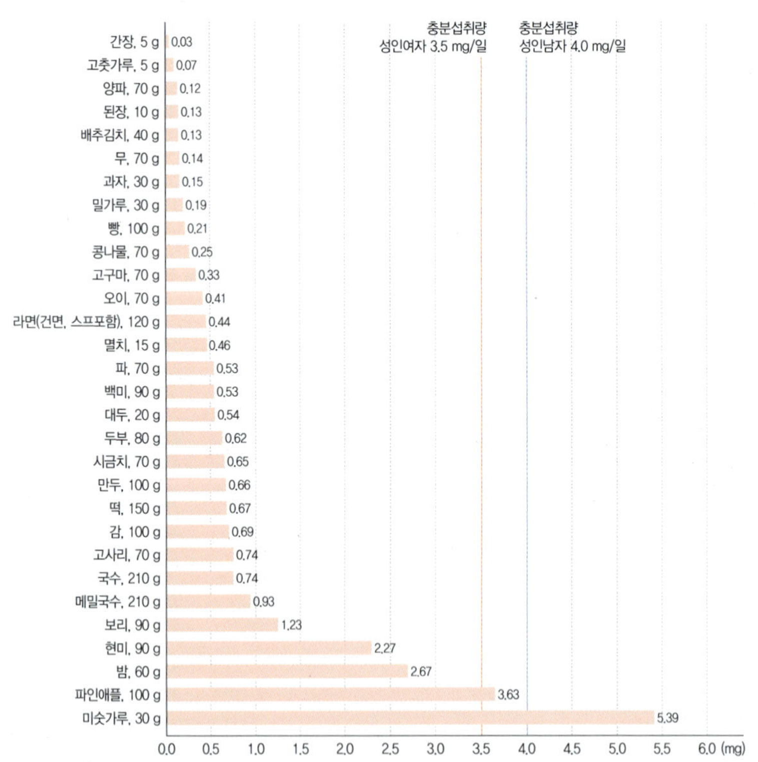

그림 8-15 망간 주요 급원식품(1회 분량당 함량)[1)]

1) 2017년 국민건강영양조사의 식품별 섭취량과 식품별 망간 함량(국가표준식품성분표 DB 9.1) 자료를 활용하여 망간 주요 급원식품 상위 30위 산출 후 1회 분량(2015 한국인 영양소 섭취기준)을 적용하여 1회 분량당 함량 산출, 19~29세 성인 충분섭취량 기준(2020 한국인 영양소 섭취기준)과 비교

자료 : 보건복지부·한국영양학회, 2020 한국인 영양소섭취기준, 2020

일상적인 식사를 하는 건강한 사람에서는 망간 결핍은 잘 나타나지 않는다. 망간 과잉증은 광부에게서 기도를 통해 흡수된 망간이 독성을 나타냈는데, 간과 중추신경계에 과다한 망간이 축적되면 파킨슨병과 같은 신경 근육계 장애가 나타난다.

파킨슨병
(Parkinson's disease)
뇌신경의 퇴행으로 떨림, 근무력증, 행동이 느려지는 증세가 나타난다. 중뇌에서 만들어지는 신경전달물질인 도파민(dopamine) 부족으로 오며 서서히 진행된다. 웅크린 자세, 발을 질질 끄는 걸음걸이, 근육 강직, 손떨림 등이 자주 나타나는 운동 장애이다.

몰리브덴(Molybdenum, Mo)

몰리브덴은 산화·환원 과정에 관여하는 효소인 잔틴 산화효소, 잔틴 탈수소효소, 알데하이드 산화효소, 아황산염 산화효소 등의 조효소로 작용한다. 또한 철, 구리와 상호작용을 하므로 과다 섭취는 이들 무기질의 흡수를 방해한다.

몰리브덴의 권장섭취량은 성인 남자 30 μg/일, 성인 여자 25 μg/일이며, 상한섭취량은 성인 남자 550~600 μg/일이며, 성인 여자 450g~500 μg/일이다(표 8-16).

잔틴 산화효소
(xanthine oxidase)
잔틴을 요산으로 산화시키는 반응을 촉매하는 효소

알데하이드 산화효소
(aldehyde oxidase)
알데하이드를 산화시키는 반응을 촉매하는 효소

아황산염 산화효소
(sulfite oxidase)
산화 환원효소의 일종

표 8-16 한국인의 1일 몰리브덴 섭취기준

연령		몰리브덴(μg/일)			
		평균필요량	권장섭취량	충분섭취량	상한섭취량
영아	0~5(개월)				
	6~11				
유아	1~2(세)	8	10		100
	3~5	10	12		150
남자	6~8(세)	15	18		200
	9~11	15	18		300
	12~14	25	30		450
	15~18	25	30		550
	19~29	25	30		600
	30~49	25	30		600
	50~64	25	30		550
	65~74	23	28		550
	75 이상	23	28		550
여자	6~8(세)	15	18		200
	9~11	15	18		300
	12~14	20	25		400
	15~18	20	25		500
	19~29	20	25		500
	30~49	20	25		500
	50~64	20	25		450
	65~74	18	22		450
	75 이상	18	22		450
임신부		+0	+0		500
수유부		+3	+3		500

자료 : 보건복지부·한국영양학회, 2020 한국인 영양소 섭취기준, 2020

표 8-17 몰리브덴 주요 급원식품(100 g당 함량)[1)]

순위	급원식품	함량(μg/100 g)	순위	급원식품	함량(μg/100 g)
1	두부	44.1	16	팥	295.1
2	샌드위치/햄버거/피자	100.8	17	강낭콩	239.9
3	떡	19.8	18	라면(건면, 스프 포함)	8.5
4	된장	76.9	19	달걀	4.8
5	현미	32.7	20	쌈장	55.1
6	두유	32.6	21	대두	38.0
7	빵	13.7	22	국수	6.5
8	상추	38.3	23	고추장	15.7
9	옥수수	73.0	24	닭고기	3.0
10	배추김치	3.3	25	밀가루	13.8
11	사과	4.4	26	애호박	9.3
12	땅콩	249.2	27	콩나물	9.2
13	간장	20.3	28	과일음료	2.9
14	우유	2.1	29	바나나	6.2
15	무	5.4	30	막걸리	5.7

1) 2017년 국민건강영양조사의 식품별 섭취량과 식품별 몰리브덴 함량(국가표준식품성분표 DB 9.1) 자료를 활용하여 몰리브덴 주요 급원식품 상위 30위 산출

자료 : 보건복지부·한국영양학회, 2020 한국인 영양소 섭취기준, 2020

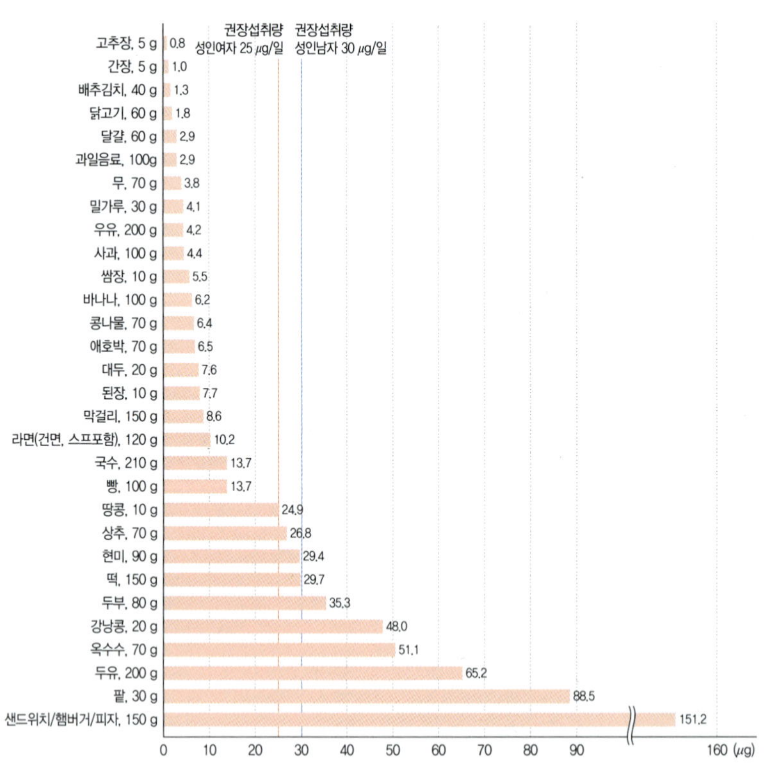

그림 8-16 몰리브덴 주요 급원식품(1회 분량당 함량)[1)]

1) 2017년 국민건강영양조사의 식품별 섭취량과 식품별 몰리브덴 함량(국가표준식품성분표 DB 9.1) 자료를 활용하여 몰리브덴 주요 급원식품 상위 30위 산출 후 1회 분량(2015 한국인 영양소 섭취기준)을 적용하여 1회 분량당 함량 산출, 19~29세 성인 권장섭취량 기준(2020 한국인 영양소 섭취기준)과 비교

자료 : 보건복지부·한국영양학회, 2020 한국인 영양소섭취기준, 2020

몰리브덴은 콩류, 잡곡, 견과류 등에 많이 함유되어 있다. 1회 분량 섭취 시 샌드위치/햄버거/피자, 팥, 두유, 옥수수, 강낭콩, 두부는 성인 권장섭취량을 충족시킨다(표 8-17, 그림 8-16).

정상적인 식사를 하는 경우 결핍은 드물며 몰리브덴은 비교적 독성이 적은 원소로 과잉증은 잘 나타나지 않으나 설사, 성장 부진, 빈혈, 통풍 같은 증상이 보고된 바 있다.

크롬(Chromium, Cr)

인체에서 중요성이 최근에 알려진 크롬은 당내성인자(glucose tolerance factor)로 인슐린 작용을 원활하게 한다. 크롬은 혈청 콜레스테롤을 감소시키고 HDL-콜레스테롤을 증가시킨다.

식품으로부터 크롬의 흡수율은 0.5~2% 정도로 매우 낮으며, 주로 트랜스페린에 의해 혈류로 이동되어 비장, 간, 신장에 축적되며 신장을 통해 배설된다.

크롬의 충분섭취량은 성인 남녀 각각 30 μg/일, 20 μg/일이며, 임신부는 5 μg/일, 수유부는 20 μg/일을 추가 섭취하도록 권장한다(표 8-18).

식품 내 크롬 함량에 대한 자료는 매우 부족하여 식품성분표에 함량이 제시되어 있지 않으나 브로콜리 등 일부 채소, 포도, 오렌지, 사과 등 일부 과일, 향신료, 육류, 전곡, 버섯, 이스트 등에 크롬이 풍부한 것으로 보고되어 있다.

크롬 결핍은 포도당 내성, 혈청 콜레스테롤과 중성지방 증가, 당뇨병의 위험 증가와 관련 있다.

표 8-18 한국인의 1일 크롬 섭취기준

연령		크롬(μg/일)			
		평균필요량	권장섭취량	충분섭취량	상한섭취량
영아	0~5(개월)			0.2	
	6~11			4.0	
유아	1~2(세)			10	
	3~5			10	
남자	6~8(세)			15	
	9~11			20	
	12~14			30	
	15~18			35	
	19~29			30	
	30~49			30	
	50~64			30	
	65~74			25	
	75 이상			25	
여자	6~8(세)			15	
	9~11			20	
	12~14			20	
	15~18			20	
	19~29			20	
	30~49			20	
	50~64			20	
	65~74			20	
	75 이상			20	
임신부				+5	
수유부				+20	

자료 : 보건복지부·한국영양학회, 2020 한국인 영양소 섭취기준, 2020

1) 철
- 주요 기능 : 헤모글로빈, 미오글로빈, 효소의 구성 성분, 면역 기능, 인지 발달
- 섭취기준 : 권장섭취량 성인 남자 10 mg, 여자 14 mg
- 급원식품 : 육류, 어패류, 가금류, 진한 녹색 채소, 콩류
- 영양문제 : 철 결핍성 빈혈, 혈색소증

2) 아연
- 주요 기능 : 효소의 구성 요소, 세포막 구조 안정, 성장 및 면역 기능
- 섭취기준 : 권장섭취량 성인 남자 10 mg, 여자 8 mg
- 급원식품 : 조개류, 육류, 전곡
- 영양문제 : 성장 부진, 생식기 발달 부전, 면역 기능 손상, 감염 증가, 미각 예민도 감소, 설사, 구토

3) 구리
- 주요 기능 : 효소의 구성 성분, 철 흡수 및 운반 도움, 항산화 기능, 결합조직 구성
- 섭취기준 : 권장섭취량 성인 남자 850 μg, 여자 650 μg
- 급원식품 : 간, 조개류, 견과류, 종실류, 콩류, 전곡
- 영양문제 : 빈혈, 백혈구 감소증, 성장 부진, 구토, 간, 신경 장애

4) 요오드
- 주요 기능 : 갑상선호르몬 구성 성분
- 섭취기준 : 권장섭취량 성인 150 μg
- 급원식품 : 해조류, 해산물
- 영양문제 : 갑상선종, 크레틴병, 갑상선 기능 저하증, 갑상선 기능 항진증

5) 셀레늄
- 주요 기능 : 글루타티온 과산화효소 성분, 항산화작용
- 섭취기준 : 권장섭취량 성인 60 μg
- 급원식품 : 육류, 해산물, 패류, 견과류
- 영양문제 : 근육 통증, 근육 약화, 심장질환, 골관절염, 구토, 피부 발진, 탈모

6) 불소
- 주요 기능 : 충치 예방, 골다공증 발생 방지
- 섭취기준 : 충분섭취량 성인 남자 3.2~3.4 mg, 여자 2.6~2.8 mg
- 급원식품 : 불소 첨가 식수, 차, 해조류
- 영양문제 : 충치, 골다공증, 치아불소증

7) 망간
- 주요 기능 : 탄수화물 · 단백질 · 지질 대사에 관여하는 효소들의 구성 요소, 효소 활성화
- 섭취기준 : 충분섭취량 성인 남자 4 mg, 여자 3.5 mg
- 급원식품 : 견과류, 전곡, 콩류, 차
- 영양문제 : 결핍 드묾, 신경계 장애

8) 몰리브덴
- 주요 기능 : 효소의 보조인자
- 섭취기준 : 권장섭취량 성인 남자 30 μg, 여자 25 μg
- 급원식품 : 콩류, 곡류, 견과류, 우유 · 유제품
- 영양문제 : 결핍 드묾, 설사, 성장 부진, 통증

9) 크롬
- 주요 기능 : 인슐린 작용 도움
- 섭취기준 : 충분섭취량 성인 남자 30 μg, 여자 20 μg
- 급원식품 : 난황, 간, 전곡, 버섯, 견과류
- 영양문제 : 당뇨, 지질 대사 이상

연구 문제

1. 철 결핍의 위험성이 높은 집단을 선정하여 이들 집단의 결핍 원인을 찾아내고 해결 방안을 제시해 보자.

2. 면역기능을 정상적으로 유지하여 질환에 대한 위험을 낮출 수 있는 무기질에는 어떤 것이 있는지 알아보고, 면역기능을 높이기 위해 이들 무기질을 많이 섭취하는 것이 바람직한지 논의해 보자.

참고문헌

강예지, 이유진, 손자경, 박 경(2018). 발톱 크롬 수준에 영향을 미치는 독립 요인과 크롬 수준과 이상지질혈증과의 연관성 분석. **한국영양학회지** 51: 40–49.

고유미, 권용석, 박유경(2017). 요오드 DB 구축 및 한국 성인의 요오드 섭취 추이 분석 : 1998~2014 국민건강영양 조사 데이터를 이용하여. **한국영양학회지 50**: 624–644.

김경희, 임현숙(2006). 일부 젊은 성인여자의 Fe, Zn, Cu, Mn, Se, Mo 및 Cr의 식사섭취, 혈청농도 및 소변배설. **한국영양학회지 39**: 762–772.

김선효(2006). 일부 학령기 아동의 구리 섭취량 및 구리 영양 상태에 관한 연구 : 충남 벽지농촌과 도시간의 비교. **한국영양학회지 39**: 381–391.

김순경, 선우재근, 이은주(2006). 폐경기를 전후한 중년 여성의 무기질 영양 상태와 갱년기 증상. **한국영양학회지 39**: 121–132.

김지영, 신민서, 김성희, 서지현, 마혜선, 양윤정(2017). 한국 여자 청소년과 성인 여성의 혈청 철 영양상태 및 식품 섭취와 혈중 중금속 농도와의 상관성 : 2010~2011 국민건강영양조사 자료를 이용하여. **한국영양학회지 50**: 350–360.

김희선, 김민경, 김소희, 이성수, 이병국(2006). 농촌 여성들의 ALAD 유전형질별 철 영양 상태와 철제 섭취에 따른 영양상태의 변화. **대한지역사회영양학회지 11**: 771–778.

배윤정, 손은화, 김병철, 서동완, 김미현(2008). 난소절제 쥐에서 칼슘섭취수준에 따른 망간의 보충이 골격상태 및 칼슘평형에 미치는 영향. **한국영양학회지 41**: 206–215.

보건복지부 질병관리본부(2020). 2019 국민건강통계–국민건강영양조사 제8기 1차년도.

보건복지부 · 한국영양학회(2020). 2020 한국인 영양소 섭취기준.

이다홍(2007). 비만 청소년의 SOD 활성도 및 혈청 항산화무기질 농도에 관한 연구. **한국영양학회지 40**: 41–48.

이옥희(2018). 대학 여자 운동선수의 셀레늄 및 아연 영양상태. **한국영양학회지 51**: 121–131.

식품의약품안전처(2020). 산후 조리시 요오드 적정섭취 실천요령.

최윤희, 승정자(2006). 폐경 후 여성의 골밀도에 따른 영양소 섭취상태와 혈청 구리, 아연, 망간 함량에 관한 연구. **한국영양학회지 39**: 485–493.

최지연, 주달래, 송윤주(2021). 한국인 상용 식품의 요오드 데이터베이스 업데이트와 이를 활용한 한국 성인의 요오드 섭취량 및 배설량 평가: 2013–2015 국민건강영양조사자료를 이용하여. *J Nutr Health 53*: 271–287.

ADA Reports(2005). Position of the American Dietetic Association: The impact of fluoride on health. *J of Am Diet Assoc 105*: 1060.

Farebrother J & Zimmermann MB(2019). Excess iodine intake: sources, assessment, and effects on thyroid function. *Ann NY Acad Sci 1446*: 44–65.

Gozzelino R & Arosio P(2016). Iron homeostasis in health and disease. *Int J Mol Sci 17*, 130.

Hunt JR(2002). Moving toward a plant–based diet. Are iron and zinc at risk? *Nutr Rev 60*: 127.

Jungyeon Kim & Kyungrae Kim(2000). Dietary iodine intake and urinary iodine excretion in patients with thyroid diseases. *Yonsei Medical J*

41: 22–28.

Liu L, Wang D et al(2015). The relationship between iodine nutrition and thyroid disease in lactation women with different iodine intakes. *Br J of Nutr 114*:1487–1495.

Mahan LK & Raymond JL(2017). *Krause's Food & the Nutrition care process*, 14th ed. Saunders.

Rayman MP(2005). Selenium in cancer prevention: a review of the evidence and mechanism of action. *Proc Nutr Soc 64*: 527–542.

Shils ME & Shike M & Ross AC & Caballero B & Cousins RI(2006). *Modern Nutrition in Health & Disease*, 10th ed. Lippincott Williams & Wilkins.

Soojae Moon & Jungyeon Kim(1999). Iodine content of human milk and dietary iodine intake of Korean lactating mothers. *Int J Food Sci & Nutri 50*: 165–171.

Vincent J(2000). The biochemistry of chromium. *J of Nutr 130*: 715.

Byrd–Bredbenner C(2018). "Trace Minerals", *Perspectives in Nutrition*, 11th ed. McGraw–Hill.

Willett WC(2005). Diet and cancer: An evolving picture. *J of Am Med Assoc 293*: 233.

Zimmerman MB(2004). Assessing iodine status and monitoring progress of iodized salt program. *J of Nutr 134*: 1673.

09

지용성 비타민

학습 목표

1. 비타민의 종류를 분류하고, 그 차이를 이해한다.
2. 지용성 비타민의 종류를 구별한다.
3. 지용성 비타민의 소화와 흡수, 저장과 대사의 과정을 이해한다.
4. 지용성 비타민의 체내 합성과 활성화를 설명한다.
5. 지용성 비타민의 섭취기준 및 섭취 실태를 알아본다.
6. 지용성 비타민의 급원식품을 열거한다.
7. 지용성 비타민과 관련된 영양건강문제를 인지한다.

나에게 꼭 필요한 비타민! 알면 플러스, 모르면 마이너스!

정희는 식사 후에 비타민을 이것저것 챙겨 먹어야
식사를 마친 것 같은 느낌이 든다.
그런데 여기저기서 '이것이 좋다', '저것이 좋다'는 소리를 들으면
그것까지도 챙겨먹어야 할 것 같은 생각이 들곤 한다.
그러다 문득 이렇게 많은 종류를 모두 먹어도 되는지 의문이 들었다.

비타민류는 극히 소량이지만, 생명현상을 유지하기 위하여 절대적으로 필요한 물질이다. 대부분의 비타민은 신체 내에서 합성되지 않으므로 식품은 물론 다른 급원에서 공급되어야 한다. 현재까지 알려져 있는 비타민은 기름과 유기용매에 녹는 지용성 비타민 4종류, 물에 녹는 수용성 비타민 9종류로 모두 합하여 13종류가 있다. 비타민은 각각 고유의 화학 구조 및 기능을 가지고 있지만, 지용성 비타민과 수용성 비타민은 공통된 특징을 가지고 있다.

지용성 비타민은 기름에 용해되므로, 소화·흡수 및 대사 과정이 지방의 경로와 동일하다. 수용성 비타민과는 다르게 소변으로 배설되지 않고 체내에 저장되므로, 장기간 과량 섭취하면 과잉 증상이 나타날 수 있다.

표 9-1 비타민의 종류와 이름

종류	이름	
지용성 비타민	• 비타민 A(레티놀 : retinol) • 비타민 D(콜레칼시페롤 : cholecalciferol)	• 비타민 E(토코페롤 : tocopherol) • 비타민 K(필로퀴논 : phylloquinone)
수용성 비타민	• 비타민 C(아스코브산 : ascorbic acid) • 니아신(niacin) • 엽산(folate, 폴라신 : folacin) • 비오틴(biotin) • 비타민 B_{12}(코발라민 : cobalamin)	• 비타민 B_1(티아민 : thiamin) • 판토텐산(pantothenic acid) • 비타민 B_2(리보플라빈 : riboflavin) • 비타민 B_6(피리독신 : pyridoxine)

표 9-2 지용성 비타민과 수용성 비타민의 특성

지용성 비타민	특성	수용성 비타민
기름과 유기용매	용매	물
체내 저장	저장	체내 저장되지 않음
잘 방출되지 않음	배설	소변으로 쉽게 방출
서서히 나타남	결핍 증세	쉽게 나타남
매일 섭취할 필요 없음	섭취 여부	매일 섭취해야 함
있음	전구체	없음
탄소, 산소, 수소	구성 분자	탄소, 산소, 수소 외 질소, 황

비타민 A(Vitamin A)

1913년 맥컬럼(McCollum)과 데이비스(Davis)가 우유에 있는 유용한 성분 중 기름에 녹는 성분을 비타민 A, 물에 녹는 성분을 비타민 B라고 부르게 되면서 알려졌다. 그 후 1922년 무어(Moor)는 식물체 내에 있는 카로틴이 동물체 내에서는 비타민 A처럼 작용한다고 하였다.

비타민 A는 기본 분자 레티놀, 시각 색소 레티날, 세포 분화를 조절하는 세포 내 신호 조절 물질 레티노산 세 가지 형태와 식물성 색소에 존재하는 비타민 A 전구체인 카로티노이드를 총칭한다. 천연 카로티노이드 중 가장 활성이 높고 양적으로 우세한 것은 베타카로틴이다.

비타민 A는 쉽게 산화되며, 자외선과 열에 불안정하다. 레티놀은 레티날로 산화 혹은 환원 가능하여 상호간의 가역반응을 일으키나, 레티놀은 레티노인산으로 산화된다. 레티날과 레티노인산은 각각 레티놀의 90%와 60%의 생리적 기능을 가지고 있다. 카로티노이드는 기름에 녹는 식물성 색소로서 주황색을 띠고 있으나, 녹색 잎에서는 엽록소에 가려져 색이 나타나지 않는다.

더 알아보기 비타민 A 단위를 RAE(retinol activity equivalents)로 변경

미국/캐나다 영양소 섭취기준 보고서(IOM, 2001)에서는 비타민 A의 단위를 RE(retinol equivalents)가 아닌 RAE(retinol activity equivalents)를 사용하고 있다. 비타민 A 결핍 인구가 세계적으로 많으므로 식사 중 카로티노이드의 비타민 A 전환율에 대하여 정확하게 제시하는 것은 매우 중요한 의미를 갖는다. 우리나라는 한국인을 대상으로 한 카로티노이드의 생체 전환율에 관련된 연구가 여전히 부족하여 섭취기준 설정에 적용하기에는 한계가 있다. 그러나 여러 연구에 근거하여 기름 형태로 정제된 베타-카로틴의 비타민 A 활성을 레티놀의 1/2, 식이 내의 베타-카로틴은 정제된 베타-카로틴이 갖는 비타민 A 활성의 1/6로 적용하고, 이에 따라 식이 내의 베타-카로틴과 레티놀 활성당량의 비율은 12:1이 된다. 베타-카로틴 이외의 카로티노이드인 알파-카로틴, 베타-크립토잔틴의 활성은 1/24의 레티놀 활성당량 값을 갖는다. 이는 RE와 비교했을 때 카로티노이드의 생체 전환율을 1/2배로 측정하게 된다.

자료 : 보건복지부, 2020 한국인 영양소 섭취기준, 2020

1. 흡수 및 대사

1) 소화와 흡수

레티닐에스터(retinylester)
식물 속에 들어 있는 비타민 A로 레티놀과 지방산의 복합체

마이셀(micelle)
고분자물질과 같은 비결정 물질을 구성하고 있는 미소결정 입자

식품에 있는 비타민 A는 주로 레티놀과 긴사슬 지방산의 복합체인 레티닐에스터 형태로 존재한다. 비타민 A는 지용성이므로 위에서 소화되면서 레티닐에스터나 카로티노이드 형태로 지방과 결합하여 소장으로 이동하고, 담즙과 이자액의 효소에 의해 레티놀로 가수분해된다. 가수분해된 레티놀은 마이셀 형태로 소장 내벽에서 융모돌기의 상피세포막을 통해 흡수된다. 레티놀의 흡수율은 정상적인 식사에서 70~90% 이상이고, 카로티노이드는 레티놀의 약 1/3 정도이다.

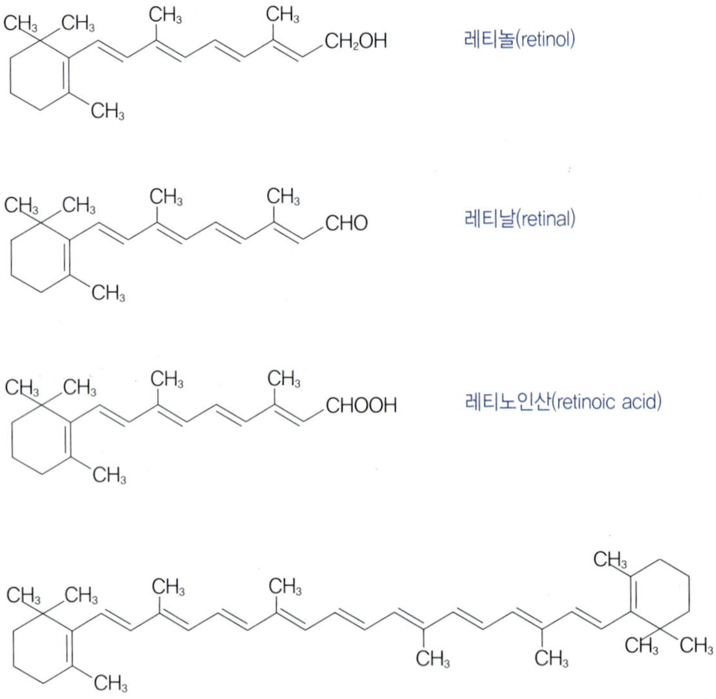

레티놀(retinol)

레티날(retinal)

레티노인산(retinoic acid)

베타카로틴(β-carotene)

그림 9-1 비타민 A의 구조

2) 저장과 대사

림프계(lymphatic system)
척추동물의 림프가 흐르는 관계(管系)와 부속기관

혈액 내의 비타민 A는 주로 레티놀 결합 단백질과 결합하여 림프계를 통해 간으

로 이동하여 저장된다. 간에서 레티놀은 레티닐에스터 형태이며, 나머지는 레티놀 결합 단백질과 결합한 형태로 눈이나 다른 조직으로 이동한다. 인체가 비타민 A를 필요로 할 때는 레티닐에스터가 레티놀로 가수분해되고, 레티놀 결합 단백질과 결합되어 운반된다. 한편, 베타-카로틴은 소장 점막 내에서 레티놀로 전환되고, 전환되지 못한 베타-카로틴은 카일로마이크론과 결합하여 간으로 이동되어 저장된다.

카일로마이크론(chylomicron)
소화, 흡수된 지방을 간으로 운반

레티놀은 세포 내에서 산화 단계를 거쳐 레티날과 레티노인산으로 전환되어 활성된다.

레티놀이 레티날로 산화되는 단계

레티놀은 마이크로솜 레티놀 탈수소효소에 의해 산화된다.

레티날이 레티노인산으로 산화되는 단계

레티날 탈수소효소에 의해 비가역적으로 진행된다.

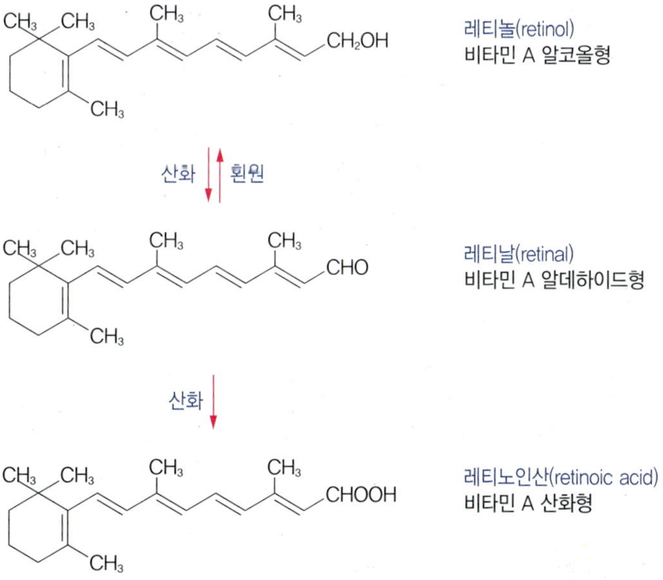

CH_3 CH_3 CH_3 CH_3 CH_2OH CH_3

레티놀(retinol)
비타민 A 알코올형

산화 ↓ ↑ 환원

CH_3 CH_3 CH_3 CH_3 CHO CH_3

레티날(retinal)
비타민 A 알데하이드형

산화 ↓

CH_3 CH_3 CH_3 CH_3 CHOOH CH_3

레티노인산(retinoic acid)
비타민 A 산화형

그림 9-2 비타민 A 체내 전환 과정

2. 체내 기능

1) 시각 기능

간상세포(rod cell)
눈의 망막에 있는 막대 모양의 세포

원추세포(cone cell)
척추동물에서, 빛을 받아들이고 색을 구별하는 시세포(=원뿔세포)

11-시스 레티날(11-*cis* retinal)
레티닐에스터가 필요할 때 분해되어 이성체(isomer)인 11-시스 레티놀(11-cis retinol)을 형성

로돕신(rhodopsin)
눈의 망막에 있는 막대 모양의 명암 인지세포에 함유되어 있는, 붉은색의 빛을 감지하는 세포

우리 눈의 망막에는 어두울 때 작용하는 간상세포와 밝은 광선에서 물체를 볼 수 있도록 조절하는 원추세포가 있다.

밝은 곳에서의 시각작용

간상세포에서 11-시스 레티날은 단백질인 옵신과 결합하여 로돕신을 형성한다. 망막의 로돕신이 빛에 의해 자극을 받으면 로돕신의 레티날이 11-시스 형태에서 올-트랜스 형태로 3차 구조가 바뀌면서 레티날과 옵신으로 분리되는 탈색 과정이 일어난다. 이때 레티날과 분리된 남은 옵신의 형태 변화가 일어나 간상세포막의 이온 균형의 변화가 신경을 자극해서 사물을 인지하게 된다.

어두운 곳에서의 시각작용

우리가 밝은 곳에서 갑자기 어두운 곳으로 들어가면 처음에는 잘 보이지 않는다. 이는 로돕신이 밝은 광선에 의해 과중하게 탈색된 데 기인한다. 그러나 시간이 지나면서 11-시스 레티날이 옵신과 결합하여 로돕신을 재생성하므로 점차 주위가

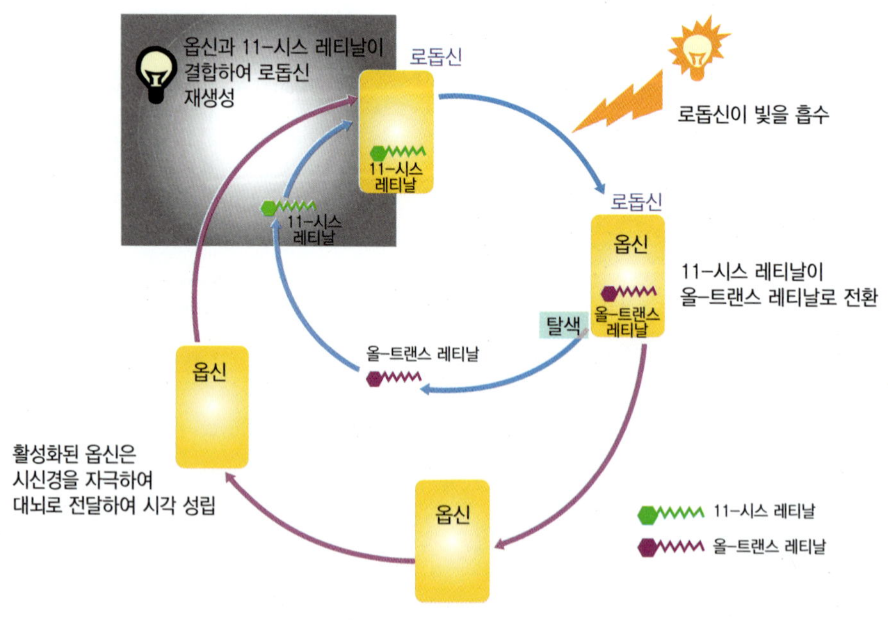

그림 9-3 비타민 A와 시각회로

비타민 A, 추운 환경에서 지방 태우는 것 촉진한다

우리가 과도한 에너지를 섭취할 경우 주로 중성지방의 형태로 백색 지방에 저장되고 이와 반대로 갈색 지방은 단백질을 결합하지 않는 주요 열 발생 인자에 의해 결합하지 않은 호흡과 열 형성을 통해 지방산을 산화시키고 에너지를 발생시킨다.

비엔나 의과대학 내분비학 및 신진대사 부서의 플로리안 키퍼(Florian Kieffer) 연구팀이 최근 수행한 연구 과정에서 유전자 조작을 통해 실험체인 쥐에게 비타민 A 전달체인 레티놀 결합 단백질을 방해하였더니 이때 비타민A가 차가운 매개 상승과 백색 지방조직이 갈색 지방조직으로 변환되는 것이 모두 위축되었고, 이와 반대로 인간의 백색 지방조직 세포에 비타민 A를 첨가하면 대사 활동과 에너지 소비량이 증가하면서 갈색 지방조직의 특성이 발현되는 것을 확인하였다. 비타민 A는 저온 노출에 의해 조절되면 온전한 레티노이드 수송은 백색 지방의 갈변 및 적응 열생성에 필수적이다.

이와 같이 인체가 저온에 노출되면 비타민 A와 그 혈액 전달체인 레티놀 결합 단백질의 수치가 증가한다는 것을 알아냈다. 비타민 A를 대부분은 간에 저장되어 있고, 저온에 노출되면 지방조직을 향한 비타민 A의 재분배를 자극하는 것으로 보인다. 비타민 A의 저온 노출 증가는 백색 지방조직을 갈색 지방조직으로 변환시켜 지방 연소율이 높여 준다.

백색 지방이 갈색 지방으로 변화하는 것은 비만을 감소시키고 대사증후군의 치료 방법으로 큰 가능성을 가지고 있다.

자료 : Anna, Fenzl et al., Intact vitamin A transport is critical for cold-mediated adipose tissue browning and thermogenesis, ***Molecular metabolism*** 42:101088, 2020

보여 사물을 식별할 수 있다. 이를 암적응이라 한다. 눈의 암적응 능력은 체내 비타민 A의 영양 상태에 따른 로돕신 재생 능력과 직접적인 관계가 있다.

이와 같이 사물을 알아보기 위해서는 로돕신 생성을 위해 올 트랜스 레티날을 11-시스 레티날로 다시 전환시키는 단계, 로돕신 생성 과정 그리고 탈색 과정이 연결되어 시각회로가 반복된다. 시각회로가 반복되는 과정에서 모든 레티날이 재사용되지 못하고 손실되며, 손실된 양은 혈액 중의 레티놀이 레티날로 전환되어 보충된다.

암적응(=암순응, 暗順應)
밝은 곳에서 갑자기 어두운 곳에 들어갔을 때, 처음에는 아무것도 안 보이나 차차 어둠에 눈이 익어 주위의 물건들이 보이는 현상

올-트랜스 레티날 (all-trans retinal)
11-cis retinal이 빛의 광양자(photon)를 흡수하여 올-트랜스 레티날로 이성화(isomerization)됨

2) 상피세포 관련 기능

상피세포는 피부를 덮고 있는 세포로서, 점액을 분비하여 외부로부터 침입하는

상피세포(epithelial cells)
우리 신체의 표면이나 소화기 같은 내장기관 및 혈관의 내벽을 덮고 있는 세포

이물질을 방어하는 생리 기능을 가지고 있다. 비타민 A는 점액 단백질이나 점액 다당류와 같은 점액을 합성하는 데 관여한다. 비타민 A가 부족하면 각막의 상피세포, 폐, 피부, 장점막 등이 각질화되어, 그 기관에 존재하는 세포가 차차 없어져 정상적인 점액 분비가 이루어지지 않는다.

장점막(intestinal mucosa)
장벽을 이루고 있는 점막으로 내부에는 선 세포가 많음

3) 항산화 기능

카로티노이드는 비타민 A 전구체로서의 작용과 항산화 작용으로 나눌 수 있다. 카로티노이드는 세포의 성장과 분화에 영향을 미칠 뿐 아니라 항종양성이 있다고 보고되었다. 카로티노이드는 항산화 활성과 발암물질의 대사를 조절하고 발암 유전자의 발현을 억제하여 세포와 세포 간의 면역 능력과 상호 작용에 영향을 준다.

3. 영양소 섭취기준 및 실태

비타민 A 평균필요량과 권장섭취량

적절한 비타민 A 섭취 수준은 생리적 기능이 정상이고 임상적 결핍 증상이 없으며, 체내 저장분까지 확보된 상태를 의미한다. 최근 설정된 한국인 영양소 섭취기준은 간 비타민 A의 반감기를 기초로 하고 20%의 변이계수를 사용하여 설정되었다. 비타민 A의 권장섭취량은 평균필요량의 140%에 해당된다.

따라서 30~49세 성인 남자의 경우 560 μg RAE를 평균필요량으로, 800 μg RAE를 권장섭취량으로 설정하였으며, 30~49세 성인 여자의 경우 450 μg RAE를 평균필요량으로 설정하고 650 μg RAE를 권장하고 있다.

임신기 평균필요량은 임신기 동안 태아의 간에 축적된 비타민 A에 기초를 두어 50 μg RAE를 더 부가하였으며, 수유부의 권장섭취량은 5개월 이전의 영아가 모유에서 섭취하는 비타민 A 함량(320 μg RE/100 mL)과 수유부가 1일 분비하는 모유(750 mL) 내의 비타민 A 양에 2배의 변이계수를 더하여 490 μg RAE를 부가량으로 제시하였다. 성별 및 연령에 따른 필요량과 권장량은 표 9-3에 나타내었다.

영양소 섭취기준
(Dietary Reference Intakes, DRIs)
질병이 없는 일반인들이 건강하게 살 수 있는 식생활의 내용을 영양소로 제시하는 것으로 현재 이러한 목적으로 사용되는 영양권장량을 현대인의 식생활과 건강문제에 맞도록 개편한 것

반감기(half life)
어떤 특정 방사성 핵종(核種)의 원자수가 방사성 붕괴에 의해서, 원래의 수의 반으로 줄어드는 데 걸리는 시간

변이계수
(coefficient of variation)
표준 편차를 평균값으로 나누어서 백분율로 나타낸 수치

비타민 A의 상한섭취량

비타민 A는 체내에 축적이 가능하므로 한국인 영양소 섭취기준에서는 상한섭취

표 9-3 한국인 1일 비타민 A 섭취기준

연령		비타민 A(μg RAE/일)			
		평균필요량	권장섭취량	충분섭취량	상한섭취량
영아	0~5(개월)			350	600
	6~11			450	600
유아	1~2(세)	190	250		600
	3~5	230	300		750
남자	6~8(세)	310	450		1,100
	9~11	410	600		1,600
	12~14	530	750		2,300
	15~18	620	850		2,800
	19~29	570	800		3,000
	30~49	560	800		3,000
	50~64	530	750		3,000
	65~74	510	700		3,000
	75 이상	500	700		3,000
여자	6~8(세)	290	400		1,100
	9~11	390	550		1,600
	12~14	480	650		2,300
	15~18	450	650		2,800
	19~29	460	650		3,000
	30~49	450	650		3,000
	50~64	430	600		3,000
	65~74	410	600		3,000
	75 이상	410	600		3,000
임신부		+50	+70		3,000
수유부		+350	+490		3,000

자료 : 보건복지부·한국영양학회, 2020 한국인 영양소 섭취기준, 2020

량을 제시하고 있다. 2015~2017 국민건강영양조사 자료 분석 결과에 따르면, 남녀 성인의 경우 식품과 보충제로부터의 총 비타민 A 상한섭취량 초과로 나타났다. 비타민 A는 체내에 축적이 가능하고, 과다 섭취 시 지방간 등 간 손상, 세포막의 불안정화, 기형아 출산, 뼈와 연골의 손상, 두통 등이 발생한다. 한국인의 비타민 A

상한섭취량은 가임기 여성의 경우 태아 기형 발생을 독성 종말점으로 하여 최대무독성량을 4,500 μg, 불확실계수 1.5를 적용하여 3,000 μg로 설정하였다. 비가임기 여성인 경우는 최저독성량을 1,400 μg으로 정하였으며, 소아와 청소년은 성인 상한섭취량을 체중으로 보정하여 상한섭취량을 설정하였다. 임신부와 수유부의 경우에서도 성인과 동일한 상한섭취량을 설정하고 있다.

더 알아보기 비타민 A 평균필요량 추정 방법

A×B×C×D×E×F

A : 비타민 A가 제거된 식사를 섭취할 때 하루에 손실되는 신체 비타민 A 저장량의 백분율(%)
B : 용인될 수 있는 최소의 간 비타민 A 저장량(μg/g)
C : 체중에 대한 간 무게 비율
D : 특정 연령층과 성별에 해당되는 기준체중(g)
E : 신체 전체:간 비타민 A 저장량의 비율
F : 섭취한 비타민 A의 저장 효율(%)

4. 급원식품

비타민 A는 식품 중 레티놀, 레티놀 에스터의 형태로 분포되어 있다. 주로 동물성 식품인 육류, 달걀, 생선 등에 있다. 비타민 A 전구체인 베타 및 알파-카로틴은 당근, 시금치, 감자 등 녹황색 채소와 수박, 망고와 같은 과일로부터 얻을 수 있다. 국민건강영양조사 결과 보고서에 의하면 우리나라 국민이 섭취하는 비타민 A의 80% 이상이 카로티노이드로부터 공급된다.

표 9-4 비타민 A 주요 급원식품(100 g당 함량)[1)]

순위	급원식품	함량 (μg RAE/100g)	순위	급원식품	함량 (μg RAE/100g)
1	돼지 부산물(간)	5,405	16	고구마	75
2	소 부산물(간)	9,442	17	배추김치	15
3	과일음료	219	18	요구르트(호상)	59
4	우유	55	19	수박	71
5	시금치	588	20	채소음료	107
6	달걀	136	21	아이스크림	117
7	당근	460	22	부추	178
8	상추	369	23	열무김치	73
9	장어	1,050	24	케이크	131
10	시리얼	1,605	25	무청	149
11	고추장	291	26	토마토	32
12	닭 부산물(간)	3,981	27	건미역	515
13	들깻잎	630	28	크림	389
14	고춧가루	614	29	돼지고기(살코기)	7
15	김	991	30	닭고기	10

1) 2017년 국민건강영양조사의 식품별 섭취량과 식품별 레티놀과 베타-카로틴 함량(국가표준식품성분표 DB 9.1) 자료를 활용하여 비타민 A 주요 급원식품 상위 30위 산출

자료 : 보건복지부·한국영양학회, 2020 한국인 영양소 섭취기준, 2020

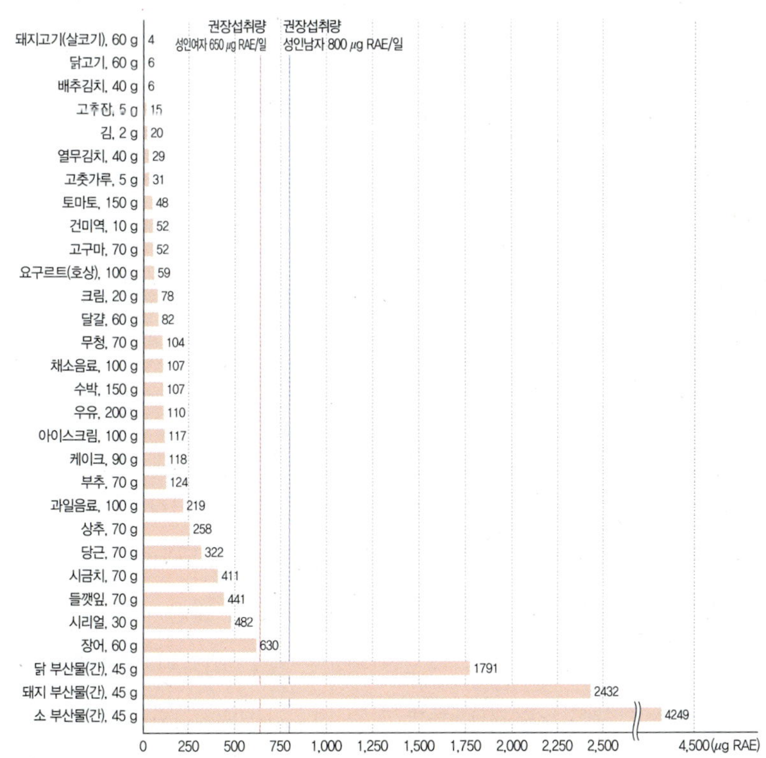

그림 9-4 비타민 A 주요 급원식품(1회 분량당 함량)[1)]

1) 2017년 국민건강영양조사의 식품별 섭취량과 식품별 레티놀과 베타-카로틴 함량(국가표준식품성분표 DB 9.1) 자료를 활용하여 비타민 A 주요 급원식품 상위 30위 산출 후 1회 분량(2015 한국인 영양소 섭취기준)을 적용하여 1회 분량당 함량 산출, 19~29세 성인 충분섭취량 기준(2020 한국인 영양소 섭취기준)과 비교

자료 : 보건복지부·한국영양학회, 2020 한국인 영양소 섭취기준, 2020

5. 영양건강문제

야맹증(night blindness)
광각(光覺)이 감소하거나 암순응의 속도가 지연되어 저녁에 어두워지면 물체가 잘 보이지 않는 상태

세계보건기구에서는 비타민 A의 영양 결핍 지표로 안구건조증이나 야맹증의 임상 증상과 혈장 레티놀 수준을 이용한다.

1) 비타민 A 결핍증

결막(conjunctiva)
안구와 안검(眼瞼: 눈꺼풀)을 결합하는 점막

비타민 A 결핍증의 가장 흔한 증상은 야맹증과 안구건조증이며, 주로 성장, 감염, 임신, 수유 등 상태에 따라 필요한 비타민 A를 섭취하지 못했을 때 나타난다. 어린이의 경우 안구 결막의 가장자리 쪽에 흰 거품 같은 형태인 비토 반점이 나타나기도 한다. 현재 전 세계적으로 매년 50만 명 정도의 어린이들이 비타민 A 결핍으로 인해 시력을 잃고, 사망하기도 하며, 저체중아의 경우 설사, 세균성 이질 등 질환이 발생하고, 아동의 경우 성장 지연을 초래한다. 성인의 경우 간질환이나 알코올 중독자들에게서 결핍증이 나타나고, 만성 설사나 췌장부전, 만성 소화 장애, 낭포성 섬유증, 지방 흡수 불량 등의 상태에서도 비타민 A 결핍증이 나타난다.

2) 비타민 A 과잉증

비타민 A를 과다하게 섭취하면 독성을 유발할 수 있으며, 급성 과잉증은 성인의 경우 권장량의 100배, 아동의 경우 권장량의 20배가 넘는 양을 섭취할 때 나타난다. 오심, 구토, 두통, 현기증, 시력 흐려짐, 근육운동 부조화 등의 증상을 보이고, 영아의 경우 천문의 융기 등을 볼 수 있다.

만성 과잉증은 급성의 경우보다 흔해서 보통 권장량의 10배 이상을 지속적으로 섭취할 때 나타나며, 주로 두통, 탈모증, 입술의 균열, 피부 건조 및 가려움증, 간장 비대, 골관절 통증 등이 관찰된다. 임신기에 비타민 A의 섭취가 과다하면 사산·기형아 출산, 영구적 학습 장애 등이 나타난다. 대부분 카로티노이드는 과잉 섭취에 의한 독성이 없는 것으로 알려져 있으나, 카로틴 함량이 많은 식품을 장기간 섭취하거나 베타-카로틴 보충제를 매일 먹으면 황피증 또는 카로틴 피부증이라 불리는 질환에 의해 피부 색깔이 노랗게 변하게 되는 경우가 있는 것으로 밝혀졌다.

해봅시다

비타민 A 전구체인 6 μg의 베타카로틴 또는 12 μg의 다른 올-트랜스 카로티노이드는 1 μg의 레티놀과 활성이 같다고 간주하며, 이는 1레티놀 당량(RE)에 해당된다. 비타민 A 활성의 단위인 IU는, 그 활성이 레티놀에 근거한 경우 3.33 IU가 1 RE와 같고, 그 활성이 베타카로틴에 근거한 경우에는 10 IU가 1 RE에 해당된다. 또한, 최근에는 RAE(Retinol Activity Equivalent)를 사용하는데 아래와 같다.

1 RE =1 μg 올-트랜스 레티놀
=12 μg 올-트랜스 베타카로틴
=24 μg 다른 올-트랜스 카로티노이드
1 IU =0.3 μg 올-트랜스 레티놀
=3.6 μg 올-트랜스 베타카로틴
=7.2 μg 다른 올-트랜스 카로티노이드

총 RAE를 구해 봅시다.

500 μg 레티놀, 1800 μg 베타카로틴, 2400 μg 알파카로틴이 들어 있는 식품의 총 RAE는?

$\Rightarrow 500+(1800\div12)+(2400\div24)\}=750$ μg RAE

더 알아보기 비타민 A가 많은 음식

- 당근 : 당근에는 비타민 A가 풍부하게 들어 있고, 당근의 붉은색을 나타내는 영양 성분인 카로틴을 먹게 되면 비타민 A로 바뀌는 성질을 가지고 있어 간, 눈, 여드름 등의 피부질환에 효과가 좋다.
- 단호박 : 비타민 A, B_1, B_2 등의 비타민이 풍부해 간 기능 회복, 암 예방, 위장병 등의 증상에 도움이 되는 식품이다.
- 달걀 : 노른자위의 레티놀은 체내에 흡수되면서 비타민 A로 바뀌게 된다.
- 파프리카 : 특히 빨간 파프리카 안에 있는 베타카로틴은 체내에 흡수되면 비타민 A로 바뀌어 빈혈 예방, 노화 방지, 암 예방, 성장 촉진, 골다공증 예방 및 치료 효과가 있다.

비타민 D(Vitamin D)

맥컬럼(E.V. McCollum)은 간유에는 야맹증을 치료하는 효력, 구루병을 고치는 효력이 있는데 이 두 효력이 각각 별개의 인자에 의한 것임을 밝히고, 구루병에 효력이 있는 비타민 A와 구별해 새롭게 비타민 D라고 하였다. 필수 영양소 중 하나로

구루병(rickets)
비타민 D가 부족하면 뼈에 칼슘이 붙기 어려워 뼈의 변형(안짱다리 등)이나 성장 장애 등이 일어남

스테로이드호르몬(steroid hormone)
화학 구조에서 스테로이드 핵을 갖는 호르몬. 남성호르몬, 여성호르몬, 부신피질호르몬

전구체(precursor)
어떤 물질에 선행하는 물질

다른 영양소와는 달리 식품 외에 자외선에 의해 체내에서도 합성될 수 있고, 작용 메커니즘이 스테로이드호르몬과 유사하여 호르몬 전구체로 분류되기도 한다. 비타민 D는 인종, 피부색, 기후 조건, 지리적 조건 등에 영향을 받을 뿐만 아니라 실내생활 또는 의복 등이 방해 요인으로 작용하여 자외선에 의한 피부에서의 생합성은 사실상 기대하기가 어렵다. 다양한 요인들의 영향을 받기 때문에, 식사를 통한 비타민 D의 섭취기준을 일률적으로 설정하는 것은 어렵다.

1. 체내 합성과 활성화

1) 소화와 흡수

피부에서 7-디하이드로콜레스테롤은 햇빛 중의 자외선에 의해 촉매되어 비타민 D로 전환된다. 피부에서 합성된 비타민 D는 혈액을 통해 간으로 이동해 식사로 섭취한 비타민 D와 합쳐진 후에 간과 신장에서 햇빛에 의해 합성되는 비타민 D의 양은 햇빛에 노출된 시간 및 강도, 피부색, 나이 및 거주지의 위도, 계절, 의복 등 여러 가지 요인에 의해 영향을 받는다. 식품으로 섭취한 비타민 D는 약 80%가 흡수된 후 담즙산의 도움을 받아 주로 소장에서 흡수된다.

2) 저장과 대사

소장 점막으로 흡수된 비타민 D는 카일로마이크론의 형태로 림프계를 거쳐 간으로 운반된다. 비타민 D는 두 단계의 수산화 과정을 거친 후 활성화된다. 첫 번째 수산화 과정은 간에서 25-수산화효소〔(25-hydroxylase)에 의해 25-하이드록시 비타민 D_3(25-(OH)D_3〕로 전환되어 순환계로 들어간다. 따라서 혈장에 있는 25-하이드록시 비타민 D의 수준은 간에 저장된 비타민 D의 양에 비례한다.

혈장 25-하이드록시 비타민 D_3는 신장으로 이동된다. 두 번째 수산화 과정은 신장에서 이루어지며 혈액 칼슘 농도의 변화에 따라 1α-수산화효소(1α-hydroxylase)의 작용으로 25-하이드록시비타민 D가 활성 상태인 1,25-다이하이드록시비타민 D_3〔1,25-hydroxyvitamin D_3, 1,25$(OH)_2D_3$: 칼시트리올〕로 전환된다.

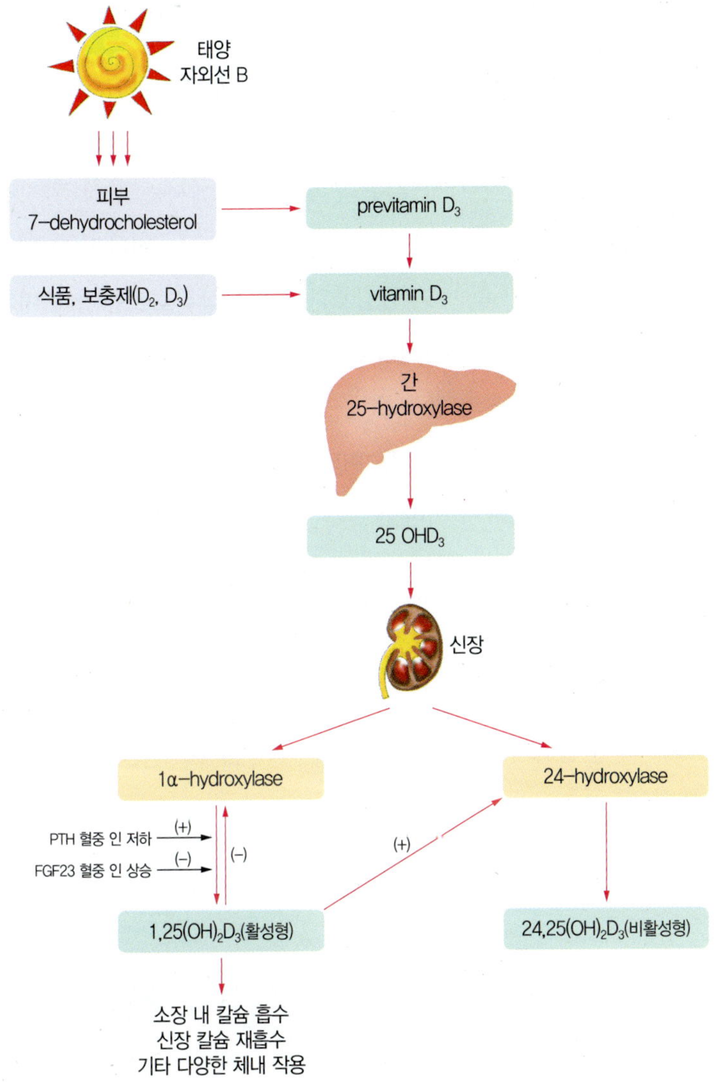

그림 9-5 비타민 D의 대사 과정

2. 체내 기능

비타민 D의 건강 효과 중 골격 건강에 미치는 영향에 대한 근거가 가장 많이 축적되어 있다. 비타민 D는 근육섬유의 발달과 성장에 필수적인 인자이다.

1) 칼슘 대사 관련 기능

부갑상선호르몬(parathyroid hormone) 칼슘 조절호르몬으로 갑상선 옆에 있는 상피소체에서 만들어지는 호르몬

비타민 D의 주요 기능은 부갑상선호르몬과 함께 혈장의 칼슘 농도의 항상성을 유지하는 것이다. 활성형인 1,25-다이하이드록시비타민 D_3〔1,25$(OH)_2D_3$〕는 칼슘 대사를 조절하는 호르몬으로, 건강한 사람의 혈중 농도에서는 항상 일정하게 유지되고 있다. 이에 따라 25-하이드록시 비타민 D〔25(OH)D〕는 비타민 D 영양 상태에 가장 좋은 지표이다. 혈액 칼슘 농도가 감소하면 부갑상선호르몬이 분비되어 신장에서 활성형 비타민 D의 형성을 촉진하여 칼슘 농도를 정상으로 유지해 준다. 다른 한편으로 비타민 D는 칼슘의 흡수를 증가시켜 칼슘이 골격에 침착되도록 돕는다. 따라서 혈중 부갑상선호르몬 농도도 비타민 D 결핍을 나타내는 유효한 지표에 해당한다. 칼슘 대사와 관련하여 비타민 D는 다음과 같은 기능을 한다.

칼슘 흡수 촉진

비타민 D는 소장 점막세포에서 칼슘 결합단백질을 비롯해 칼슘의 흡수에 필요한 단백질을 합성하고, 세포막의 유동성을 증가시켜 칼슘과 인이 쉽게 세포막을 통과할 수 있게 하여 칼슘과 인의 흡수를 촉진시킨다.

파골세포(osteoclast) 척추동물에서 뼈가 성장하는 과정에서 불필요하게 된 뼈조직을 파괴 또는 흡수하는 대형의 다핵세포(=용골세포)

칼슘 용출 촉진

파골세포에서 골격의 칼슘이 혈액으로 용해되어 나오는 것을 촉진시킨다. 따라

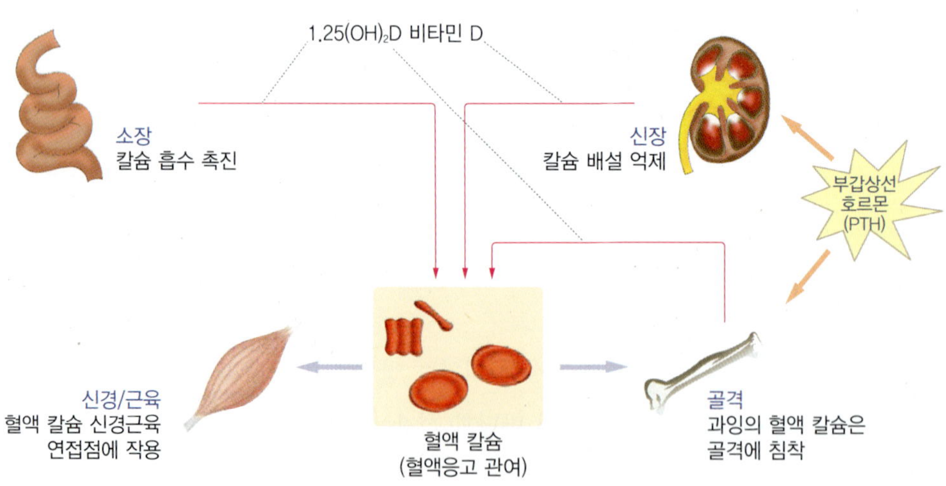

그림 9-6 활성형 비타민 D의 혈액 칼슘 조절 메커니즘

더 알아보기 **비타민 D의 주요 형태**

비타민 D의 주요 형태로 측쇄 구조가 다른 D_2와 D_3 두 가지 형태가 있다. 활성화 등 체내 대사에는 큰 차이가 없고 비타민 D 결핍으로 인한 구루병에 대한 치료 효과 역시 동일하다고 알려져 있다(Institute of Medicine (IOM), 2011). 비타민 D_2(ergocalciferol)는 대부분 인공적으로 합성되어 식품에 첨가되는 형태이고, 비타민 D_3(cholecalciferol)는 사람의 피부에서 7-디하이드로콜레스테롤(7-dehydrocholesterol)로부터 합성되거나 주로 동물성 식품으로부터 섭취되는 형태이다. D_2와 D_3 모두 인공적인 합성이 가능하여 식사 보충제나 비타민 D 강화식품에 사용되기도 한다.

서 비타민 D는 골격의 성장에 필요하나 골격의 탈석회화에도 관여하여 혈장 농도를 유지시키기 위한 칼슘과 인을 제공한다.

탈석회화(demineralization) 치아가 무르게 되는 현상

칼슘 배설 억제

비타민 D는 신장에서의 칼슘 배설을 억제시킴으로써 혈장의 칼슘 농도를 증가시켜 골격에 칼슘이 축적되는 것을 조절한다. 비타민 D의 골격과 신장에 대한 효과는 부갑상선호르몬이 동시에 존재하여야 가능하다.

2) 기타 기능

비타민 D는 체내 칼슘 대사에 관여하는 것 이외에 혈액응고 및 신경근 접합에 관여한다. 또한 비타민 D는 여러 세포의 증식과 분화 조절에도 관여한다. 면역 조절세포, 상피세포, 악성 종양세포 등의 세포 증식 및 근력 발달, 면역·상피 세포의 분화 성숙 등에도 관련되어 있다. 비타민 D 섭취와 유방암, 결장암, 전립선암과의 관련성에 관한 연구 보고가 있다. 프로락틴, 칼시토닌을 포함한 몇몇 호르몬을 합성하고, 인슐린 분비와 각질세포의 분화에도 비타민 D가 중요한 역할을 하는 것으로 보고되고 있다.

프로락틴(prolactin) 뇌하수체 전엽의 산호성세포에서 분비되는 유즙 분비자극호르몬

칼시토닌(calcitonin) 혈액 속의 칼슘량을 조절하는 갑상선호르몬. 혈액 속의 칼슘 농도가 정상치보다 높을 때 그 양을 저하시키는 작용

인슐린(insulin) 이자의 랑게르한스섬의 β 세포에서 분비되는 호르몬

각질세포(keratinocyte) 케라틴이 되어 납작하게 죽은 세포들

3. 영양소 섭취기준 및 실태

비타민 D는 한국인에게 결핍되거나 부족할 가능성이 있으나 섭취량의 일간 변

표 9-5 한국인 1일 비타민 D 섭취기준

연령		비타민 D(μg/일)			
		평균필요량	권장섭취량	충분섭취량	상한섭취량
영아	0~5(개월)			5	25
	6~11			5	25
유아	1~2(세)			5	30
	3~5			5	35
남자	6~8(세)			5	40
	9~11			5	60
	12~14			10	100
	15~18			10	100
	19~29			10	100
	30~49			10	100
	50~64			10	100
	65~74			15	100
	75 이상			15	100
여자	6~8(세)			5	40
	9~11			5	60
	12~14			10	100
	15~18			10	100
	19~29			10	100
	30~49			10	100
	50~64			10	100
	65~74			15	100
	75 이상			15	100
임신부				+0	100
수유부				+0	100

자료 : 보건복지부·한국영양학회, 2020 한국인 영양소 섭취기준, 2020

동이 상당히 크고, 다른 영양소와는 달리 햇빛에 노출되면 피부에서 생합성되기 때문에 식품을 통한 필요량 결정이 매우 어려운 상황이다. 그러므로 미국과 캐나다의 식사 섭취기준에 제시된 권장량으로부터 햇빛에 의한 생산량을 고려하여, 한국인의 상용식품으로부터의 공급을 위한 충분섭취량으로 설정하였다. 일본, 미국과 독일에서는 모두 성인의 경우 1일 5 μg을 섭취기준으로 책정하고 있고, 햇빛으로도 공급이 가능하므로 우리나라에서도 19~64세 성인의 경우 1일 10 μg을 충분섭취량으로 설정하고 있다. 노인의 경우 피부에서의 합성 능력이 감소하기 때문에 성인기에 비하여 섭취량을 증가해야 할 필요성이 있으므로 65세 이상의 경우 15 μg을 충분섭취량으로 하였으며, 비타민 D의 상한섭취량은 100 μg으로 설정되어 있다(표 9-5).

4. 급원식품

비타민 D는 일차적으로 햇빛으로부터 합성이 되는 것이 주요 급원이지만, 햇빛을 충분히 받지 못하는 경우 식품으로 섭취하여야 한다. 비타민 D의 총섭취량은 식사를 통한 섭취량과 보충제로부터 공급되는 양을 포함한다. 비타민 D의 자연적인 급원식품은 등푸른생선, 어류의 간유, 달걀노른자 등이다. 우리나라 사람들이 상용하는 식품 중 비타민 D 함량이 높은 식품은 그 수가 매우 제한적인데, 그중에서 어류와 버섯류가 함량이 높은 식품군에 속한다. 또한 강화식품(예 : 강화우유, 강화 시리얼 등)도 주요 식품 급원이 된다. 버터, 간, 일부 마가린 등에도 약간의 비타민 D가 함유되어 있지만 비타민 D를 얻기 위해서 많은 양을 섭취해야 하는 중요한 급원식품은 아니다.

비타민 D가 자연식품에 널리 분포되어 있지 않고, 햇빛에 의한 생합성은 제한적이므로 미국과 캐나다 등에서는 우유 및 유제품에 비타민 D를 강화하고 있다. 비타민 D를 강화할 경우 독성을 예방하기 위해 그 양을 정확하게 하여야 하며, 주기적으로 강화 과정과 강화식품에 대한 모니터링을 해야 한다.

표 9-6 비타민 D 주요 급원식품(100 g당 함량)[1)]

순위	급원식품	함량(μg/100 g)	순위	급원식품	함량(μg/100 g)
1	달걀	20.9	16	돔	5.6
2	돼지고기(살코기)	0.8	17	소 부산물(간)	1.2
3	연어	33.0	18	어패류알젓	17.0
4	오징어	6.0	19	방어	5.4
5	조기	8.4	20	메추리알	2.3
6	멸치	4.1	21	대구	0.9
7	꽁치	13.0	22	크림	0.5
8	고등어	2.1	23	임연수어	4.6
9	두유	1.0	24	전갱이	11.7
10	넙치(광어)	4.3	25	아이스밀크	0.1
11	쥐치포	33.7	26	연유	7.0
12	볼락	4.6	27	칠면조고기	0.3
13	미꾸라지	5.5	28	어패류 부산물(내장)	5.0
14	시리얼	3.8	29	팽창제, 효모	2.8
15	오리고기	2.0	30	잉어	12.3

1) 2017년 국민건강영양조사의 식품별 섭취량과 식품별 비타민 D 함량(국가표준식품성분표 DB 9.1) 자료를 활용하여 비타민 D 주요 급원식품 상위 30위 산출

자료 : 보건복지부·한국영양학회, 2020 한국인 영양소 섭취기준, 2020

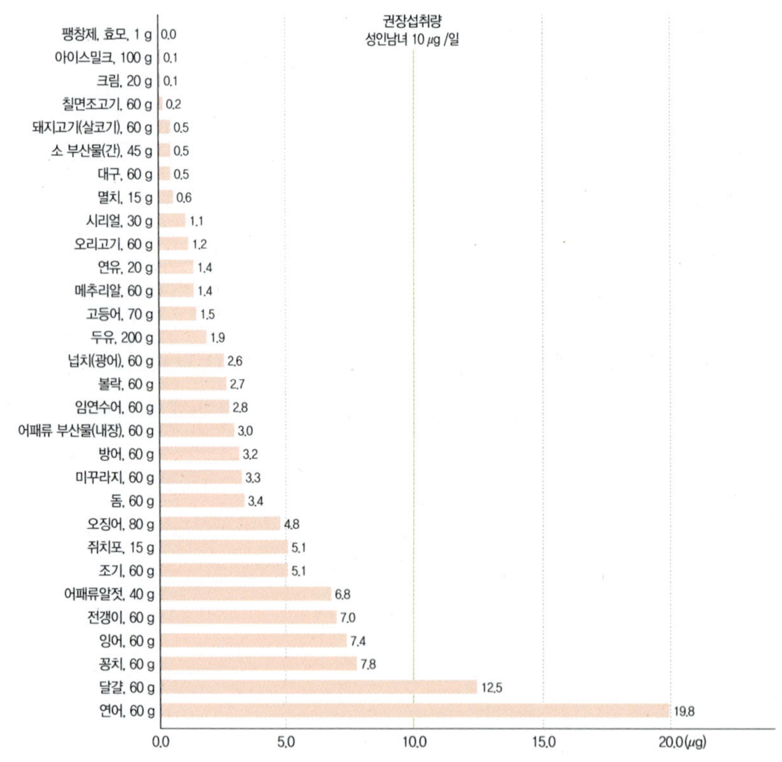

그림 9-7 비타민 D 주요 급원식품(1회 분량당 함량)[1)]

1) 2017년 국민건강영양조사의 식품별 섭취량과 식품별 비타민 D 함량(국가표준식품성분표 DB 9.1) 자료를 활용하여 비타민 D 주요 급원식품 상위 30위 산출 후 1회 분량(2015 한국인 영양소 섭취기준)을 적용하여 1회 분량당 함량 산출, 19~29세 성인 충분섭취량 기준(2020 한국인 영양소 섭취기준)과 비교

자료 : 보건복지부·한국영양학회, 2020 한국인 영양소 섭취기준, 2020

5. 영양건강문제

비타민 D의 결핍증은 햇빛에 노출되지 않는 경우 나타난다. 즉, 실내 생활만 하는 경우, 도시의 공해로 일광이 차단되거나 지역적으로 일조량이 부족한 지역, 야간 근무자나 지하에서 일하는 사람들은 햇빛에 노출되지 않으므로 체내 합성량이 매우 부족할 수 있다. 비타민 D 부족 및 결핍은 골격 건강을 악화시킨다. 소아에서는 구루병, 성인에서는 골연화증 및 골다공증의 위험을 높이며, 노인 등 취약 인구에서 낙상 및 신체기능 약화의 위험인자가 된다. 이와 같은 근골격계에 대한 전형적인 효과 외에도 최근에는 암, 심혈관계 질환, 고혈압, 당뇨, 대사증후군 등에 대한 보호 효과와 같은 비전형적인 작용과 관련되었을 가능성이 있는 것으로 알려지고 있다.

1) 비타민 D 결핍증

구루병

성장기 어린이에게 비타민 D가 부족하면 골격이 제대로 형성되지 못하여 머리, 관절, 흉곽이 커지고 골반 형성이 잘 되지 않으며 다리가 굽게 되는 구루병이 생긴다. 구루병은 일반적으로 비타민 D 함유 식품의 섭취 부족 혹은 햇빛 노출 부족으로 초래되지만 드물게는 유전적으로 1,25-다이하이드록시 비타민 D가 제대로 합성되지 못하거나 핵 수용체와의 결합이 원활하지 못하여 나타나기도 한다. 최근에는 구루병이 낭포성 섬유증과 같은 지방 흡수 불량증과 관계된 경우가 보고되기도 한다.

흉곽(thorax)
가슴부로서 늑골이 흉추·흉골과 연결되어 바구니 모양의 뼈대

골연화증

성인에게서 발생하는 구루병이 골연화증이며, 골반뼈 또는 갈비뼈가 쉽게 골절된다. 성장기 아동에게 발생하는 구루병처럼 햇빛을 충분히 받지 않거나 부적절한 식사 섭취를 하는 경우 나타나며, 특히 임신부나 다산 여성에게 발생하여 수유기간까지 이어질 수 있다. 또한 비타민 D 대사에 관계하는 간과 신장에 문제가 생기는 경우 비타민 D가 활성화되지 못하여 발생할 수 있다. 골연화증은 골격의 총량은 정상이나 기질의 석회화가 감소하여 골격의 조성이 비정상적이 되는 것이므로

치료를 위해서는 햇빛에 노출시키거나 활성형 비타민 D 처치 및 칼슘 보충제를 처방한다.

골다공증

에스트로겐(estrogen)
난포호르몬(=여성의 난소에서 분비되는 호르몬)

혈청(serum)
혈장에서 섬유소원(纖維素原)을 제거한 나머지

골밀도(bone density)
뼈의 단단한 정도

여성이 폐경을 하면 에스트로겐이 분비되지 않아 신장에서 1,25-다이하이드록시비타민 D가 생성되지 않는다. 골다공증은 이로 인해 칼슘의 흡수율이 떨어지고 혈청 칼슘 농도가 감소하여 나타나는 질병이다. 즉, 혈청 칼슘 농도가 떨어지면 부갑상선호르몬의 분비를 자극하여 골격에서 칼슘을 유출시키므로 골밀도가 저하된다. 골연화증과 달리 골다공증은 골격의 조성은 정상이지만 골격의 총량이 감소한다.

2) 비타민 D 과잉증

고칼슘혈증(hypercalcemia of malignancy)
혈장 속의 칼슘 농도가 정상치(8.8~10.4 mg/dL)보다 높은 상태

신장결석(renal calculus)
신장에 발생한 요석(尿石)

건강한 사람의 경우 햇빛에 과다하게 노출되더라도 인체 내에서 합성되는 비타민 D의 양은 생리적으로 잘 조절되므로 비타민 D의 독성은 유발되지 않는다. 그러나 보충제 형태의 비타민 D를 장기간 복용하면 혈청 칼슘의 농도가 12 mg/dL 이상 되어 고칼슘혈증이 나타나고, 연조직에 칼슘이 축적되어 신장계와 심혈관계의 비가역적 손상, 고칼슘뇨증, 신장결석 등이 발생할 수 있다. 대표적인 부작용인 고칼슘혈증은 식욕부진, 체중감소, 다뇨, 심장 부정맥 등 대부분 다양한 비특이적인 증상들을 보인다. 장기간 과량의 비타민 D를 섭취하여 고칼슘혈증이 지속되면 혈관 이외에도 연조직의 석회화가 유발된다.

영아의 경우, 비타민 D의 과량 복용에 따른 심각한 비타민 D 독성은 폐동맥과 폐포가 축소하고 얼굴 형태가 변하며, 성장이 저해될 수 있다. 그러므로 유아나 어린이의 비타민 D 섭취는 하루에 10~20 μg/일 이상을 넘지 않도록 해야 한다. 성인의 경우 비타민 D 독성은 흔히 나타나지 않지만 충분섭취량의 5배 이상을 계속 섭취할 경우 유독할 수 있다는 보고가 있다. 가임기 여성은 비타민 D를 극단적으로 많이 섭취하면 기형을 유발할 수 있으므로 1일 충분섭취량 이상 과잉 섭취하지 않도록 주의하여야 한다.

또한 비타민 D가 강화된 식품을 섭취하는 경우 비타민 D 독성이 나타날 수도 있으므로 비타민 D 강화 과정은 주기적으로 모니터링되어야 한다.

비타민 D 부족 시 고혈압, 당뇨질환 등을 유발하는 데 영향을 끼칠 수 있다.

비타민 D는 골격 성장, 칼슘의 항상성 유지 등에 필요한 영양소로 면역기능 조절, 항암 작용 등의 기능을 갖고 있다. 이러한 비타민 D는 부족 시 인슐린 저항성과 베타 세포의 기능 부전이 나타날 수 있다고 보고되고 있다. 미국의 제3차 국민건강영양조사(Third National Health and Nutrition Examination Survey)에서 약 6,000명을 대상으로 25(OH)D를 측정하여 4군으로 나누어 연구한 결과, 25(OH)D는 체내에 비타민 D의 부족, 충분의 판단 지표로 사용되는데 25(OH)D 농도가 제일 높은 군의 당뇨병 발생 위험도는 백인의 경우 0.25 감소하였다고 나타났다. 또한 25(OH)D 농도와 인슐린 민감성이 양의 상관관계를 가지므로 비타민 D 결핍은 인슐린 저항성, 대사성 증후군 위험도가 높다고 보고된다.

연구 결과에 따르면 비타민 D의 충분, 부족을 판단하는 25(OH)D의 농도가 30 ng/mL 미만으로 낮은 경우 심혈관계 질환 위험성이 높아지고, 부적절한 비타민 D 농도에서 칼슘 흡수 제한으로 부갑상선호르몬의 증가를 야기해 골 소실이 가속화된다.

자료 : 정유석·유병욱·오정은·이덕철·이홍수·조주연, 비타민 D와 만성 질환과의 관련성, 대한임상노인의학회지 11.2: 154-169, 2010

비타민 E(Vitamin E)

1922년 에반스(Evans)와 비숍(Bishop)은 식물성 기름에 숫쥐의 생식에 필수적인 성분이 들어 있음을 발견하고 이를 토코페롤(tocopherol : toco=off-spring)이라 하였으며, 이후 비타민 E로 명명되었다.

식물성 식품에는 서로 다른 생물학적 활성을 갖는 비타민 E가 있는데, 4개의 토코페롤(α, β, γ, δ)과 4개의 토코트리에놀(α, β, γ, δ)을 포함한 8개의 천연 화합물로 구성되어 있다. 이 중 가장 활성이 큰 비타민은 알파-토코페롤이다.

토코트리에놀(tocotrienol) 비타민 E의 일종

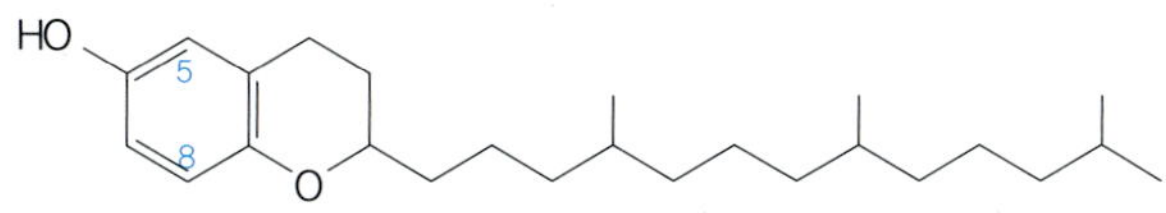

알파-토코페롤 : 5, 7, 8 탄소에 메틸기
베타-토코페롤 : 5, 8 탄소에 메틸기
감마-토코페롤 : 7, 8 탄소에 메틸기
델타-토코페롤 : 8 탄소에 메틸기

그림 9-8 비타민 E 구조

1. 흡수 및 대사

비타민 E는 다른 지용성 비타민과 유사한 경로로 흡수된다. 흡수에는 지질과 담즙이 필요하며, 림프조직과 카일로마이크론을 통해 이동된다. 섭취된 비타민 E는 평균적으로 30~50% 정도 흡수되며, 80% 정도까지도 흡수될 수 있으나 권장량 이상으로 섭취하면 흡수율이 10% 이하로 감소될 수 있다. 비타민 E는 소장의 상피세포에서 카일로마이크론에 포함되어 림프계와 흉관을 거쳐 흡수된다.

간에서 비타민 E는 지단백질인 초저밀도지단백질(VLDL), 저밀도지단백질(LDL)과 고밀도지단백질(HDL)에 의해 운반되어 지방조직에 저장되고 그 외에 간과 근육조직에 저장된다.

2. 체내 기능

1) 항산화제 기능

유리 라디칼(free radical)
매우 강한 산화제로서 전자가 많은 세포 구성물인 DNA나 세포막 등을 공격할 수 있음

세포막에 존재하는 다불포화지방산은 세포 내의 유리 라디칼에 의해 쉽게 산화된다. 비타민 E 중 가장 활성이 높은 알파 토코페롤은 이러한 산화 과정을 중단시키고 유리 라디칼을 제거하므로 세포막의 산화에 의한 손상으로부터 보호해 준다. 다불포화지방산의 중요성이 강조되면서 비타민 E의 항산화제 기능을 위한 필요량도 증가하고 있다.

2) 적혈구의 보호 기능

적혈구(erythrocyte)
혈액의 주요 성분 중의 하나로 산소 운반을 위하여 특화된 혈구

용혈현상(hemolysis)
적혈구의 세포막이 파괴되어 그 안의 헤모글로빈이 혈구 밖으로 흘러나오는 현상

적혈구세포 점막에 있는 불포화지방산이 유리 라디칼을 형성하여 세포 점막이 손상되고, 따라서 적혈구가 파괴되는 용혈현상이 발생한다. 이때 비타민 E는 유리 라디칼에 의한 산화를 막아 적혈구세포 점막을 손상으로부터 보호해 준다.

이러한 적혈구세포의 용혈현상은 미숙아에서 흔히 볼 수 있는데 두 가지 이유로 인하여 발생한다. 즉 어머니에게서 충분한 비타민 E를 공급받지 못한 경우와 미숙아가 빠르게 성장하기 위해 유리 라디칼 손상의 위험을 높여 적혈구세포의 스트레스를 증가시키기 때문이다. 이런 현상은 미숙아를 위한 특별한 처방과 보충으로 해결할 수 있다.

더 알아보기 한국인이 섭취하는 주요 비타민 E의 형태 : γ-토코페놀

비타민 E는 항산화 기능을 갖는 영양소로 천연에는 α-, β-, γ-, δ-토코페롤(tocopherol)과 α-, β-, γ-, δ-토코트리에놀(tocotrienol) 형태로 존재한다. 그림과 같이 토코페롤은 고리 구조와 탄소로 된 긴 포화 측쇄로 되어 있으며, 토코트리에놀은 불포화 측쇄를 가진다.

비타민 E의 형태에 따라 항산화반응 메커니즘이 다른데 γ-토코페롤은 α-토코페롤에 비하여 활성산소 라디칼과의 반응도는 낮으나(Jiang 등, 2001) 과산화질산염(peroxynitrite)과 같은 활성질소 라디칼과 반응하여 5-nitro-γ-토코페롤을 생성함으로써(Christen 등, 1997) 조직 성분을 보호하고 항염증작용에 관여한다. 비타민 E는 민무늬근육, 혈소판, 단핵구 등에서 단백질 인산화효소 C(protein kinase C, PKC)의 활성을 저해하는 것으로 보고되었다.

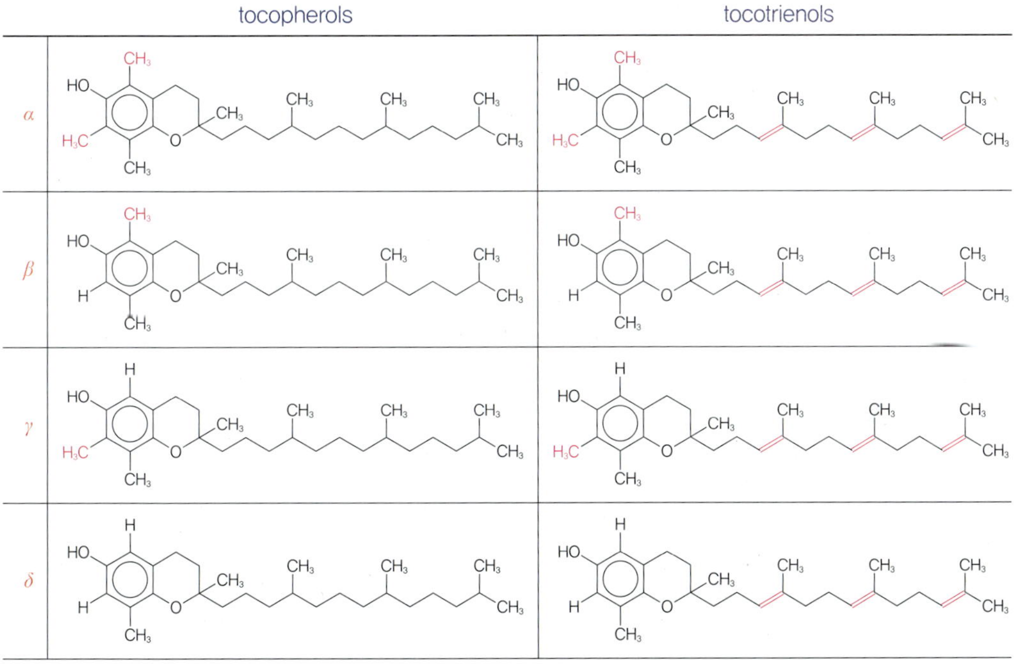

토코페롤과 토코트리에놀의 구조

더 알아보기 **우리는 항산화 친구 : 비타민 E와 셀레늄의 관계**

셀레늄(Se)을 함유한 효소인 글루타티온 과산화물분해효소(Glutathione Peroxidase, GPx)는 과산화지방산을 덜 유해한 물질로 전환시키는 과정을 촉매한다. 일반적으로 과산화지방산과 과산화물은 유리 라디칼을 만드는 경향이 있으므로 세포 내에 과산화물이 감소되면 유리 라디칼을 만드는 속도도 감소되어 비타민 E의 필요량도 감소된다. 그러므로 셀레늄을 충분히 섭취하면 비타민 E의 필요량이 감소되고, 식사 중 셀레늄이 부족하면 비타민 E의 필요량이 증가한다.

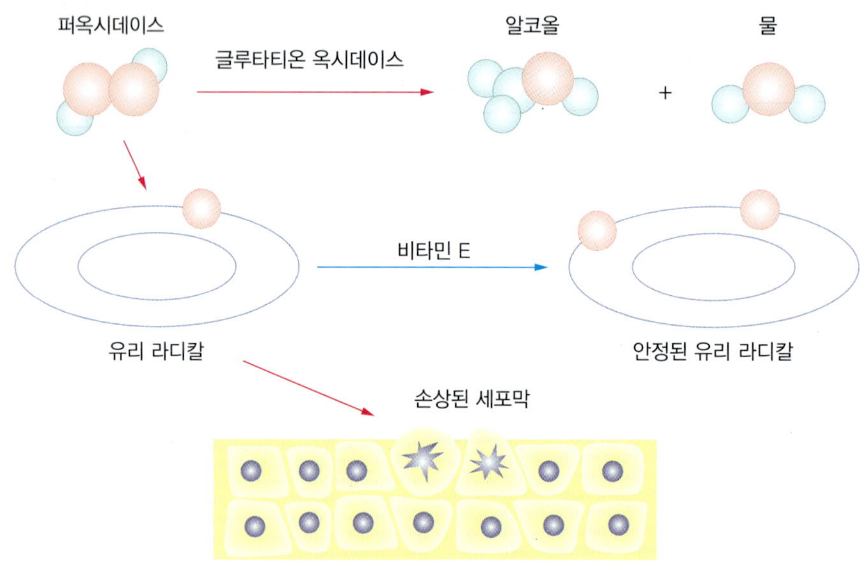

비타민 E와 셀레늄의 항산화작용

3. 영양소 섭취기준 및 실태

한국인을 대상으로 한 비타민 E 영양 상태를 판정할 수 있는 생화학 지표에 대한 연구 결과가 부족하다. 미국과 캐나다를 제외한 대부분의 국가들도 아직까지 비타민 E의 평균필요량을 설정할 만한 충분한 과학적 자료가 부족한 형편이다. 미국, 캐나다는 혈청의 과산화수소에 의한 용혈을 예방하는 데 충분한 비타민 E의 섭취량을 근거로 하여 평균필요량을 1일 12 mg으로, 권장섭취량을 15 mg으로 설정하였다. 우리나라는 비타민 E의 섭취량과 혈청 농도 자료를 근거로 하여 성인의 비타민 E 충분섭취량을 남녀 각각 12 mg α-TE/일로 설정하였다(표 9-7). 즉, 비타민 E의 권장량은 아직 한국인을 대상으로 한 관련 자료가 충분하지 않아 권장섭취량이 아닌 충분섭취량으로 제정되었다. 이는 한국인 각 연령층의 비타민 E 섭취량의 중앙값을 기준으로 한 것으로 거의 모든(97~98%) 건강한 인구 집단의 영양소 필요량을 충족시키는 섭취량 추정치인 권장섭취량이 아님을 고려하여야 한다.

표 9-7 한국인 1일 비타민 E 섭취기준

연령		비타민 E(mg α-TE/일)			
		평균필요량	권장섭취량	충분섭취량	상한섭취량
영아	0~5(개월)			3	
	6~11			4	
유아	1~2(세)			5	100
	3~5			6	150
남자	6~8(세)			7	200
	9~11			9	300
	12~14			11	400
	15~18			12	500
	19~29			12	540
	30~49			12	540
	50~64			12	540
	65~74			12	540
	75 이상			12	540
여자	6~8(세)			7	200
	9~11			9	300
	12~14			10	400
	15~18			11	500
	19~29			12	540
	30~49			12	540
	50~64			12	540
	65~74			12	540
	75 이상			12	540
임신부				+0	540
수유부				+3	540

자료 : 보건복지부 · 한국영양학회, 2020 한국인 영양소 섭취기준, 2020

비타민 E의 상한섭취량

아직까지 식품에 존재하는 비타민 E 섭취에 따른 유해한 영향을 보여 주는 증거는 없다. 그러나 보충제의 형태로 과잉 섭취할 경우 유해 영향이 나타날 수 있으므로 상한섭취량을 설정하고 있다. 독성 종말점으로 주로 출혈 독성에 관한 생체 자료가 사용된다. 한국인의 비타민 E 상한섭취량은 사람을 대상으로 한 용량-반응 평가를 근거로 하고, 최대 무독성량(540 mg)과 불확실계수(1.0)을 적용하여 540 mg(800 IU)/일로 설정하였다.

4. 급원식품

비타민 E가 풍부한 식품은 아몬드 등의 견과류와 채소류 및 면실유 같은 식물성 기름을 들 수 있다. 간을 제외한 동물성 식품에는 비타민 E가 거의 함유되어 있지 않다. 비타민 E는 산소, 금속, 빛에 의하여, 혹은 기름에 과도하게 튀기면 쉽게 파괴된다.

표 9-8 비타민 E 주요 급원식품(100 g당 함량)[1)]

순위	급원식품	함량 (mg α-TE/100 g)	순위	급원식품	함량 (mg α-TE/100 g)
1	고춧가루	27.6	16	시리얼	6.1
2	배추김치	0.8	17	복숭아	0.5
3	콩기름	9.6	18	유채씨기름	10.3
4	달걀	1.3	19	새우	2.3
5	과자	4.1	20	현미	0.8
6	마요네즈	10.2	21	김	5.4
7	돼지고기(살코기)	0.4	22	아몬드	8.1
8	고추장	2.6	23	닭고기	0.2
9	과일음료	0.6	24	초콜릿	3.1
10	백미	0.1	25	당근	0.7
11	두부	0.7	26	소고기(살코기)	0.2
12	빵	0.7	27	넙치(광어)	2.2
13	참기름	5.8	28	쌈장	1.9
14	시금치	1.4	29	콩나물	0.4
15	대두	2.6	30	상추	0.5

1) 2017년 국민건강영양조사의 식품별 섭취량과 식품별 α-, β-, γ-, δ- 토코페롤과 α-, β-, γ-, δ- 토코트리에놀 함량(국가표준식품성분표 DB 9.1) 자료를 활용하여 비타민 E 주요 급원식품 상위 30위 산출

자료 : 보건복지부·한국영양학회, 2020 한국인 영양소 섭취기준, 2020

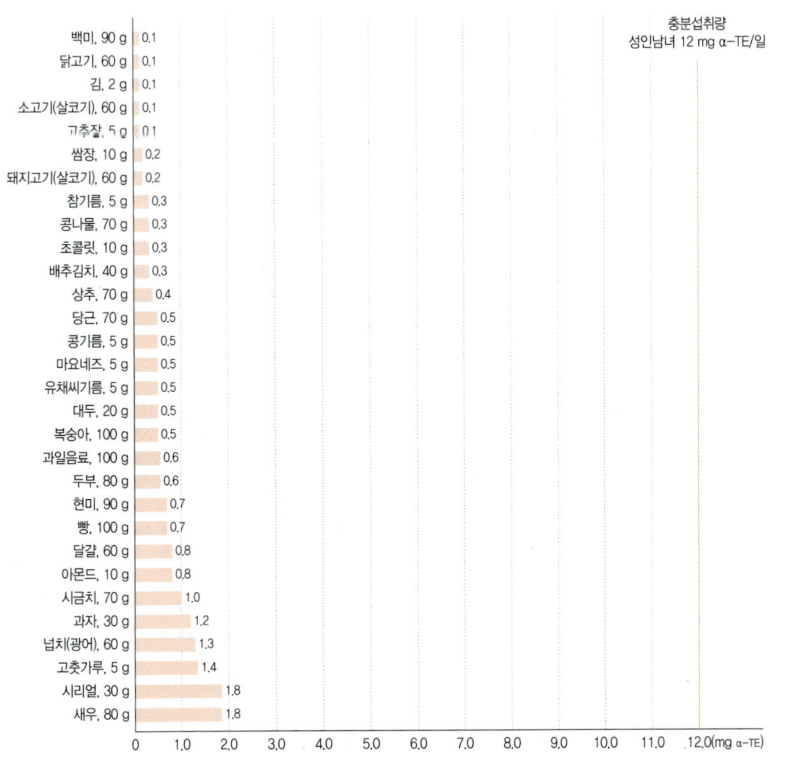

그림 9-9 비타민 E 주요 급원식품(1회 분량당 함량)[1)]

1) 2017년 국민건강영양조사의 식품별 섭취량과 식품별 α, β, γ, δ- 토코페롤과 α-, β-, γ-, δ- 토코트리에놀 함량(국가표준식품성분표 DB 9.1) 자료를 활용하여 비타민 E 주요 급원식품 상위 30위 산출 후 1회 분량(2015 한국인 영양소 섭취기준)을 적용하여 1회 분량당 함량 산출, 19~29세 성인 충분섭취량 기준(2020 한국인 영양소 섭취기준)과 비교

자료 : 보건복지부·한국영양학회, 2020 한국인 영양소 섭취기준, 2020

5. 영양건강문제

용혈성 빈혈 (溶血性貧血, hemolytic anemia)
적혈구가 혈액 순환 도중에 자꾸만 파괴되므로 혈색소는 혈구 밖으로 나가게 되어 일어나는 혈액 부족현상

성인의 경우 비타민 E 결핍증은 거의 유발되지 않는다. 단 부족 시 운동실조, 골격근증, 색소침착 망막증 등이 있고, 미숙아의 경우 비타민 E가 부족하면 용혈성 빈혈이 관찰된다. 그 이유는 비타민 E의 저장 농도가 상당히 낮고 외부로부터 충분히 섭취하지 못하는 반면, 출생 후 성장 속도가 빨라 체내 저장된 비타민 E는 정상아에 비해 더 빨리 고갈되기 때문이다. 용혈성 빈혈은 비타민 E가 부족한 적혈구의 세포막이 산화적 손상을 받아 세포막이 파괴되어 발생하는 빈혈 증상이다.

일반적으로 비타민 E는 다른 비타민에 비해 거의 독성이 없다고 알려져 있으나 일부 연구에서 비타민 E를 하루 500 mg 이상 섭취하였을 때 면역계의 기능, 특히 백혈구의 기능이 손상된다고 보고하였다.

비타민 E는 우리 몸에서 항산화 성분으로의 기능을 한다

한 논문에 따르면 비타민 E가 체내에서 항염증 반응에 관여하고, 면역 시스템 조절, 항산화제로 산화스트레스로 인한 노화, 알츠하이머, 암, 심혈관질환 등의 만성 질환을 이겨내는 데 긍정적인 영향을 준다고 보고되었다.

비타민 E 섭취 기여율이 가장 높은 식품군은 채소류, 곡류, 난류 순으로 나타났다. 연구에서 비타민 E 함량이 높은 식품은 녹차 마른 것, 해바라기씨, 아몬드, 해바라기씨유, 유채씨유 등으로 주로 견과류 및 종실류, 유지류였으나, 실제로 비타민 E 섭취 기여율이 높았던 식품은 달걀, 배추김치, 백미, 콩기름, 마요네즈 순으로 한국인이 많이 섭취하는 채소류, 곡류, 난류가 주요 기여 식품군으로 확인되었다.

비타민 E는 식품을 통해 고용량을 섭취해도 큰 해로움은 없지만, 보충제를 통한 과다 섭취 시 비타민 K의 흡수 저해 및 혈소판 응집 억제, 혈액 응고 저해 등 출혈 독성이 발생할 수 있으므로 급원식품을 통한 적절한 섭취가 중요하다.

자료 : 김태희, 성인의 비타민 E 수준에 따른 대사증후군 및 대사증후군 요인과의 연관성, 산업융합연구 19.5: 69-77, 2021; 안서은 외, 한국 성인의 비타민 E 섭취량 및 급원식품군의 현황 및 추이, *Journal of Nutrition and Health* 50.5: 483-493, 2017

비타민 K(Vitamin K)

덴마크 과학자 헨릭 담(Henrik Dam)은 1929년에 처음으로 덴마크어로 '혈액응고(koagulation)'를 뜻하는 단어의 첫 글자를 따서 비타민 K를 명명하였다.

비타민 K는 황색 결정형 물질로서 퀴논이라 불리는 한 군에 속한다. 그중 가장 중요한 것은 식물에서 추출된 필로퀴논(K_1)이며, 또 다른 하나는 생선 기름과 육류에서 발견된 메나퀴논(K_2)이다. 그리고 그 외 수용성을 띤 여러 가지 메나디온 화합물도 발견되었다. 비타민 K의 기능을 가진 물질은 열, 공기, 그리고 수분에 비교적 안정한 성질을 나타내고 있다. 메나퀴논은 사람의 장에서 박테리아에 의해 합성되기도 한다.

퀴논(quinone)
6개의 원자로 이루어진 불포화 고리에서 비닐렌기(−CH=CH−)에 인접해 있거나 떨어진 위치에 2개의 카복실기(>C=O)가 있는 고리형 유기화합물

필로퀴논(phylloquinone)
비타민 K_1

메나퀴논(menaquinone)
비타민 K_2

메나디온(menadione)
합성 유도체인 비타민 K_3

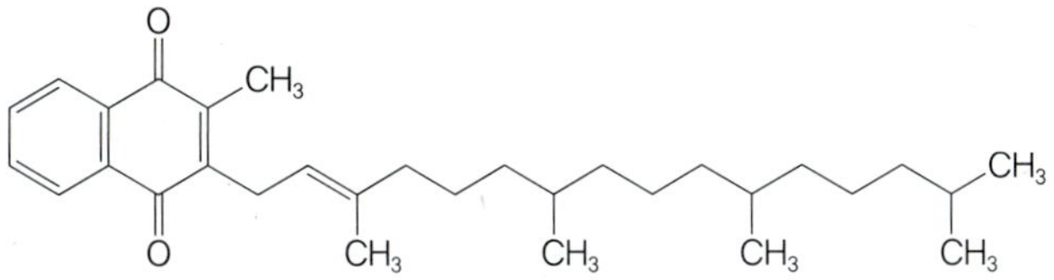

O, O, CH_3, CH_3, CH_3, CH_3, CH_3, CH_3

비타민 K_1(필로퀴논)

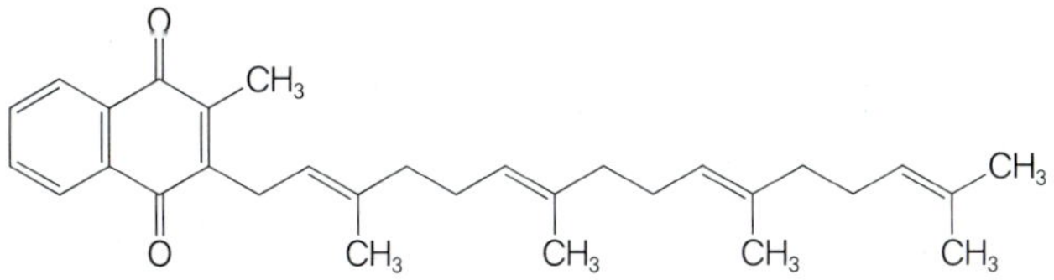

O, O, CH_3, CH_3, CH_3, CH_3, CH_3, CH_3

비타민 K_2(메나퀴논)

O, O, CH_3, H

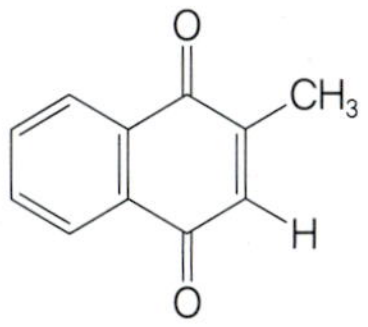

비타민 K_3(메나디온)

그림 9-10 비타민 K의 형태에 따른 구조

1. 흡수 및 대사

다른 지용성 비타민들과 유사하게 식사로 섭취한 비타민 K는 지질의 양과 담즙의 작용에 따라 10~80% 정도까지 흡수율이 달라진다. 비타민 K는 소장에서 흡수되어 카일로마이크론에 포함되어 간으로 수송되며, 간에 저장되었다가 다른 지단백에 포함되어 몸의 여러 조직으로 운반된다. 간에서 비타민 K의 전환 속도는 매우 빠르기 때문에 체내 풀의 크기는 아주 작다. 혈청에서 비타민 K는 대부분 필로퀴논의 형태로 존재하며, 주로 담즙으로 배설되나 일부는 소변으로 배설되기도 한다.

2. 체내 기능

프로트롬빈(prothrombin)
혈액응고에 관여하는 효소로 트롬보젠이라고도 하는데 간에서 비타민 K의 작용으로 생성

카복실화 효소(carboxylase)
탈탄산효소

조효소(coenzyme)
복합 단백질로 이루어진 효소의 비단백질 성분

오스테오칼신(osteocalcin)
우리의 뼈 안에서 찾을 수 있는 주요한 비콜라겐 단백질(noncollagen protein)

비타민 K는 혈액응고를 돕는다. 간에서 혈액응고인자인 프로트롬빈을 합성할 때 비타민 K는 카복실화 효소의 조효소로 작용하여 혈액응고인자 전구체 단백질 내의 글루탐산을 활성화 형태인 감마 카복실 글루탐산으로 전환시킨다. 간 손상으로 혈액 중 프로트롬빈의 수준이 저하되면 출혈현상이 발생하는데, 이때는 비타민 K를 투여해도 효과가 없다. 비타민 K는 칼슘이 뼈 속에서 안정적으로 유지되는 데 필요하다. 골다공증 환자의 뼈 미네랄 밀도를 증가시킬 뿐 아니라 파괴 속도를 줄일 수 있으며, 골 대사에서 가장 필요한 칼슘 균형을 높일 수 있다.

이외에 비타민 K에 의존하는 글루탐산 함유 단백질에는 뼈에서 합성되는 오스테오칼신이 있다. 그러므로 혈액 내 비타민 K 농도가 낮은 경우 골밀도가 낮으며, 섭취 부족 시 골절 위험이 높아질 수 있다.

3. 영양소 섭취기준 및 실태

한국인의 비타민 K 섭취에 관한 연구는 매우 부족한 실정이며, 심각한 비타민 K의 결핍증은 찾아보기 힘들다. 성인을 위한 충분섭취량은 건강한 사람의 비타민 K 식이 섭취량에 기초를 두고, 국외의 연구들을 토대로 하여 남자 성인 75 μg/일, 여자 성인 65 μg/일로 충분섭취량을 제시하였다. 임신부와 수유부를 위한 충분섭취량은 일반 성인과 같다. 영아의 비타민 K의 권장섭취량은 모유로 섭취한 비타민 K

양과 보충 투여받은 비타민 K 양으로부터 산출된 충분섭취량에 의거하여 설정되었다. 유아 및 아동, 청소년을 위한 비타민 K의 평균필요량에 관한 자료도 매우 미흡하므로 일본 기준에 근거를 두고 제시하였으며, 각 연령별 비타민 K의 충분섭취량은 표 9-9와 같다.

표 9-9 한국인 1일 비타민 K 섭취기준

연령		비타민 K(μg/일)			
		평균필요량	권장섭취량	충분섭취량	상한섭취량
영아	0~5(개월)			4	
	6~11			6	
유아	1~2(세)			25	
	3~5			30	
남자	6~8(세)			40	
	9~11			55	
	12~14			70	
	15~18			80	
	19~29			75	
	30~49			75	
	50~64			75	
	65~74			75	
	75 이상			75	
여자	6~8(세)			40	
	9~11			55	
	12~14			65	
	15~18			65	
	19~29			65	
	30~49			65	
	50~64			65	
	65~74			65	
	75 이상			65	
임신부				+0	
수유부				+0	

자료 : 보건복지부·한국영양학회, 2020 한국인 영양소 섭취기준, 2020

4. 급원식품

식품 내에 존재하는 비타민 K는 주로 필로퀴논으로, 주된 급원식품은 간, 녹색채소, 브로콜리, 콩류 등이다. 곡류군, 어육류군, 과일군, 우유 및 유제품군 등에는 거의 함유되어 있지 않아 채소류 및 해조류를 기본으로 사용한다면 충분한 비타민 K를 섭취할 수 있다. 또한 비타민 K는 조리에 의해서도 별로 파괴되지 않는다.

표 9-10 비타민 K의 주요 급원식품(100 g당 함량)[1]

순위	급원식품	함량 (μg/100 g)	순위	급원식품	함량(μg/100 g)
1	배추김치	75	16	취나물	150
2	시금치	450	17	풋고추	54
3	들깻잎	787	18	브로콜리	182
4	무시래기	461	19	아욱	454
5	상추	209	20	포도	21
6	건미역	1543	21	열무	346
7	채소음료	158	22	고춧잎	871
8	파	88	23	갓 김치	121
9	열무김치	123	24	고춧가루	69
10	콩나물	93	25	쑥	606
11	김	656	26	양상추	106
12	배추	95	27	소고기(살코기)	5
13	콩기름	105	28	미나리	127
14	오이	20	29	양배추	12
15	부추	92	30	두릅	323

1) 2017년 국민건강영양조사의 식품별 섭취량과 식품별 비타민 K 함량(국가표준식품성분표 DB 9.1) 자료를 활용하여 비타민 K 주요 급원식품 상위 30위 산출

자료 : 보건복지부·한국영양학회, 2020 한국인 영양소 섭취기준, 2020

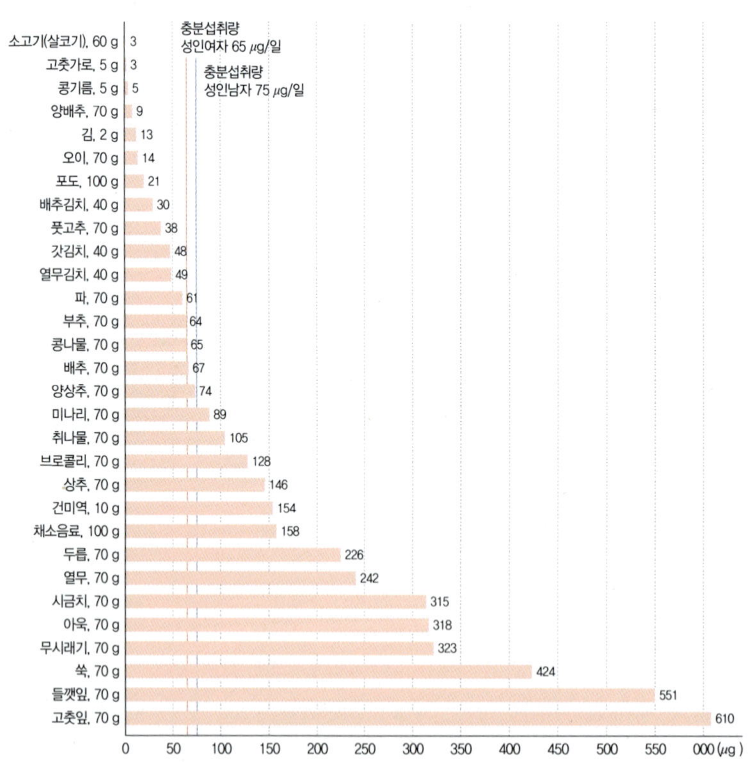

그림 9-11 비타민 K 주요 급원식품(1회 분량당 함량)[1]

1) 2017년 국민건강영양조사의 식품별 섭취량과 식품별 비타민 K_1 함량(국가표준식품성분표 DB 9.1) 자료를 활용하여 비타민 K 주요 급원식품 상위 30위 산출 후 1회 분량(2015 한국인 영양소 섭취기준)을 적용하여 1회 분량당 함량 산출, 19~29세 성인 충분섭취량 기준(2020 한국인 영양소 섭취기준)과 비교

자료 : 보건복지부·한국영양학회, 2020 한국인 영양소 섭취기준, 2020

5. 영양건강문제

비타민 K는 여러 식품에 널리 분포되어 있고 박테리아에 의해 합성되므로, 정상 성인에서는 결핍증이 거의 유발되지 않는다. 태아는 비타민 K를 저장하거나 박테리아로 합성하는데 잘 적응되지 않아 출생 후 혈액응고가 어려워 신생아 출혈을 가져올 위험이 있다. 이런 문제점을 예방하기 위해서는 출생 직후 유아에게 비타민 K를 투여하기도 한다. 더욱이 모유에는 비타민 K의 함량이 낮고 태반을 통해서 태아에게 전달되는 비타민 K의 양이 한정되어 있으므로 모유만을 공급하는 신생아는 신생아 출혈이 야기될 수 있다.

몇몇 약제는 비타민 K의 작용에 영향을 미치는데, 폐나 혈관의 혈전을 치료하기 위해 사용하는 항응고제인 디쿠마롤은 대사길항물질로 작용하여 비타민 K의 작

항응고제(anticoagulation) 혈액의 응고를 방지하기 위한 치료법

디쿠마롤(dicumarol) 혈전증

대사길항물질(antimetabolite) 대사 과정에 관여하는 기질이나 조효소에 화학 구조가 매우 유사한 물질을 첨가하면 서로 대항하여 그 대사 과정을 저해하는 물질

최근 비타민 K가 부족하면 조기 사망할 위험이 높다는 연구 결과가 나왔다.

미국의 터프츠대학교(Tufts University) 연구진은 3,891명의 참가자를 대상으로 혈중 순환하는 비타민 K의 농도에 따라 3가지 그룹으로 분류하여 비타민 K가 심혈관질환 발병 및 사망률과 어떤 상관관계를 가지고 있는지 연구하였다.

총 13년 동안 추적 연구한 결과 이 중 858명이 심혈관질환이 발생하였고, 1,209명이 사망하였으며, 1,570명이 복합적인 결과가 나왔다. 추적 연구 결과 비타민 K와 심혈관질환의 상관관계는 통계적으로 유의하지 않았지만, 비타민 K 수치가 낮은 사람은 사망할 위험이 19% 큰 것으로 드러났다.

비타민 K가 심혈관질환 및 사망률과 관련되어 있다는 연구는 생물학적으로 석회화를 억제하는 혈관 조직의 비타민 K 의존성 단백질의 존재에서 근거하였다. 네덜란드 로테르담 코호트 연구(Cohort study)에서는 대동맥, 경동맥, 관상동맥의 석회화가 증가하면 사망 위험이 29~49% 더 높아진다는 결과가 있었으며, 미국 코호트 연구에서는 관상동맥 및 비관상동맥 석회화와 총사망률의 연관성이 일치한다는 결과가 있었다. 이러한 결과는 비타민 K의 농도가 낮을수록 사망률은 높지만 심혈관질환과는 관련이 없다는 것을 보여준다.

여러 연구에서 비타민 K_2를 많이 섭취하면 관상동맥심장질환 위험이 낮아지는 것으로 나타났으며, 비타민 K_2는 육류, 유제품 및 발효식품에서 발견되는 형태인 반면, 비타민 K_1은 주로 녹색잎 채소와 식물성 기름에서 발견된다. 두 가지 비타민 K의 형태가 식품에 존재하지만 비타민 K_1의 형태가 혈관 순환계 비타민 K의 주요 형태이므로, 혈관 조직의 비타민 K 의존성 단백질은 심혈관질환 및 사망과 관련된 혈관 경직, 석회화에 영향을 미치기 때문에 비타민 K가 풍부한 식품 섭취를 권장하였다.

자료 : M Kyla Shea et al., Vitamin K status, cardiovascular disease, and all-cause mortality: a participant-level meta-analysis of 3 US cohorts, *The American Journal of Clinical Nutrition* 111.6: 1170-1177, June 2020

용을 억제한다. 장기간의 항생제 사용은 장관의 박테리아를 감소시키므로 비타민 K의 합성이 감소된다.

비타민 K는 다른 지용성 비타민과는 다르게 체내에서 빨리 배설되므로 거의 독성을 보이지 않는다. 현재까지 고용량의 필로퀴논과 메나퀴논은 독성이 없다고 여겨지고 있으나 합성 비타민 K인 메나디온은 영아에게서 황달과 출혈성 빈혈 같은 중독 증상을 나타낼 수 있다. 비타민 K를 과다하게 섭취하면 혈전을 일으킬 수 있다. 또한 비타민 K의 과다 복용에 의한 독성으로 용혈작용, 황달, 과빌리루빈혈증, 알레르기, 고혈압, 심장통증이 있다.

인체에 필수인 지용성 비타민은 A, D, E와 K이다. 이들은 지용성이기 때문에 식품 급원은 지질을 함유하는 식품들이다. 사람은 체내에 지용성 비타민을 상당량 저장할 수 있고, 또한 이들 비타민 중 일부는 체내에서 합성할 수 있으므로 선진 국가에서는 결핍증이 거의 나타나지 않는 것으로 알려져 있다.

1) 비타민 A

- 주요 기능 : 상피조직 유지, 야맹증을 예방하고 시력 기능을 적절히 하는 데 필수이다.
- 급원식품 : 간, 버터, 치즈, 난황, 대구간유
- 영양문제 : 각막건조증, 야맹증, 세포 성장 장애

2) 비타민 D

- 주요 기능 : 칼슘과 인에 영향을 주면서 골격 대사에 있어서 중심적인 역할을 한다. 정상적인 혈청 칼슘 수준을 유지해 주고 장과 신장에서의 칼슘 흡수를 돕는다. 골격 대사를 정상으로 유지해 준다.
- 급원식품 : 비타민 D 강화우유, 마가린, 연어
- 영양문제 : 구루병, 골연화증, 골다공증

3) 비타민 E

- 주요 기능 : 항산화제로 작용한다. 세포막에서 다불포화지방산의 산화를 방지함으로써 세포 손상을 막는 데 중요한 역할을 한다.
- 급원식품 : 옥수수유, 대두유, 아몬드, 콩류
- 영양문제 : 빈혈, 적혈구 파괴(운동력 저하, 지구력 저하)

4) 비타민 K

- 주요 기능 : 혈액응고작용을 하며, 골격의 강도에 중요한 역할을 하는 단백질의 기능을 향상시키는 역할을 담당한다.
- 급원식품 : 콩, 브로콜리, 시금치 등 녹황색 채소와 육류
- 영양문제 : 혈액응고 시간 지연, 신생아 출혈

연구 문제

1. 한국인에게 부족한 지용성 비타민을 하루 중 식사에서 어떻게 섭취해야 하는지 설명해 보자.

2. 영양 과잉 시대에 나도 모르게 비타민을 과량 섭취하고 있지는 않은지 나의 지용성 비타민 섭취 상태를 점검해 보자.

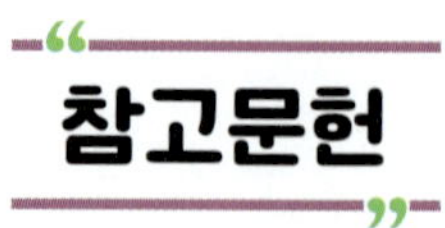

참고문헌

김을상(2003). 청주 · 안성지역 모유영양아의 수유기간별 비타민 A 섭취량. **한국영양학회지 36**(7): 743–748.

김태희(2021). 성인의 비타민 E 수준에 따른 대사증후군 및 대사증후군 요인과의 연관성. **산업융합연구 19**(5): 69–77.

농촌진흥청 농촌생활연구소(1996). 식품성분표 제5차 개정.

문수재, 김정현(1998). 한국 성인의 vitamin D 영양상태가 골밀도에 미치는 영향. **한국영양학회지 31**: 46–61.

박선민, 류정길, 이주영(1998). 건강하고 젊은 남녀의 비타민 E와 비타민 C 요구량에 영향을 미치는 영향. **한국영양학회지 31**(4): 729–738.

보건복지부 · 한국영양학회(2015). 2015 한국인 영양소 섭취기준.

보건복지부 · 한국영양학회(2020). 2020 한국인 영양소 섭취기준.

송영득, 정윤석, 임승길, 이은직, 김경래, 이현철, 허갑범, 윤지영, 박은주, 이종호(1994). 노인에서 비타민 D(25–hydroxyvitamin D)의 계절에 따른 변화. **대한내분비학회지 9**: 121–127.

안서은, 전신영, 김성아, 하경호, 정효지(2017). 한국 성인의 비타민 E 섭취량 및 급원식품군의 현황 및 추이. *Journal of Nutrition and Health 50*(5): 483–493.

유순원, 조현희, 여경아, 유영옥, 권동진, 정기욱, 김장흡, 김진홍(2000). 갱년기 여성에게 호르몬 대체요법시 Vitamin D_3 추가투여가 골밀도에 미치는 영향. **대한산부회지 43**: 992–997.

윤군애(1998). 흡연인들에서 증가된 혈장지질 농도와 비타민 E 영양상태와 글루타티온 관산화효소 활성에 미치는 영향. **한국영양학회지 31**(8): 1254–1262.

이정실, 김을상(1998). 수유 첫 5개월간 모유 영양아의 비타민 A 섭취량에 관한 연구. **한국영양학회지 29**(2): 1433–1439.

정유석, 유병욱, 오정은, 이덕철, 이홍수, 조주연(2021). 비타민 D와 만성 질환과의 관련성. **대한임상노인의학회지** 11(2): 154–169

현화진, 이정원(2001). 식사기록법으로 조사한 일부 사춘기 연령층의 영양소 섭취상태의 계절 및 지역별 비교연구. **대한지역사회영양학회지 6**(4): 593–603.

홍주영, 조여원(1997). 폐경여성에게 비타민 K 섭취와 골밀도와의 상관관계(I):식이편. **한국영양학회지 30**(3): 299–306.

David L. Nelson, Michael M. Cox, 윤경식 · 김호식 옮김(2014). **레닌저 생화학**(제6판). 월드사이언스

Abbasi S, Ludomirski A, Bhutani VK, Weiner S, Johnson L(1990). Maternal and fetal plasma vitamin E to total lipid ratio and fetal RBC antioxidant function during gestational development. *Am J Coll Nutr 9*: 314–319.

Anna, Fenzl & Kulterer, Oana & Spirk, Katrin & Mitulović, Goran & Marculescu, Rodrig & Bilban, Martin & Baumgartner–Parzer, Sabina & Kautzky–Willer, Alexandra & Kenner, Lukas & Plutzky, Jorge & Quadro, Loredana & Kiefer, Florian(2020). Intact vitamin A transport is critical for cold–mediated adipose tissue browning and thermogenesis. *Molecular metabolism. 42*. 101088.

Bouillon R, Okamura WH, Norman AW(1995). Structure–function relationships in the vitamin D endocrine system. *Endocr Rev 16*: 200–257.

Chesney RW(1999). Vitamin D:Can an upper limit be defined? *J Nutr 119*: 1825–1828.

Ferland G(1998). The Vitamin K–dependent proteins : An update. *Nutr Rev 56*: 223–230.

Feskanich D, Singh V, Willett WC, Colditz GA(2002). Vitamin A intake and hip fractures among postmenopausal women. *J Am Med Assoc 287*: 47–54.

Feskanich D, Weber P, Willett WC, Rockett H, Booth SL, Colditz GA(1999). Vitamin K intakes and hip fractures in women: A prospective study. *Am J Clin Nutr 69*: 74–79.

Heaney RP, Davies KM, Chen TC, Holick MF, Barger–Lux MJ(2003). Human serum 25– hydroxycholecalciferol response to extended oral dosing with cholecalciferol. *Am J Clin Nutr 77*: 204–210.

Institute of Medicine(2002). Dietary Reference Intakes for vitamin A, Vitamin K, Arsenic, Boron, Chromium, Copper, Iodine, Iron, Manganese, Nickel, Silicon, Vanadium and Zinc. Food and Nutrition Board. National Academy Press Washington, D.C.

Meydani SN, Meydani M, Blumberg JB, Leka LS, Pedrosa M, Diamond R, Schaefer EJ(1998). Assessment of the safety of supplementation with different amounts of vitamin E in healthy older adults. *Am J Clin Nutr 68*: 311–318.

Michaelsson K, Lithell H, Vessby B, Melhus H(2003). Serum retinol levels and the risk of fracture. *New Eng J Med 348*: 287–294.

Miller ER, Pastor–Barriuso R, Dalai D, Riemersma RA, Appel LJ, Guallar E(2005). Meta analysis : High–dosage vitamin E supplemintation may increase all–cause mortality. *Annals Int Med 142*(1): 37–46.

M Kyla Shea, Kathryn Barger, Sarah L Booth, Gregory Matuszek, Mary Cushman, Emelia J Benjamin, Stephen B Kritchevsky, Daniel E Weiner(2020). Vitamin K status, cardiovascular disease, and all–cause mortality: a participant–level meta–analysis of 3 US cohorts, *The American Journal of Clinical Nutrition*, Volume 111, Issue 6, pp.1170–1177, June.

Moriguchi S, Muraga M(2000). Vitamin E and immunity. *Vitam Horm 59*: 305–336.

Napier KM(1995). How nutrition works. Ziff–Pavis Press 49–56.

National Health and Medical Research Council(2005). Nutrient reference values for Australian and New Zealand including recommended dietary references. Common Wealth of Australia and New Zealand.

Olson JA(1996). *"Vitamin A", Present Knowledge in Nutrition*, 7th ed. Ziegler EE · Filer Jr. LJ ed, ILSI Press 109–119.

Omenn GS, Goodman GE, Thornquist MD, Balmes J, Cullen MR, Glass A Keogh JP, Meyskens FL, Valanis B, Williams JH, Barnhart S, Hammar S(1996). Effects of a combination of beta–carotene and vitamin A on lung cancer and cardiovascular disease. *N Eng J Med 334*: 1150–1155.

Parker RS, Swanson JE, You CS, Edwards AJ, Huang T(1999). Bioavailability of carotenoids in human subjects. *Proc Nutr Soc 58*: 155–162.

Wardlaw GM, Insel PM(2005). *Perspectives in Nutrition*. 6th ed. McGraw–Hill.

Wolf G(1995). "The enzymatic cleavage of β–carotene:still controbersial". *Nutr Review 53*: 134–137.

10 수용성 비타민

학습 목표

1. 수용성 비타민의 종류를 구분한다.
2. 수용성 비타민의 소화, 흡수 및 대사 과정을 이해한다.
3. 수용성 비타민의 체내 기능을 설명한다.
4. 수용성 비타민의 섭취기준 및 실태를 알아본다.
5. 수용성 비타민의 급원식품을 열거한다.
6. 수용성 비타민의 영양건강문제를 인지한다.

희정이는 다가오는 어머니 생신에 종합비타민제를 선물하려고 한다. 요즘 치아 치료로 인해 식사를 제대로 못하셔서 부쩍 기력이 떨어지시는 것이 걱정스럽기 때문이다. 어떤 비타민제를 사면 좋을지 검색을 하던 중 '활성형 비타민'이라는 점을 강조하는 문구를 보게 되었다. 비타민이 활성형이라는 것이 무슨 뜻일까? 그렇다면 활성형이 아닌 것은 먹어도 소용이 없다는 것일까?

수용성 비타민의 종류에는 비타민 C와 비타민 B 복합체인 티아민, 리보플라빈, 니아신, 비타민 B_6, 엽산, 비타민 B_{12}, 판토텐산 및 비오틴이 있으며, 물에 쉽게 용해되므로 보관 상태나 조리 방법에 따라 체내에서의 이용이 달라진다. 지용성 비타민에 비하여 수용성 비타민은 신체 내에서 쉽게 흡수되고 쉽게 소변을 통해 배설된다.

비타민 C(Vitamin C)

비타민 C(아스코브산, ascorbic acid)는 항괴혈성 물질로 감귤류 및 신선한 과일과 채소에 풍부하게 함유되어 있다. 대부분의 동물은 체내에서 포도당으로부터 비타민 C를 합성할 수 있으나, 사람과 기니피그, 원숭이, 조류, 박쥐, 어류 등은 전환 과정에 관여하는 굴로노락톤 산화효소(gulonolactone oxidase)가 유전적 돌연변이로 인하여 역할을 하지 못해 비타민 C를 합성하지 못한다. 따라서 사람을 포함한 이들 동물은 식품을 통해 비타민 C를 섭취해야 한다.

비타민 C의 구조는 비교적 단순하여 단당류와 비슷하며, 체내에서는 환원형 L-아스코브산과 산화형 L-디하이드로아스코브산이 활성을 나타낸다. 이 두 가지 형태의 비타민 C는 상호 전환이 가능하다.

디하이드로아스코브산 (dehydroascorbic acid, DHAA)
활성형 비타민 C로 체내에서 항산화제로 작용

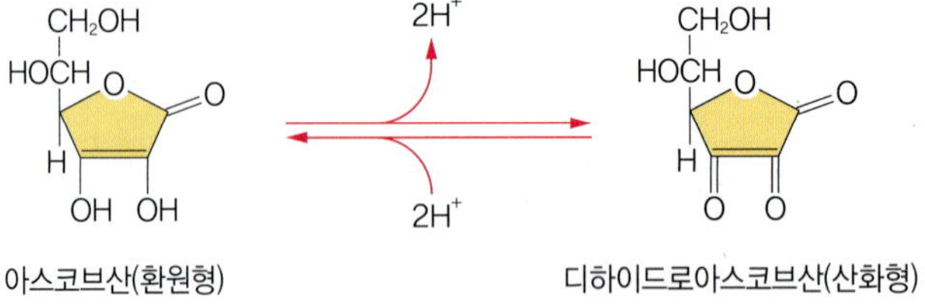

그림 10-1 비타민 C의 구조와 대사

1. 흡수 및 대사

비타민 C는 소장에서 흡수되어 문맥을 통해 간으로 가서 전신으로 신속하게 전달된다. 체내에서의 흡수율은 비타민 C의 섭취량에 따라 달라지는데, 섭취량이 적을 경우에는 흡수율이 높아지나 많이 섭취할 경우에는 흡수율이 낮아진다.

비타민 C의 대사는 급원, 섭취량과 이전의 영양 상태 등 여러 인자들에 의해 영향을 받는다. 조직과 혈청의 비타민 C 함량은 항상 평형을 이루려고 하나 조직이 포화될 경우 대부분은 수산의 형태로 소변을 통해 배설된다.

2. 체내 기능

비타민 C는 세포 및 세포 관련 물질이 정상적인 대사를 유지하는 데 필요하다.

1) 콜라겐 합성

콜라겐은 신체조직의 구조를 유지해 주는 결합조직의 주요 단백질로서 피부, 연골, 골격, 세포간질, 모세혈관 및 근육 등을 구성한다. 콜라겐이 약해지면 모세혈관 벽도 약해져 쉽게 멍이 들거나 출혈을 하게 되며 상처 회복도 지연된다. 콜라겐 구조 내에서 프롤린과 리신은 수산화효소에 의해 하이드록시프롤린과 하이드록시리신으로 되어 콜라겐의 구조를 안정화시키는데 수산화효소의 활성화에 비타민 C가 필요하다. 그러므로 비타민 C가 결핍되면 이 과정에 장애가 생겨 콜라겐이 정상적으로 형성되지 못한다.

2) 항산화작용

비타민 C는 쉽게 산화되는 성질을 갖고 있다. 즉, 비타민 C는 자신이 먼저 산화함으로써 다른 물질의 산화를 막아 주는 항산화제로, 세포 내에서 대사 결과 생기는 활성산소종을 제거하는 역할을 한다. 식품 가공 시에는 산패를 막기 위한 목적으로 이용되며, 체내에서는 비타민 E 등의 다른 항산화 영양소를 재생시킨다.

3) 세포 화합물의 합성

비타민 C는 세포 내에서 수산화반응을 통해서 세포 화합물들을 합성하는 과정에 관여한다. 갑상선호르몬인 티록신과 노르에피네프린, 에피네프린의 합성 과정에 비타민 C가 필요하다. 뿐만 아니라 심장, 골격, 근육, 간 또는 다른 조직의 구성성

프롤린(proline)
제1차 아미노기 대신에 제2차 아미노기 >NH를 가지는 아미노산의 하나

리신(lysine)
동물성 단백질에 많이 존재하는 필수아미노산으로 체내에서 합성되지 않으며, 식품의 가공에도 이용됨

수산화효소(hydroxylase)
미토콘드리아 속에 존재하는 효소

하이드록시프롤린(hydroxyproline)
콜라겐과 엘라스틴 같은 결합조직 단백질이 가수분해되어 생성되는 아미노산

하이드록시리신(hydroxylysine)
리신이 콜라겐 합성에 필요한 효소인 수산화효소에 의해 수산화되어 형성된 아미노산

노르에피네프린(norepinephrine)
교감신경계의 신경 전달작용을 하는 부신수질에서 에피네프린과 함께 분비되는 호르몬

에피네프린(epinephrine)
부신수질에서 분비되는 호르몬으로 아드레날린이라고도 함

카르니틴(carnitine)
대사 과정에서 지방산을 미토콘드리아로 옮기는 데 필요한 효소

세로토닌(serotonin)
혈액이 응고할 때 혈소판으로부터 혈청 속으로 방출되는 혈관수축작용을 하는 물질

스테로이드호르몬(steroid hormone)
화학 구조에서 스테로이드 핵을 갖는 호르몬. 남성 호르몬, 여성 호르몬, 부신 피질 호르몬 등

퓨린체(purine body)
피리미딘(링 1개)에 5각형인 이미다졸이 결합된 링 2개의 물질. 생명체의 가장 중요한 구성 성분

거대적아구성 빈혈(megaloblastic anemia)
세포질은 정상적으로 합성되지만 핵의 세포분열이 정지되거나 지연되어 세포의 거대화를 초래하는 빈혈

분인 카르니틴 합성과 신경전달물질인 세로토닌, 담즙산, 스테로이드호르몬과 퓨린체의 합성에도 필요하다.

4) 철과 칼슘의 이용

주로 식물성 식품 내에 들어 있는 산화형 철은 소장에서 환원되어 흡수되는데, 이 과정에 비타민 C가 관여하여 철의 흡수를 돕는다. 또한 칼슘이 불용해성 염을 형성하여 침체되는 것을 방지하여 칼슘의 흡수를 증진시킨다.

5) 엽산의 이용

불활성 형태로 존재하는 엽산을 활성화하는 과정에 비타민 C가 필요하며, 충분한 비타민 C를 섭취할 경우 거대적아구성 빈혈을 방지하는 데 도움이 된다.

6) 면역 기능

인체가 외부물질에 감염이 되었을 때 T 세포의 분화 및 B 세포의 면역글로불린 생성을 촉진하여 면역 기능에 기여한다.

3. 영양소 섭취기준 및 실태

비타민 C의 평균필요량은 항산화 기능을 나타내기에 충분한 비타민 C 체내 포화도를 유지하면서 손실량이 최소가 되는 수준을 바탕으로 설정된다. 2020 한국인 영양소 섭취기준에서는 15세 이상 남녀에게 모두 100 mg/일을 권장섭취량으로 제시하고 있다(표 10-1).

2019년도 국민건강영양조사에 의하면 비타민 C 섭취량은 전국 평균 66.1 mg으로 평균필요량에 대한 섭취 비율이 88.1%로 비타민 C를 다소 부족하게 섭취하고 있는 것으로 나타났다. 특히 저소득층이나 섭취량이 감소되는 노년기에는 비타민 C가 결핍되기 쉬우며, 알코올 중독자나 장기적으로 약을 복용하는 사람에게서 비타민 C 결핍증이 빈번하게 나타나므로 이들의 경우 비타민 C 섭취에 더욱 유의해야 한다. 또한 흡연을 하는 경우 비타민 C의 항산화작용으로 인해 비타민 C의 대

사율이 높으므로 미국 질병관리청에서는 흡연자는 비흡연자에 비해 35 mg을 더 섭취하도록 권장하고 있다.

비타민 C의 과잉 섭취는 심각한 유해 영향이 나타나지는 않지만 오심, 구토, 복부팽만, 구토, 삼투성 설사 등의 경미한 위장장애가 나타날 수 있다. 따라서 남녀 성인의 경우 하루 2,000 mg을 상한섭취량으로 제시하고 있다.

표 10-1 한국인 1일 비타민 C 섭취기준

연령		비타민 C(mg/일)			
		평균필요량	권장섭취량	충분섭취량	상한섭취량
영아	0~5(개월)			40	
	6~11			55	
유아	1~2(세)	30	40		340
	3~5	35	45		510
남자	6~8(세)	40	50		750
	9~11	55	70		1,100
	12~14	70	90		1,400
	15~18	80	100		1,600
	19~29	75	100		2,000
	30~49	75	100		2,000
	50~64	75	100		2,000
	65~74	75	100		2,000
	75 이상	75	100		2,000
여자	6~8(세)	40	50		750
	9~11	55	70		1,100
	12~14	70	90		1,400
	15~18	80	100		1,600
	19~29	75	100		2,000
	30~49	75	100		2,000
	50~64	75	100		2,000
	65~74	75	100		2,000
	75 이상	75	100		2,000
임신부		+10	+10		2,000
수유부		+35	+40		2,000

자료 : 보건복지부·한국영양학회, 2020 한국인 영양소 섭취기준, 2020

4. 급원식품

비타민 C는 신선한 채소와 과일에 풍부하게 함유되어 있다. 특히, 풋고추, 딸기, 감귤류, 감자, 녹색 잎채소류 등이 좋은 급원식품이다(표 10-2). 비타민 C의 급원식품에 대한 2017년도 국민건강영양조사 보고에 의하면 한국인은 오렌지주스로부터 비타민 C를 가장 많이 섭취하고 있었으며, 그 다음으로는 귤, 딸기, 시금치, 시리얼, 오렌지 순으로 나타났다.

비타민 C는 쉽게 산화하므로 식품의 취급 과정에서 주의해야 한다. 즉, 조리 시 구리나 철 같은 조리기구의 사용은 가능한 한 피하고, 물은 소량만 사용하며 구입 후 짧은 시간 이내에 사용하는 것이 손실을 줄이는 방법이다.

표 10-2 비타민 C 주요 급원식품(100 g당 함량)[1)]

순위	급원식품	함량(mg/100 g)	순위	급원식품	함량(mg/100 g)
1	가당음료(오렌지주스)	44.1	16	오이	11.3
2	귤	29.1	17	양파	5.9
3	딸기	67.1	18	키위	86.5
4	시금치	50.4	19	파프리카	91.8
5	시리얼	190.9	20	유산균음료	24.4
6	오렌지	43.0	21	돼지 부산물(간)	23.6
7	햄/소시지/베이컨	28.1	22	과일음료	3.4
8	배추김치	3.2	23	김	78.1
9	토마토	14.2	24	감자	4.5
10	고구마	14.5	25	바나나	5.9
11	무	7.3	26	파인애플	45.4
12	감	14.0	27	사과	1.4
13	양배추	19.6	28	우유	0.8
14	풋고추	44.0	29	구아바	220.0
15	배추	24.4	30	돼지고기(살코기)	1.1

1) 2017년 국민건강영양조사의 식품별 섭취량과 식품별 비타민 C 함량(국가표준식품성분표 DB 9.1) 자료를 활용하여 비타민 C 주요 급원식품 상위 30위 산출

자료 : 보건복지부·한국영양학회, 2020 한국인 영양소 섭취기준, 2020

표 10-3 비타민 C 권장섭취량[1] 섭취 방법

급원식품	1회 분량(g)	함량(mg/1회 분량)	권장 섭취횟수(회/일)
딸기	150	101	1
키위	100	86.5	1.2
귤	100	29.1	3.4
풋고추	70	31	3.2
시금치	70	35	3
고구마	70	10	10
토마토	100	21	5
오렌지주스(가당음료)	150	44	2.3

[1] 15세 이상의 권장섭취량 100 mg/일을 충족할 수 있는 각 급원식품의 섭취횟수

자료 : 농촌진흥청 국립농업과학원 국가표준식품성분표 DB 9.1

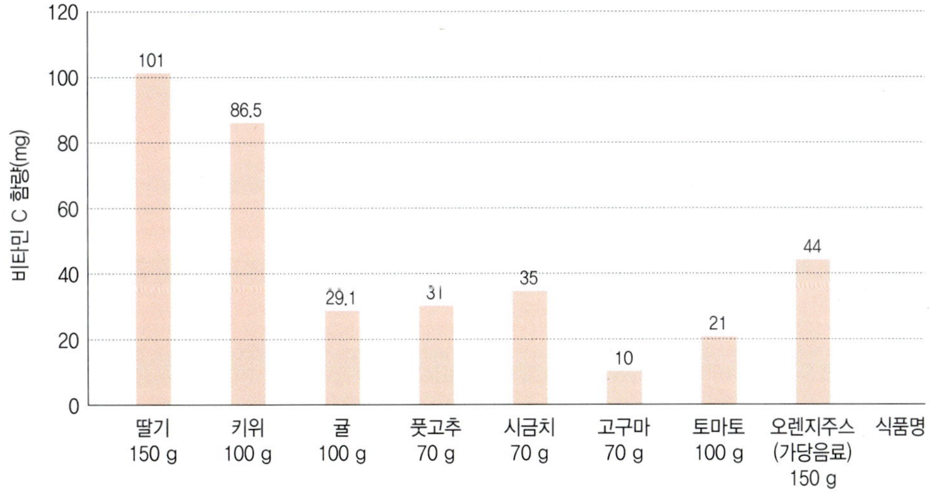

채소나 과일에 멍이 들거나 껍질을 깎아서 공기 중에 방치하면 비타민 C가 식물체 조직 내의 효소에 의해 쉽게 산화되므로 비타민 C의 기능도 상실된다. 따라서 채소나 과일을 냉동 저장할 경우 먼저 가열 처리하여 효소를 불활성화시키면 저장 기간 동안 비타민 C를 최대한 보유할 수 있다. 비타민 C의 함량은 채소나 과일의 성숙도, 수확 시기, 신선도, 저장 방법, 저장 기간, 조리 방법에 따라 달라진다.

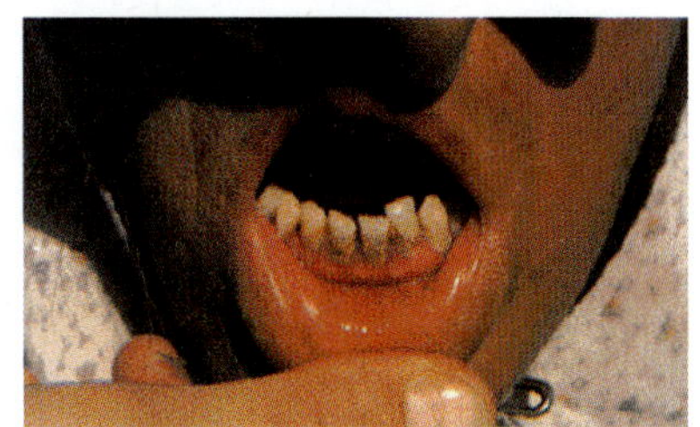

그림 10-2 출혈성 잇몸 또는 괴혈병

5. 영양건강문제

비타민 C가 결핍되면 콜라겐 합성이 저하되어 결체조직을 형성하는 데 장애를 일으킨다. 이로 인해 새로운 조직의 형성이 필요한 외상에서의 회복이 지연된다. 또한 세포벽이 약화되어 외부 자극에 의해 쉽게 내출혈이 나타나 멍이 잘 들고, 심하면 잇몸이 붓고 출혈이 나며, 치아와 잇몸에 변형이 생기는 괴혈병 증상이 나타나게 된다. 연골과 근육 조직에 변형이 생겨 통증으로 고통을 받기도 한다. 약한 결핍 증상은 신선한 채소나 과일을 충분히 섭취하면 호전되기도 하지만 골격의 변형이나 빈혈 등의 증세는 오랜 기간 동안 비타민 C를 복용하여야 한다.

비타민 C의 독성은 거의 나타나지 않지만 과잉 섭취하면 위염, 설사, 철의 과잉, 수산염으로 인한 신장 결석증과 통풍을 유발할 수 있다.

내출혈
(internal hemorrhage)
혈관의 비개방성 손상에 의한 출혈

괴혈병(scurvy)
비타민 C의 결핍으로 생기는 병. 음식물 속의 비타민 C 부족, 장의 흡수 장애, 세균 감염으로 인한 체내 수요량 증가 등에 의해 발병

결석증
(담석증, cholelithiasis)
담석 때문에 담낭관이나 총담관이 막히고 거기에 세균이 감염되어 일어나는 질환

티아민(Thiamin)

티아민은 황(thio : 그리스어로 황을 뜻함)과 질소(아민기 : NH_2)를 함유하는 각각의 환이 탄소원자($-CH_2-$: 메틸렌기)를 중심으로 연결되어 있다. 티아민의 합성체인 티아민 하이드로클로라이드는 종합 비타민의 제조에 흔히 사용되는데 이는 자연계에 존재하는 티아민보다 매우 안정적이다. 티아민에 두 개의 인산기가 결합된 티아민피로인산(TPP)은 체내에서 탈탄산효소를 활성화시키는 조효소로 작용한다.

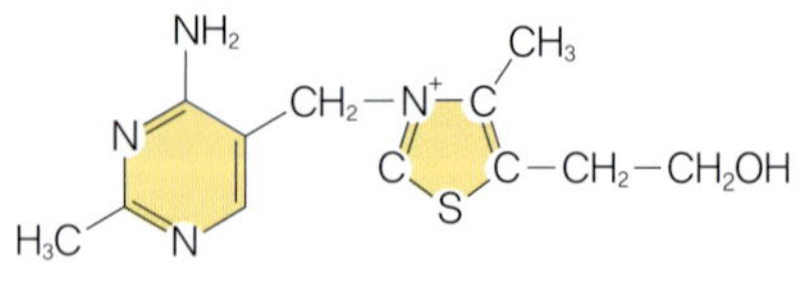

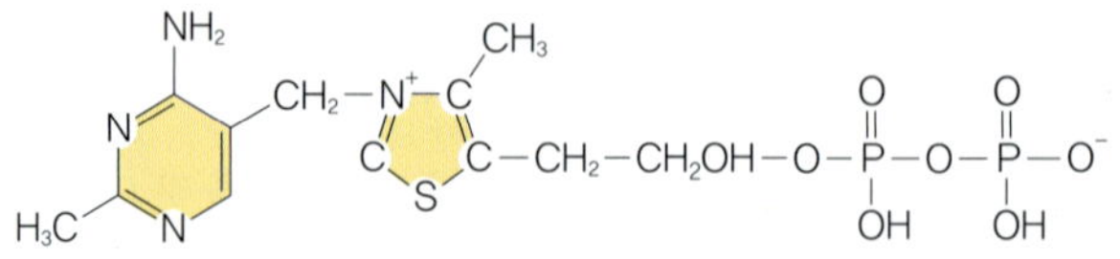

그림 10-3 티아민과 티아민피로인산(TPP)의 구조

1. 소화, 흡수 및 대사

식품 속에는 주로 생리적 활성형인 TPP가 단백질과 결합한 형태로 존재하며 위에서의 소화과정을 통해 단백질과 분리되고 소장에서 인산분해효소에 의하여 티아민으로 분해된 다음 체내 운반 메커니즘에 의해 소장 상부에서 흡수된다. 흡수된 티아민은 소장 점막세포로 들어간 후 인산화반응을 통해 활성형인 TPP로 전환된다. 티아민의 활성화 과정은 다음과 같다.

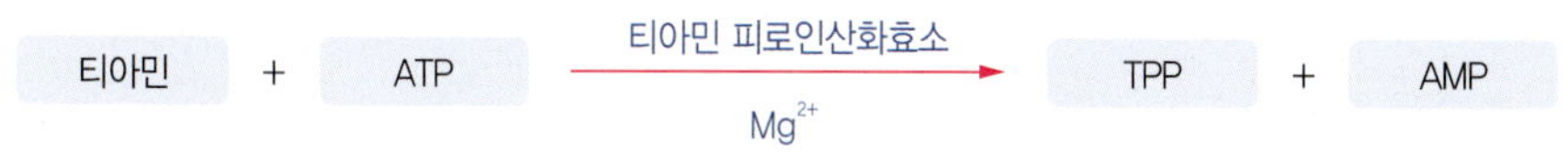

체내의 티아민 저장량은 약 25~30 mg 정도로 매우 낮으므로 매일 티아민을 섭취해야 하며, 과량의 티아민은 신장을 통해 소변으로 배설된다.

2. 체내 기능

티아민의 체내 활성형인 TPP는 주로 탄수화물, 지질, 단백질이 에너지를 생산하는 과정에서 조효소로 관여하므로 티아민 필요량은 에너지 소비량에 비례한다.

1) 탄수화물 대사의 조효소

카복실기 제거 과정의 조효소

TPP는 탄수화물의 대사 과정 중 기질로부터 카복실기를 제거하는 과정에 조효소로 작용한다. 즉, TPP는 당질의 대사 과정 중 피루브산이 아세틸 CoA로 전환될 때와 α-케토글루타르산이 숙시닐 CoA로 전환되는 과정에서 조효소로 관여한다. 그러므로 티아민이 부족하면 아세틸 CoA로 전환되지 못한 피루브산이 혈액 내에 축적되어 신경계나 순환기계 기능에 장애를 일으킨다. 또한 젖산으로 전환되어 혈액이 산성화된다. α-케토글루타르산의 반응 속도는 TPP의 양에 따라 결정되므로 티아민이 부족하면 대사 과정의 반응 속도가 감소되어 에너지 생성에 장애를 초래하게 된다.

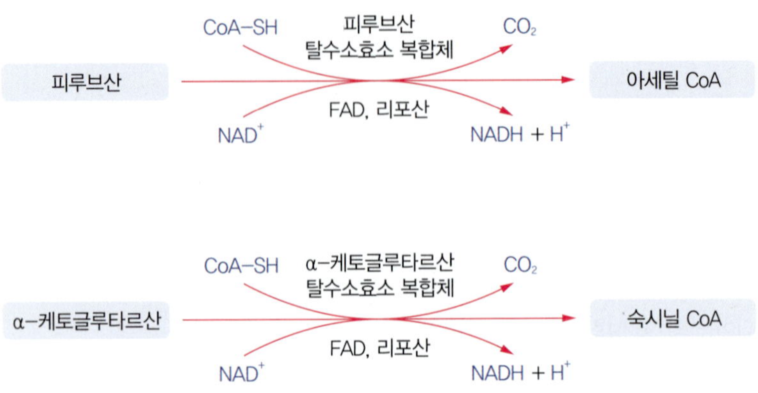

오탄당 인산 경로의 조효소

TPP는 탄수화물의 대사 과정 중 하나인 오탄당 인산 경로(HMPS)에 필요한 케톨기 전이효소의 조효소로 작용한다. 이 과정을 통해 핵산 합성에 필요한 오탄당과 지방산 합성에 필요한 NADPH가 생성된다.

오탄당 인산 경로 (hexose monophosphate shunt, HMPS)
당 대사 경로의 일종

케톨기 전이효소 (transketolase)
동식물계에 널리 분포하여 펜토스인산 순환 과정에 의한 당 대사에 중요한 구실을 하는 효소

아세틸콜린(acetylcholine)
신경의 말단에서 분비되며, 신경의 자극을 근육에 전달하는 화학물질

탈탄산반응 (decarboxy lation)
카복실산에서 탄산이 이탈하는 생체반응. 탈카복실화라고도 함

2) 신경전달물질의 탈탄산 반응의 조효소

TPP는 신경전달물질인 아세틸콜린이 합성되는 과정에서 탈탄산반응의 조효소로 작용한다. 티아민 결핍 시 신경전달물질의 합성이 감소됨에 따라 정신 장애, 심장 장애, 순환계 장애 등의 증세를 나타낸다.

3. 영양소 섭취기준 및 실태

2020 한국인 영양소 섭취기준에서는 만 19~64세 성인 남녀의 경우 각각 하루에 1.2 mg과 1.1 mg의 티아민을 섭취할 것을 권장하고 있다(표 10-4). 임신 시에는 태아의 신체를 구성해야 하고 에너지 사용이 증가하므로 임신부의 티아민 평균필요량은 비임신 성인 여성의 평균필요량(0.9 mg)에 모체 조직과 태아의 성장에 필요한 양(0.2 mg)과 임신부의 에너지 추가필요량(임신 2/3분기 1일 340 kcal, 3/3분기 1일 450 kcal)을 고려하여 에너지 이용 증가분 20%(0.2 mg)를 가산한 1.3 mg으로 설정하였다. 임신부의 권장섭취량은 평균필요량에 개인 변이계수 10%를 가산한 1.5 mg으로 비임신부의 권장섭취량에 0.4 mg을 추가 권장한다. 수유기에도 일반 여성

표 10-4 한국인의 1일 티아민 섭취기준

연령		티아민(mg/일)			
		평균필요량	권장섭취량	충분섭취량	상한섭취량
영아	0~5(개월)			0.2	
	6~11			0.3	
유아	1~2(세)	0.4	0.4		
	3~5	0.4	0.5		
남자	6~8(세)	0.5	0.7		
	9~11	0.7	0.9		
	12~14	0.9	1.1		
	15~18	1.1	1.3		
	19~29	1.0	1.2		
	30~49	1.0	1.2		
	50~64	1.0	1.2		
	65~74	0.9	1.1		
	75 이상	0.9	1.1		
여자	6~8(세)	0.6	0.7		
	9~11	0.8	0.9		
	12~14	0.9	1.1		
	15~18	0.9	1.1		
	19~29	0.9	1.1		
	30~49	0.9	1.1		
	50~64	0.9	1.1		
	65~74	0.8	1.0		
	75 이상	0.7	0.8		
임신부		+0.4	+0.4		
수유부		+0.3	+0.4		

자료 : 보건복지부·한국영양학회, 2020 한국인 영양소 섭취기준, 2020

과 비교 시 0.4 mg을 추가 권장한다.

2019년도 국민건강영양조사에 의하면 티아민 섭취량은 전국 평균 1.3 mg으로, 영양소 섭취기준 대비 전반적으로 충분히 섭취하고 있는 것으로 나타났다.

4. 급원식품

대부분의 식품은 어느 정도의 티아민을 함유하고 있다. 다양한 식품들 중 돼지고기, 닭고기, 콩류, 보리, 견과류에 풍부하다. 표 10-5에 제시된 바와 같이 2017년 국민건강영양조사에 의하면 우리나라 사람은 돼지고기(살코기), 백미, 닭고기, 배추김치, 햄/소시지/베이컨, 고추장, 빵 등으로부터 티아민을 섭취하고 있다. 일부 어패류에는 티아민을 파괴하는 티아민 분해효소가 있으나 가열에 의해 불활성화된다.

표 10-5 티아민 주요 급원식품(100 g당 함량)[1]

순위	급원식품	함량(mg/100 g)	순위	급원식품	함량(mg/100 g)
1	돼지고기(살코기)	0.66	16	간장	0.19
2	백미	0.08	17	라면(건면, 스프 포함)	0.11
3	닭고기	0.2	18	우유	0.02
4	배추김치	0.08	19	보리	0.23
5	햄/소시지/베이컨	0.49	20	순대	0.57
6	고추장	0.53	21	고구마	0.09
7	빵	0.17	22	장어	0.66
8	된장	0.59	23	다시마 육수	0.05
9	시리얼	1.85	24	소고기(살코기)	0.05
10	만두	0.45	25	돼지 부산물(간)	0.26
11	현미	0.26	26	밀가루	0.16
12	샌드위치/햄버거/피자	0.3	27	과자	0.14
13	달걀	0.08	28	시금치	0.16
14	옥수수	0.48	29	양파	0.04
15	무	0.06	30	국수	0.06

[1] 2017년 국민건강영양조사의 식품별 섭취량과 식품별 티아민 함량(국가표준식품성분표 DB 9.1) 자료를 활용하여 티아민 주요 급원식품 상위 30위 산출

자료 : 보건복지부·한국영양학회, 2020 한국인 영양소 섭취기준, 2020

표 10-6 **티아민의 권장섭취량[1] 섭취 방법**

급원식품	1회 분량(g)	함량(mg/1회 분량)	권장 섭취횟수(회/일)
돼지고기(살코기)	60	0.40	3
현미	90	0.24	5
백미	90	0.07	17.1
귤	100	0.17	7.1
장어	60	0.40	3
옥수수	70	0.34	3.5
달걀	60	0.05	24
닭고기	60	0.12	10.0

[1] 19~64세 성인 남자의 권장섭취량 1.2 mg/일을 충족할 수 있는 각 급원식품의 섭취횟수

자료 : 농촌진흥청 국립농업과학원 국가표준식품성분표 DB 9.1

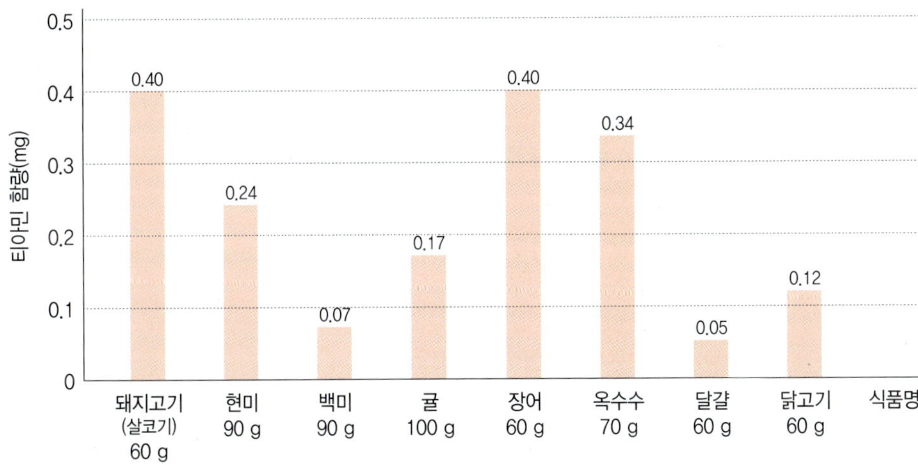

5. 영양건강문제

티아민 결핍은 섭취 부족이나 흡수 불량에 기인한다. 잘 도정된 쌀을 주식으로 하거나 탄수화물 위주의 식사를 하는 경우 결핍증이 나타나며, 만성 알코올 중독도 티아민 결핍현상을 초래하게 된다. 티아민 결핍의 대표적 증상은 각기병이다.

각기병의 가벼운 결핍 증상으로는 식욕 부진, 허약, 권태, 우울증, 불면증, 체중 감소, 근육 무력증 및 혈압 저하 등이 있으며, 심해지면 신경 장애로 인한 다발성 신경염이 나타나 다리의 마비와 심장의 허약증이 따르게 된다. 때로는 흥분, 건망증, 정신 혼란, 공포증의 증세를 나타내기도 하며, 소화기관의 근육 활동 부족으로 변

비가 생기기도 한다.

티아민은 물에 잘 녹아 다량을 섭취하여도 체외로 잘 배설되므로 독성은 잘 나타나지 않지만, 치료 목적으로 과량을 정맥으로 주입한 경우에 발열, 허약, 발한, 구토, 호흡 장애, 심박동 증가 및 과민성 발작 등의 과잉증을 나타내기도 한다.

더 알아보기 각기병의 종류

각기병은 건성과 습성의 두 가지 형태로 구분할 수 있다. 건성 각기병은 신경계에 주로 영향을 미쳐 신경의 퇴화를 초래하여 근육 위축 및 반사기능 상실로 이어질 수 있다. 습성 각기병은 심혈관 계통에 영향을 미쳐 심박수 증가, 가파른 호흡, 호흡 곤란, 부종 등의 증상이 나타날 수 있다. 이외 드물게 티아민 결핍이 매우 심할 경우 베르니케-코르사코프 증후군이 발생하여 기억상실, 심한 혼란, 환각, 급속한 안구 운동, 근육 협응력 상실 등의 증상이 나타날 수 있다. 베르니케-코르사코프 증후군의 고위험군은 알코올중독자 집단이다.

리보플라빈(Riboflavin)

항각기성 물질에 대한 연구 중 단일 물질이라고 여겨졌던 비타민 B가 사실은 두 가지 복합체라는 것이 밝혀졌으며, 이 중 열에 약한 물질을 티아민, 열에 강하고 성장을 촉진시키는 물질을 리보플라빈이라 명명하였다.

리보플라빈은 3개의 리비톨 환이 플라빈과 연결되어 있다. 대부분의 식품에서 리보플라빈은 인산과 결합하여 플라빈 모노뉴클레오타이드(FMN) 또는 플라빈 아데닌 다이뉴클레오타이드(FAD)의 형태로 단백질과 결합되어 있다(그림 10-4).

플라빈 모노뉴클레오타이드 (flavin mononucleotide, FMN)
리보플라빈의 조효소 형태

플라빈 아데닌 다이뉴클레오타이드 (flavin adenine dinucleotide, FAD)
리보플라빈의 조효소 형태

1. 소화, 흡수 및 대사

리보플라빈은 식품 내에서 90% 이상 FAD 또는 FMN 형태로 단백질과 결합하여 존재한다. 위에서 소화되는 과정에서 단백질로부터 분리되고 소장에서 피로인산분해효소와 인산분해효소에 의하여 리보플라빈 형태로 유리된다. 유리된 리보플라빈은 소장의 상부에서 흡수된다. 흡수된 후 인산화 반응을 거쳐 FMN이 된 후 운반자 역할을 하는 알부민에 의해 문맥을 통해 간으로 이송된다. 간으로 이송된

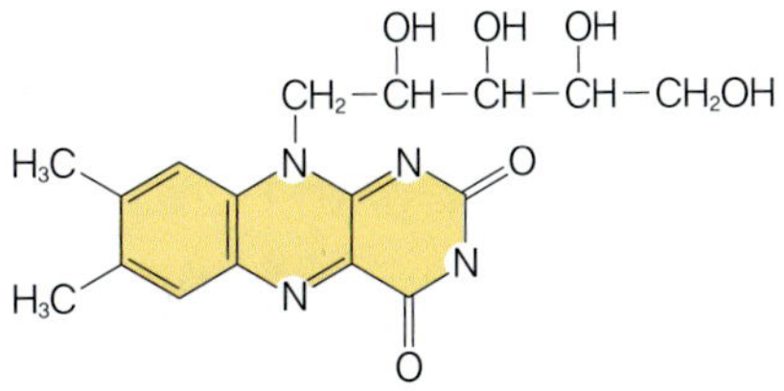

리보플라빈(riboflavin)

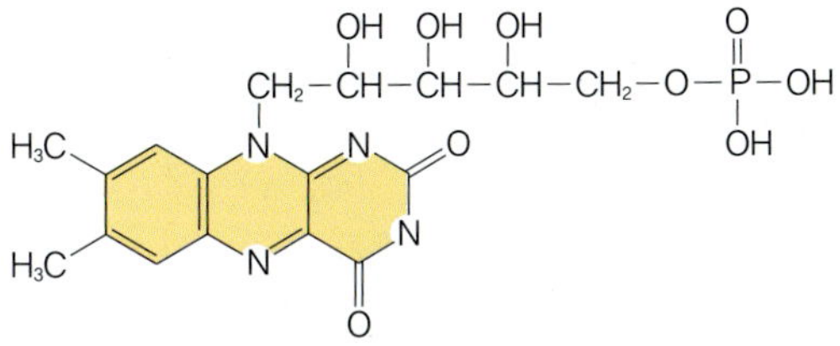

플라빈 모노뉴클레오타이드
(flavin mononucleotide, FMN)

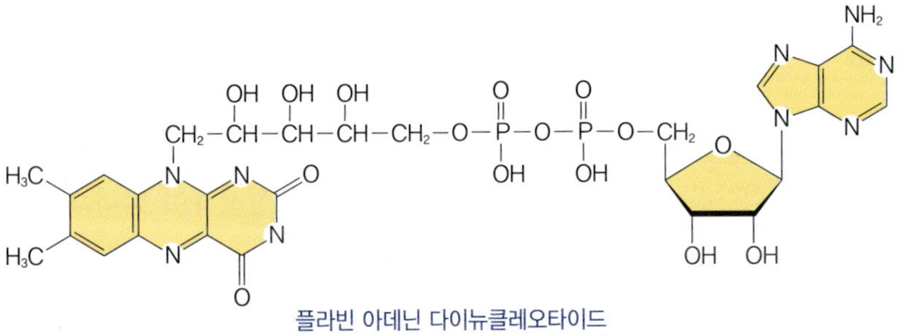

플라빈 아데닌 다이뉴클레오타이드
(flavin adenine dinucleotide, FAD)

그림 10-4 리보플라빈과 조효소 형태인 FMN과 FAD의 구조

FMN은 다시 인산화 반응을 통해 FAD가 되어 두 종류의 조효소 FMN과 FAD를 형성한다.

리보플라빈의 대사는 환경적 또는 생리적 요인에 의해 영향을 받는다. 즉, 수면이나 단기간의 심한 육체 운동을 하는 경우 배설량이 감소하고, 고온, 극심한 기아, 계속되는 침상 생활 시에는 배설량이 증가한다. 또한 항생제나 이뇨제 같은 일부 약제의 복용도 리보플라빈의 배설량을 증가시킨다. 리보플라빈은 체내에 저장되는 양이 매우 적어 매일 섭취해야 하며, 다량을 섭취할 경우에는 소변으로 배설된다.

$$\text{리보플라빈} + \text{ATP} \longrightarrow \text{FMN} + \text{ADP}$$

$$\text{FMN} + \text{ATP} \longrightarrow \text{FAD} + \text{PPi}$$

2. 체내 기능

리보플라빈의 두 조효소는 수소 이온을 받아 전달하는 수소운반체로 세포의 호흡작용에 관여하는 조효소로 작용한다. 리보플라빈은 이를 통해 탄수화물, 지질, 단백질 대사에 관여하며, 이 과정에서 에너지가 방출되어 세포 활동에 사용된다.

TCA 회로와 지방산 분해 과정에서 FAD가 조효소로 작용하며, 미토콘드리아의 전자전달계는 조효소로 FMN과 $FMNH_2$를 사용한다. 이 모든 경우 이들 조효소는 전자와 수소 이온의 공여자로서 역할을 한다.

또한 리보플라빈은 비타민 B_6를 활성화시켜 트립토판이 니아신으로 전환되는 과정에 관여하며, 엽산이 조효소로 전환되는 데 필요하다.

3. 영양소 섭취기준 및 실태

건강한 만 19~64세 성인의 리보플라빈 평균필요량은 남녀 각각 1.3 mg과 1.0 mg이며, 권장섭취량은 평균 필요량의 120% 수준에서 설정하여 남녀 각각 1.5 mg과 1.2 mg의 권장섭취량을 제시하고 있다(표 10-7). 에너지 대사가 활발한 운동선수들의 경우 지방을 에너지원으로 많이 이용하기 때문에 일반인보다 충분한 리보플라빈의 섭취가 필요하다.

2019년도 국민건강영양조사 결과에 따르면 한국인 전체 평균 섭취량은 1.61 mg으로 전반적으로 적절하게 섭취하는 것으로 나타났다.

4. 급원식품

생선류, 육류, 난류 등의 동물성 식품은 리보플라빈의 좋은 급원식품이며, 우유나 유제품에도 풍부하다. 깻잎, 시금치 등의 녹색 채소에도 많이 함유되어 있다.

2017년도 조사에 의하면 우리나라 사람들의 리보플라빈 급원식품은 달걀, 우유, 라면, 돼지 부산물(간), 닭고기, 빵 순으로 나타났다(표 10-8).

리보플라빈은 열에 안정하여 우유를 가열 처리하거나 전자레인지를 사용해도 무방하다. 그러나 자외선에는 쉽게 파괴되므로 리보플라빈이 풍부한 식품의 포장은 유리병보다는 종이나 플라스틱 재질이 적절하다.

표 10-7 한국인의 1일 리보플라빈 섭취기준

연령		리보플라빈(mg/일)			
		평균필요량	권장섭취량	충분섭취량	상한섭취량
영아	0~5(개월)			0.3	
	6~11			0.4	
유아	1~2(세)	0.4	0.5		
	3~5	0.5	0.6		
남자	6~8(세)	0.7	0.9		
	9~11	0.9	1.1		
	12~14	1.2	1.5		
	15~18	1.4	1.7		
	19~29	1.3	1.5		
	30~49	1.3	1.5		
	50~64	1.3	1.5		
	65~74	1.2	1.4		
	75 이상	1.1	1.3		
여자	6~8(세)	0.6	0.8		
	9~11	0.8	1.0		
	12~14	1.0	12.		
	15~18	1.0	1.2		
	19~29	1.0	1.2		
	30~49	1.0	1.2		
	50~64	1.0	1.2		
	65~74	0.9	1.1		
	75 이상	0.8	1.0		
임신부		+0.3	+0.4		
수유부		+0.4	+0.5		

자료 : 보건복지부·한국영양학회, 2020 한국인 영양소 섭취기준, 2020

표 10-8 리보플라빈 주요 급원식품(100 g당 함량)[1)]

순위	급원식품	함량(mg/100 g)	순위	급원식품	함량(mg/100 g)
1	달걀	0.47	16	백미	0.02
2	우유	0.16	17	요구르트(호상)	0.15
3	라면(건면, 스프 포함)	0.72	18	설탕	0.59
4	돼지 부산물(간)	2.2	19	다시마 육수	0.09
5	닭고기	0.21	20	대두	0.7
6	빵	0.33	21	고등어	0.46
7	소 부산물(간)	3.43	22	과일음료	0.07
8	배추김치	0.07	23	깨	2.93
9	고춧가루	2.16	24	커피(믹스)	0.19
10	돼지고기(살코기)	0.09	25	맥주	0.02
11	간장	0.54	26	시금치	0.24
12	시리얼	3.07	27	김	1.34
13	두부	0.18	28	고추장	0.22
14	소고기(살코기)	0.15	29	열무김치	0.18
15	된장	0.84	30	깻잎	0.51

1) 2017년 국민건강영양조사의 식품별 섭취량과 식품별 리보플라빈 함량(국가표준식품성분표 DB 9.1) 자료를 활용하여 리보플라빈 주요 급원식품 상위 30위 산출

자료 : 보건복지부·한국영양학회, 2020 한국인 영양소 섭취기준, 2020

표 10-9 리보플라빈의 권장섭취량[1)] 섭취 방법

급원식품	1회 분량(g)	함량(mg/1회 분량)	권장 섭취횟수(회/일)
소간(삶은 것)	45	1.54	1
김	2	0.03	50
시리얼	30	0.92	1.6
달걀	60	0.28	5.4
닭고기	60	0.13	11.5
소고기	60	0.09	16.7
배추김치	40	0.03	50
우유	200	0.32	4.7
두부	80	0.14	3.6
백미	90	0.02	75

1) 19~64세 성인 남자의 권장섭취량 1.5 mg/일을 충족할 수 있는 각 급원식품의 섭취횟수

자료 : 농촌진흥청 국립농업과학원 국가표준식품성분표 DB 9.1

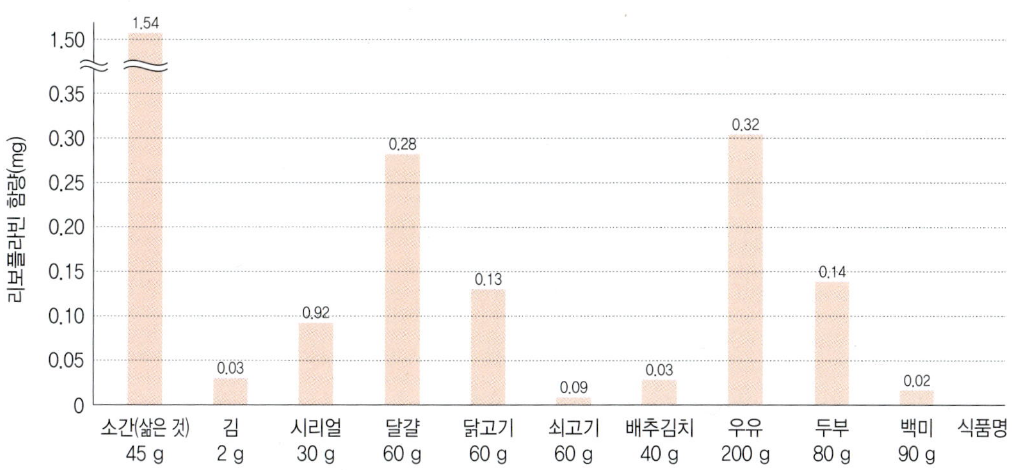

5. 영양건강문제

리보플라빈은 탄수화물, 지질, 단백질 대사에 절대적으로 필요한 영양소이므로 리보플라빈의 섭취가 부족할 경우 여러 조직의 구성에 손상이 올 뿐 아니라 신체 전반에 걸쳐 장애가 나타난다. 현대의 풍요로운 사회에서 리보플라빈이 심하게 결핍되는 경우는 적은 편이나 가벼운 부족 증상은 자주 발견된다.

리보플라빈의 결핍은 다른 수용성 비타민의 결핍과 동시에 나타나는 경우가 많으며, 특히 저소득층 어린이들에게서 흔히 발견된다. 리보플라빈 결핍 증상으로는 입술의 가장자리가 헐고 염증이 생기거나 입가가 찢어지는 구순구각염, 혀에 염증이 생겨 통증이 생기는 설염과 구내염 등이 있다. 뿐만 아니라 모세혈관의 팽창으로 인한 충혈과 통증으로 눈이 흐려지거나 광선에 쪼이면 눈이 부시게 되는 광선공포증과 기름기 있는 피부질환이 나타나는 지루성 피부염 등도 리보플라빈의 결핍 증상 가운데 하나이다.

사람에게서 리보플라빈의 과잉 섭취에 따른 독성은 아직 알려진 바가 없다.

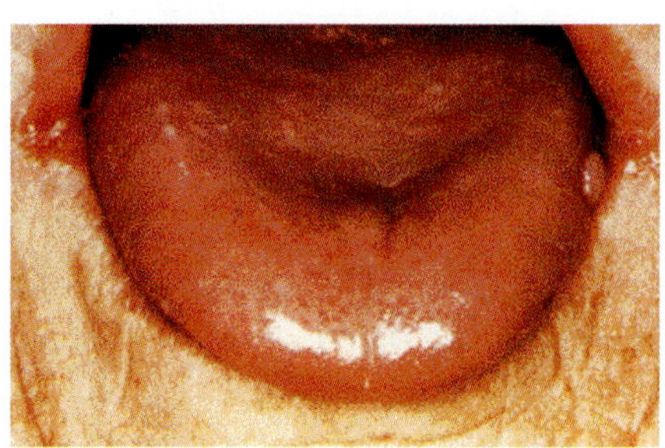

그림 10-5 리보플라빈 결핍증인 설염과 구순구각염

구순구각염
리보플라빈의 결핍 증상. 입술에 염증이 생기고 양 끝이 찢어져 쓰리고 아픔. 코 밑에도 헐고 심하면 그 증세가 귀 옆까지 내려감

설염(glossitis)
혀의 염증. 리보플라빈의 결핍 증상

구내염(stomatitis)
구강 점막에 생기는 염증

광선공포증(photophobia)
눈이 아프고 시력이 흐려지고 광선을 받으면 눈이 부심. 광선 속에서 오한·구토·현기증을 느낄 수도 있음. 리보플라빈의 결핍 증상

지루성 피부염(seborrhoic dermatitis)
머리·이마·겨드랑이 등 피지의 분비가 많은 부위에 잘 발생하는 피부염

니아신(Niacin)

니코틴아마이드
(nicotinic acid amide)
피리딘-3-카복시아마이드에 해당하는 비타민 B 복합체

펠라그라(pellagra)
니아신의 결핍에 의해 일어나는 병

니코틴(nicotine)
가지과 식물인 담배에 들어 있는 염기성 유기 화합물

니코틴아마이드 다이뉴클레오타이드
(Nicotinamide-Adenine-Dinucleotide, NAD)
산화 환원 효소의 조효소. 니아신의 조효소 형태

니코틴아마이드 다이뉴클레오타이드 포스페이트
(Nicotinamide Adenine Dinucleotide Phosphate, NADP)
NAD에 비하여 인산기를 추가로 포함하고 있는 니아신의 조효소 형태

1937년 니코틴아마이드라는 물질이 사람의 펠라그라를 치료할 수 있다는 것이 알려졌다. '니코틴'과의 혼동을 피하기 위하여 니코틴아마이드나 니코틴산으로 불렀으며, 후에 니아신으로 부르게 되었다.

니아신은 식품에 니코틴아마이드나 니코틴산의 형태로 존재하며, 체내에서는 니코틴아마이드 다이뉴클레오타이드(NAD)와 니코틴아마이드 다이뉴클레오타이드 포스페이트(NADP)의 형태로 조효소로 작용한다.

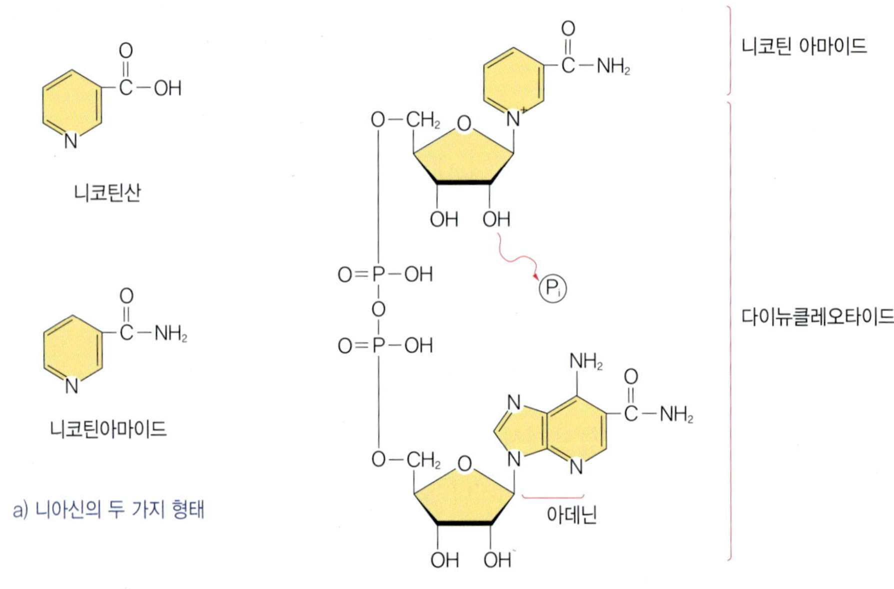

그림 10-6 니아신과 조효소 NAD와 NADP의 구조

1. 흡수 및 대사

니아신은 위와 소장에서 효율적으로 흡수된다. 식품 내에 함유된 아미노산인 트립토판은 니아신의 좋은 급원으로 니아신과 같은 경로로 흡수된다. 흡수된 후 니아신은 혈액을 통해 기관과 조직으로 가며 그 곳에서 조효소로 이용되는 NAD와

NADP의 합성에 쓰인다.

니아신은 조직 내에 저장되지 않으며, 과량의 니아신은 메틸기와 결합하여 N-메틸니코틴아마이드의 형태로 소변으로 배설된다.

N-메틸니코틴아마이드(N-methyl-nicotinamide)
니코틴산아마이드가 간(肝)에서 메틸화된 형태

식품에 들어 있는 트립토판 60 mg은 니아신 1 mg으로 전환된다.

니아신 등량(NE)
1NE = 1 mg 니아신 = 60 mg 트립토판
트립토판이 니아신으로 전환되는 비율과 에너지 소비량을 기준으로 정함

니아신 당량(NE)
1 mg NE = 1 mg 니아신
= 60 mg 트립토판

2. 체내 기능

니아신의 두 조효소인 NAD와 NADP는 체내에서 수소를 기질로부터 받아 가역적으로 환원되고 산화되어 필요한 기질에 수소를 공급하면서 산화-환원 반응에 관여하는 효소의 조효소로 작용한다.

산화-환원 반응의 조효소

NAD는 해당 과정과 TCA회로와 같은 에너지 공급을 위한 산화반응에서 조효소로서 필요하다. 이 반응에서 생기는 수소는 미토콘드리아의 NAD에 전달되고 호흡 연쇄 반응에 전해진다. 이렇게 니아신은 모든 조직세포에 에너지를 공급함으로써 정상적인 생명현상을 유지하는 데 없어서는 안 될 필수 물질이다.

NADP는 오탄당 인산 경로와 지방산의 베타 산화, 지방산 합성, 콜레스테롤 및

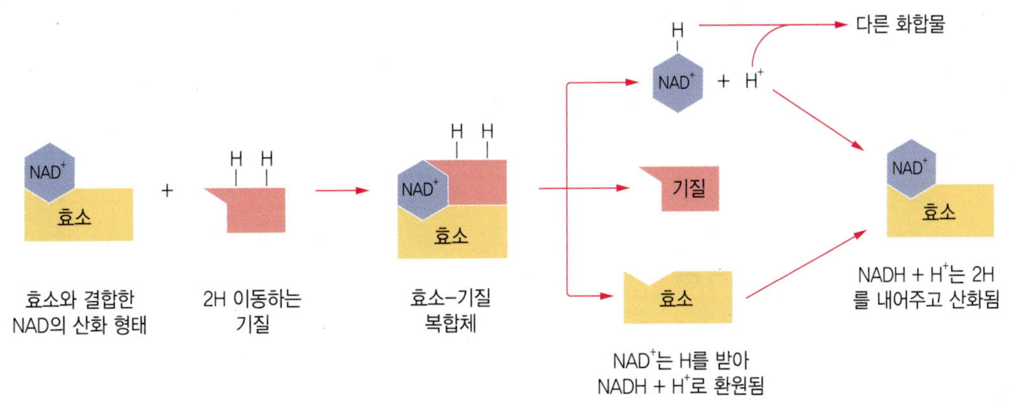

그림 10-7 니아신의 조효소 활동

기타 스테로이드 합성과 아미노산의 분해와 합성에 관여한다.

약리작용

일부 약물과 독성물질이 체내에서 대사되는 것을 도우며, 니아신을 과량 섭취하였을 경우 혈청 콜레스테롤을 낮추어 주는 약리작용을 한다.

기타

지금까지 알려진 바에 의하면 니아신은 조효소의 형태로 체내에서 50여 개 이상의 대사반응에 관여한다.

3. 영양소 섭취기준 및 실태

니아신의 섭취기준은 니아신 결핍증인 펠라그라 증상과 니아신 대사물의 소변 배설량을 바탕으로 설정되었다. 2020 한국인 영양소 섭취기준에 의하면 만 19~64세 성인의 경우 남녀 각각 16 mg NE과 14 mg NE을 권장섭취량으로 제시하고 있다(표 10-10). 고열, 갑상선 기능 항진, 수술 및 부상으로 인해 스트레스를 받는 경우 대사율이 증가하므로 니아신의 섭취량도 증가시켜야 한다.

2019년도 국민건강영양조사에 따르면 니아신 섭취량은 전국 평균 13.1 mg으로 나타났으며 연령이 증가할수록 다소 섭취량이 감소하는 경향이 보였다.

식품을 통한 니아신의 과잉섭취의 유해성을 거의 나타나지 않으나, 약리적 목적으로 니코틴산을 과량 복용하거나 영양보충제 또는 강화식품을 과다하게 섭취하는 경우 홍조, 가려움증, 두통, 어지러움, 저혈압, 위장관 장애, 간 독성 등의 유해한 영향이 보고된 바 있다. 니아신의 상한섭취량은 두 가지 형태 니아신의 독성이 상이하므로 니코틴산과 니코틴아미드에 대하여 각각 구분하여 설정하였다.

4. 급원식품

아미노산인 트립토판은 니아신의 전구체이므로 양질의 단백질 급원식품은 또한 니아신의 좋은 급원식품이 된다. 니아신은 소고기, 돼지고기, 참치와 생선을 비롯하여 버섯, 땅콩 등에 풍부하게 함유되어 있다. 우유나 난류는 니아신이 소량 함유

표 10-10 한국인의 1일 니아신 섭취기준

연령		니아신(mg NE/일)[1]			
		평균필요량	권장섭취량	충분섭취량	상한섭취량 니코틴산/니코틴아미드
영아	0~5(개월)			2	
	6~11			3	
유아	1~2(세)	4	6		10/180
	3~5	5	7		10/250
남자	6~8(세)	7	9		15/350
	9~11	9	11		20/500
	12~14	11	15		25/700
	15~18	13	17		30/800
	19~29	12	16		35/1000
	30~49	12	16		35/1000
	50~64	12	16		35/1000
	65~74	11	14		35/1000
	75 이상	10	13		35/1000
여자	6~8(세)	7	9		15/350
	9~11	9	12		20/500
	12~14	11	15		25/700
	15~18	11	14		30/800
	19~29	11	14		35/1000
	30~49	11	14		35/1000
	50~64	11	14		35/1000
	65~74	10	13		35/1000
	75 이상	9	12		35/1000
임신부		+3	+4		35/1000
수유부		+2	+3		35/1000

[1] 1 mg NE(니아신 당량) = 1 mg 니아신 = 60 mg 트립토판

자료 : 보건복지부·한국영양학회, 2020 한국인 영양소 섭취기준, 2020

되어 있으나 트립토판이 풍부해 니아신의 좋은 급원이 된다. 채소나 과일에는 니아신이 거의 함유되어 있지 않으며, 곡류도 니아신 함량이 낮다.

우리나라 사람들은 주로 닭고기, 돼지고기, 백미, 소고기, 배추김치, 햄/소시지/베이컨, 돼지부산물(간), 고등어 등으로부터 니아신을 섭취하고 있다(표 10-11).

표 10-11 니아신의 주요 급원식품 및 함량[1)]

순위	급원식품	함량(mg/100 g)	순위	급원식품	함량(mg/100 g)
1	닭고기	10.82	16	어류육수	0.40
2	돼지고기(살코기)	4.90	17	고춧가루	8.43
3	백미	1.20	18	맥주	0.26
4	소고기(살코기)	2.38	19	과자	2.06
5	배추김치	0.71	20	라면(건면, 스프 포함)	1.03
6	햄/소시지/베이컨	5.16	21	현미	1.68
7	돼지 부산물(간)	8.44	22	새우	4.50
8	고등어	8.20	23	보리	2.02
9	빵	1.61	24	다시마 육수	0.50
10	소 부산물(간)	17.53	25	샌드위치/햄버거/피자	1.68
11	시리얼	21.01	26	고구마	0.76
12	간장	3.13	27	명태	2.30
13	가다랑어	11.0	28	꽁치	9.80
14	우유	0.30	29	새송이버섯	4.66
15	사과	0.39	30	멸치	2.49

1) 2017년 국민건강영양조사의 식품별 섭취량과 식품별 니아신 함량(국가표준식품성분표 DB 9.1) 자료를 활용하여 니아신 주요 급원식품 상위 30위 산출

자료 : 보건복지부·한국영양학회, 2020 한국인 영양소 섭취기준, 2020

표 10-12 니아신의 권장섭취량[1)] 섭취 방법

급원식품	1회 분량(g)	함량(mg/1회 분량)	권장 섭취횟수(회/일)
소고기	60	1.4	11.4
돼지고기	60	2.9	5.5
닭고기	60	6.5	2.5
고등어	70	5.7	2.8
빵	100	1.6	10
백미	90	1.1	14.5
우유	200	0.6	26.7

1) 19~64세 성인 남자의 권장섭취량 16 mg NE/일을 충족할 수 있는 각 급원식품의 섭취횟수

자료 : 농촌진흥청 국립농업과학원 국가표준식품성분표 DB 9.1

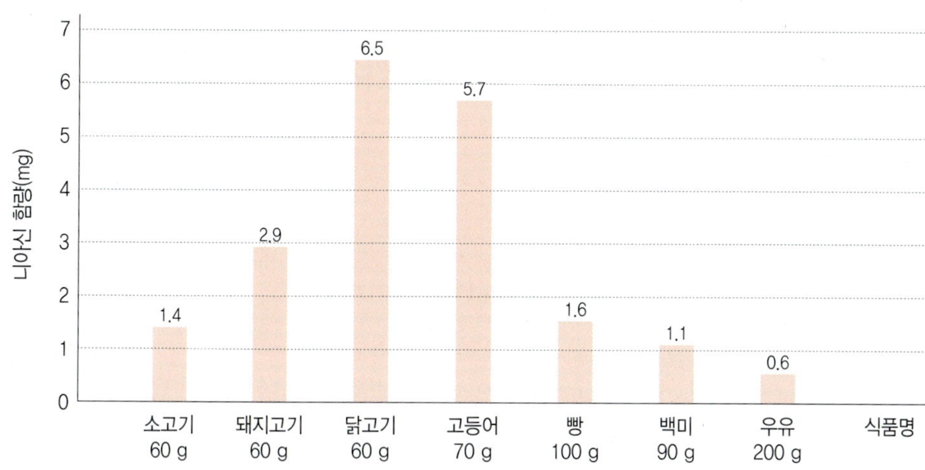

5. 영양건강문제

니아신 결핍 증세는 쌀을 주식으로 하는 사람들에게는 흔하게 발생하지 않으나 옥수수를 주식으로 하는 저소득층에서 자주 나타난다. 니아신의 조효소 형태인 NAD와 NADP는 거의 모든 세포의 대사 과정에 관여하므로 니아신 섭취가 장기간 낮을 경우, 신체에 광범위한 변화가 나타나게 되는데 이러한 니아신 결핍의 전반적인 증상을 펠라그라라고 한다.

니아신의 과잉 섭취에 따른 유해한 효과는 보고된 바가 없으나, 질병 치료 등의 목적으로 과량의 니아신 보충제를 복용한 경우 혈관 확장, 자극성 피부, 홍조현상

더 알아보기 **펠라그라(Pellagra)**

펠라그라는 피부, 소화기관, 중추신경계 등에 장애를 일으켜 피부염(dermatitis), 설사(diarrhea), 우울증(depression)과 심하면 사망(death)에까지 이르게 하므로, 4D's disease라고도 한다. 니아신으로 인한 피부염은 신체의 노출 부위에 대칭적으로 나타나며, 햇빛에 노출되면 상태가 더 악화될 수 있다.

산업화된 사회에서 펠라그라는 흔하지 않으나, 단백질과 니아신의 섭취가 부족한 지역에서는 펠라그라의 발병률이 높으며, 알코올 중독자, 당뇨 환자, 만성 설사, 흡수불량 환자에게서 결핍되기 쉽다.

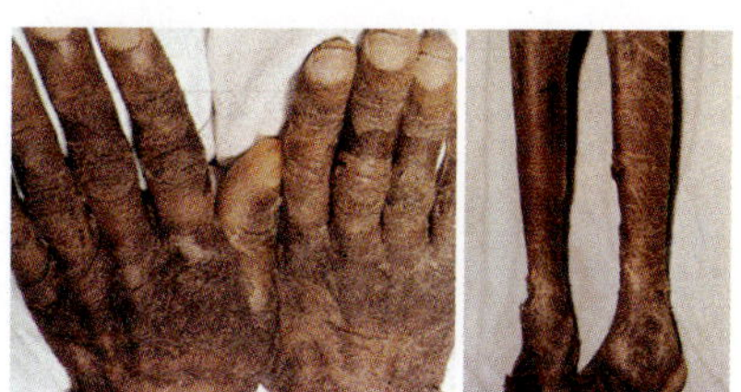
펠라그라 피부염 증상

과 간 손상 등의 증상을 나타낸다. 이들 증상은 니아신 복용을 중지하면 회복되지만 장기간 동안의 과량 섭취는 심한 간 손상을 나타내며 당뇨병과 위궤양 증상을 초래한다.

비타민 B_6(Vitamin B_6)

비타민 B_6(피리독신, pyridoxine)은 티아민, 리보플라빈, 니아신과 달리 체내에서 주로 단백질 대사 과정의 조효소로 작용한다. 비타민 B_6의 기능을 가진 물질로는 피리독신, 피리독살 및 피리독사민이 있으며, 이들은 체내에서 서로 전환될 수 있고 동일한 생리적 활성을 가진다.

피리독신과 이의 알데하이드형인 피리독살과 아민형인 피리독사민은 체내에서 인산과 결합하여 피리독신-5′-인산(PNP), 피리독살-5′-인산(PLP) 및 피리독사민-5′-인산(PMP)으로 전환되어 활성을 나타내게 된다.

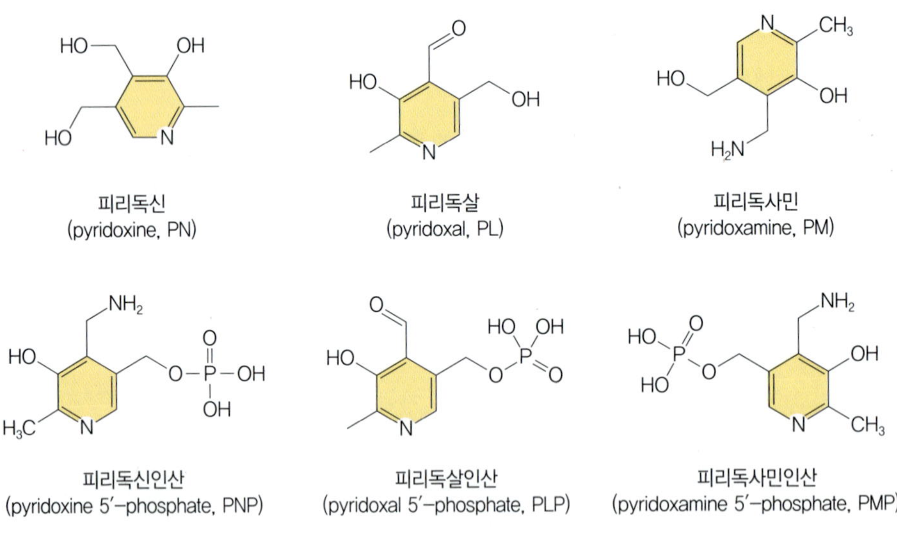

그림 10-8 비타민 B_6 유도체

1. 소화, 흡수 및 대사

비타민 B_6은 소장의 상부에서 빠르게 흡수되어 혈액을 통해 모든 조직으로 이동된다. 식품 내에 함유되어 있는 피리독살-5′-인산과 피리독사민-5′-인산은 소화 과정에서 인산기가 분리된 후 흡수되어 혈액 속에서 단백질과 결합하여 운반된다. 피리독신과 피리독살은 흡수 후 조직 내에서 피리독살-5′-인산으로, 피리독사민은 피리독사민-5′-인산으로 활성화된다.

비타민 B_6은 수용성이지만 체내에 상당량 저장되어 있다. 근육에 가장 많이 저장되어 있으며, 간과 혈장에도 존재한다. 조직 포화량 이상 섭취 시에는 소변을 통해 배설된다.

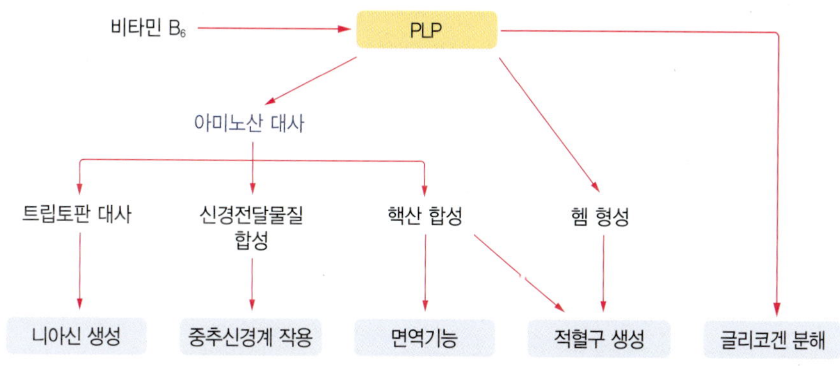

그림 10-9 PLP가 조효소로 참여하는 생체 내 대사

2. 체내 기능

피리독살-5′-인산 및 피리독사민-5′-인산은 주로 단백질 대사에 필요한 효소의 조효소로 작용하며, 탄수화물과 지질의 대사에서도 조효소로 작용한다.

1) 단백질 대사

비타민 B_6의 조효소 형태인 피리독살-5′-인산은 아미노기 전이반응, 탈아미노반응, 탈탄산반응 등의 아미노산과 단백질 대사에서 중요한 역할을 한다.

아미노기 전이반응(transamination) 2종의 분자 사이에서 한쪽에서 다른쪽으로 아미노기가 이동하는 반응

아미노기 전이반응

피리독살-5′-인산은 아미노산에서 아민기를 떼어 알파 케토산에 전달하여 새로운 아미노산을 합성하는 과정에서 아미노기 전이효소의 조효소로 작용한다. 이를 통해 체내에서 비필수 아미노산이 합성된다.

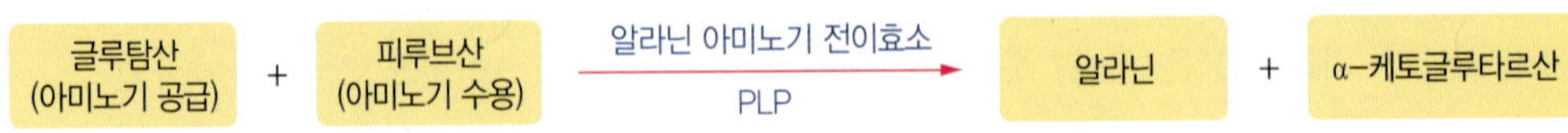

탈아미노 반응

피리독살-5′-인산은 아미노기를 제거하는 탈아미노 반응에서 조효소로 작용한다.

탈탄산반응

피리독살-5′-인산은 아미노산에서 카복실기를 제거하는 반응에서 조효소로 작용한다. 탈탄산반응을 통해 중추신경의 자극 전달에 필요한 γ-아미노뷰티르산과 대뇌의 기능과 뇌의 대사를 자극하는 혈관 수축 성분의 구성에 매우 유용한 물질인 세로토닌을 합성한다.

아미노뷰티르산(aminobutyric acid)
아미노산의 일종으로 아미노낙산이라고도 함

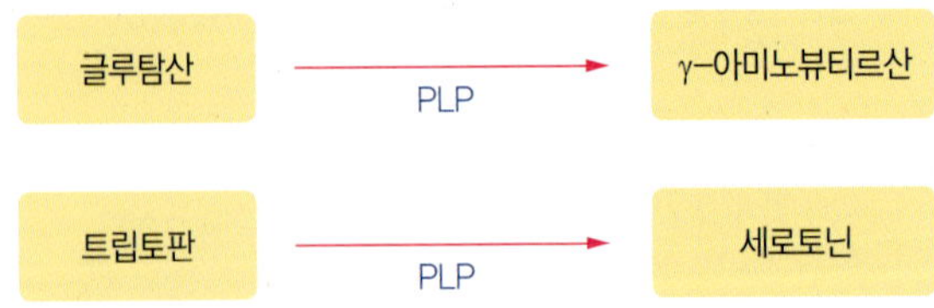

2) 적혈구 합성

피리독살-5′-인산은 적혈구에서 산소를 운반하는 헤모글로빈의 포피린 고리 구조를 합성하는 데 관여한다. 이로 인해 비타민 B_6이 결핍되면 철 결핍과 비슷한 증상을 나타낸다.

포피린(porphyrin)
포핀에 각종 측쇄가 들어간 화합물로, 생체 내에서의 산화환원반응에 중요한 구실을 하는 혈색소·사이토크롬·엽록소 등의 색소 성분을 구성하는 화합물

3) 신경전달물질 합성

피리독살-5′-인산은 탈탄산반응의 조효소로 세로토닌, GABA, 노르에피네프린, 에피네프린, 도파민과 같은 신경전달물질 합성에 관여한다. 이로 인해 비타민 B_6이 결핍되면 우울증, 혼란, 메스꺼움, 구토, 급발작을 일으키게 되며, 월경전 증후군이

있을 경우 비타민 B_6의 보충이 세로토닌 합성을 증가시켜 증세 완화에 도움이 된다.

4) 탄수화물 대사

비타민 B_6은 글리코겐의 분해 과정과 아미노산으로부터 당을 생성하는 당신생 과정에 관여한다.

5) 기타

피리독살-5′-인산(PLP)은 트립토판이 니아신으로 전환되는 과정과 호모시스테인이 시스테인으로 전환되는 과정에서도 조효소로 작용한다.

호모시스테인 (homocysteine)
메티오닌의 탈메틸 생성물

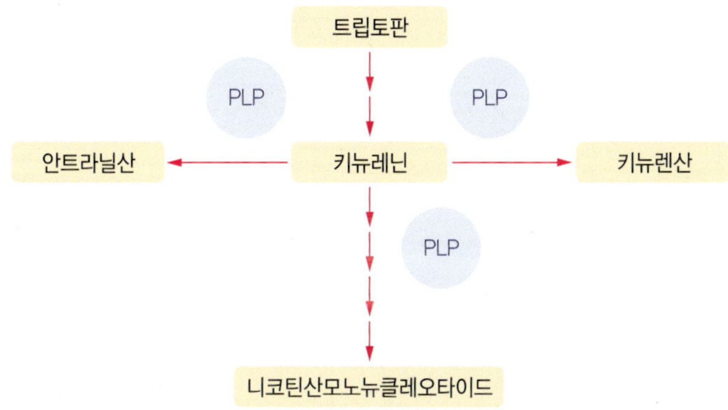

3. 영양소 섭취기준

비타민 B_6의 영양소 섭취기준으로 1세 이상 전 연령층에 평균필요량, 권장섭취량 및 상한섭취량을 설정하였으며, 영아의 경우는 충분섭취량이 설정되었다. 만 12세 이상 남녀는 각각 하루에 1.5 mg과 1.4 mg의 비타민 B_6을 섭취하도록 권장한다(표 10-13). 식품을 통한 비타민 B_6 섭취의 부작용은 보고된 바 없지만 고용량 피리독신 보충제의 단기 섭취 또는 저용량 피리독신의 장기 보충의 경우 손발 쑤심, 입 주위의 무감각, 비틀거리는 걸음, 근육협동기능 손실 등의 신경 증세가 보고되었다. 2020 한국인 영양소 섭취기준은 피리독신 최대무해용량을 200 mg/일로 정하고 불확실계수 2를 적용하여 상한섭취량을 100 mg/일로 제시하였다.

표 10-13 한국인의 1일 비타민 B_6 섭취기준

연령		비타민 B_6(mg/일)			
		평균필요량	권장섭취량	충분섭취량	상한섭취량
영아	0~5(개월)			0.1	
	6~11			0.3	
유아	1~2(세)	0.5	0.6		20
	3~5	0.6	0.7		30
남자	6~8(세)	0.7	0.9		45
	9~11	0.9	1.1		60
	12~14	1.3	1.5		80
	15~18	1.3	1.5		95
	19~29	1.3	1.5		100
	30~49	1.3	1.5		100
	50~64	1.3	1.5		100
	65~74	1.3	1.5		100
	75 이상	1.3	1.5		100
여자	6~8(세)	0.7	0.9		45
	9~11	0.9	1.1		60
	12~14	1.2	1.4		80
	15~18	1.2	1.4		95
	19~29	1.2	1.4		100
	30~49	1.2	1.4		100
	50~64	1.2	1.4		100
	65~74	1.2	1.4		100
	75 이상	1.2	1.4		100
임신부		+0.7	+0.8		100
수유부		+0.7	+0.8		100

자료 : 보건복지부·한국영양학회, 2020 한국인 영양소 섭취기준, 2020

더 알아보기

매일 2,000 mg 이상의 고용량 피리독신을 섭취하면 신경 손상을 유발하여 손발 쑤심, 걸음 비틀거림, 입 주위의 감각 상실, 근육 협동 기능의 손실 등의 신경 증세가 나타날 수 있다. 200 mg/일 이상의 피리독신을 장기간 섭취하면 손발이 쑤시고, 졸리고, 혈청 엽산 농도가 저하되는 증세가 나타나는 것으로 보고되었다. 인체를 대상으로 수행된 피리독신 보충 연구는 대부분 팔목터널 증후군, 월경전 증후군, 임신기 입덧이나 호모시스테인혈증의 치료 효과를 규명할 목적으로 시도된 연구들로서 적절한 대조군을 두지 않거나 보충 기간이 6개월 이하로 너무 짧거나, 부작용이 상세히 보고되지 않은 것들이 대부분이다.

자료 : 건강기능식품 기능성 원료, 2011, 식품의약품안전처

4. 급원식품

비타민 B_6은 거의 다양한 동물성 및 식물성 식품에 함유되어 있다. 비타민 B_6은 주로 동물의 근육조직에 저장되어 있으므로 육류, 어류, 가금류 등의 동물성 식품은 비타민 B_6의 좋은 급원이며, 이는 식물성 식품에 들어 있는 비타민 B_6보다 쉽게 흡수된다. 식물성 식품 중에는 현미, 대두, 귀리 등에 풍부하지만 도정 과정에서 쉽게 손실되고 열과 알칼리에 약하므로 정제되거나 가공된 식품을 주로 먹는 사람들은 결핍 증상이 쉽게 나타난다.

우리나라 사람들은 주로 백미, 육류 및 가금류 부산물(간), 꽁치, 연어 등을 통하여 비타민 B_6을 섭취한다(표 10-14).

표 10-14 비타민 B_6 주요 급원식품(100 g당 함량)[1)]

순위	급원식품	함량(mg/100 g)	순위	급원식품	함량(mg/100 g)
1	백미	0.12	16	해바라기씨	1.18
2	돼지 부산물(간)	0.57	17	문어	0.07
3	소 부산물(간)	1.02	18	삼씨	0.39
4	꽁치	0.42	19	무화과	0.07
5	연어	0.41	20	아이스밀크	0.02
6	닭 부산물(간)	0.76	21	팽창제, 효모	1.28
7	칠면조고기	0.60	22	아보카도	0.32
8	새우	0.08	23	캐슈넛	0.36
9	돔	0.32	24	송어	0.35
10	방어	0.38	25	토마토소스	0.12
11	미꾸라지	0.08	26	임연수어	0.21
12	쉐이크	0.06	27	코코넛	0.30
13	초콜릿	0.05	28	아마씨	0.41
14	숭어	0.49	29	구아바	0.06
15	닭 육수	0.03	30	리치	0.09

1) 2017년 국민건강영양조사의 식품별 섭취량과 식품별 비타민 B_6 함량(국가표준식품성분표 DB 9.1) 자료를 활용하여 비타민 B_6 주요 급원식품 상위 30위 산출

자료 : 보건복지부·한국영양학회, 2020 한국인 영양소 섭취기준, 2020

표 10-15 비타민 B_6 권장섭취량[1] 섭취 방법

급원식품	1회 분량(g)	함량(mg/1회 분량)	권장 섭취횟수(회/일)
백미	90	0.11	13.6
연어	60	0.25	6
칠면조고기	60	0.36	4.2
바나나	100	0.30	5
꽁치	60	0.25	6
우유	200	0.04	37.5
캐슈넛	10	0.04	37.5

1) 19세 이상 성인 남자의 권장섭취량 1.5 mg/일을 충족할 수 있는 각 급원식품의 섭취횟수

자료 : 농촌진흥청 국립농업과학원 국가표준식품성분표 DB 9.1

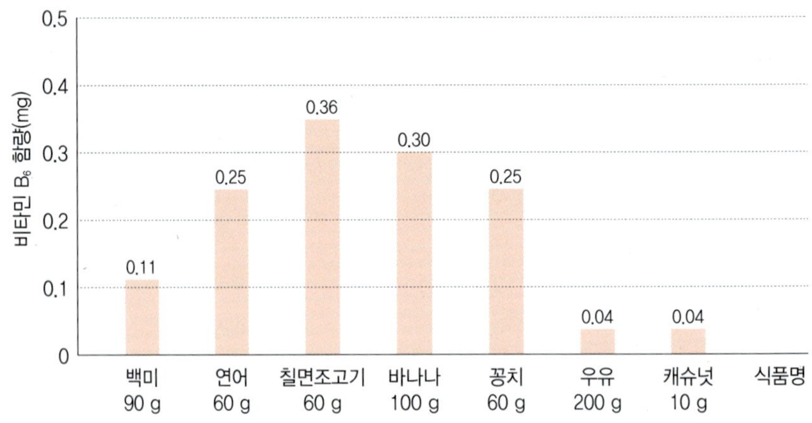

5. 영양건강문제

비타민 B_6의 결핍증은 흔하지 않으며, 주로 다른 비타민 B 복합체들의 결핍과 복합적으로 나타난다. 비타민 B_6이 결핍되면 식욕 감퇴, 메스꺼움, 구각염, 설염, 피부병, 말초신경 장애나 빈혈이 발생하고, 운동실조와 마비 증상이 나타나기도 한다. 또한 비타민 B_6이 신경전달물질 합성과 관련된 대사 과정에서 충분한 역할을 하지 못하므로 우울증이 나타나기도 한다. 피임약을 장기간 복용하거나 알코올 중독인 경우에도 비타민 B_6이 결핍되기 쉽다.

비타민 B_6의 과잉증은 흔하지 않다. 그러나 보충제 섭취의 경우 신경장애 부작용이 나타날 수 있어 100 mg/일의 상한섭취량이 설정되어 있다.

비타민 B : 신진대사 촉진·면역력 강화 –부족 땐 두통·피로·체중 감소 나타나

뇌의 활동을 촉진하고 심신 안정을 돕는 비타민 B_6은 결핍 시 피부염, 구내염, 빈혈 등이 나타나는데 특히 리보플라빈이 부족할 경우 증상이 심해진다. 따라서 생선, 유제품 등 리보플라빈이 풍부한 식품을 함께 섭취하면 더욱 효과적이다.

자료 : 경향신문 2015.11.24

엽산(Folate)

엽산은 푸른 채소에 많이 들어 있으며, 라틴어의 잎사귀라는 'folium'에서 유래되었다. 엽산은 체내에서 성장 인자의 하나로 작용하며, 혈구 형성에도 엽산이 필요하므로 엽산 결핍 시 거대적아구성 빈혈 증상이 나타난다.

엽산은 프테리딘 환과 ρ-아미노벤조산, 글루탐산의 세 가지 물질로 구성되어 있다. 프테리딘 환과 ρ-아미노벤조산이 결합된 것을 프테로산이라 하며, 여기에 글루탐산이 대개 2~8개 정도가 결합하게 된다. 글루탐산이 한 분자만 결합했을 때 합성 비타민제의 원료로 쓰이는 가장 단순한 형태의 엽산이 만들어진다. 식품 내에는 대개 환원형(tetrahydro folate, THF)의 형태로 여러 개의 글루탐산이 결합된 폴리글루탐산으로 존재한다.

프테리딘(pteridine)
엽산이라고도 하며 비타민 M·비타민 B 등으로 불리던 것과 같은 것으로서 2원자고리

ρ-아미노벤조산(ρ-aminobenzoic acid)
ρ-나이트로벤조산을 철과 염산으로 환원시키면 생겨나는 황색 결정

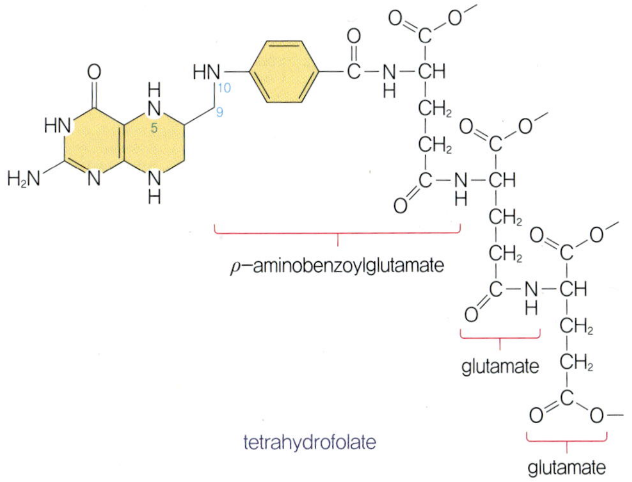

그림 10-10 엽산의 구조

1. 소화, 흡수 및 대사

식품에 들어 있는 폴리글루탐산은 가수분해된 후 소장 상부에서 흡수된다. 엽산은 흡수된 후 장 점막세포에서 화학적 변화를 일으켜 주로 5-메틸테트라하이드로엽산(5-메틸 THF)으로 전환된 후 문맥을 통해 간으로 운반되어 폴리글루탐산의 형태로 저장되거나 모노글루탐산의 형태로 혈액 내로 방출된다.

아스피린(aspirin)
아세틸살리실산의 상품명

알코올의 섭취, 아스피린, 경구 피임제, 항경련제 등의 과다한 복용도 엽산의 흡수와 대사에 영향을 미친다. 엽산은 담즙과 소변을 통해 배설된다.

2. 체내 기능

엽산은 체내에서 환원형의 모노글루탐산 형태의 조효소인 THFA(tetrahydrofolic acid)로 전환되어 활성화되며, 이는 메틸군과 같은 단일 탄소분자를 받아들이거나 공급하는 대사 과정에 조효소로 작용한다. 단일 탄소분자의 교환은 모든 아미노산과 그 유도체의 대사 및 DNA와 RNA의 합성에 관여한다.

엽산의 가장 중요한 기능 중의 하나는 DNA와 RNA의 기초가 되는 퓨린과 피리미딘의 합성에 관여하는 것이며, 피리미딘에 메틸기를 수여하여 DNA의 주요 성분인 티민을 형성한다. 엽산은 핵단백질의 합성, 이를 통한 골수에서의 정상적인 적혈구 형성에 관여하며, 이 과정에는 비타민 B_{12}도 함께 작용한다. 또한 THFA는 아미노산들의 상호전환 과정, 즉 글리신으로부터 세린, 호모시스테인으로부터 메티오닌, 히스티딘으로부터 글루탐산으로 전환하는 과정에서도 조효소로서 중요한 역할을 한다.

이외에도 엽산은 뇌에서 신경전달물질을 형성하는 데 관여하므로 정신적 장애가 있는 경우 우울증을 해소하는 데 도움이 될 뿐 아니라 정상 혈압을 유지하는 데, 대장암의 발생 위험을 낮추는 데 효과가 있는 것으로 알려져 있다.

3. 영양소 섭취기준

한국인 성인의 경우 엽산의 권장섭취량은 1일 400 μg DFE이다. 엽산을 보충하거나 치료를 목적으로 섭취할 경우를 고려하여 1일 상한섭취량은 1,000 μg DFE으로 설정하고 있다(표 10-16).

미국은 엽산의 결핍으로 인한 신경관 손상을 감소시키고 과호모시스테인혈증으로 인한 혈관 손상을 방지하기 위하여 1998년 권장량을 이미 400 μg DFE로 증가시켰으며, 곡류에 엽산을 강화하고 있다.

표 10-16 한국인의 1일 엽산 섭취기준

연령		엽산(μg DFE/일)[1]			
		평균필요량	권장섭취량	충분섭취량	상한섭취량[2]
영아	0~5(개월)			65	
	6~11			90	
유아	1~2(세)	120	150		300
	3~5	150	180		400
남자	6~8(세)	180	220		500
	9~11	250	300		600
	12~14	300	360		800
	15~18	330	400		900
	19~29	320	400		1,000
	30~49	320	400		1,000
	50~64	320	400		1,000
	65~74	320	400		1,000
	75 이상	320	400		1,000
여자	6~8(세)	180	220		500
	9~11	250	300		600
	12~14	300	360		800
	15~18	330	400		900
	19~29	320	400		1,000
	30~49	320	400		1,000
	50~64	320	400		1,000
	65~74	320	400		1,000
	75 이상	320	400		1,000
임신부		+200	+220		1,000
수유부		+130	+150		1,000

[1] Dietary Folate Equivalents, 가임기 여성의 경우 400 μg/일의 엽산 보충제 섭취를 권장함.
[2] 엽산의 상한섭취량은 보충제 또는 강화식품의 형태로 섭취한 μg/일에 해당됨.
자료 : 보건복지부·한국영양학회, 2020 한국인 영양소 섭취기준, 2020

4. 급원식품

엽산은 시금치와 같은 녹색 잎채소류와 두류, 과일, 해조류, 달걀 등에 풍부하게 들어 있다.

2017년 국민건강영양조사 자료에 따르면 한국인의 엽산 급원식품의 순위는 대두, 달걀, 시금치, 백미, 총각김치, 배추김치의 순으로 나타났다(표 10-17).

엽산은 가열과 산화에 약할 뿐 아니라 수용성이므로 조리수를 통한 손실량이 많아 가공 및 조리 과정에서 약 50~90% 정도가 파괴된다. 특히 통조림 식품의 가공 과정 중 열처리와 식사 시 데우는 과정에서 많이 파괴된다. 그러므로 과일은 생과일이나 신선한 과즙의 형태로 섭취하는 것이 좋으며, 채소류를 익히는 경우 소량의 물로 빨리 조리하거나 찌거나 전자레인지를 이용하는 것이 좋다.

표 10-17 엽산 주요 급원식품(100 g당 함량)[1)]

순위	급원식품	함량(mg/100 g)	순위	급원식품	함량(mg/100 g)
1	대두	755	16	소 부산물(간)	253
2	달걀	81	17	현미	49
3	시금치	272	18	김	346
4	백미	12	19	들깻잎	150
5	총각김치	257	20	감	26
6	배추김치	15	21	애호박	33
7	파김치	449	22	양파	11
8	오이소박이	584	23	옥수수	88
9	돼지 부산물(간)	163	24	딸기	54
10	빵	35	25	무	11
11	고구마	43	26	배추	43
12	상추	84	27	가당음료	22
13	된장	139	28	과일음료	10
14	마늘	125	29	맥주	4
15	두부	21	30	콩나물	28

1) 2017년 국민건강영양조사의 식품별 섭취량과 식품별 엽산 함량(국가표준식품성분표 DB 9.1) 자료를 활용하여 엽산 주요 급원식품 상위 30위 산출

자료 : 보건복지부·한국영양학회, 2020 한국인 영양소 섭취기준, 2020

표 10-18 엽산 권장섭취량[1] 섭취 방법

급원식품	1회 분량(g)	함량(μg/1회 분량)	권장 섭취횟수(회/일)
시금치	70	190	2.1
감	100	26	15.4
딸기	150	81	4.9
상추	70	59	6.8
대두	20	151	2.6
달걀	60	49	8.2
오렌지주스	100	35.9	11.1
배추김치	40	6	66.7
김	2	7	57.1

[1] 19세 이상 성인의 권장섭취량 400 μg DFE/일을 충족할 수 있는 각 급원식품의 섭취횟수
자료 : 농촌진흥청 국립농업과학원 국가표준식품성분표 DB 9.1

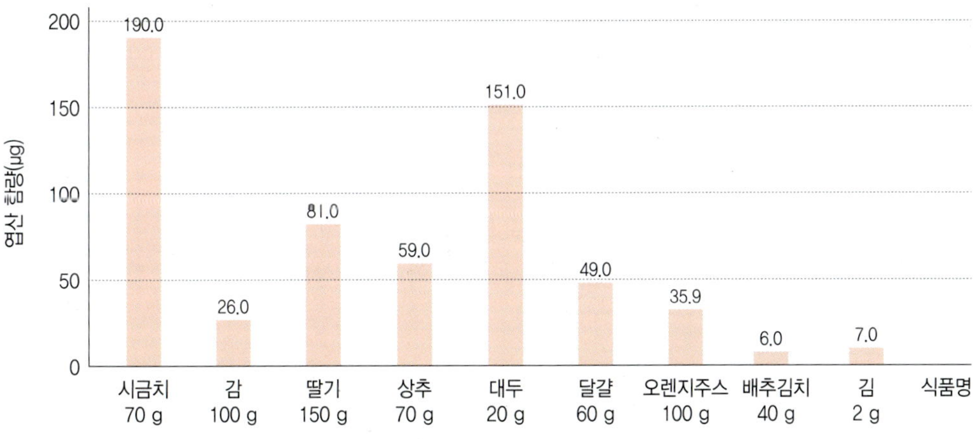

5. 영양건강문제

엽산은 섭취가 부족하거나 알코올 중독인 경우 결핍되기 쉬우며, 항생제의 일종인 설폰아마이드, 항경련제, 항간질제, 항말라리아약과 경구 피임약 등의 약물 복용은 엽산의 혈중 농도를 낮춘다. 열대 지방에서는 주로 섭취량 부족이 결핍의 원인으로 나타나며, 식품 내의 엽산 함량은 단백질량에 비례하기 때문에 빈곤층에서는 단백질의 섭취 부족으로 엽산 결핍이 심각해진다. 특히 임신기, 수유기, 청소년기에는 엽산이 많이 필요하므로 결핍되기 쉽다.

설폰아마이드 (sulfonamide) 항생제의 종류

적혈구(erythrocyte)
혈액의 주요 성분 중의 하나로 산소 운반을 위하여 특화된 혈구

엽산 결핍의 대표적인 증상은 거대적아구성 빈혈이다. 엽산이 결핍될 경우 적혈구의 합성 초기 과정에 중요한 변화가 나타나 전구체가 DNA를 구성할 수 없어 분열하지 못하고, 이로 인해 세포가 점점 커져서 거대적아구가 미성숙 상태의 적혈구를 만든다. 거대적아구는 비정상적으로 큰 적혈구로 전환된다. 결과적으로 대부분의 엽산 결핍 환자들은 정상적으로 성숙한 세포가 적기 때문에 산소 운반 능력이 감소하여 빈혈을 일으키는데 이를 거대적아구성 빈혈이라고 한다. 거대적아구성 빈혈은 설염과 설사를 동반하는 경우가 많으며, 그 증상이 비타민 B_{12}의 결핍 증상과 유사하므로 진단과 처방에 주의해야 한다. 엽산의 결핍증은 엽산 보충을 통해 쉽게 해결된다. 그러나 엽산 결핍이 지속되면 세포 대사에 전반적인 장애가 와서 인지질 대사(콜린 합성)와 아미노산 대사에 영향을 미치게 된다.

엽산은 수용성이므로 과잉 섭취에 따른 독성을 나타내는 경우는 드물다. 거대적아구성 빈혈이나 항경련제의 투약으로 혈장의 엽산 농도가 저하될 경우 엽산 처방을 하게 되는데, 이 경우 위장관 장애, 수면 장애, 과민증 및 기타 신경 장애 등이 나타날 수 있다. 엽산과 비타민 B_{12}의 체내 대사와 작용은 상호 연결되어 있으므로 과량의 엽산 섭취로 인해 비타민 B_{12} 결핍 증세를 일으키기도 하며, 이 경우 거대적아구성 빈혈 증세가 가려져 비타민 B_{12} 결핍을 조기에 발견하기 힘들게 한다. 그러므로 엽산을 보충해야 할 경우 비타민 B_{12}의 영양 상태가 양호한지 확인한 후 실시해야 한다.

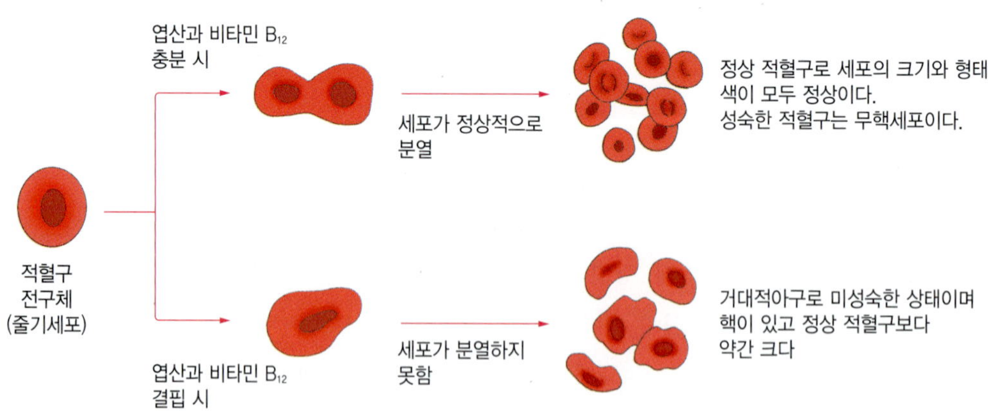

그림 10-11 거대적아구성 빈혈

비타민 B_{12}(Vitamin B_{12})

비타민 B_{12}(시아노코발라민, cyanocobalamin)는 무기질인 코발트를 함유한 화합물로, 헤모글로빈이나 클로로필과 구조가 유사하나 코린 고리 가운데 철이나 마그네슘 대신 코발트를 함유하고 있다.

1. 소화, 흡수 및 대사

식품 내의 비타민 B_{12}는 위에서 분비된 위산과 펩신에 의해 단백질과 분리되며, 유리 비타민 B_{12}는 침샘에서 분비된 R 단백질과 결합한 복합체의 형태로 소장으로 이동한다. 소장의 끝인 회장에 도착하면 췌장의 트립신에 의해 R 단백질과 다시 분리된 후, 내적 인자(intrinsic factor, IF, 일종의 단백질로 위의 벽세포에서 만들어짐)와 결합한 후 흡수되어 혈액으로 들어가게 된다. 그림 10-13에는 비타민 B_{12}의 흡수 과정을 나타내었다.

트립신(trypsin)
췌장에서 분비되는 소화 효소의 한 가지. 장내에서 단백질을 가수분해하여 아미노산을 만듦

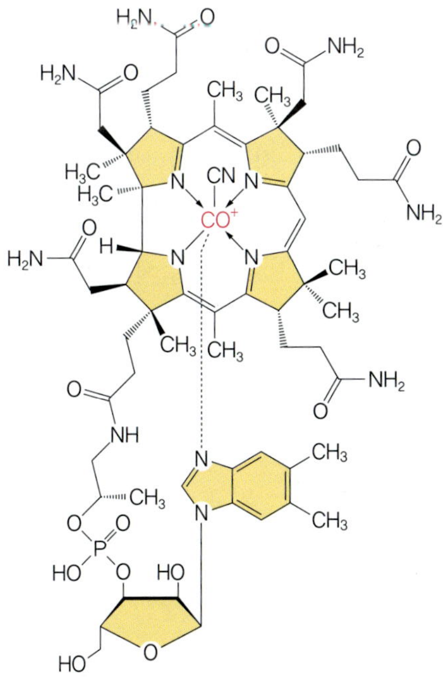

그림 10-12 비타민 B_{12}의 구조

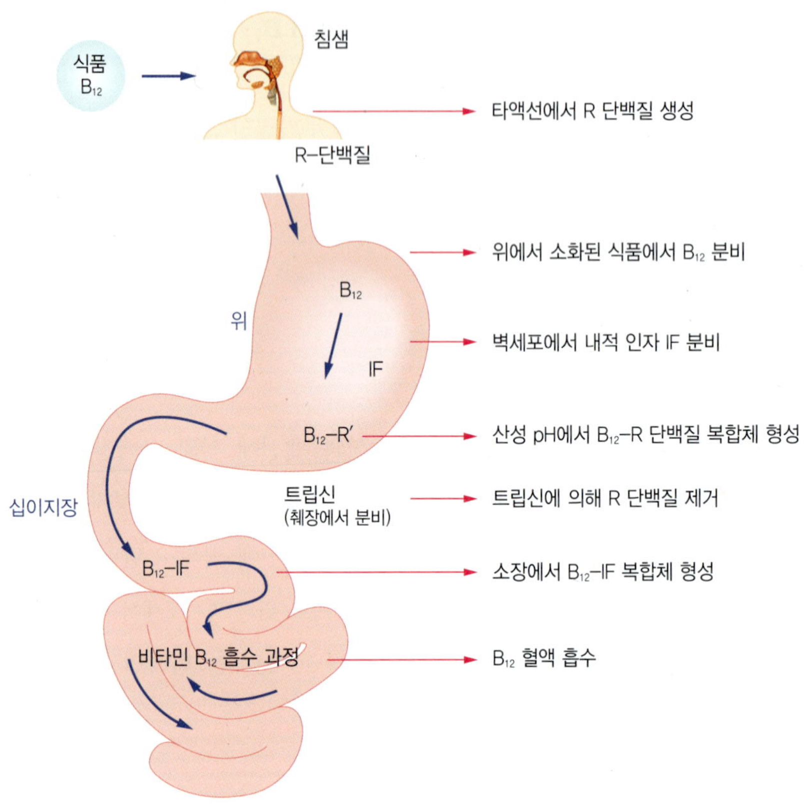

그림 10-13 비타민 B_{12}의 흡수 과정

장간순환 (enterohepatic circulation) 간에서 만들어 소장에 분비되었던 담즙이 지방의 소화를 도운 후 다시 재흡수되어 간으로 이동하는 것

비타민 B_{12}는 주로 간에 저장되며, 저장된 비타민 B_{12}는 장간순환을 하기 때문에 잘 손실되지 않는다. 흡수된 비타민 B_{12}는 혈액 내에서 트랜스코발라민이라는 단백질과 결합하여 운송된다. 비타민 B_{12}의 흡수에 문제가 있는 사람은 한 달에 한 번 주사를 맞거나 코 점막에 젤 타입을 바르거나, 또는 매주 보충제를 복용해야 한다. 비타민 B_{12}는 대장 내에서 박테리아에 의해 합성되기도 하지만 흡수되지 않으므로 식품으로 섭취해야 한다.

비타민 B_{12}는 주로 소변을 통해 배설되고, 나머지는 담즙을 통해 대변으로 배설되는데 이들의 대부분은 박테리아에 의해 장에서 합성된 것들이다.

2. 체내 기능

메틸코발라민과 5′-디옥시아데노실코발라민이 비타민 B_{12}의 활성형이며, 이 중 메틸코발라민은 메틸기의 운반체로, 5′-디옥시아데노실코발라민은 수소 운반체로 체내의 여러 대사에서 조효소로 작용한다.

5′-디옥시아데노실코발라민 (5′-deoxyadenosyl cobalamin)
코발라민 유도체로서 생체 내에서 작용하는 조효소

1) 메티오닌 합성

체내에서 비타민 B_{12}는 호모시스테인으로부터 메티오닌을 합성하는 과정에 관여하며, 이 대사 과정에는 엽산도 관여한다.

활성형 비타민 B_{12}는 메틸기와 결합한 엽산에서 메틸기를 받아 메틸코발라민을 합성한 후 이 메틸기를 호모시스테인에 주어 메티오닌을 합성한다. 이때 비타민 B_{12}가 부족하면 엽산은 메틸기와 결합한 상태로 머물게 되므로 활성을 갖는 엽산이 부족하게 되고, 이는 엽산과 관련된 대사 과정에 장애를 가져온다. 특히 이러한 엽산 결핍은 DNA 합성과 같은 중요한 대사에 손상을 입히게 되거나 거대적아구성 빈혈을 나타내기도 한다. 이러한 이유로 거대적아구성 빈혈에 걸렸을 경우 엽산과 비타민 B_{12}를 같이 처방하게 된다.

2) 신경전달물질과 신경섬유 수초 합성

비타민 B_{12}는 체내 메틸화 대사에서 메틸기 공여자로서 중요한 역할을 하는 S-아데노실메티오닌(S-adenosylmethionine, SAM)의 합성에 역할한다. SAM에 의한 메틸화 반응은 신경전달물질과 신경섬유의 수초 합성에 필수적이므로 비타민 B_{12}가 부족한 경우 신경계 이상이 나타난다.

3. 영양소 섭취기준

충분한 양의 비타민 B_{12}를 섭취하고 흡수에 문제가 없는 사람은 2~3년간 사용할 수 있는 양을 간에 저장할 수 있으므로 결핍증이 일어날 확률은 별로 없다. 우리나라 만 15세 이상 남녀의 비타민 B_{12}의 권장섭취량은 2.4 μg이며, 임신기에는

0.2 μg, 수유기에는 0.4 μg의 추가 섭취를 권장하고 있다(표 10-19).

표 10-19 한국인의 1일 비타민 B_{12} 섭취기준

연령		비타민 B_{12}(μg/일)			
		평균필요량	권장섭취량	충분섭취량	상한섭취량
영아	0~5(개월)			0.3	
	6~11			0.5	
유아	1~2(세)	0.8	0.9		
	3~5	0.9	1.1		
남자	6~8(세)	1.1	1.3		
	9~11	1.5	1.7		
	12~14	1.9	2.3		
	15~18	2.0	2.4		
	19~29	2.0	2.4		
	30~49	2.0	2.4		
	50~64	2.0	2.4		
	65~74	2.0	2.4		
	75 이상	2.0	2.4		
여자	6~8(세)	1.1	1.3		
	9~11	1.5	1.7		
	12~14	1.9	2.3		
	15~18	2.0	2.4		
	19~29	2.0	2.4		
	30~49	2.0	2.4		
	50~64	2.0	2.4		
	65~74	2.0	2.4		
	75 이상	2.0	2.4		
임신부		+0.2	+0.2		
수유부		+0.3	+0.4		

자료 : 보건복지부 · 한국영양학회, 2020 한국인 영양소 섭취기준, 2020

4. 급원식품

비타민 B_{12}는 주로 동물성 식품에 존재한다. 간, 신장, 심장과 같은 내장육에 많이 들어 있으며, 조개, 굴, 소고기, 달걀, 돼지고기와 우유 및 유제품에도 풍부하게 함유되어 있다. 식물성 식품 중에서는 대두 발효식품과 해조류에 비타민 B_{12}가 함유되어 있어 채식주의자의 경우 특히 중요한 비타민 B_{12}의 급원식품이 된다. 섭취량이 부족하기 쉬운 채식주의자나 흡수력이 저하된 노인의 경우 영양보충제, 영양강화식품 등을 통해 보충하는 것을 고려할 수 있다. 한국인의 주요 급원식품은 소고기 간, 바지락, 멸치, 돼지고기 간, 김, 소고기의 순으로 나타났다(표 10-20).

표 10-20 비타민 B_{12} 주요 급원식품(100 g당 함량)[1)]

순위	급원식품	함량(μg/100 g)	순위	급원식품	함량(μg/100 g)
1	소 부산물(간)	70.6	16	꼬막	45.9
2	바지락	74.0	17	가리비	22.9
3	멸치	24.2	18	조기	4.8
4	돼지 부산물(간)	18.7	19	닭고기	0.3
5	김	66.2	20	연어	9.4
6	소고기(살코기)	2.0	21	국수	0.5
7	고등어	11.0	22	오리고기	3.3
8	빵	2.0	23	닭 부산물(간)	16.9
9	굴	28.4	24	미꾸라지	6.3
10	라면(건면, 스프 포함)	2.0	25	새우	2.0
11	돼지고기(살코기)	0.5	26	게	4.3
12	우유	0.3	27	요구르트(호상)	0.3
13	달걀	0.8	28	햄/소시지/베이컨	0.4
14	오징어	4.4	29	어묵	0.6
15	꽁치	16.3	30	매생이	10.3

1) 2017년 국민건강영양조사의 식품별 섭취량과 식품별 비타민 B_{12} 함량(국가표준식품성분표 DB 9.1) 자료를 활용하여 비타민 B_{12} 주요 급원식품 상위 30위 산출

자료 : 보건복지부·한국영양학회, 2020 한국인 영양소 섭취기준, 2020

표 10-21 비타민 B_{12} 권장섭취량[1] 섭취 방법

급원식품	1회 분량(g)	함량(μg/1회 분량)	권장 섭취횟수(회/일)
소고기	60	1.2	2
돼지고기	60	0.3	8
닭고기	60	0.2	12
달걀	60	0.5	4.8
우유	200	0.7	3.4
호상 요구르트	100	0.3	8
고등어	70	7.7	0.3
꽁치	60	9.8	0.2
굴	80	22.7	0.1
건멸치	15	3.6	0.7
오징어	80	3.5	0.7
매생이	30	3.1	0.8
구이김	2	1.3	1.8

[1] 19세 이상 성인의 권장섭취량 2.4 μg/일을 충족할 수 있는 각 급원식품의 섭취횟수
자료 : 농촌진흥청 국립농업과학원 국가표준식품성분표 DB 9.1

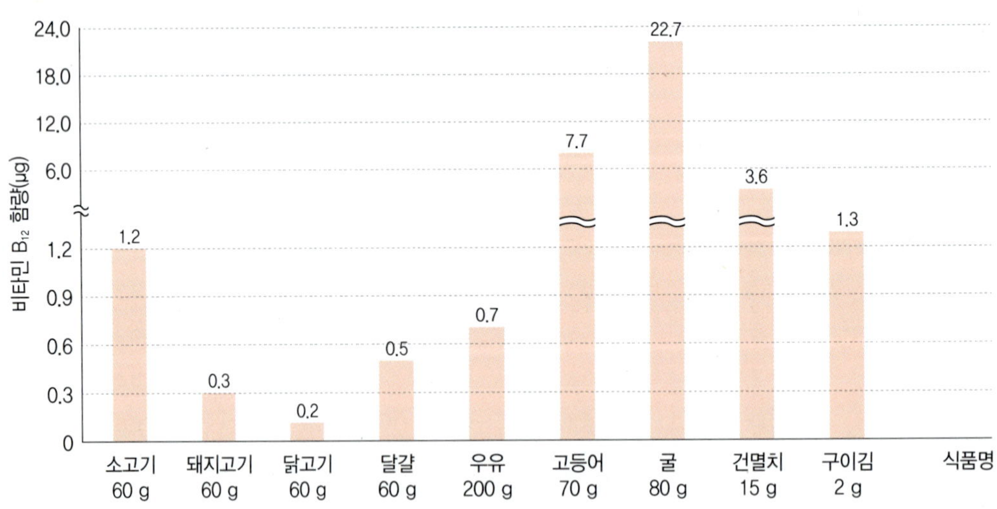

5. 영양건강문제

비타민 B_{12}의 결핍은 대개 섭취 부족이 아니라 흡수 불량에 기인한다. 유전적 요인에 의해 내적 인자가 결여되면 비타민 B12 결핍의 대표적 증상인 악성 빈혈이 나

타난다. 악성 빈혈 환자는 거대적아구성 빈혈로 인한 창백한 피부, 기력 부진, 운동 능력 감소와 신체 말단의 따끔거림, 무감각, 인지 능력 장애 등의 신경 장애 증상을 보인다. 과거에는 이와 같은 비타민 B_{12}의 흡수 장애가 있는 경우 결국 사망에 이르렀으나 근래에는 하루나 이틀 동안 비타민 B_{12}를 주사하면 손상된 적혈구 형성 과정과 임상 증세는 곧 호전된다. 그러나 신경 손상은 회복되지 않는다. 특히 위 벽세포의 노화로 인해 흡수에 문제가 있는 노인이나 채식주의자들은 비타민 B_{12}를 보충하는 것이 바람직하다.

비타민 B_{12}는 알레르기 반응을 제외하고는 독성이 낮다.

판토텐산(Pantothenic acid)

판토텐산의 명칭은 '어디에서나'를 뜻하는 그리스어 'pantos'에서 유래하였다. 판토텐산은 피부염을 방지하고 성장을 촉진하는 비타민이다. 판토텐산은 베타 알라닌과 판토산이 결합한 구조로, 코엔자임 A의 구성 성분이며 아세틸화 반응에 관여하는 물질이다.

코엔자임 A(coenzyme A) 효소 구성 요소인 보결분자족의 하나. 아실기 전이 효소

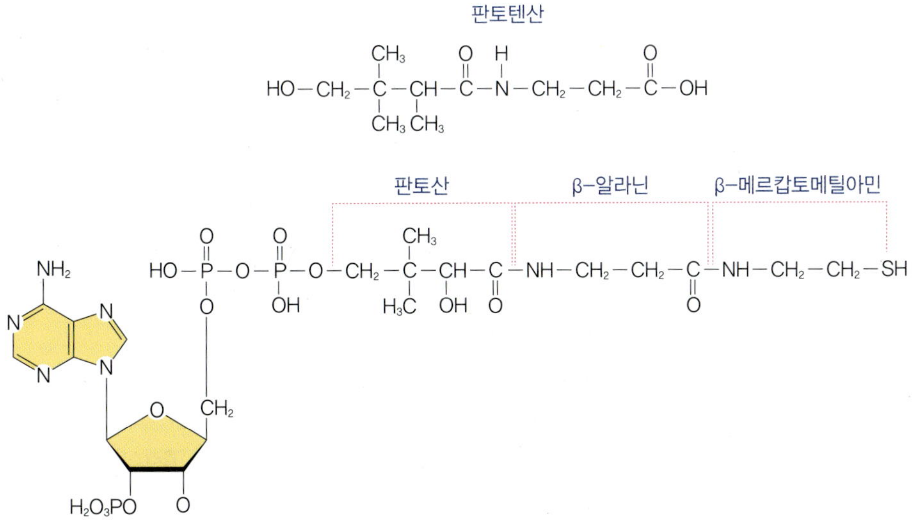

판토텐산

$$HO-CH_2-C(CH_3)_2-CH(CH_3)-C(=O)-N(H)-CH_2-CH_2-C(=O)-OH$$

판토산 β-알라닌 β-메르캅토메틸아민

$$HO-P(=O)(-O)-O-P(=O)(OH)-O-CH_2-C(CH_3)(H_3C)-CH(OH)-C(=O)-NH-CH_2-CH_2-C(=O)-NH-CH_2-CH_2-SH$$

(NH_2, N, N, N, N; O, CH_2; H_2O_3PO, O)

그림 10-14 판토텐산과 코엔자임 A의 구조

1. 소화, 흡수 및 대사

판토텐산은 주로 코엔자임 A의 형태로 식품을 통해 섭취되며, 섭취 후 장내 단백질분해효소 또는 인산분해효소와 같은 소화효소에 의해 판토텐산과 인산 에스터의 형태로 분리된 후 소장에서 흡수되어 세포 내에서 코엔자임 A 형태로 합성된다. 장내 세균에 의해 생합성되지만 체내의 판토텐산 농도에 기여하는 정도는 아직 확실하지 않다. 주로 소변으로 배설되며 간, 부신, 신장, 뇌, 심장에 소량 저장된다.

2. 체내 기능

아실기 운반단백질(Acyl Carrier Protein, ACP)
아실기, 카복시산의 카복실기 COOH에서 OH를 제거한 나머지 기

판토텐산은 코엔자임 A와 아실기 운반단백질(ACP)의 구성 요소이다. 코엔자임 A는 아세틸기와 결합하여 아세틸 CoA의 형태로 탄수화물, 지질, 단백질의 중간 대사 과정에서 에너지 생성에 관여하며, 신경전달물질과 헴 합성 등에 관여한다.

또한 아실기 운반단백질은 지방산 합성에 관여한다. 즉, 아세틸 CoA는 옥살산과 결합하여 구연산염을 형성해 TCA 회로로 들어가 에너지를 얻으면서 CO_2와 H_2O로 산화되거나 지방산, 콜레스테롤을 포함한 스테롤, 헤모글로빈의 색소물질 합성에 관여하는 등 모든 생명체의 생존에 필수적이다.

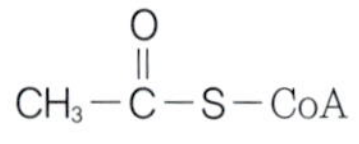

$$CH_3-\overset{\overset{\displaystyle O}{\|}}{C}-S-CoA$$

그림 10-15 아세틸 CoA의 구조

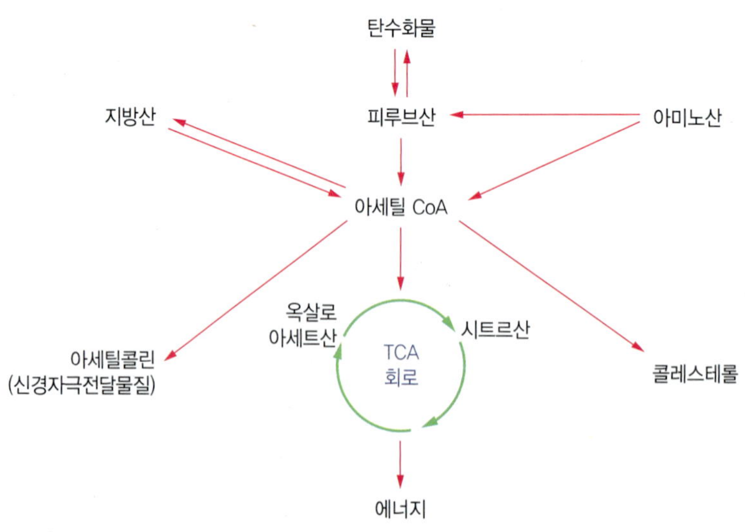

그림 10-16 아세틸 CoA의 대사 기능

3. 영양소 섭취기준

판토텐산의 체내요구량 설정을 위한 근거 자료가 부족한 실정이므로 건강한 성인의 일상 섭취량과 평형 상태에서의 섭취량을 바탕으로 충분섭취량을 설정하였다. 만 12세 이상 한국인의 충분섭취량은 남녀 모두 1일 5 mg으로 동일하게 설정되었다(표 10-22).

표 10-22 **한국인의 1일 판토텐산 섭취기준**

연령		판토텐산(mg/일)			
		평균필요량	권장섭취량	충분섭취량	상한섭취량
영아	0~5(개월)			1.7	
	6~11			1.9	
유아	1~2(세)			2	
	3~5			2	
남자	6~8(세)			3	
	9~11			4	
	12~14			5	
	15~18			5	
	19~29			5	
	30~49			5	
	50~64			5	
	65~74			5	
	75 이상			5	
여자	6~8(세)			3	
	9~11			4	
	12~14			5	
	15~18			5	
	19~29			5	
	30~49			5	
	50~64			5	
	65~74			5	
	75 이상			5	
임신부				+1.0	
수유부				+2.0	

자료 : 보건복지부·한국영양학회, 2020 한국인 영양소 섭취기준, 2020

또한 판토텐산이 체조직의 합성에 관여하므로, 임신기의 충분섭취량은 1 mg, 수유기에는 2 mg이 추가된다.

4. 급원식품

판토텐산의 어원에서 알 수 있듯이 판토텐산은 여러 동물성 및 식물성 식품에 널리 분포되어 있다. 판토텐산을 풍부하게 함유하고 있는 식품에는 육류, 난황, 콩류, 전곡류, 버섯류 등이 있다. 2017년도 국민건강영양조사 자료 분석에 의하면 판토텐산의 주요 급원식품은 백미, 맥주, 배추김치, 돼지고기, 소고기, 닭고기, 달걀의 순으로 나타났다(표 10-23).

표 10-23 판토텐산 주요 급원식품(100 g당 함량)[1)]

순위	급원식품	함량(mg/100 g)	순위	급원식품	함량(mg/100 g)
1	백미	0.66	16	청국장	11.50
2	맥주	0.89	17	콩나물	0.78
3	배추김치	0.83	18	열무김치	0.92
4	돼지고기(살코기)	0.86	19	수박	0.54
5	소고기(살코기)	1.63	20	오징어	1.13
6	닭고기	0.80	21	오이	0.34
7	달걀	0.91	22	애호박	0.52
8	우유	0.30	23	넙치(광어)	2.59
9	돼지 부산물(간)	4.77	24	양배추	0.49
10	소 부산물(간)	7.11	25	간장	0.59
11	시금치	1.53	26	고구마	0.31
12	과일음료	0.37	27	토마토	0.30
13	파	0.84	28	된장	1.11
14	콜라	0.32	29	오리고기	1.84
15	참외	0.82	30	메밀국수	0.65

1) 2017년 국민건강영양조사의 식품별 섭취량과 식품별 판토텐산 함량(국가표준식품성분표 DB 9.1) 자료를 활용하여 판토텐산 주요 급원식품 상위 30위 산출

자료 : 보건복지부·한국영양학회, 2020 한국인 영양소 섭취기준, 2020

표 10-24 판토텐산 충분섭취량[1] 섭취 방법

급원식품	1회 분량(g)	함량(mg/1회 분량)	권장 섭취횟수(회/일)
맥주	375	3.35	1.5
소 부산물(간)	45	3.20	1.6
백미	90	0.59	8.5
배추김치	40	0.33	15.2
참외	150	1.23	4.1
달걀	60	0.54	9.3
닭고기(살코기)	60	0.48	10.4
소고기(살코기)	60	0.98	5.1

[1] 12세 이상 한국인의 충분섭취량 5 mg/일을 충족할 수 있는 각 급원식품의 섭취횟수

자료 : 농촌진흥청 국립농업과학원 국가표준식품성분표 DB 9.1

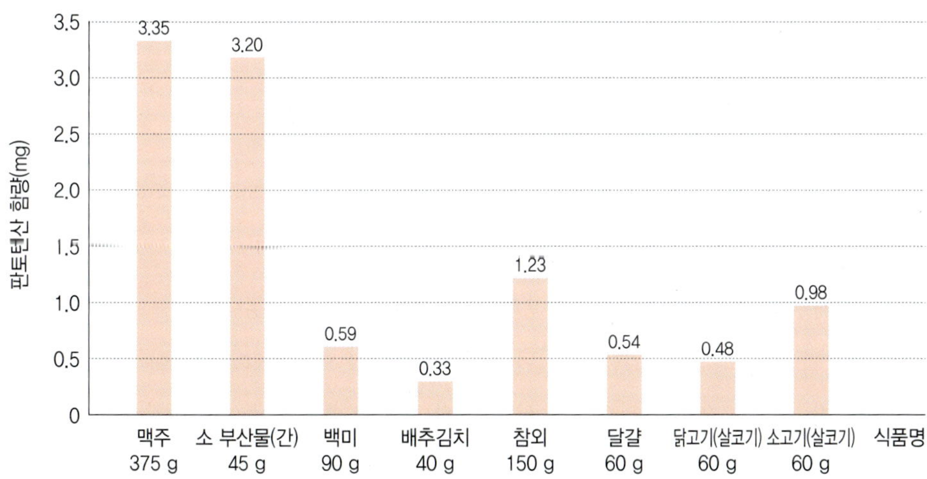

5. 영양건강문제

판토텐산은 자연계에 널리 분포되어 있으며 장내 세균에 의해서도 합성되므로 영양적 결핍 증세는 잘 일어나지 않는다. 사람에게 실험적으로 결핍 증세를 유도한 결과 과민증, 불안감, 피로감, 무감각, 권태감, 식욕 부진, 복부의 통증, 말초신경염으로 인한 팔과 다리의 경련 등이 일어났으며, 불면증, 호흡기 감염, 발이 화끈화끈하는 느낌의 증세가 나타났다고 한다.

사람에게는 독성 작용이 알려져 있지 않을 정도로, 독성이 낮은 비타민이다.

비오틴(Biotin)

비오틴은 다른 비타민 B 복합체에 비해 잘 알려져 있지 않으나, 체내에서의 기능은 매우 중요하며, 효소의 성장에 필요하다는 'bios'로부터 그 명칭이 유래되었다.

비오틴은 맞닿아 있는 두 개의 고리에 곁사슬이 하나 이어져 있는 구조를 가지고 있다.

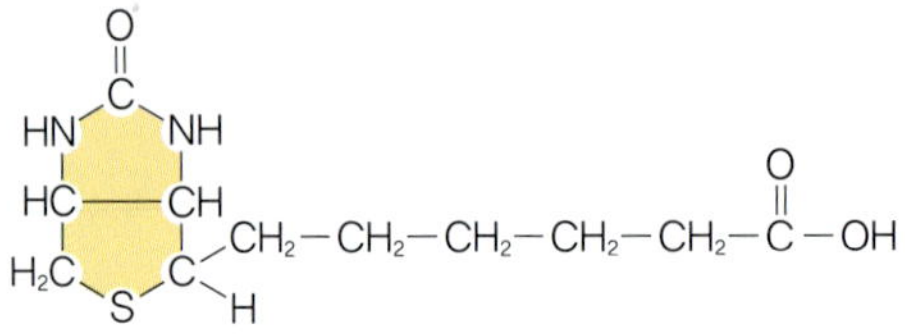

$$\text{(HN-C(=O)-NH ring; HC—CH; }H_2C\text{-S-C(H)) } -CH_2-CH_2-CH_2-CH_2-CH_2-\overset{O}{\overset{\|}{C}}-OH$$

그림 10-17 비오틴의 구조

1. 소화, 흡수 및 대사

식품 내에서 비오틴은 유리 상태이거나 단백질의 리신 부위에 결합된 형태로 존재한다. 유리 상태의 비오틴은 소장에서 흡수되며, 단백질과 결합된 형태는 소장에 있는 단백질분해효소에 의해 가수분해된 후 유리 상태로 흡수된다.

생달걀의 흰자에 들어 있는 아비딘이라는 단백질은 장내에서 비오틴과 결합하여 흡수를 방해한다. 그러나 비오틴은 식품 내에 골고루 분포되어 있어 보통 먹을 수 있는 양의 생달걀에 들어 있는 아비딘 함량만으로는 비오틴 결핍을 초래하지 않는다.

아비딘(avidin)
생달걀의 흰자에 많이 함유되어 있는 신진 대사 장애 물질. 비오틴과 결합하여 비오틴이 장에 흡수되는 것을 막을 뿐 아니라 신경 장애와 피부염도 일으킴

항생제(antibiotics)
미생물이 생산하는 대사 산물로 소량으로 다른 미생물의 발육을 억제하거나 사멸시키는 물질

비오틴은 소변과 대변을 통하여 배설된다. 비오틴의 대변 배출량은 섭취량의 3~5배로 장내 박테리아에 의한 생합성이 상당히 공헌하고 있음을 보여 준다. 항생제를 먹여 장내 박테리아를 최저 수준까지 감소시킨 동물에서는 결핍증이 쉽게 유도된다.

2. 체내 기능

비오틴은 체내 대사 과정 중 카복실기를 제공하거나 전이하는 카복실화 효소와

카복실 전이효소의 조효소로 작용하며, CO_2를 제거하는 탈탄산효소의 조효소로도 작용한다. 이를 통해 포도당 합성, 지방산 합성, 아미노산으로부터의 에너지 생성과 DNA 합성에 관여한다.

비오틴을 함유한 피루브산 카복실화 효소는 TCA 회로의 첫 단계에 해당하는 옥살산을 형성하여 포도당신생 과정에서 중요한 역할을 한다. 또한 아세틸 CoA 카복실화 효소는 지방산 합성에 필수적이며, 프로피오닐 CoA 카복실화 효소는 프로피온산의 대사를 통해 홀수 지방산 대사와 측쇄 아미노산의 분해작용에 필요한 요소이다.

비오틴은 DNA와 RNA 형성의 기본 물질인 퓨린 형성 과정과 단백질 합성을 자극하는 과정에서도 조효소로도 작용한다.

비오틴 조효소는 트레오닌, 세린, 아스파르트산과 같은 아미노산의 탈아미노반응에 관여하며, 췌장 아밀레이스의 합성 과정과 항체 형성에서도 비오틴이 필요하다.

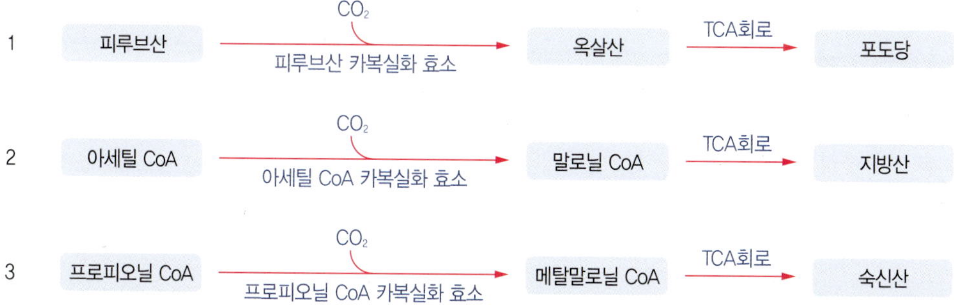

3. 영양소 섭취기준

아직까지 비오틴의 요구량에 대한 연구가 충분히 이루어지지 않아 권장섭취량 대신 충분섭취량이 제시된다. 성인의 경우 남녀 모두 충분섭취량을 하루 30 μg으로 제시하고 있다(표 10-25).

표 10-25 한국인의 1일 비오틴 섭취기준

연령		비오틴(μg/일)			
		평균필요량	권장섭취량	충분섭취량	상한섭취량
영아	0~5(개월)			5	
	6~11			7	
유아	1~2(세)			9	
	3~5			12	
남자	6~8(세)			15	
	9~11			20	
	12~14			25	
	15~18			30	
	19~29			30	
	30~49			30	
	50~64			30	
	65~74			30	
	75 이상			30	
여자	6~8(세)			15	
	9~11			20	
	12~14			25	
	15~18			30	
	19~29			30	
여자	30~49			30	
	50~64			30	
	65~74			30	
	75 이상			30	
임신부				+0	
수유부				+5	

자료 : 보건복지부·한국영양학회, 2020 한국인 영양소 섭취기준, 2020

4. 급원식품

비오틴은 식품 내에 널리 분포되어 있으나 식품 내 함유량은 전반적으로 낮다. 육류, 해조류, 가금류, 난류, 우유 및 유제품 등 주로 동물성 식품에 많이 들어 있으며, 채소류나 과일류에는 함량이 낮다.

2017년도 국민건강영양조사 자료에 의하면 비오틴의 주요 급원식품은 달걀, 맥주, 우유, 고춧가루, 게, 고추장, 닭고기의 순으로 나타났다(표 10-26).

표 10-26 비오틴 주요 급원식품(100 g당 함량)[1]

순위	급원식품	함량(μg/100 g)	순위	급원식품	함량(μg/100 g)
1	달걀	21.0	16	감	1.9
2	맥주	4.1	17	된장	6.5
3	우유	2.3	18	오이	1.6
4	고춧가루	75.2	19	햄/소시지/베이컨	2.9
5	게	98.2	20	땅콩	28.9
6	고추장	19.2	21	두유	2.6
7	닭고기	3.8	22	느타리버섯	15.4
8	돼지고기(살코기)	2.3	23	간장	2.6
9	세발나물	537.1	24	아몬드	27.9
10	케이크	12.4	25	양파	0.6
11	불고기양념	18.9	26	굴	12.2
12	토마토	2.4	27	마요네즈	5.3
13	소고기(살코기)	1.4	28	삼치	17.6
14	마늘	6.5	29	부추	3.7
15	현미	3.2	30	새송이버섯	5.1

[1] 2017년 국민건강영양조사의 식품별 섭취량과 식품별 비오틴 함량(국가표준식품성분표 DB 9.1) 자료를 활용하여 비오틴 주요 급원식품 상위 30위 산출

자료 : 보건복지부·한국영양학회, 2020 한국인 영양소 섭취기준, 2020

표 10-27 비오틴 충분섭취량[1] 섭취 방법

급원식품	1회 분량(g)	함량(μg/1회 분량)	권장 섭취횟수(회/일)
게	80	78.6	0.4
달걀	60	12.6	2.4
맥주	375	15.2	2.0
우유	200	4.5	6.7
세발나물	70	376.0	0.08
돼지고기(살코기)	60	1.4	21.4
현미	90	2.9	10.3
토마토	150	3.5	8.6

[1] 15세 이상 한국인의 충분섭취량 30 μg/일을 충족할 수 있는 각 급원식품의 섭취횟수

자료 : 농촌진흥청 국립농업과학원 국가표준식품성분표 DB 9.1

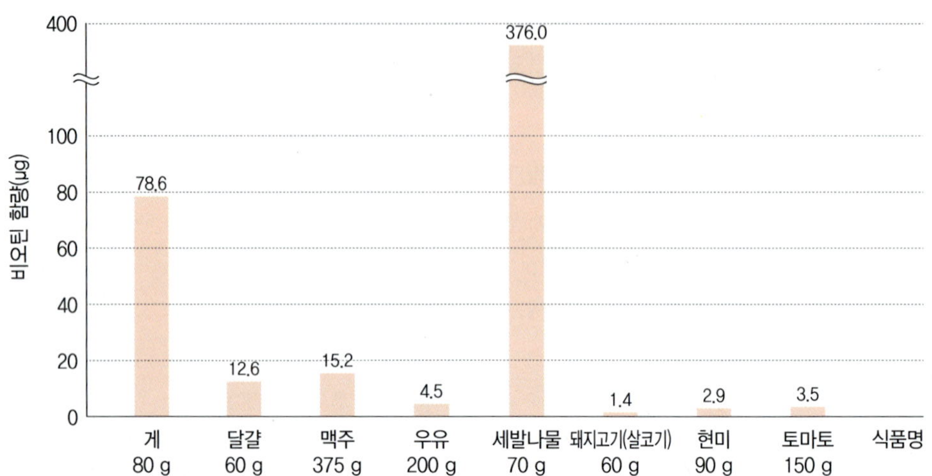

5. 영양건강문제

비오틴 결핍증은 흔하지 않으나 선천적으로 비오틴분해효소가 결핍된 유아의 경우 피부 발진, 탈모증 등의 증세를 보이며, 영아나 성장기 아동은 성장이 저해된다.

생달걀의 아비딘이 비오틴의 흡수를 저해하지만 결핍 증세를 나타낼 정도는 아니며, 알코올 중독자가 3~4개의 생달걀을 먹을 경우 결핍 증세가 나타난다.

비타민 유사 화합물

비타민 유사 화합물이란 식품을 통하여 섭취될뿐만 아니라 체내에서도 합성이 되므로 필수 영양소로 구분되지는 않지만, 비타민처럼 체내 대사 과정을 적절하게 유지하기 위해 필요한 물질들로 콜린, 카르니틴, 이노시톨, 리포산 등이 있다.

1) 콜린

콜린은 동식물계에 널리 퍼져 있으며, 특히 난황, 땅콩, 간, 커피, 대두, 생선, 콜리플라워에 많이 들어 있어서 정상적인 식사를 하는 경우에 결핍증은 드물다.

콜린은 간에서 메티오닌으로부터 메틸기를 받아 합성되며, 메틸기를 제공함으로써 생리 기능에 중요한 단백질 합성을 돕는다.

동물과는 달리 사람은 콜린을 충분히 합성하므로 반드시 식사를 통해 콜린을 공급받아야 하는지 아직 명확하지 않다. 그러나 동물에서는 콜린이 결핍된 식이를 주는 경우 지방간의 증상을 나타내며, 이 경우 알코올 중독에 의한 지방간과는 달리 콜린이나 레시틴 보충으로 치료해도 호전되지 않는다. 콜린은 강력한 발암물질인 나이트로사민으로 대사될 수 있어 다량의 콜린 투여는 위암의 발생을 촉진시킬 수 있다.

나이트로사민(nitrosamine) 담배 연기 따위에 들어 있는 발암성 물질

2) 카르니틴

카르니틴은 아미노산인 리신과 메티오닌으로부터 합성된다. 카르니틴은 지방산의 운반 과정과 미토콘드리아의 대사 산물로 과량 생산된 유기산을 제거하는 과정에 관여한다. 그러므로 카르니틴이 부족하면 지방산의 대사에 지장을 초래한다. 또한 카르니틴은 선천적 대사 이상이 있을 경우 축적된 화학물질을 제거하여 증세를 호전시키는 것으로 알려져 있다.

리신(lysine) 단백질을 이루는 염기성 필수 아미노산

육류와 우유, 유제품에 풍부하며, 식물성 식품에는 거의 없다. 따라서 단백질 섭취량이 부족한 경우 합성에 지장을 받는다.

3) 이노시톨

이노시톨은 포도당과 비슷한 구조로 체내에서 포도당으로부터 합성된다. 이노시톨은 9개의 이성체가 있으며, 이 중 마이오이노시톨만이 인체에서 사용된다. 이노시톨은 동물의 근육에 주로 존재하며, 식물에서는 피트산의 형태로 존재한다. 인체에서 이노시톨의 중요성은 명확하지는 않으나 심장, 뇌, 간, 신장, 골격근 등에 널리 분포되어 있다. 사람에게서의 결핍 증상은 관찰되지 않으며, 쥐의 경우 성장 장애와 탈모현상이 보고되어 있다.

4) 리포산

리포산은 함황 화합물로, 몇 종류의 미생물에서는 필수적이나 사람이나 다른 포유류에서는 체내에서 쉽게 합성되므로 필수적 영양소는 아니다. 리포산은 피부

브산이나 α-케토글루타르산의 탈탄산반응과 같은 중요한 생화학적 과정에 참여한다.

수용성 비타민은 비타민 B 복합체와 비타민 C(ascorbic acid)이다. 비타민 B 복합체는 티아민, 리보플라빈, 니아신, 비타민 B_6, 엽산, 비타민 B_{12}, 판토텐산과 비오틴이다. 몇 가지를 제외하면 수용성이기 때문에 체내에 저장되지 않는다. 결핍 증상은 2~4주 사이에 발현되며 신체 활동 능력을 감소시키게 된다. 이들 비타민들을 과잉 섭취하게 되면 보통 소변으로 배출되며 일반적으로 무해하다.

1) 비타민 C

- 주요 기능 : 체내 연골, 건, 골격과 같은 결합조직의 형성과 유지에 필요한 콜라겐의 합성에 필요하다. 또한 아드레날린과 같은 호르몬과 신경전달물질의 형성에도 관여한다. 장내에서 철의 흡수에도 관여하여 2~4배로 흡수율을 증가시킨다. 엽산, 콜레스테롤과 단백질의 대사를 조절하며 상처 난 조직의 회복을 돕는다. 그리고 탁월한 항산화제이기도 하다.
- 급원식품 : 과일 및 채소류로 오렌지, 자몽, 브로콜리, 샐러드용 채소, 피망, 감자, 딸기, 토마토
- 영양문제 : 괴혈병, 잇몸 출혈, 상처 회복의 지연, 근육 경련 및 허약 증상, 빈혈

2) 티아민

- 주요 기능 : 포도당 대사에 중추적 역할, 신경계의 성장 유지와 근육의 글리코겐을 통한 에너지 유도 과정에 필수적이다.
- 급원식품 : 전곡류, 콩류, 종자류, 견과류, 돼지고기, 과일, 채소
- 영양문제 : 각기병 및 심장과 신경계 이상, 식욕 감퇴, 정신 혼란, 근육 허약, 종아리 근육 통증

3) 리보플라빈

- 주요 기능 : 체세포에서 탄수화물과 지질의 에너지 대사에 관련되는 플라빈단백으로 알려진 산화효소들의 형성에 중요하다. 또한 단백질 대사와 건강한 피부조직의 유지에 관련된 기능을 한다.
- 급원식품 : 우유 및 유제품류, 간, 달걀, 진녹색 채소, 배아, 효모, 전곡류, 시리얼
- 영양문제 : 구강염/입술 주위염, 설염, 각막 충혈, 탈모, 손/발 작열감, 지루성 피부염

4) 니아신

- 주요 기능 : 세포 내에서 에너지 대사 과정에 관련된 두 조효소의 구성 성분으로 한 가지 조효소는 근육 글리코겐이 유산소적과 무산소적으로 생성하는 에너지에 의한 해당 과정에 중요한 역할을 한다. 다른 조효소는 체내에서 지방 합성을 촉진하기 위한 지질 대사에 관련된다.
- 급원식품 : 지방이 적은 육류, 내장 부위, 생선류, 가금류, 전곡류, 시리얼류, 콩과류
- 영양문제 : 식욕 감퇴, 정신 혼란, 체력 감소, 근육 허약, 펠라그라병(치매, 설사, 피부염)

5) 비타민 B_6

- 주요 기능 : 단백질 대사에 관여하며 탄수화물 및 지방 대사에도 참여한다. 간에서의 당신생합성과 근육 글리코겐의 분해에도 관여한다.
- 급원식품 : 육류, 가금류, 생선류, 배아, 전곡류, 현미, 달걀 등 단백질 식품
- 영양문제 : 구토감, 면역 기능의 감소, 피부질환, 입안 통증, 허약, 우울증, 빈혈과 경련 및 간질

6) 엽산

- 주요 기능 : DNA 형성에 중요한 역할을 하는 조효소의 구성 성분으로 세포 분열과 성장에 특히 중요하다.
- 급원식품 : 시금치와 같은 녹황색 채소, 간, 콩류, 전곡류, 오렌지, 바나나
- 영양문제 : 조산, 사산, 저체중아 출산, 신경관 결손, 식욕 부진, 악성 빈혈, 혈관질환과 암 발생과도 관련

7) 비타민 B_{12}

- 주요 기능 : 모든 체세포에 존재하는 조효소의 구성 성분이며 DNA 합성에 필수적인 물질로서 적혈구의 발달에 중요한 역할을 한다. 또한 신경섬유를 보호하는 수초의 형성에 필수적이다.
- 급원식품 : 육류, 생선류, 배아, 가금류, 치즈, 달걀 및 우유 등 동물성 식품
- 영양문제 : 악성 빈혈, 신경 손상

8) 판토텐산

- 주요 기능 : 조효소 A(CoA)의 필수 구성 성분으로 당신생합성 과정, 지방산의 합성 및 분해와 근육 수축을 자극하기 위하여 운동신경이 분비하는 화학물질 아세틸 콜린의 합성 등에 관여한다.
- 급원식품 : 모든 동식물성 식품에 골고루 함유. 특히 내장기관, 달걀, 콩류, 효모, 전곡류
- 영양문제 : 피로, 근육 경련, 운동신경 조절의 악화

9) 비오틴

- 주요 기능 : 단백질 대사와 탄수화물 및 지방의 합성에 관련된 다양한 효소들의 조효소로서 작용한다.
- 급원식품 : 간 등의 내장기관, 난황, 완두 및 콩류, 진녹색 잎채소
- 영양문제 : 식욕 감소, 우울증, 피부질환과 근육 통증

연구 문제

1. 우리나라에서 미국, 캐나다 등과 같이 일부 식품을 선정하여 엽산 강화 정책을 시행한다면 어떤 식품을 선정하는 것이 적절할지 설명해 보자.

2. '비타민 B 복합체 영양제가 피로에 좋다'라는 광고를 보았다. 이해 대해 어떻게 생각하는지 토의해 보자.

참고문헌

강순아(1995). '모체의 비타민 B_6 섭취상태가 조산아의 비타민 B_6 영양상태에 미치 는영향'. **한국영양학회지 28**: 321–330.

김기남, 김영주, 박혜숙, 장남수(2003). 임신부의 혈청 호모시스테인 수준 및 MTHFR 유전자형이 임신결과에 미치는 영향. **한국영양학회지 36**: 389–396.

김영남, 나현주(2001). 우리나라 식품 수급표 자료를 분석한 티아민, 리보플라빈, 니아신의 주요 급원식품. **한국영양학회지 34**: 809–820.

김을상, 김수빈, 이동환(1999). 제왕절개 분만 수유부의 모유 티아민, 리보플라빈의 분비량과 영아의 섭취량. **한국영양학회지 32**: 83–88.

농촌진흥청 국립농업과학원 국가표준식품성분표 DB 9.1.

민혜선, 김천길(1996). '사춘기여학생의혈액엽산수준에관한연구', **한국영양학회지 28**: 104–1119.

보건복지부(2003). 2001국민건강 · 영양조사 심층연계분석.

보건복지부 · 한국영양학회(2020). 2020 한국인 영양소 섭취기준.

안홍석, 정은영, 김수연(2002). 일부 여대생의 혈장 호모시스테인 함량과 비타민 B_6, B_{12} 및 엽산 영양 상태. 한국영양학회.

임민영, 남윤성, 김세웅, 장남수(2004). 불임 여성의 비타민 B 영양상태 및 혈청 호모시스테인수준. **한국영양학회지 37**: 115–122; **35**: 37–44.

임화재(1996). 식이섭취와 소변분석을 통한 부산지역 학령 전 아동의 리보플라빈 영양 상태에 관한 연구. **한국영양학회지 35**: 970–981.

장남수, 김은정, 김성윤(2000). 농촌지역 알코올 의존자들의 비타민 B_6 및 엽산의 영양 상태. **한국영양학회지** 33: 257–262.

현태선, 김기남, 김영남, 정은희, 최미숙, 한경희(2001). 식품영양가표 개정에 따른 남녀 대학생의 엽산섭취량 및 급원식품의 차이. **한국영양학회지 34**: 797–808.

Food and anutrition board: Institute of Medicine(1998). Dietary Reference Intakes for Thaimin, Fiboflavin, Niacin, Vitamain B_6, Folate, vitamain B_{12}, Pantathenic acid, Biotin, and choline. National Acdemy Press.

Gregory JF(1997). 3rd. Bioavailability of falate. *Eur J Clin Nutr 51*: S54–S59.

Iyenfar GV & Wolf WR & Tanner JT & Morris ER(2000). Content of minor and trace elements and orfanic nutriesnts in representative mixed total diet composites from the USA. *The Sciened of the Total Environment, 256*: 215–220.

Min H & Kim C & Seo J(1999). Evaluation of plasma folate and total homocysteine in Korean alcolholics. *J Community Nutr* 1: 60–65.

Wardlaw GM & Insel PM, ed(2005). *Perspectives in Nutrition*. 6th ed. McGraw-Hill.

Ziegler EE & Filer LJ Jr(2001). *Present knowledge in nutrition*. 8th. ILSI Press.

찾아보기

| ㅇ |

저자 소개

저자 **김정현** 배재대학교 식품영양학과 교수
이민준 연세대학교 식품영양학과 객원교수
김정연 연세대학교 교육대학원 객원교수
박유경 경희대학교 동서의학대학원 교수
박은주 경남대학교 식품영양학과 교수
이승민 성신여자대학교 식품영양학과 교수
심유진 숭의여자대학교 식품영양과 교수
김오연 동아대학교 식품영양학과 교수

감수 **문수재** (전) 연세대학교 식품영양학과 교수
김혜경 울산대학교 식품영양학과 명예교수
홍순명 울산대학교 식품영양학과 명예교수
이경혜 창원대학교 식품영양학과 명예교수
이명희 배재대학교 가정교육과 명예교수
이영미 가천대학교 식품영양학과 교수
이경자 전주기전대학교 식품영양과 교수
안경미 (전) 연세대학교 식품영양학과 강사

알기 쉬운 영양학 개정3판

2024년 2월 25일 개정3판 2쇄 발행
2022년 3월 30일 개정3판 1쇄 발행
2016년 2월 29일 개정2판 1쇄 발행
2011년 9월 10일 개정1판 1쇄 발행

저자 김정현 · 이민준 · 김정연 · 박유경
박은주 · 이승민 · 심유진 · 김오연
감수 문수재 · 김혜경 · 홍순명 · 이경혜
이명희 · 이영미 · 이경자 · 안경미

발행인 이 영 호
발행처 **수 학 사**
10881 경기도 파주시 회동길 56 기한재 1층
출판등록 1953년 7월 23일 제2020-000143호
전화번호 031) 946-4642(代) 팩스 031) 944-1457
http://www.soohaksa.co.kr
디자인 북큐브

값 26,000원

ISBN 978-89-7140-740-0 93590